高等教育工程造价系列规划教材

土木工程概论

第2版

主　编　刘俊玲　庄　丽
副主编　刘志钦　焦　雷
参　编　王维铭　董艳秋　王建声　陈　茜
主　审　周志军

机 械 工 业 出 版 社

本书着重介绍土木工程专业的基本内容。内容简明、新颖、实用，涵盖了“大土木”工程的主要研究领域，力求构建“大土木”的知识体系，以帮助学生了解土木工程所涉及的内容、成就和发展情况。本书分为13章，包括绪论，建筑工程，建筑安装工程，道路、铁路和桥梁工程，港口、海洋和飞机场工程，土木工程材料，土木工程中的力学和结构概念，土木工程结构体系，土木工程设计与施工，土木工程防灾、减灾，土木工程建设项目管理，土木工程经济和造价管理，土木工程发展趋势等内容。教师在教学过程中可以根据不同专业和学时有所侧重地选用不同内容。

本书在编写时，充分考虑专业的特点，按照40~48学时的教学计划编写。本书主要作为工程管理、工程造价、土木工程及相关专业本科教材，也可作为土木工程设计、施工管理等工程技术人员的专业参考书。

图书在版编目（CIP）数据

土木工程概论/刘俊玲，庄丽主编．—2版．—北京：机械工业出版社，2017.10

高等教育工程造价系列规划教材

ISBN 978-7-111-58200-7

Ⅰ.①土… Ⅱ.①刘… ②庄… Ⅲ.①土木工程-高等学校-教材 Ⅳ.①TU

中国版本图书馆CIP数据核字（2017）第245621号

机械工业出版社（北京市百万庄大街22号 邮政编码100037）

策划编辑：冷 彬 责任编辑：冷 彬 郭克学

责任校对：王 延 封面设计：张 静

责任印制：常天培

涿州市京南印刷厂印刷

2018年1月第2版第1次印刷

184mm×260mm·17.25印张·415千字

标准书号：ISBN 978-7-111-58200-7

0001–3000册

定价：39.80元

凡购本书，如有缺页、倒页、脱页，由本社发行部调换

电话服务	网络服务
服务咨询热线：010-88379833	机 工 官 网：www.cmpbook.com
读者购书热线：010-88379649	机 工 官 博：weibo.com/cmp1952
	教育服务网：www.cmpedu.com
封面无防伪标均为盗版	金 书 网：www.golden-book.com

高等教育工程造价系列规划教材
编 审 委 员 会

序

伴随着社会经济的发展和物质文化生活水平的提高，人们一方面对工程项目的功能和质量要求越来越高，另一方面又期望工程项目建设投资尽可能少、效益尽可能好。随着经济体制改革和经济全球化进程的加快，现代工程项目建设呈现出投资主体多元化、投资决策分权化、工程发包方式多样化、工程建设承包市场国际化以及项目管理复杂化的发展态势。因此，工程建设领域对具有合理的知识结构、较高的业务素质和较强的实践技能，胜任工程建设全过程造价管理的专业人才的需求越来越大。

高等院校肩负着培养和造就大批满足社会需求的高级人才的艰巨任务。目前，全国300多所高等院校开设的工程管理专业几乎都设有工程造价专业方向，并有近50所院校独立设置工程造价（本科）专业。要保证和提高专业人才培养质量，教材建设是一个十分关键的因素。但是，由于高等院校的工程造价（本科）专业教育才刚刚起步，尽管许多专家、学者在工程造价教材的建设方面付出了大量心血，但现有教材仍存在诸多不尽如人意之处，并且均未形成能够满足对工程造价专业人才培养需要的系列教材。

机械工业出版社审时度势，于2007年下半年在全国范围内对工程造价专业教学和教材建设的现状进行了广泛的调研，并于年底在北京召开了“工程造价系列规划教材编写研讨会”，成立了“高等教育工程造价系列规划教材编审委员会”。我同与会的各位同仁就本套系列教材的体系以及每本教材的编写框架进行了讨论。随后的两三个月内，详细研读了陆续收到的各位作者提供的教材编写大纲，并提出了自己的修改意见和建议。许多作者在教材编写过程中与我进行了较为充分的沟通。

本套系列教材是作者们在广泛吸纳各方面意见，认真总结以往教学经验的基础上编写的，充分体现了以下特色。

（1）强调知识体系的系统性。工程项目建设全过程造价管理是一个十分复杂的系统工程，要求其专业人才具有较为扎实的工程技术、管理、经济和法律四大平台知识。本套系列教材注重四大平台知识的融合、贯通，构建了全面、完整、系统的专业知识体系。

（2）突出教材内容的实践性。近年来，我国建设工程的计价模式、方法和管理体制发生了深刻的变化。本套系列教材紧密结合我国现行工程量清单计价和定额计价并存的特点，注重以定额计价为基础，突出工程量清单计价方法，并对《建设工程工程量清单计价规范》在工程造价专业教学与工程实践中的应用和执行进行了较好的诠释；同时，教材内容紧密结合我国造价工程师等执业资格考试和注册制度的要求，较好地体现出培养工程造价专业应用型人才的特色。

（3）注重编写模式的创新性。作者们结合多年对该学科领域的理论研究与教学以及工程实践经验，在本套系列教材中引入和编写了大量工程造价案例、例题与习题，力求做到理论联系实际、深入浅出、图文并茂和通俗易懂。

（4）兼顾学生就业的广泛性。工程造价专业毕业生可以广泛地在国内外土木建筑工程项目建设全过程的投资估算、经济评价、造价咨询、房地产开发、工程承包、招标代理、建设监理、项目融资与项目管理等诸多岗位从业，同时也可以在政府、行业、教学和科研单位从事教学、科研和管理工作。本套系列教材所包含的知识体系较好地兼顾了不同行业各类岗位工作所需的各方面知识，同时也兼顾了本专业课程与相关学科课程的关联与衔接。

在本套系列教材即将面世之际，我谨代表高等教育工程造价系列规划教材编审委员会，向在教材撰写中付出辛劳和心血的同仁们表示感谢，还要向机械工业出版社高等教育分社的领导和编辑表示感谢，正是他们的适时策划和精心组织，为我们教学一线上的同仁们创建了施展才能的平台，也为我国高等院校工程造价专业教育做了一件好事。

工程造价在我国还是一个年轻的学科领域，其学科内涵和理论与实践知识体系尚在不断发展之中，加之时间有限，尽管作者们做出了极大努力，但本套系列教材仍难免存在不妥之处，恳请各高校广大教师和读者对此提出宝贵意见。我坚信，本套系列教材在大家的共同呵护下，一定能够成为极具影响力的精品教材，在高等院校工程造价专业人才培养中起到应有的作用。

齐宝库

于沈阳

前　言

“土木工程概论”课程是在教育部颁布了新的本科土木工程专业目录形成的“大土木”的框架后，为使土建类专业的低年级学生了解土木工程的基本内容、历史现状和发展情况，提高专业兴趣，为后续课程的学习做良好铺垫而开设的。

本书自2009年出版以来，受到广大师生的好评，此次在第1版的基础上，结合近年来土木工程领域的发展和教学、课程改革的需求，修订了相关内容，融入了该领域近年来的新技术、新成果、新热点方向等，力求使本书更加贴近工程实际，更加符合当前人才培养和专业教学的需求。本书结合编者长期教学实践的经验，按照土木工程所包含的内容体系编写。在编写时，充分考虑了专业的特点，力求以较小的篇幅反映土木工程所涉及的各个领域，以满足工程管理、工程造价等土木工程相关专业的本科教学需求。

本书共13章，参加本书编写工作的有黑龙江工程学院刘俊玲（第一章，第三章，第六章，第八章），青岛理工大学庄丽（第四章和第五章），河南城建学院刘志钦（第七章），河南城建学院焦雷（第二章），河南工业大学王建声（第十一章），黑龙江工程学院王维铭（第九章和第十章），黑龙江工程学院陈茜（第十二章），黑龙江工程学院董艳秋（第十三章）。

本书由刘俊玲、庄丽任主编，刘志钦、焦雷任副主编。陕西理工学院周志军担任本书的主审，他对书稿进行了严谨、认真的审阅，并提出了修改意见，最后由刘俊玲依据主审的意见对书稿进行了修改统稿并定稿。编者在此对主审表示由衷的感谢。

本书在编写过程中参阅了一些优秀文献资料，均在参考文献中列出，谨向这些文献的作者表示感谢。

由于编者水平有限，书中难免存在不妥之处，敬请广大读者及同行专家批评指正。

编　者

目　录

1 第一章 绪 论

【内容摘要及学习要求】

本章主要介绍了土木工程的概念、属性和特点，以及土木工程的发展历史。要求熟悉土木工程的概念和特点，了解土木工程的发展史及现代土木工程的特点。

第一节 土木工程及土木工程专业

土木工程是建造各类工程设施的科学技术的统称。它既指所应用的材料、设备和所进行的勘测、设计、施工、保养维修等技术活动，也指工程建设的对象，即建造在地上或地下、陆上或水中、直接或间接为人类生活、生产、军事、科学研究服务的各种工程设施，如房屋、道路、铁路、运输管道、隧道、桥梁、运河、堤坝、港口、给水排水及防护工程等。

土木工程在英语里称为 Civil Engineering，译为“民用工程”。它的原意是与“军事工程”（Military Engineering）相对应的。在英语中，历史上土木工程、机械工程、电气工程、化工工程都属于 Civil Engineering，因为它们都具有民用性。后来，随着工程技术的发展，机械、电气、化工都已逐渐形成独立的学科，Civil Engineering 就成为土木工程的专用名词。

任何一项工程设施总是不可避免地受到自然界或人为的作用（荷载）。首先是地球引力产生的工程的自身重量和使用荷载；其次是风、水、温度、冰雪、地震以及爆炸等作用。为了确保安全，各种工程设施必须具有抵抗上述各种荷载作用的能力。

建造工程的物质基础是土地、建筑材料、建筑设备和施工机具。借助于这些物质条件，经济、便捷地建成既能满足人们使用要求和审美要求，又能安全承受各种荷载的工程设施，是土木工程科学的出发点和归宿。

土木工程专业在两类学校里设置：一是高等学校（包括普通高等学校和高等职业技术学校），培养的是未来的土木工程师；二是中等专科学校，培养的是未来的土木工程技术人员。

第二节 土木工程的重要性

土木工程为国民经济的发展和人们生活的改善提供了重要的物质、技术基础，在国民经

济中占有举足轻重的地位。人们的生活离不开衣、食、住、行。为改善人们的居住条件，我国每年在建造住宅方面的投资是十分巨大的。铁路、公路、水运、航空等的发展都离不开土木工程。

各种工业建设，无论其性质和规模如何，首先必须兴建厂房才能投产。如钢铁厂、机械制造厂、火力发电厂、核电站等都需要土木工程建设。

土木工程的建设，也称为各行各业的基本建设或工程建设，它既包括建筑安装工程，又包括建设单位及其主管部门的投资决策活动以及征用土地、工程勘察设计、工程监理等。工程建设是社会化大生产，具有产品体积庞大、建设场所固定、建设周期长、投资数额大、占据资源多的特点，它涉及建筑、房地产、工程勘察设计等行业，也带动了物业管理和工程咨询等新兴行业的发展。

土木工程虽然是古老的学科，但其领域随着各种学科的发展而不断发展壮大。因此，土木工程技术人员的知识面要更广阔，知识要不断更新，而且学科间的相互渗透和促进也更迫切，因此信息科学和国际交流对土木工程技术人员极其重要。现代的土木工程不仅要求保证质量并按计划完成，而且必须按最佳方案和最优方式来设计和建造，所以，对土木工程技术人员而言，对专业的掌握应更深入，设计建造和科学研究更需紧密联系。

第三节　土木工程的基本属性

一、综合性

建造一项工程设施一般要经过勘察、设计和施工三个阶段，需要涉及工程地质勘察、水文地质勘察、工程测量、土力学、工程力学、工程设计、建筑材料、建筑设备、工程机械、建筑经济等学科和施工技术、施工组织等领域。因此，土木工程是一门范围广阔的综合性学科。

随着科学技术的进步和工程实践的发展，土木工程这个学科也已发展成为内容广泛、门类众多、结构复杂的综合体系。例如，就土木工程所具有的使用功能而言，有的供生息居住之用；有的作为生产活动的场所；有的用于陆、海、空交通运输；有的用于水利事业；有的作为信息传输的工具；有的作为能源传输的手段等。这就要求土木工程综合运用各种物质条件，以满足多种需求。土木工程已发展出许多分支，如房屋工程、铁路工程、道路工程、飞机场工程、桥梁工程、隧道及地下工程、特种工程、给水排水工程、城市供热供燃气工程、港口工程、水利工程等。其中有些分支，如水利工程，由于自身工程对象的不断增多以及专门科学技术的发展，也已从土木工程中分化出来成为独立的学科体系，但是它们在很大程度上仍具有土木工程的共性。

二、社会性

土木工程是伴随着人类社会的进步而发展起来的，它所建造的工程设施反映出各个历史时期的社会、经济、文化、科学、技术发展的面貌。因而土木工程也就成为社会历史发展的见证之一。远古时代，人们就开始修筑简陋的房舍、道路、桥梁和沟渠，以满足简单的生活和生产需要。后来，人们为了适应战争、生产和生活以及宗教传播的需要，兴建了城池、运河、宫殿、寺庙以及其他各种建筑物。许多著名的工程设施显示出人类在这个历史时期的创造力。例如，我国的长城、都江堰、大运河、赵州桥、应县木塔，埃及的金字塔，希腊的巴台农神庙，罗马的给水工程、古罗马大角斗场，以及其他许多著名的教堂、宫殿等。

产业革命以后，特别是到了20世纪，一方面是社会对土木工程有了新的需求；另一方面是社会各个领域为土木工程的发展创造了良好的条件。例如，建筑材料（钢材、水泥）工业化生产的实现，机械和能源技术以及设计理论的进展，都为土木工程提供了材料和技术上的保证。因而这个时期的土木工程得到了突飞猛进的发展。在世界各地出现了现代化规模宏大的工业厂房、摩天大厦、核电站、高速公路和铁路、大跨桥梁、大直径运输管道、长隧道、大运河、大堤坝、大飞机场、大海港以及海洋工程等。现代土木工程不断地为人类社会创造崭新的物质环境，成为人类社会现代文明的重要组成部分。

三、实践性

土木工程是具有很强实践性的学科。在早期，土木工程是通过工程实践，总结成功的经验，尤其是吸取失败的教训发展起来的。从17世纪开始，近代力学同土木工程实践结合起来，逐渐形成材料力学、结构力学、流体力学、岩体力学，作为土木工程的基础理论的学科。这样，土木工程才逐渐从经验发展成为科学。在土木工程的发展过程中，工程实践经验常先行于理论，工程事故常显示出未能预见的新因素，触发新理论的研究和发展。至今不少工程问题的处理，在很大程度上仍然依靠实践经验。

土木工程技术的发展之所以主要凭借工程实践而不是凭借科学试验和理论研究，是因为以下两个原因：一是有些客观情况过于复杂，难以如实地进行室内试验或现场测试和理论分析。例如，地基基础、隧道及地下工程的受力和变形的状态及其随时间的变化，至今还需要参考工程经验进行分析判断。二是只有进行新的工程实践，才能揭示新的问题。例如，建造了高层建筑、高耸塔桅和大跨桥梁等，工程的抗风和抗震问题突出了，之后才能发展出这方面的新理论和新技术。

四、技术上、经济上和建筑艺术上的统一性

人们力求最经济地建造一项工程设施，以满足使用者的需要，其中包括审美要求。而一项工程的经济性又是和各项技术活动密切相关的。工程的经济性首先表现在工程选址、总体规划上，其次表现在设计和施工技术上。工程建设的总投资，工程建成后的经济效益和使用期间的维修费用等，都是衡量工程经济性的重要方面。这些技术问题联系密切，需要综合考虑。

符合功能要求的土木工程设施作为一种空间艺术，首先是通过总体布局、本身的体形、各部分的尺寸比例、线条、色彩、明暗阴影与周围环境，包括它同自然景物的协调和谐而表现出来的；其次是通过附加于工程设施的局部装饰反映出来的。工程设施的造型和装饰还能够表现出地方风格、民族风格以及时代风格。一个成功的、优美的工程设施，能够为周围的环境、城镇的形象增色，给人以美的享受；反之，则会使环境受到破坏。

在土木工程的长期实践中，人们不仅对房屋建筑艺术给予很大关注，取得了卓越的成就；而且对其他工程设施，也通过选用不同的建筑材料，例如采用石料、钢材和钢筋混凝土，配合自然环境建造了许多在艺术上十分优美、功能上又良好的工程。我国古代的万里长

城，现代世界上的许多电视塔和斜张桥，都是这方面的例子。

第四节 土木工程发展简史

土木工程从起源到现在经历了漫长的发展过程，在其演变和发展的过程中，土木工程不断注入了新的内涵。它与社会、经济、科学技术的发展密切相关，就其本身而言主要是围绕材料、施工技术、力学与结构理论的演变而不断发展的。

土木工程经历了古代、近代、现代三个历史时期。

一、古代土木工程

古代土木工程是从新石器时代开始到17世纪工程结构有了定量的理论分析为止。这一时期，人类实践应用简单的工具，依靠手工劳动，没有系统的理论，但是在此期间人类发明了烧制的瓦和砖，这是土木工程发展史上的一件大事，同时，人类也建造了不少辉煌而伟大的工程。

随着历史的发展，人类社会的进步，人们开始掘地为穴、搭木为桥，开始了原始的土木工程建造。在我国黄河流域的仰韶文化遗址（公元前5000年～公元前3000年）中，遗存浅穴和地面建筑。西安半坡村遗址（公元前4800年～公元前3600年）中有很多圆形房屋，直径为5～6m，室内竖有木柱来支撑上部屋顶，如图1-1所示。

图1-1 原始建筑物

河南的仰韶文化遗址（公元前5000年～公元前3000年）中有一座面积为200m^{2}的房屋，墙下挖有基槽，槽内有卵石，这是墙基的雏形。

英格兰索尔兹伯里的石环，距今已有4000余年，石环直径约32m，单石高达6m，采用每块重达10t的巨型青石近百块，石环间平放着厚重的石梁，这种梁柱结构方式至今仍为建筑的基本结构体系之一。大约公元前3世纪出现了经过烧制的砖和瓦，在构造方面，形成木构架、石梁柱等结构体系，还有许多较大型土木工程。

随着生产力的发展，私有制取代了原始的公有制，奴隶社会代替了原始社会。在奴隶社会里，奴隶主利用奴隶们的无偿劳动力，建造了大规模的建筑物，推动了社会文明的进步，也促进了建筑技术的发展。古代的埃及、印度、罗马等先后建造了许多大型建筑、桥梁、输水道等。

埃及的吉萨金字塔群（建于公元前2700年～公元前2600年）如图1-2所示，它造型简单、计算准确、施工精细、规模宏大，是人类伟大的文化遗产。

图 1-2 埃及吉萨金字塔群

公元前 5 世纪 ~ 公元前 4 世纪，在我国河北临漳，西门豹主持修筑引漳溉邺工程。公元前 3 世纪中叶，在今天的四川省都江堰市，李冰父子主持修建都江堰，解决围堰、防洪、灌溉以及水陆交通问题，是世界上最早的综合性大型水利工程，如图 1-3 所示。长城原是春秋、战国时各诸侯国为互相防御而修建的城墙。秦始皇统一全国后，为防御北方匈奴的侵犯，于公元前 214 年在秦、赵、燕三国修建的土长城的基础上进行修缮。明代为了防御外族的侵扰，前后修建长城 18 次，西起嘉峪关，东至山海关，总长约 6700km，成为举世闻名的长城。

图 1-3 都江堰

古希腊是欧洲文化的摇篮，公元前 5 世纪建成的以巴台农神庙为主体的雅典卫城，是最杰出的古希腊建筑，其造型典雅壮丽，用白色大理石砌筑，庙宇宏大，石制梁柱结构精美，

在建筑和雕刻上都有很高的成就，是典型的列柱围廊式建筑，如图1-4所示。

图1-4 巴台农神庙

古罗马建筑对欧洲乃至世界建筑都产生了巨大的影响。古罗马大角斗场在功能、形式与结构上做到了和谐统一，其建筑平面成椭圆形，长轴188m，短轴156m，立面为4层，总高48.5m，场内有60排座位，80个出入口，可容纳4.8万~8万名观众，如图1-5所示。

图1-5 古罗马大角斗场

我国古代建筑的一大特点是木结构占主导地位，现存高层木结构实物，当以山西省应县佛宫寺释迦塔（应县木塔）（建于1056年）为代表，塔身外观5层，内有4个暗层，共有9层，高67.31m，平面为八角形，是世界上现存最高的木结构之一。

欧洲以石拱建筑为主的古典建筑达到了很高的水平，早在公元前4世纪，罗马采用拱券技术砌筑下水道、隧道渡槽等土木工程。在建筑工程方面继承和发展了古希腊的传统柱式。如万神庙（120~124年）的圆形正殿屋顶，直径43余米，是古代最大的圆顶庙。意大利的比萨大教堂建筑群、法国的巴黎圣母院教堂（1163~1345年），均为拱券结构。圣保罗主教堂是英国最大的教堂，是英国古典主义建筑的代表，中央穹顶直径34m，顶端离地110

余米。

古代土木工程在建筑上取得巨大成绩的同时，其他的土木工程也取得了重大成就。秦朝在统一中国后，修建了以咸阳为中心的通向全国的驰道，形成了全国规模的交通网。在欧洲，古罗马建设了以罗马为中心，包括 29 条辐射主干道和 322 条联络干道，总长达 78000km 的罗马大道网。道路的发展推动了桥梁工程的发展，桥梁结构最早为行人的石板桥和木梁桥，后来逐步发展成为石拱桥，现保存最完好的我国年代最早石砌拱桥为河北赵县的安济桥，又名赵州桥，如图 1-6 所示。它距今已有 1400 多年，为隋朝匠人李春设计并参加建造的，该桥全部用石灰石建成，净跨 37.02m，矢高 7.23m，矢跨比小于 1/5，桥面宽 9m。该桥无论在材料使用、结构受力、艺术造型和经济上都反映了我国古代桥梁工程方面的极高成就。

图 1-6　河北赵县安济桥

在水利工程方面，公元前 3 世纪，我国的秦朝在今广西兴安开凿灵渠，总长 34km，落差 32m，沟通湘江、漓江，联系长江、珠江水系，后建成使用“湘漓分流”的水利工程。古罗马采用拱券技术筑成隧道、石砌渡槽等城市输水道 11 条，总长 530km。运河为人工开挖的水道，用以沟通不同的河流、水系和海洋，连接重要城镇和矿区，发展水上运输。7 世纪初，我国隋代开凿了世界历史上最长的大运河，全长 2500km，它北起北京，经天津市和河北、山东、江苏、浙江四省，南至杭州，沟通海河、黄河、淮河、长江和钱塘江五大水系。这一时期，在城市建设方面和工艺技术方面也都取得了很多成绩。人们在建造大量的土木工程的同时，注意总结经验，促进意识的深化，出现了许多优秀的工匠和技术人才，编写了许多优秀的土木工程著作，如我国宋喻皓的《木经》、李诫的《营造法式》以及意大利阿尔贝蒂的《论建筑》。

二、近代土木工程

从 17 世纪中叶到 20 世纪中叶的 300 年间，土木工程得到了飞速的发展。伽利略在 1638 年出版的著作《关于两门新科学的谈话和数学证明》中，论述了建筑材料的力学性能和梁的强度。1687 年牛顿总结的力学运动三大定律是土木工程设计理论的基础。瑞士数学家欧拉在 1744 年出版的《曲线的变分法》中建立了柱的压屈公式。1773 年，法国工程师库仑著的《建筑静力学各种问题极大极小法则的应用》一文说明了材料的强度理论及一些构件的

力学理论。18世纪下半叶，瓦特发明的蒸汽机推动了产业革命，为土木工程提供了多种建筑材料和施工机具，同时也对土木工程提出了新的要求。

1824年，英国人J. 阿斯普丁发明了波特兰水泥。1856年，转炉炼钢法取得成功。以上两项发明为钢筋混凝土的产生奠定了基础。1867年，法国人J. 莫尼埃用钢丝加固混凝土制成了花盆，并把这种方法推广到工程中，建造了一座储水池，这是钢筋混凝土应用的开端。1875年，他主持建成了第一座16m长的钢筋混凝土桥。1886年，美国芝加哥建成9层的家庭保险公司大厦，被认为是现代高层建筑的开端。1889年，法国巴黎建成高300m的埃菲尔铁塔。

产业革命还从交通方面推动了土木工程的发展。蒸汽轮船的出现推动了航运事业的发展，同时，要求修建港口、码头、开凿运河。苏伊士运河建于1859~1869年，贯通苏伊士海峡，连接地中海和红海。从塞得港至陶菲克港，长161km，连同深入地中海和红海的河段，总长173km。河面宽60~100m，平均水深15m，可通行8万t巨轮，使从西欧到印度洋间的航程比绕道非洲好望角缩短了5500~8000km。1825年，G. 斯蒂芬森建成了从斯托克特到达灵顿的长21km的第一条铁路；1869年，美国建成横贯北美大陆的铁路；20世纪初，俄国建成西伯利亚铁路。1863年，英国伦敦建成世界上第一条地铁，长6.7km。1819年，英国马克当筑路法明确了碎石路的施工工艺和路面锁结理论。在桥梁工程方面，1779年英国用铸铁建成了30.5m的拱桥，1826年英国T. 特尔福德用链铁建成了跨度177m的梅奈悬索桥。1890年，英国福斯湾建成两孔主跨达521m的悬臂式桁架梁桥。19世纪，设计理论进一步发展并有所突破，土木方面的协会团体相继出现。

第一次世界大战以后，道路、桥梁、房屋大规模出现。道路建设方面，沥青混凝土开始用于高级路面。1931~1942年，德国首先修筑了长达3860km的高速公路网。1918年，加拿大建成魁北克悬臂桥，跨度548.6m。1937年，美国旧金山建成金门悬索桥，跨度1280m，全长2825m。

由于工业的发展和城市人口的增多，大跨高层建筑相继出现。1925~1933年，在法国、苏联和美国分别建成了跨度达60m的圆壳、扁壳和圆形悬索屋盖。中世纪的石砌拱终于被壳体结构和悬索结构所取代。1931年，美国纽约的帝国大厦落成，共102层，高378m，结构用钢约5万t，内有电梯67部，可谓集当时技术成就之大成，它保持世界房屋最高纪录达40年之久。

1886年，美国人P. H杰克逊首次应用预应力混凝土制作建筑构件后，预应力混凝土先后在一些工程中应用并得到进一步发展。超高层建筑相继出现，大跨度桥梁也不断涌现，至此土木工程正向现代化迈进。

必须看到，近代土木工程的发展以西方土木工程的发展为代表，在引进西方的先进技术之后，我国先后建造了一些大型的土木工程。1889年，唐山设立水泥厂。1909年，詹天佑主持的京张铁路建成，全长200km，达到当时世界先进水平。1910年开始生产机制砖。1934年，上海建成24层的国际饭店，21层的百老汇大厦。1937年已有近代公路11万km。我国的土木工程教育事业开始于1895年的北洋大学（今天津大学）和1896年的北洋铁路官学堂（今西南交通大学）。1912年成立中华工程师学会，詹天佑为首任会长；20世纪30年代成立中国土木工程学会。

三、现代土木工程

现代土木工程以社会生产力的现代发展为动力，以现代科学技术为背景，以现代科学材料为基础，以现代工艺与机具为手段，高速度地向前发展。

现代土木工程以第二次世界大战结束为起点，由于经济复苏，科学技术得到飞速发展，土木工程也进入了新的时代。从世界范围来看，现代土木工程具有以下特点。

1. 土木工程功能化

现代土木工程已超出了它的原始意义的范畴，随着各行各业迅猛发展，其他行业对土木工程提出了更高的要求，土木工程必须适应其他行业的发展要求。土木工程与其他行业的关系越来越密切，它们相互依存、相互渗透、相互作用、共同发展，例如大型水坝的混凝土浇筑量达数千万立方米，有的高炉基础达上万立方米。对土木工程有特殊功能要求的特种工程结构也发展起来，如核工业的发展带来了核电站等新的工程类型。

随着社会的进步，经济的发展，现代土木工程也要满足人们日益增长的物质和文化生活的需要，现代化的公用建筑和住宅工程是将各种设备及高科技产品成果融为一体，不再仅仅是传统意义上的四壁加屋顶的房屋。

2. 建筑工程产业现代化

2016 年 9 月 14 日，国务院总理李克强主持召开国务院常务会议，决定大力发展钢结构、混凝土等装配式建筑，推动产业结构调整升级，力争用 10 年左右时间，使装配式建筑占新建建筑的比例达到 30%。

建筑行业作为碳排放大户，对生态环境有较大的影响。以钢结构和装配式建筑为代表，即为我们所说的建筑产业现代化，是通过标准化设计、工厂化生产、装配式施工、一体化装修、信息化管理和智能化应用等综合、系统化手段，整合投融资、规划设计、构件部品生产与运输、施工建造和运营管理等各产业链，实现建筑全生命周期向绿色、低碳、智能方向转型升级和发展。通俗地讲，就是采用工业化的生产方式建造房屋，包括楼梯、墙板、阳台、浴室等建筑部品构件均在工厂流水生产线上大规模生产，并在施工现场将这些建筑部品像“搭积木”一样拼装组建成整体的房屋建筑。

这种集约集成、绿色低碳、高速高效的新型建筑方式，与传统建筑方式相比，优势主要体现在四个方面：一是劳动生产效率大幅提升；二是节能、节水、节材、节地；三是无粉尘、无污染，建筑垃圾大幅减少；四是质量可控、成本可控、进度可控、科学安全。推动建筑产业现代化，符合节能降耗生态环保的要求，利于加快我国建筑业转型升级，推动新型城镇化进程和民生事业发展，更是绿色发展的要求。

3. 城市建设立体化

城市在平面上向外扩展的同时，也向地下和高空发展，高层建筑成了现代化城市的象征。美国的高层建筑数量最多，高度在 160～200m 的建筑就有 100 多幢。1973 年，美国芝加哥建成高达 443m 的西尔斯大厦，其高度比 1931 年建造的纽约帝国大厦高出 65m 左右。1996 年，马来西亚建成吉隆坡石油双塔楼，它曾以 88 层、452m 的高度打破了美国芝加哥西尔斯大厦保持了 22 年的最高纪录。曾经一度被誉为世界最高楼的“台北新地标”101 大楼，有世界最大且最重的风阻尼器，还有两台世界最高速的电梯，从 1 楼到 89 楼只要 39s 的时间。在世界高楼协会颁发的证书上记录了台北 101 大楼取得的世界高楼四项指标中的三

项世界之最，即最高建筑物（508m）、最高使用楼层（438m）和最高屋顶高度（448m）。2010年1月4日，其高度被阿联酋迪拜的迪拜塔（即阿利里法塔）超越。迪拜塔的高度为828m，楼层总数为162层，是世界第一高楼。

上海中心大厦位于上海陆家嘴，建筑主体为118层，总高度为632m，其设计高度超过附近的上海环球金融中心，被称为中国第一高楼，世界第二高楼。它于2016年3月完工，该建筑装有速度可达18m/s的快速电梯，只需55s即可直达119层观光平台。

地铁、地下商店、地下车库和油库日益增多。道路下面密布着电缆、给水、排水、供热、燃气、通信等管网，构成了城市的脉络。现代城市建设已成为一个立体的、有机的整体，对土木工程各个分支以及它们之间的协作提出了更高的要求。

4. 交通运输高速化

第二次世界大战以后，各国开始大规模地建设高速公路。截至1984年，美国已建成高速公路81105km、德国已建成12000km、加拿大已建成6268km、英国已建成2793km。我国1988年才建成第一条全长20.5km的沪嘉高速公路，但到2001年，高速公路通车里程已达19000km，居世界第二。铁路出现了电气化和高速化。1964年10月，日本的“新干线”铁路行车时速达210km。法国巴黎到里昂的高速铁路运行时速达260km。交通高速化促进了桥梁和隧道技术的发展，如日本1985年建成的青函海底隧道长达53.85km；1993年建成了贯通英吉利海峡的法英海底隧道，人们用35min就可以从欧洲大陆穿越英吉利海峡到达英国本土。至2016年底，我国高速铁路、高速公路、城市轨道交通里程分别达到2.2万km、13万km和3800km，港口万吨级及以上泊位数量超过2200个，这些指标均位居世界第一，高速铁路“四纵四横”主骨架中，京沪、京广、哈大、东南沿海、沪汉蓉、陇海郑宝段等线路均已开通。

航空业得到飞速发展，美国芝加哥奥黑尔国际机场是世界上最大的机场，距离芝加哥市27km，共有6个跑道，并且有高速公路穿梭其中，美国所有的航空公司在这都有自己的登机口，平均不到3min就有一架航班起降。我国香港赤鱲角国际机场排名第九，外貌呈Y形的国际机场客运大楼不但是全球最大的单一机场客运大楼，更是世界上最大的室内公共场所，其贵宾候机室为全球最大。客运大楼为智能式环保设计，尽量善用能源。全年货运量超过日本东京成田机场，可望居全球之冠；客运量居亚太区第一位，全球排名第五，居于伦敦、巴黎、法兰克福及阿姆斯特丹国际机场之后。此外，航海业也取得了很大发展，世界上国际贸易港口超过2000个，大型集装箱码头发展迅速。

同时，土木工程在材料、施工和理论方面也出现了新的特点。

材料方面向轻质、高强方面发展。工程用钢的发展趋势是采用低合金钢。强度达到1860MPa的高强钢丝已在预应力结构中得到普遍应用，有的国家已达2000MPa。钢绞线和粗钢筋的大量生产，使长、大预应力混凝土结构在桥梁、房屋中得以推广。

轻骨料混凝土、加气混凝土得到较大发展，混凝土的表观密度由2400kg/m^{3}降至600～1000kg/m^3。从世界范围来看，C50～C75的混凝土已相当普遍。马来西亚吉隆坡石油双塔楼中，有的混凝土柱采用了C80的高强混凝土。1989年美国西雅图建成的双联合广场大厦中，有的柱子混凝土强度达到C120。

施工过程向工业化发展。大规模的现代化建设促进了建筑标准化和施工机械化。人们力求推行工业化的生产方式，在工厂中定型地大量生产房屋、桥梁的构配件和组合件，然后运

到现场装配。在20世纪50年代后期，这种预制装配化的潮流几乎席卷了以建筑工程为代表的许多土木工程领域。工业化的发展带动了施工机械的发展，大吨位塔式起重机高度可达140m，起吊能力达25000t。大型钢模板、商品混凝土、混凝土搅拌运输车、输送泵等相结合，形成了一套现场机械化施工工艺，使传统的现场浇筑混凝土方法获得了新生命，并在高层建筑、桥梁中广泛应用。

理论研究向精确化发展。一些新的理论与方法，如计算力学、结构动力学、网络理论、随机过程论、滤波理论等的成果，随着计算机的普及而渗入到土木工程领域。计算机使高次超静定的分析成为可能，1980年英国建成亨伯悬索桥，单跨达1410m；1983年西班牙建成卢纳预应力混凝土斜拉桥，跨度达440m；济南黄河斜拉桥，跨度为220m。这些桥在设计过程中均采用电算分析。

随着计算机技术的不断发展，“可视化”的三维数字建模技术（即BIM技术）的应用也得到了广泛的发展，BIM在项目的全寿命周期中包括成本预算、各阶段规划、方案设计及论证、能量分析、日照分析、3D协调、信息化管理及运营维护都得到了应用，更是在绿色建筑的理念中得到了较大的体现。我国应用BIM技术的代表工程很多，如上海中心大厦的材料垂直运输、上海金虹桥国际中心的成本控制、杭州奥体中心的基础数据及变更维护等。

薄壳、悬索、网架和充气结构等相继出现。1975年美国密歇根庞蒂亚克体育馆充气塑料薄膜覆盖面积达35000余平方米，可容纳8万观众；上海体育馆圆形网架直径为119m；美国亚特兰大为1996年奥运会修建的佐治亚穹顶（Geogia Dome，1992年建成）采用新颖的整体张拉式索-膜结构，其准椭圆形平面的轮廓尺寸达192m×241m；北京工人体育馆悬索屋面净跨为94m；国家游泳中心（又被称为“水立方”）的建筑外围护采用新型的环保节能ETFE（四氟乙烯）膜材料，由3000多个气枕组成，覆盖面积达11万m^2，墙面和屋顶都分为内外三层，9803个球形节点、20870根钢质杆件中，没有一个零件在空间定位上是完全平行的，是世界上规模最大的膜结构工程，也是唯一一个完全由膜结构来进行全封闭的大型公共建筑。大跨建筑的设计和应用是建筑理论水平发展的一个标志。

从20世纪50年代开始，美国等有关国家将可靠性理论引入土木工程领域。我国近年来陆续颁布的工程结构设计标准，都以将基于概率分析的可靠性理论应用于工程实际。计算机也远不止是用于结构的力学分析，而是渗透到土木工程的各个领域，如计算机辅助设计、辅助制图、现场管理、网络分析、结构优化及人工智能等。这些都充分说明了现代土木工程在理论上已经达到了相当高的水平。

复习思考题

1. 土木工程的基本属性和特点是什么？
2. 现代土木工程具有哪些特点？
3. 当前土木工程专业对所培养人才的素质要求是什么？

2 第二章 建筑工程

【内容摘要及学习要求】

本章介绍了建筑工程的基本概念、建筑工程中常见的基本构造及结构类型。要求掌握建筑工程中常见的结构类型等重点和难点，了解建筑工程的基本概念及建筑工程中常见的基本构造等内容。

第一节 概 述

一、建筑工程基本概念

“埏埴以为器，当其无，有器之用，凿户牖以为室，当其无，有室之用。故有之以为利，无之以为用。”近代建筑学家经常引用老子的这段话来阐明建筑的含义。其真正用意就在于强调建筑对于人来说，具有使用价值的不是围成实体空间的壳，而是空间本身，空间是建筑的本质和灵魂。建筑就是为了满足人们不同的物质文化生活的需要，利用物质技术条件，在科学技术和美学法则的支配下，通过对空间的限定、组织而创造的人为的社会环境。建筑物一般是指人们进行生产、生活或其他活动的房屋或场所。而人们不能直接在内部进行生产和生活的建筑工程设施，称为构筑物。建筑是建筑物和构筑物的统称。

建筑工程是土木工程学科中最有代表性的分支，主要解决衣食住行中“住”的问题。具体表现为形成人类活动所需要的、功能良好和舒适美观的空间，能满足人类物质方面以及精神方面的需要；同时它又是运用画法几何、建筑制图等基础知识和力学、材料等技术知识，以及专业知识研究各种建筑物设计、构筑物设计和修建的一门学科。典型的建筑工程则是房屋工程，它是兴建房屋的规划、勘察、设计（建筑、结构和设备）、施工的总称，目的是为人类生产与生活提供场所。

房屋好比一个人，它的规划就像人生活的环境，是由规划师负责的；它的布局和艺术处理相当于人的体形、容貌、气质，是由建筑师负责的；它的结构好比人的骨骼和寿命，是由结构工程师负责的；它的给水排水、供热通风和电气等设施好比人的器官、神经，是由设备工程师负责的。房屋的建造过程表明：在城市和地区规划基础上建造房屋，是建设单位、勘察单位、设计单位的各种设计工程师和施工单位全面协调合作的过程。这个过程可概括为如

下9个方面：

1）建设单位提出使用要求。

2）初步设计构思。

3）明确各种功能要求。

4）形成总体设计方案。

5）处理各设计工种的技术问题。

6）进行各设计工种的细部设计。

7）绘制施工图，书写设计说明，完成总体设计。

8）交付施工，同时进行工程监理。

9）竣工，房屋落成，交付使用。

在这个过程中，1）~4）为初步设计阶段；5）~7）为施工图阶段；8）为施工阶段；9）为回访阶段。这9个过程要经历相当长的历程，需要多方面通力合作，满足相互联系着的多种要求（表2-1）。

表2-1　房屋建筑工程各方的作用

建设单位要解决的问题	（1）提出使用要求，编制设计任务书 （2）确定土地使用范围 （3）保证落实建设资金 （4）通过招标发包，选择设计、施工单位
建筑师要解决的问题	（1）与规划的协调，房屋体型和周围环境的设计 （2）合理布置和组织房屋室内空间 （3）解决好采光、隔声、隔热等建筑技术问题 （4）艺术处理和室内外装饰
设备工程师要解决的问题	（1）确定水源和给水排水系统 （2）确定热源和供热、制冷、空调系统 （3）确定电源和照明、弱电、动力用电系统 （4）使水、暖、电系统和建筑、结构布置协调一致
勘察单位要解决的问题	（1）勘察测量房屋所在地段的地质和地形 （2）提供地质（含水文）资料、地形图 （3）提出对房屋结构基础设计的建议 （4）提出对不良地基的处理意见
结构工程师要解决的问题	（1）确定房屋结构承受的荷载，并合理选用结构材料 （2）正确选用结构体系和结构形式 （3）解决好结构承载力、变形、稳定、抗倾覆等技术问题 （4）解决好结构的连接构造和施工方法问题
施工单位要解决的问题	（1）施工组织设计和施工现场布置 （2）确定施工技术方案和选用施工设备 （3）建筑材料的购置、检验和使用，熟练技工和劳动力的组织 （4）确保工程质量和工期进度

二、建筑物的类别

(一) 按使用功能分类

1. 民用建筑

民用建筑是指供人们工作、学习、生活、居住用的建筑物。

(1) 居住建筑　如住宅、宿舍、公寓等。

(2) 公共建筑　按性质不同又可分为15类之多：①文教建筑；②托幼建筑；③医疗卫生建筑；④观演性建筑；⑤体育建筑；⑥展览建筑；⑦旅馆建筑；⑧商业建筑；⑨电信、广播电视建筑；⑩交通建筑；⑪行政办公建筑；⑫金融建筑；⑬饮食建筑；⑭园林建筑；⑮纪念建筑。

2. 工业建筑

工业建筑是指为工业生产服务的生产车间及为生产服务的辅助车间、动力用房、仓储间等。

3. 农业建筑

农业建筑是指供农（牧）业生产和加工用的建筑，如种子库、温室、畜禽饲养场、农副产品加工厂、农机修理厂（站）等。

4. 特种建筑与智能建筑

特种建筑是指具有特种用途的工程结构，如水池、水塔、烟囱、筒仓、冷却塔、纪念碑、电视塔等。智能建筑是指具有智能化的建筑，是以建筑为平台，兼备建筑电气、办公自动化及通信网络系统，集结构、施工、服务、管理及它们之间的最优化组合，向人们提供一个高效、舒适、便利、安全的建筑环境的建筑物。

(二) 按建筑规模和数量分类

1. 大量性建筑

大量性建筑是指建筑规模不大，但修建数量多，与人们生活密切相关的分布面广的建筑，如住宅、中小学教学楼、医院、商店等。

2. 大型性建筑

大型性建筑是指规模大、耗资多的建筑，如大型体育馆、大型剧院、航空港站、展览馆、大型工厂等。与大量性建筑相比，其修建数量是很有限的，这类建筑在一个国家或一个地区具有代表性，对城市面貌的影响也较大。

(三) 按建筑层数分类

1) 住宅建筑按层数划分如下：1~3层为低层；4~6层为多层；7~9层为中高层；10层及10层以上为高层。

2) 公共建筑及综合性建筑总高度超过24m者为高层（不包括总高度超过24m的单层主体建筑）。

3) 建筑高度超过100m时，不论住宅或公共建筑均为超高层。

(四) 按耐火等级分类

所谓耐火等级，是衡量建筑物耐火程度的标准，它是由组成建筑物的构件的燃烧性能和耐火极限的最低值所决定的。划分建筑物耐火等级的目的在于根据建筑物的用途不同提出不同的耐火等级要求，做到既有利于安全，又有利于节约基本建设投资。现行《建筑设计防火规范》（GB 50016—2014）将建筑物的耐火等级划分为四级，见表2-2。

表2-2　不同耐火等级建筑相应构件的燃烧性能和耐火极限　（单位：h）

构件名称		一级	二级	三级	四级
墙	防火墙	不燃性3.00	不燃性3.00	不燃性3.00	不燃性3.00
	承重墙	不燃性3.00	不燃性2.50	不燃性2.00	难燃性0.50
	非承重外墙	不燃性1.00	不燃性1.00	不燃性0.50	可燃性
	楼梯间及前室的墙 电梯井的墙 住宅建筑单元之间的墙和分户墙	不燃性2.00	不燃性2.00	不燃性1.50	难燃性0.50
	疏散走道两侧的隔墙	不燃性1.00	不燃性1.00	不燃性0.50	难燃性0.25
	房间隔墙	不燃性0.75	不燃性0.50	难燃性0.50	难燃性0.25
柱		不燃性3.00	不燃性2.50	不燃性2.00	难燃性0.50
梁		不燃性2.00	不燃性1.50	不燃性1.00	难燃性0.50
楼板		不燃性1.50	不燃性1.00	不燃性0.50	可燃性
屋顶承重构件		不燃性1.50	不燃性1.00	不燃性0.50	可燃性
疏散楼梯		不燃性1.50	不燃性1.00	不燃性0.50	可燃性
吊顶（包括吊顶搁栅）		不燃性0.25	难燃性0.25	难燃性0.15	可燃性

注：1. 除本规范另有规定外，以木柱承重且以非燃烧材料作为墙体的建筑物，其耐火等级应按四级确定。
2. 住宅建筑构件的耐火极限和燃烧性能可按现行国家标准《住宅建筑规范》（GB 50368）的规定执行。

1. 建筑构件的燃烧性能分类

1）不燃烧体是指用不燃烧材料做成的建筑构件，如天然石材、人工石材、金属材料等。

2）燃烧体是指用容易燃烧的材料做成的建筑构件，如木材、纸板、胶合板等。

3）难燃烧体是指用不易燃烧的材料做成的建筑构件，或者用燃烧材料做成，但用非燃烧材料作为保护层的构件，如沥青混凝土构件、木板条抹灰等。

2. 建筑构件的耐火极限

所谓耐火极限，是指任一建筑构件在规定的耐火试验条件下，从受到火的作用时起，到失去支承能力或完整性被破坏或失去隔火作用时为止的这段时间，用小时表示。

（1）失去支承能力　失去支承能力是指构件在受到火焰或高温作用下，由于构件材质性能的变化，使承载能力和刚度降低，承受不了原设计的荷载而破坏。例如受火作用后的钢筋混凝土梁失去支承能力，钢柱失稳破坏；非承重构件自身解体或垮塌等，均属失去支持能力。

（2）完整性被破坏　完整性被破坏是指薄壁分隔构件在火中高温作用下，发生爆裂或局部塌落，形成穿透裂缝或孔洞，火焰穿过构件，使其背面可燃物燃烧起火。例如受火作用后的板条抹灰墙，内部可燃板条先行自燃，一定时间后，背火面的抹灰层龟裂脱落，引起燃

烧；预应力钢筋混凝土楼板使钢筋失去预应力，发生炸裂，出现孔洞，使火苗窜到上层房间。在实际中这类火灾相当多。

（3）失去隔火作用　失去隔火作用是指具有分隔作用的构件，当背火面任一点的温度达到220℃时，构件失去隔火作用。例如一些燃点较低的可燃物（纤维系列的棉花、纸张、化纤品等）烤焦后以致起火。

（五）按设计使用年限分类

建筑物的设计使用年限主要由建筑物的重要性和规模大小决定的，设计使用年限是基建投资和建筑设计的重要依据。《民用建筑设计通则》（GB 50352—2005）中规定，以主体结构的设计使用年限确定的建筑类别为四类，见表2-3。

表2-3　设计使用年限分类

类别	设计使用年限/年	示例
1	5	临时性建筑
2	25	易于替换结构构件的建筑
3	50	普通建筑和构筑物
4	100	纪念性建筑和特别重要的建筑

第二节　建筑基本构造

一、建筑构造概述

建筑构造是研究建筑物的构造组成及各构成部分的组合原理与构造方法的学科。其主要任务是，在建筑设计过程中综合考虑使用功能、艺术造型、技术经济等诸多方面的因素，并运用物质技术手段，适当地选择并正确地决定建筑的构造方案和构配件组成以及进行细部节点构造处理等。

二、建筑物的构造组成及其作用

一幢建筑，一般是由基础、墙（或柱）、楼板层和地坪、饰面装修、楼梯、屋顶和门窗等部分所组成的，如图2-1所示。

（一）基础

基础是建筑物最下部的承重构件，其作用是承受建筑物的全部荷载，并将这些荷载传给地基。因此，基础必须具有足够的强度，并能抵御地下各种有害因素的侵蚀，如图2-2所示。

（二）墙（或柱）

墙是建筑物的承重构件和围护构件。作为承重构件的外墙，其作用是承重、抵御自然界各种因素对室内的侵袭；内墙主要起分隔空间及保证舒适环境的作用。在框架或排架结构的建筑物中，柱起承重作用，墙仅起围护作用。因此，要求墙体具有足够的强度、稳定性，保温、隔热、防水、防火、耐久及经济等性能，如图2-3所示。

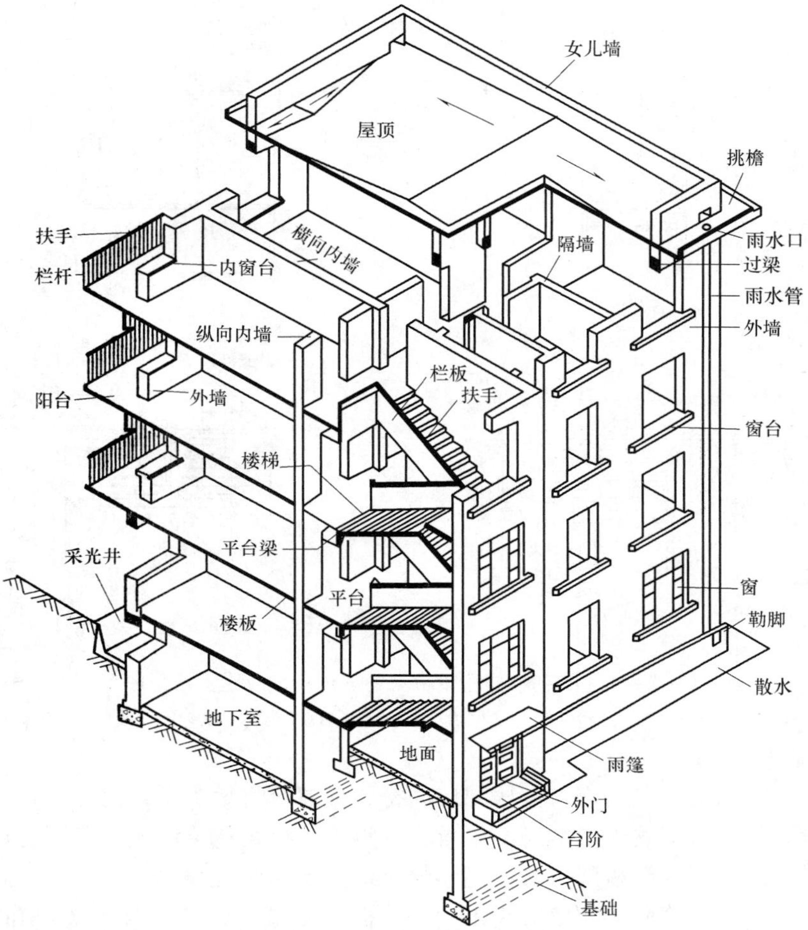

图 2-1　房屋的基本构造组成

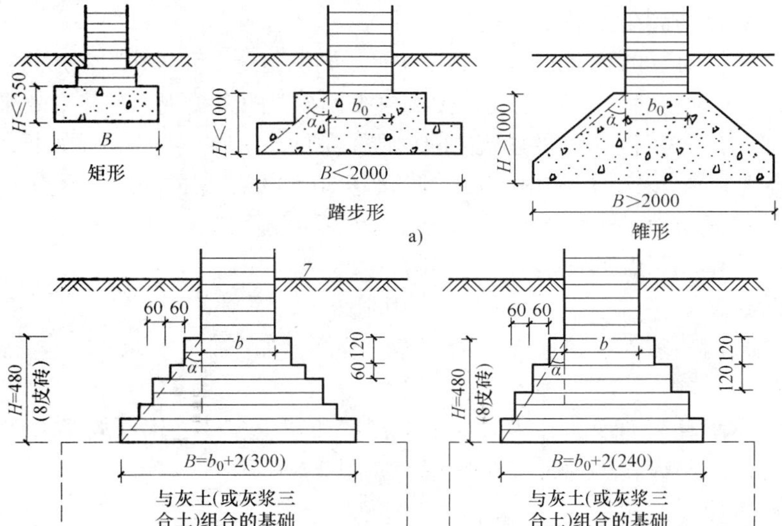

图 2-2　建筑基本构造中常见的基础构造

a）混凝土基础　b）砖基础

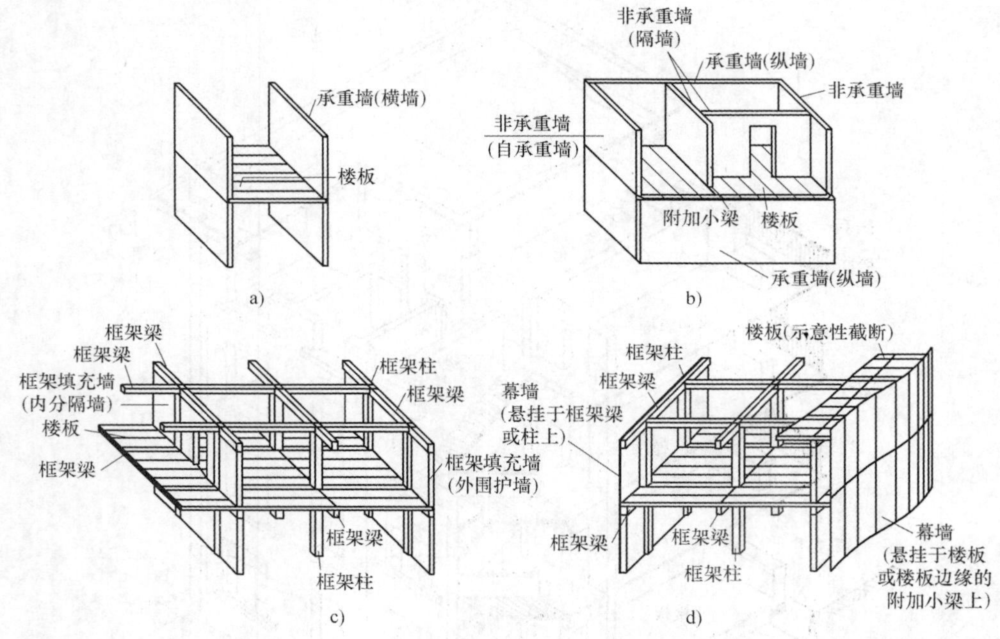

图 2-3 建筑基本构造中常见的墙体构造及受力示意图

a）砖混结构（横墙承重） b）砖混结构（纵墙承重） c）框架结构--框架填充墙 d）框架结构—幕墙

（三）楼板层和地坪

楼板是水平方向的承重构件，按房间层高将整幢建筑物沿水平方向分为若干层；楼板层承受家具、设备和人体荷载以及本身的自重，并将这些荷载传给墙或柱；同时对墙体起着水平支撑的作用。因此要求楼板层应具有足够的抗弯强度、刚度和隔声、防潮、防水的性能。

楼板按使用的材料不同，主要分为木楼板、砖拱楼板、钢筋混凝土楼板和钢楼板四种，其中最常见的是钢筋混凝土楼板（分为现浇式、装配式、装配整体式三种），如图 2-4 所示，其中图 c 为现浇的钢筋混凝土肋梁楼板。

当肋梁楼板两个方向的梁不分主次，高度相等，同位相交，呈“井”字形时，则称为井式楼板（井式楼板也是双向板肋梁楼板）。此种楼板的梁板布置图案美观，有装饰效果，并且由于两个方向的梁互相支撑，为创造较大的建筑空间创造了条件。所以，一些大厅如北京西苑饭店接待大厅、北京政协礼堂等均采用了井式楼板，其跨度达 30 ~40m，梁的间距一般为 3m 左右。

地坪是底层房间与地基土层相接的部分，起承受底层房间荷载的作用。要求地坪具有耐磨防潮、防水、防尘和保温的性能（图 2-4b）。

（四）饰面装修

饰面装修是指内外墙面、楼地面、屋面等的装修，如图 2-5 所示。

（五）楼梯

楼梯是建筑的垂直交通设施，供人们上下楼层和紧急疏散之用。故要求楼梯具有足够的通行能力，且防滑、防火，能保证安全使用，如图 2-6 所示。

（六）屋顶

屋顶是建筑物顶部的围护构件和承重构件，抵抗风、雨、雪、冰雹等的侵袭和太阳辐射热的影响；又承受风雪荷载及施工、检修等屋顶荷载，并将这些荷载传给墙或柱。故屋顶应

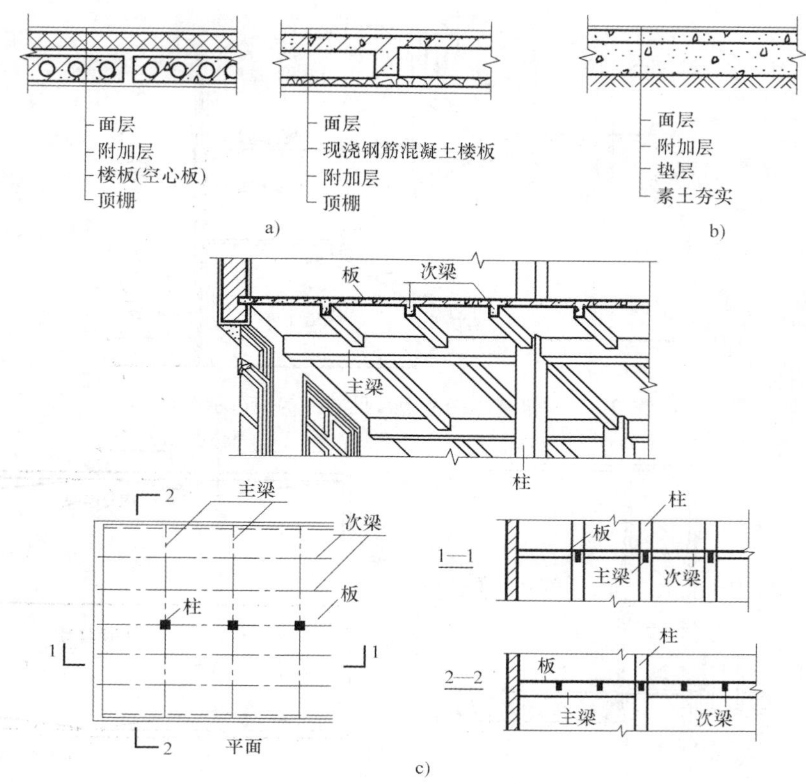

图 2-4 建筑基本构造中常见的楼板和地坪

a）楼板层 b）地坪层 c）现浇的钢筋混凝土肋梁楼板

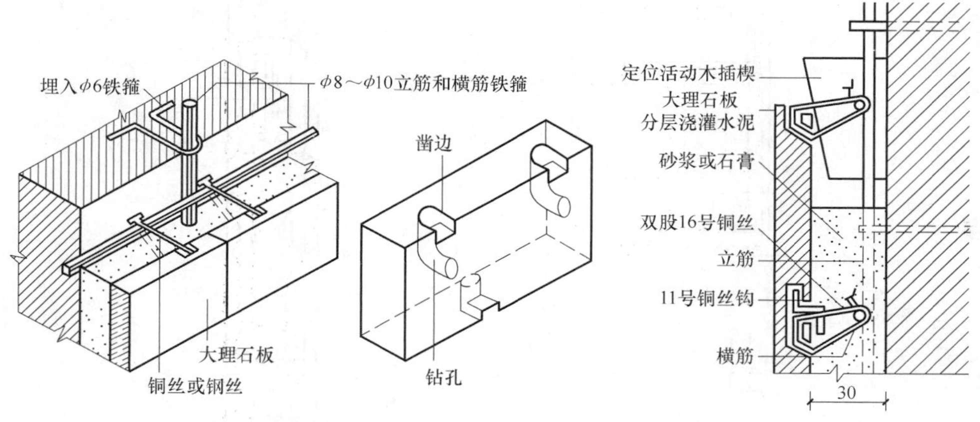

图 2-5 建筑基本构造中常见的饰面装修构造示意图

具有足够的强度、刚度及防水、保温、隔热等性能，如图 2-7 所示。

（七）门窗

门与窗均属于非承重构件，也称为配件。门主要供人们出入和分隔房间用，窗主要起通风、采光、分隔、眺望等作用。处于外墙上的门窗又是围护构件的一部分，要满足热工及防水的要求；某些有特殊要求的房间，门窗应具有保温、隔声、防火的能力，如图 2-8 所示。

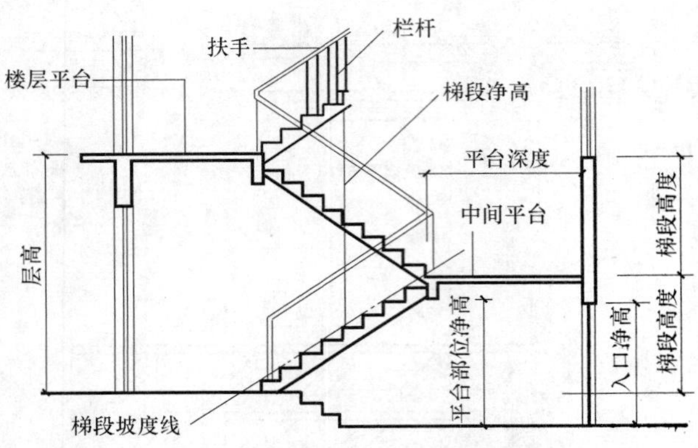

图 2-6 建筑基本构造中常见的楼梯构造示意图

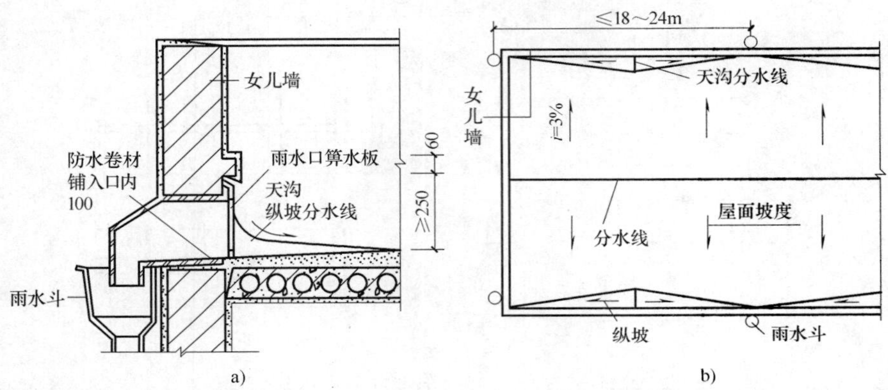

图 2-7 建筑基本构造中常见的屋顶构造示意图

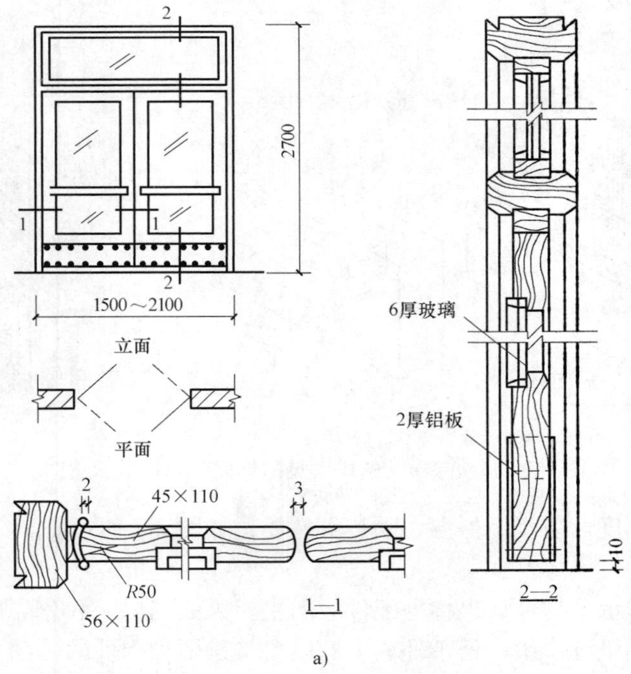

图 2-8 建筑基本构造中常见的门窗构造示意图

a）弹簧门安装构造

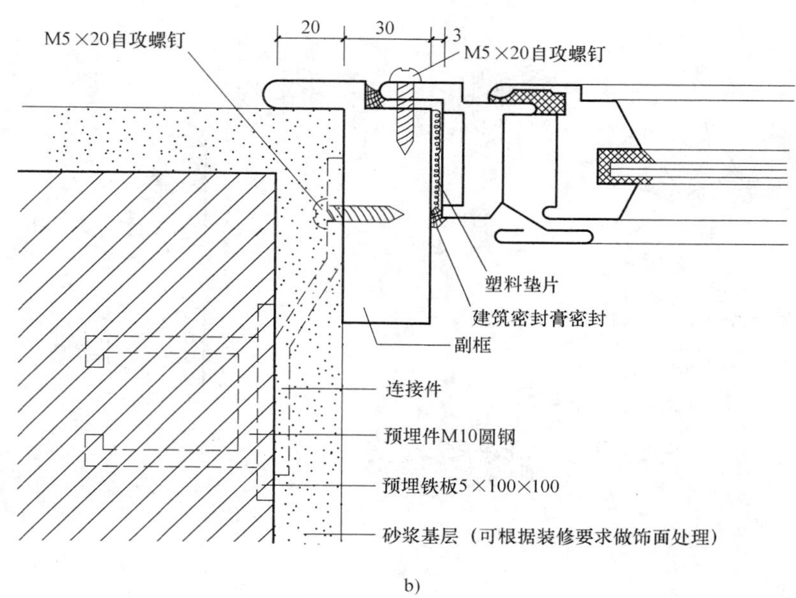

图 2-8 建筑基本构造中常见的门窗构造示意图（续）
b）带副框彩板平开窗安装构造

一座建筑物除上述基本组成部分以外，对不同使用功能的建筑物，还有许多特有的构件和配件，如阳台、雨篷、台阶、排烟道等。

第三节 建筑工程结构类型

一、按主体结构的形式和受力系统分类

按组成房屋主体结构的形式和受力系统，建筑工程结构分为如下九种类型。

（1）承重墙结构（在高层建筑中也称剪力墙结构） 以墙为主体的结构，即利用房屋的墙体作为竖向承重和抵抗水平荷载（如风荷载或水平地震荷载）的结构（图 2-9a）。墙体同时也作为围护及房间分隔构件。

（2）框架结构 以梁、柱组成的框架为主体的结构（图 2-9b）。采用梁、柱组成的框架作为房屋的竖向承重结构，同时承受水平荷载。如果梁和柱为整体连接，其间不能自由转动、但可以承受弯矩的则称为刚接框架结构；如果梁和柱为非整体连接，其间可以自由转动、但不能承受弯矩的则称为铰接框架结构。

（3）错列桁架结构 将由杆组成的一些由平面三角形集合而成的较大跨度的桁架，以错列桁架形式形成的结构（图 2-9c）。可利用整层高的桁架横向跨越房屋两外柱之间的空间，也可利用桁架交替在各楼层平面上错列的方法增加整个房屋的刚度，还可以使居住单元的布置更加灵活。

（4）筒体结构 利用四周墙体形成的封闭筒体和框架一起组合而成的结构（图 2-9d）。利用房间四周墙体形成的封闭筒体（也可利用房屋外围由间距很密的柱与截面很高的梁，组成一个形式上像框架、实质上是一个有许多窗洞的筒体）作为主要抵抗水平荷载的结构，

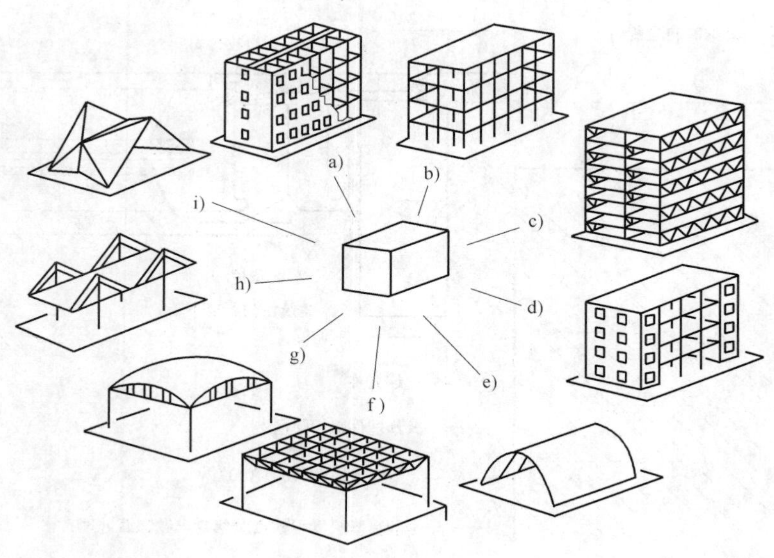

图 2-9 建筑工程中房屋结构的各种形式示意图

a）承重墙结构 b）框架结构 c）错列桁架结构
d）筒体结构 e）拱结构 f）网架结构 g）薄壳结构
h）钢索结构 i）折板结构

也可以利用框架和筒体组合成框架 - 筒体结构。

（5）拱结构 以在一个平面内受力的、由曲线（或折线）形构件组成的拱所形成的结构（图 2-9e），用来承受整个房屋的竖向荷载和水平荷载。

（6）网架结构 由杆组成网格形的空间网架为主体形成的结构（图 2-9f）。由多根杆件按照一定的网格形式，通过节点连接而成的空间结构，具有空间受力、重量轻、刚度大、可跨越较大跨度、抗震性能好等优点。

（7）薄壳结构 由曲面形板与边缘构件（梁、拱或桁架）组成的空间结构。该结构以空间薄壳为主体，能以较薄的板面形成承载能力高、刚度大的承重结构，能覆盖大跨度的空间而无须中间支柱（图 2-9g）。

（8）钢索结构 也称悬挂式结构，它以索为主体，楼面荷载通过吊索或吊杆传递到支承柱上去，再由柱传递到基础（图 2-9h）。

（9）折板结构 由多块平板组合而成的空间结构，是一种既能承重又可围护，用料较省、刚度较大的薄壁结构（图 2-9i）。

二、按主体结构材料、用途及承重方式分类

按组成房屋主体结构材料、用途及承重方式不同，建（构）筑物可分为如下几种类型。

（一）木结构建筑物

木结构和砌体结构都是人类最早兴建的建筑工程结构。陕西西安半坡遗址显示了 5000 多年前的木结构建筑。它是以茅草树枝做屋面，以木柱和夯土墙作为主要承重结构的。而山西应县木塔则是目前我国最高的木结构建筑。该塔建于 1056 年，塔高为 67. 31m，外观 5 层，内有 4 个暗层，实为 9 层，平面为八角形，底层直径为 30. 27m。

（二）砌体结构建筑物

古代砌体结构建筑的成就是辉煌的。享有悠久声誉的埃及胡夫金字塔，建成于公元前2000多年，是一座用230余万块巨石砌垒起来的高146.6m的伟大建筑。建成于公元537年的位于伊斯坦布尔的索菲亚大教堂，是一座用砖砌球壳和石砌半圆拱及巨型石柱组成的宏伟砖石建筑。它们至今仍完整地矗立在原址，供世人观赏。

古代砌体结构建筑的典型做法可以从古罗马万神庙（图2-10）的构造中看出，这种构造做法直至5世纪还一直在雅典普遍采用，并留传至今。

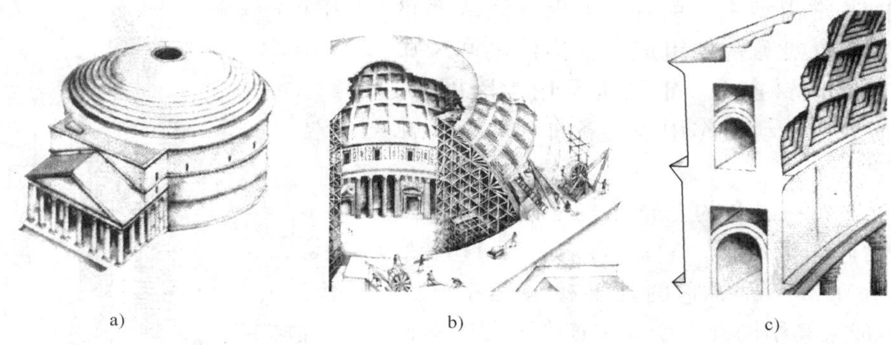

a) b) c)

图2-10 万神庙示意图

a）外观 b）圆顶施工示意图 c）圆筒形外墙断面

古罗马万神庙的圆球形顶部直径约43.6m，顶端为一直径8.9m的孔洞，洞口至地平面为43.6m高，球面用方形的下厚上薄、下大上小的平顶砖镶板叠合砌成，并在木支架上成型（图2-10b）。圆球形屋顶在自重作用下有向四周推出的外推力，因而，需要在圆周边上砌筑约6m厚的圆筒形墙体加以支撑。虽然这圆筒形墙很厚，但是内部是空的，用双层筒拱将两侧边墙连接起来，形成一个刚度和强度都很大的圆桶（图2-10c）。万神庙外观很普通（图2-10a），内部装饰却金碧辉煌，耀眼夺目，十分豪华。

（三）混凝土结构建筑物

混凝土是一种原材料资源丰富，能消纳工业废渣，成本和能耗较低，可以与钢筋、型钢黏结使用的材料。由于混凝土的可模性、整体性、刚性均较好，体内能按受力需要配置钢筋等优点，可用于各种受力构件（如板、梁、柱等），做成各种结构体系（如墙体结构体系、框架结构体系、薄壳结构体系等），建造各种建筑（如住宅建筑、公共建筑、商业建筑等）。又由于能做成预应力混凝土、高性能混凝土（强度等级可在C60以上）和轻骨料混凝土，大大扩大了其应用范围，故混凝土结构实质上已成为现代工程建设中的主要结构形式。例如马来西亚吉隆坡的石油双塔大厦（图2-11），它是

图2-11 马来西亚吉隆坡石油双塔大厦

两个并排的圆形建筑，双塔均采用外檐为直径46.36m的混凝土外筒，中心部位是22.8m×23m高强钢筋混凝土内筒，高强轧制钢梁支托的金属板与混凝土复合楼板将内外筒连接在一起，在圆形和正方形交接点位置处设置16根混凝土柱子。框架柱直径由底层的2.4m逐渐变化到顶层的1.2m，建筑面积为600000m^2。地上88层，考虑夹层和超高层楼面后有95层，高390m，连同桅杆总高452m，从底层至84层采用的都是钢筋混凝土结构，整个建筑的高宽比为8.64，是细长型建筑，造型极其优美。

（四）钢结构建筑物

钢结构通常由型钢、钢管、钢板等制成的钢梁、钢柱、钢桁架等构件组成，各构件之间采用焊缝、螺栓或铆钉连接。钢结构常用于跨度大、高度高、荷载大、动力作用大的各种建筑及其他土木工程结构中。

目前，世界上最高的全钢结构建筑之一是美国芝加哥的西尔斯大厦。它高442m，有110层，建筑面积为413800m^2。它的标准楼层是在9个23m×23m成束筒结构（多个筒体连在一起的结构体系称为多筒结构。多筒结构可分为两类：一类是将多个筒体合并在一起形成成束筒；另一类是在筒体之间用刚度很大的水平构件相互连接，成为巨型框架。成束筒的侧向刚度很大，可以建成超高层结构）基础上形成的69m×69m的方形平面，如图2-12所示。每个筒体的柱距为4.6m。随着建筑的升高，各筒在不同高度上终止，即1~50层由9个小方筒组成一个大方形筒体，在51~66层截去对角线上的2个方筒，67~90层又截去另一对角线上的另2个方筒，91层以上只保留2个方筒，形成立面参差错落、简洁明快的效果，体现了建筑设计与结构设计的完美结合。

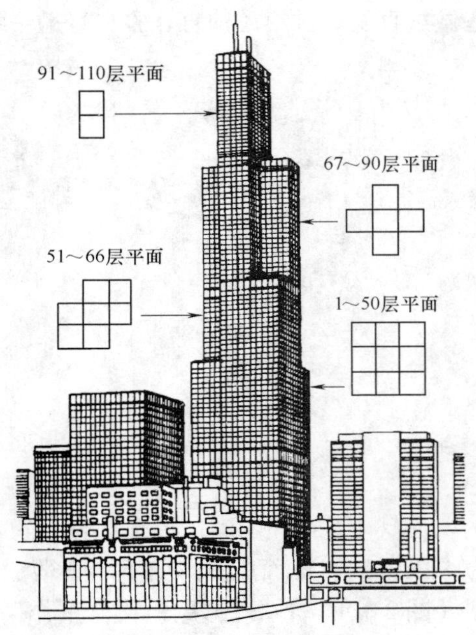

图2-12 美国芝加哥西尔斯大厦

（五）钢-混凝土组合结构建筑物

钢-混凝土组合结构是采用钢构件和钢筋混凝土构件，或钢-混凝土组合构件共同组成的承重结构体系或抗侧力结构体系。这种组合可使钢和混凝土两种材料相互取长补短，取得良好的技术经济效果。

上海金茂大厦（图2-13）是典型的钢-混凝土组合结构。它总高421m，建筑面积约为290000m^2，共88层，包括52层办公用房和34层旅馆用房，第88层为观光区。它在第87层以上为三维的空间钢框架结构系统，直至顶层，用来架设屋顶的钢塔架，这意味着金茂大厦还是属于一种竖向的钢-混凝土混合结构体系。金茂大厦是我国建筑工程史上的里程碑，已进入世界名楼之列。在施工中解决了若干重大技术难题，例如

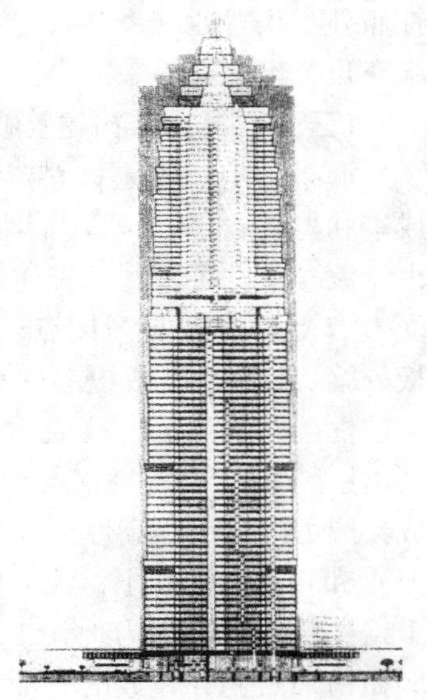
图2-13 上海金茂大厦

13500m^2 的 C50 混凝土基础底板一次浇捣成型；混凝土一次性泵送至 382.5m 的高度；用我国自行设计的爬升模板体系进行 333.7m 的核心筒施工；主楼垂直精度达 1/20000。

钢-混凝土组合结构作为一种合理的结构形式，近年来发展很快。它是 21 世纪土木工程结构发展的方向，被誉为最有发展前途的结构形式之一。许多世界名楼都采用这种结构形式。截至 2017 年，已建成投入使用的世界上高度在前十位的建筑见表 2-4。

表 2-4　世界高度前十位的建筑（截至 2017 年）

排序	建筑名称	建造地址	时间/年	高度/m	层数（地上）
1	迪拜塔	迪拜	2010	828	162
2	上海中心大厦	上海	2015	632	124
3	麦加皇家钟塔饭店	麦加	2012	601	120
4	平安金融中心	深圳	2017	599	118
5	乐天世界大厦	首尔	2017	555	123
6	世界贸易中心一号大楼	纽约	2014	541	104
7	广州周大福金融中心	广州	2016	530	116
8	台北 101 大楼	台北	2004	508	101
9	环球金融大厦	上海	2008	492	101
10	香港环球贸易广场	香港	2012	484	118

（六）索结构建筑物

北京工人体育馆建成于 1961 年，是我国索结构建筑物的代表作，可容纳 15000 名观众。圆形屋顶采用车辐式双层悬索体系，直径达 94m（图 2-14）。屋盖形如自行车车轮，上、下层各 72 根钢索锚于内环和外环上。内环受拉，是直径 16m、高 11m 的钢环；外环受压，用截面为 2m×2m 的钢筋混凝土制作。上、下索均施加预应力，以保证结构的刚度。北京工人体育馆无论从规模大小还是从技术水平来看，在当时都居世界领先地位。现俄罗斯列宁格勒体育馆采用的悬索结构跨度已达 160m。

目前，按跨度大小排行世界前十位的建筑物见表 2-5。

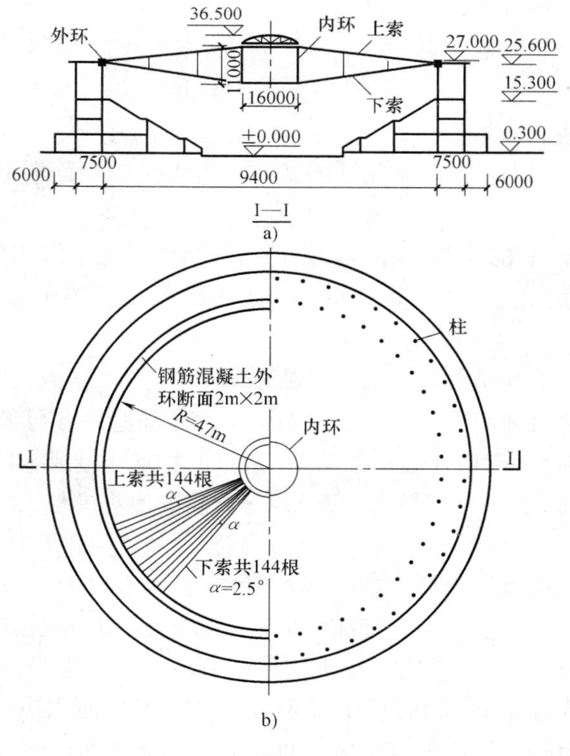

图 2-14　北京工人体育馆

a）剖面　b）平面

表 2-5 世界前十位大跨度结构建筑物

排序	建筑名称	跨度/m	建造时间/年	结构形式
1	国家体育场（鸟巢）	332.3	2008	钢架
2	英国伦敦千年穹顶	320	1998	索-膜
3	重庆奥体中心体育场	312	2004	网架
4	上海体育场	300	1997	网架
5	日本大分穹顶	274	2000	钢拱
6	浙江黄龙体育中心	244	2003	网壳
7	香港大球场	240	1994	网壳膜
8	亚特兰大佐治亚穹顶	240×193	1996	索-膜
9	威海市体育场	236×209	2016	网架
10	名古屋穹顶	229.6	1997	网壳

（七）特种构筑物

特种结构是指房屋、地下建筑、桥梁、隧道、水工结构以外的具有特殊用途的工程结构（也称构筑物）。特种结构包括：储液池、烟囱、筒仓、水塔、挡土墙、深基坑支撑结构、电视塔和纪念性构筑物等。下面主要介绍水池、水塔、烟囱、筒仓、电视塔和纪念性构筑物。

1. 水池和水塔

它们是建筑工程中常用的给水排水工程构筑物，用于储存液体。水池位于地平面以上或地下，水塔则用支架支撑，高于地面。

2. 烟囱

烟囱是工业常用的构筑物，可由砖、钢筋混凝土或型钢制造，由筒身、内衬、隔热层、基础组成。其形式有单筒、多筒或筒中筒等。我国单筒烟囱最高的是山西神头第二发电厂270m 高的烟囱。我国最高的双筒烟囱是辽宁绥中电厂 270m 的钢筋混凝土钢内管双管烟囱。加拿大安大略一座 379.6m 的金属烟囱是世界上最高的烟囱。

3. 筒仓

筒仓是储存粒状和粉状松散物体（如谷物、面粉、水泥、碎煤等）的立式容器。平面形状可为圆形、矩形、多边形，多个筒仓组合可形成群仓。大连北良有限公司国家粮食储备库为一个 60 万 t 土建工程，由 20 个筒仓组成，筒仓内径为 32m，壁厚为 0.405m，高度为 45.8m，单仓容量为 3 万 t，是目前国内规模最大的筒仓工程。

4. 电视塔

电视塔为筒体悬臂结构或空间框架结构，由塔基、塔座、塔身、塔楼及桅杆五部分组成。以目前世界上最高的加拿大多伦多 CN 电视塔为例，塔高 553m，塔身采用预应力混凝土以滑升模板建造，如图 2-15a 所示。该塔塔身的横断面为自上而下逐渐加大的等边 Y 形，由 3 片互成 120°交角的矩形空心支腿和中间六边形筒体组合而成（图 2-15b）。在标高 335m 处有一 7 层高的空中舱（即塔楼部分）自塔身向四周挑出，有屋顶餐厅、瞭望平台、夜总会、电视广播器材室等。在 447m 处有一空中平台（图 2-15d），可远眺 120km 处的风景。空中平台上是 102m 高的钢制天线桅杆，它是用直升机安装就位的，安装后最高点偏差仅

27.9mm，为总高度的1/20000。塔基位于地平面下15m深的基岩上，承受全塔约1300000kN的重力荷载。

5. 纪念性构筑物

纪念性构筑物用于纪念重大历史事件，或重要历史人物，也可作为城市的标志性建筑。例如，我国首都北京的人民英雄纪念碑，建成于1956年，高39.40m，为石砌体结构，是我国近代革命历史中具有重要政治意义的纪念性建筑；美国首都华盛顿纪念碑，高169.2m，该碑于1848年动工，1884年完工，工程历时36年，至今仍是世界上最高的砌体承重结构。

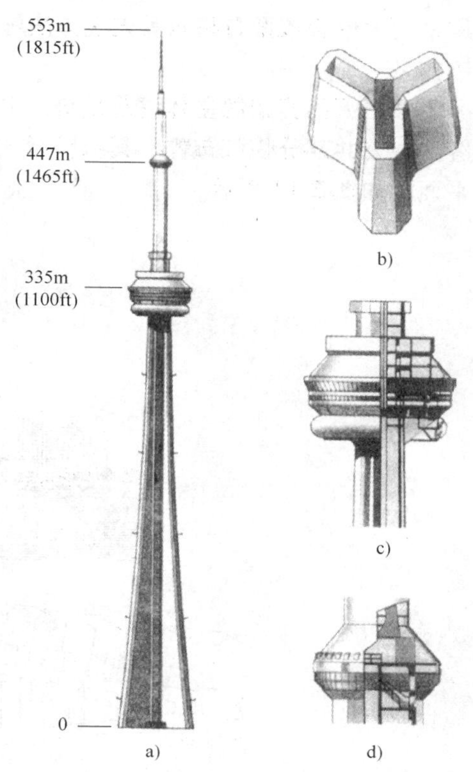

图2-15　加拿大多伦多CN电视塔
a）全貌　b）塔身横断面
c）335m高程处的空中舱
d）447m高程处的空中平台

（八）高层与超高层建筑的结构体系

1. 框架结构体系

对高层与超高层建筑，抵抗水平荷载成为确定和设计结构体系的关键问题。高层与超高层建筑中常用的结构体系有框架结构体系（图2-16a）、剪力墙结构体系（图2-16b）、框架-剪力墙结构体系（图2-16c）、框支剪力墙结构体系（图2-16d）、筒体结构体系（图2-16e、f）以及它们的组合体。

2. 剪力墙结构体系

剪力墙一般为钢筋混凝土墙体，除承受垂直荷载外，还具有很高的抗剪强度，故称为剪力墙。剪力墙结构体系就是利用建筑物剪力墙承受竖向与水平荷载，并将其作为建筑物的围护及房间分隔构件的结构体系。

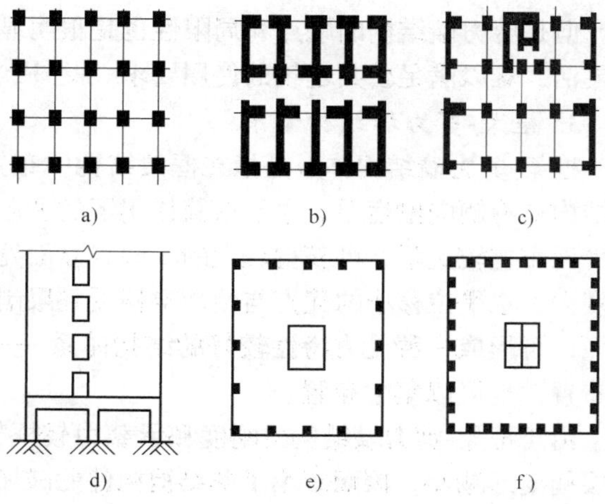

图2-16　高层建筑结构体系示意图
a）框架　b）剪力墙　c）框架-剪力墙
d）框支剪力墙　e）框筒　f）筒中筒

剪力墙在抗震结构中也称抗震墙（水平剪力由地震力引起）。它在自身平面内的刚度大、强度高、整体性好，在水平荷载作用下侧向变形小，抗震性能较强。在国内外历次大地震中，剪力墙结构体系的震害较轻，表现出了良好的抗震性能。因此，剪力墙结构在非地震区或地震区的高层建筑中都得到了广泛的应用。在地震区15层以上的高层建筑中采用剪力墙是经济的，在非地震区采用剪力墙建造建筑物的高度可达140m。目前，我国10～30层的高层住宅大多采用这种结构体系。剪力墙

结构采用大模板或滑升模板等先进方法施工时，其施工速度很快，可节省大量的砌筑填充墙等工作量。

广州白天鹅宾馆的主体建筑成斜面组合体，标准层平面为腰鼓形，高34层，每层有40间客房，公共部分临江布置。其结构形式为剪力墙结构，总高103m。其透视效果图和标准层平面图如图2-17所示。

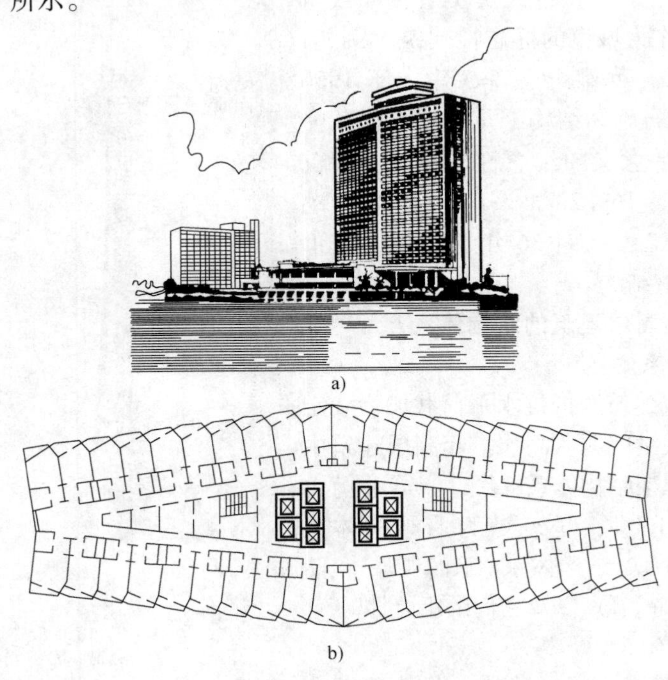

a）

b）

图2-17 广州白天鹅宾馆
a）透视图 b）标准层平面图

但是剪力墙结构的缺点和局限性也是很明显的，主要是剪力墙间距不能太大，平面布置不灵活，难以满足公共建筑的使用要求。此外，剪力墙结构的自重也比较大。

3. 框架-剪力墙结构体系

框架-剪力墙结构体系是指在框架结构中布置一定数量的剪力墙所组成的结构体系。框架结构具有侧向刚度差，水平荷载作用下的变形大，抵抗水平荷载能力较低的缺点，但又具有平面布置较灵活，可获得较大的空间，立面处理易于变化的优点；剪力墙结构具有强度和刚度大，水平位移小的优点与使用空间受到限制的缺点。将这两种体系结合起来，相互取长补短，可形成一种受力特性较好的结构体系——框架-剪力墙结构体系。剪力墙可以单片分散布置，也可以集中布置。

由于框架-剪力墙结构的刚度和承载力较框架结构都有明显的提高，在水平荷载作用下的层间变形减小，因而减小了非结构构件的破坏。在我国，无论在地震区还是非地震区的高层建筑中，框架-剪力墙结构体系都得到了广泛的应用。

通常，当建筑不高（10～20层）时，可利用单片剪力墙作为基本单元；当建筑高度增加到30～40层时，可采用剪力墙筒体（称为实腹筒）作为基本单元，例如上海的联谊大厦（29层，高106m），其标准层平面图如图2-18所示。

4. 框支剪力墙结构体系

考虑到剪力墙结构体系的局限性，为尽量扩大它的适用范围，同时也为满足旅馆布置门厅、餐厅、会议室等大面积公共房间，以及在住宅底层布置商店和公共设施的要求，将剪力墙结构底部一层或几层的部分剪力墙取消，用框架来代替，形成底部大空间剪力墙结构和大底盘、大空间剪力墙结构，标准层则可采用小开间或大开间结构。当把剪力墙结构的底层做成框架柱时，便成为框支剪力墙结构体系（图 2-19）。

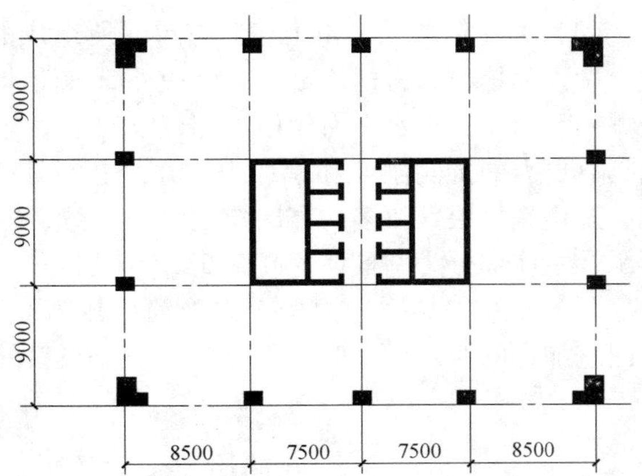

图 2-18　上海联谊大厦（框架-剪力墙结构工程）标准层平面图

框支剪力墙结构体系，由于底层柱的刚度小，上部剪力墙的刚度大，形成上下刚度突变，在地震力的作用下，底层柱会产生很大的内力及塑性变形，致使结构破坏较重。因此，在地震区不允许完全使用这种框支剪力墙结构，而需要设有部分落地剪力墙。

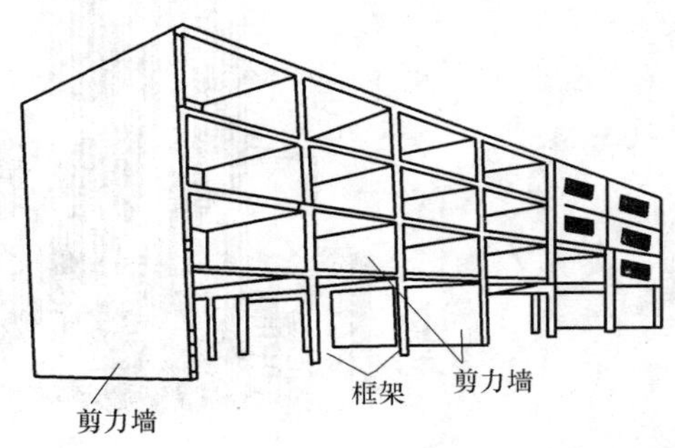

图 2-19　框支剪力墙结构体系

5. 筒体结构体系

筒体结构体系是指由一个或多个筒体做承重结构的结构体系。筒体结构体系为空间受力体系，其基本形式较多，有实腹筒体系、框筒体系、桁架筒体系、筒中筒体系及成束筒体系。

（1）实腹筒和框筒体系　上面提到的用剪力墙围成的筒体称为实腹筒。在实腹筒的墙体上开出许多规则的窗洞所形成的开孔筒体称为框筒，它实际上是由密排柱和刚度很大的窗裙梁形成的密柱深梁框架所组成的筒体。

（2）桁架筒体系　在筒体结构的四壁增加由竖杆和斜杆形成的桁架，以进一步提高结构刚度的体系，称为桁架筒体系。如 1990 年建成的香港中国银行大厦（图 2-20），上部结构为 4 个巨型三角形，斜杆为钢结构，竖杆为钢筋混凝土结构。

a)

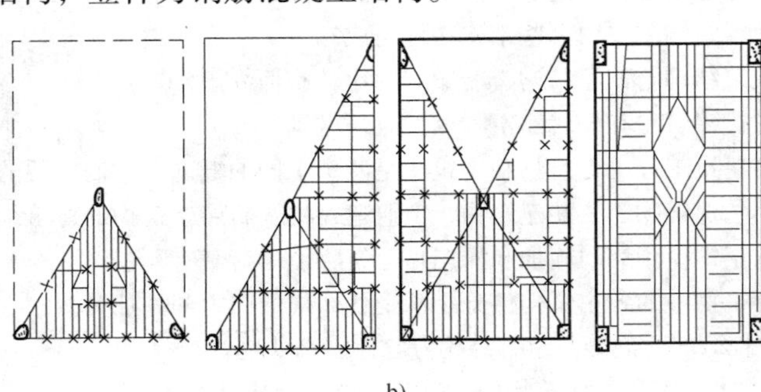

b)

图 2-20　香港中国银行大厦

a）建筑实物图　b）不同高度处的平面示意图

（3）筒中筒体系　由上述筒体单元所组成的体系称为筒中筒或组合筒体系。通常由实腹筒做内部核心筒，框筒或桁架筒做外筒。筒体最主要的受力特点是它的空间受力性能。无论哪一种筒体，在水平力作用下都可以看成固定于基础上的箱形悬臂构件，它比单片平面结构具有更大的抗侧刚度和承载力，并具有很好的抗扭刚度。因此，该体系广泛应用于多功能、多用途、层数较多的高层建筑中。如香港的合和中心大厦就属于筒中筒结构，如图2-21所示，主体部分为圆柱体，高216m，64层。

（4）成束筒体系　由两个以上筒体排列在一起形成束状组成的体系称为成束筒体系。美国芝加哥的西尔斯大厦（图2-12）就是典型的成束筒体系高层建筑。

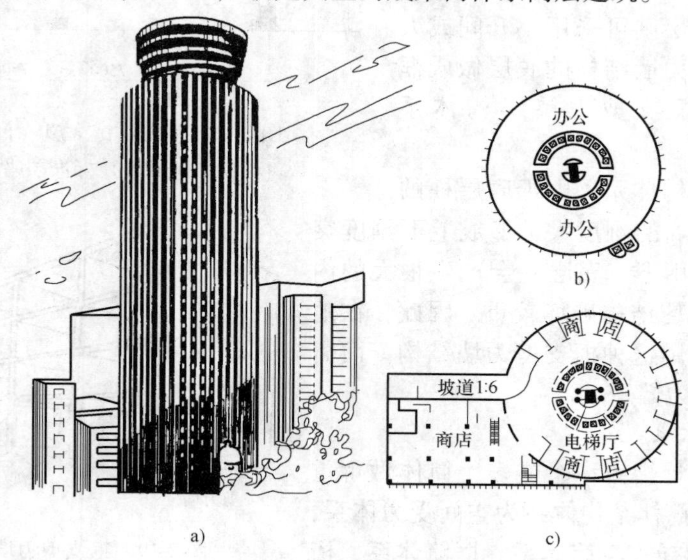

图2-21　香港合和中心大厦

a）透视图　b）标准层平面图　c）底层平面图

复习思考题

1. 试述建筑工程中建筑、结构、设备、施工之间的关系。建筑师、结构工程师、施工工程师的任务分别是什么？
2. 试述建筑结构与建筑功能要求之间的关系。
3. 建筑结构主要由哪些结构构件组成？
4. 建筑结构与汽车结构、船舶结构比较有何异同？
5. 古代建筑物和现代建筑物相比有何区别？
6. 在建筑工程中建筑物和构筑物是两个不同的概念，它们主要的区别在哪里？
7. 居住建筑物、公共建筑物、工业建筑物、高层建筑物的建筑结构有什么区别？
8. 在正常使用期间施加和作用在建筑物上的荷载有哪些？
9. 建筑物中的各主要构件分别承受什么样的内力和外加荷载？
10. 什么是钢-混凝土组合结构？它有什么优越性？
11. 在本章列举的建筑物中，哪些是墙体结构、框架结构、拱结构、壳结构、索结构或膜结构？
12. 建筑物或构筑物的安全性、适用性、经济性各体现在什么地方？
13. 高层与超高层建筑常见的结构体系有哪几种？

3 第三章　建筑安装工程

【内容摘要及学习要求】

建筑安装工程包括建筑给水排水工程、建筑供暖工程和建筑电气工程。重点掌握给水系统的组成及布置、排水系统的组成、建筑供暖系统的基本概念及基本原理、低压供配电系统的供电方式，熟悉室内给水方式、集中供暖的分类及特点、电气照明系统，了解给水管道的布置要求、供暖设备及附件、城市电力网系统。

第一节　建筑给水排水工程

建筑给水排水工程就是将给水管网或自备水源的水引入建筑物中，以供生活、生产及消防使用，并将使用后的污水或废水进行合理地收集、排放及处理。

一、室外给水排水工程

室外给水排水工程是指提供足够数量并符合一定水质标准的水，同时把使用后的水汇集并输送到适当地点净化处理，在达到无害化的要求后，或排放水体或灌溉农田或重复使用的工程。

（一）室外给水工程

室外给水工程是指为满足城镇居民生活或工业生产等用水需要而建造的工程设施，它所供给的水在水量、水压和水质方面应符合各种用户的不同要求。因此，室外给水工程的任务是自水源取水，并将其净化到所要求的水质标准后，经输配水管网系统送往用户。

1. 水源

给水水源是指能为人们所开采，经过一定的处理或不经处理就可为人们所利用的自然水体。给水水源按水体的存在和运动形态不同，分为地下水源和地表水源。地下水源包括潜水（无压地下水）、自流水（承压地下水）和泉水；地表水源包括江河、湖泊、水库和海洋等水体。

2. 取水工程

取水工程要解决的是从天然水源中取水的方法及取水构筑物的构造形式等问题。水源的种类决定取水构筑物的构造形式及净水工艺的组成，主要分为地下水取水构筑物和地表水取水构筑物。

3. 净水工程

净水工程的任务就是通过必要的处理方法改善水质使之符合生活饮用或工业使用所要求

的水质标准。处理方法应根据水源水质和用户对水质的要求确定。

4. 输配水工程

输配水工程要解决的是如何把净化后的水输送到用水地区并分配到各用水点等问题。泵站、输水管渠、管网和调节构筑物（水塔和水池）总称为输配水系统，管网是给水系统的主要组成部分，有枝状管网和环状管网两种基本形式。在实际工程中常用枝状式与环状式混合布局，根据具体情况，在主要供水区内用环状管网，而在次要供水区或边区用枝状管网。总之，管网的布线既要保证供水安全又要尽量缩短管线。

泵站是把整个给水系统连为一体的枢纽，是保证给水系统正常运行的关键。在给水系统中，通常把水源地取水泵站称为一级泵站，而把连接清水池和输配水系统的送水泵站称为二级泵站。

（二）室外排水工程

生产和生活产生的大量污水，如不加以控制，任意排入水体（江、河、湖、海、地下水等）或土壤，就会使水体或土壤受到污染，破坏原有的自然环境，以致引起环境问题，甚至造成公害。

为保护环境避免发生上述情况，现代城市就需要建设一整套的工程设施来收集、输送、处理和处置污水，此工程设施称为排水工程。其主要内容包括：

1）采用排水管网系统收集和输送生活与生产过程中产生的污水和雨水。城市排水管网系统包括污水管网、雨水管网、合流制管网以及城市内河与排洪设施。

2）污水妥善处理后排放或再利用，即通过污水处理厂对污水进行适当处理，达到国家排放标准。

（三）城市给水排水工程的规划与城市建设

城市给水排水系统的规划是城市规划的一个组成部分，它与城市总体规划和其他单项工程规划之间有着密切联系。因此，在进行城市给水排水系统规划时，应考虑与总体规划及其他各单项工程规划之间的密切配合和协调一致。城市总体规划是给水排水系统规划布局的基础和技术经济的依据，城市给水排水系统规划对城市总体规划也有所影响，城市总体规划中应考虑给水排水系统规划的要求，为城市给水排水创造良好的条件。

二、建筑给水工程

（一）建筑给水系统的组成及分类

建筑给水系统的任务，就是经济合理地将水由城市给水管网（或自备水源）输送到建筑物内部的各种卫生器具、配水龙头、生产装置和消防设备，并满足各用水点对水质、水量、水压的要求。

1. 建筑给水系统的组成

建筑给水系统一般由以下各部分组成。

（1）引入管　穿越建筑物承重墙或基础的管道，是室外给水管网与室内给水管网之间的联络管段，也称进户管、入户管。

（2）水表节点　安装在引入管上的水表及其前后设置的阀门和泄水装置的总称。

（3）给水管网　包括建筑内水平干管、立管和横支管等。

（4）配水装置与附件　包括配水龙头、消火栓、喷头与各类阀门（控制阀、减压阀、单向阀等）。

（5）增压和储水设备 当室外给水管网的水量、水压不能满足建筑用水要求，或建筑内对供水可靠性、水压稳定性有较高要求时，需要设置各种附属设备，如水箱、水泵、气压给水装置、变频调速给水装置、水池等增压和储水设备。

（6）给水局部处理设施 当有些建筑对给水水质要求很高、超出我国现行生活饮用水卫生标准或其他原因造成水质不能满足要求时，就需要设置一些设备、构筑物进行给水深度处理，如二次净化处理。

2. 建筑给水系统的分类

建筑给水系统按用途一般分为生活给水系统、生产给水系统和消防给水系统三类。

（1）生活给水系统 专供人们生活用水，水质应符合国家规定的饮用水水质标准。

（2）生产给水系统 专供生产用水，包括冷却用水、原料和产品的洗涤、锅炉的软化给水及某些工业原料的用水等几个方面。水质按生产性质和要求而定。

（3）消防给水系统 专供消火栓和其他消防装置用水。

在一幢建筑内，可以单独设置以上三种给水系统，也可以按水质、水压、水量和安全方面的需要，结合室外给水系统的情况，组成不同的共用给水系统。

（二）室内给水方式

建筑给水方式是根据建筑物的性质、高度、配水点的布置情况以及室内所需水压、室外管网水压和水量等因素而决定的。常用的室内给水方式有如下几种。

1. 直接给水方式

这种给水方式适用于室外管网水量和水压充足，能够全天保证室内用水要求的地区，如图 3-1 所示。

2. 设水箱的给水方式

这种给水方式适用于室外管网水压周期性不足，一般是一天内大部分时间能满足要求，只在用水高峰时，由于用水量增加，室外管网水压降低而不能保证建筑的上层用水，并且允许设置水箱的建筑物，如图 3-2 所示。

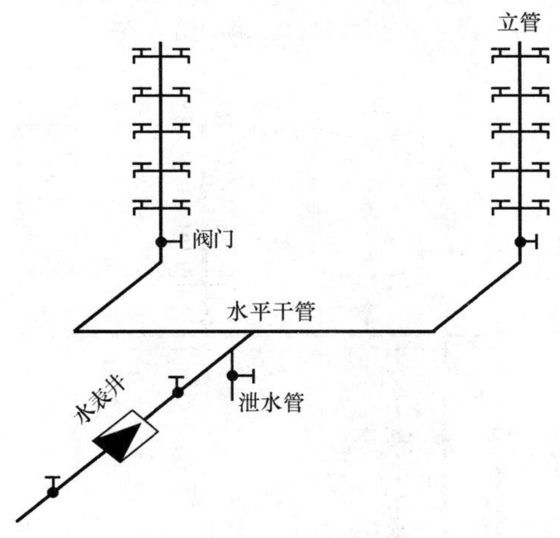

图 3-1 直接给水方式

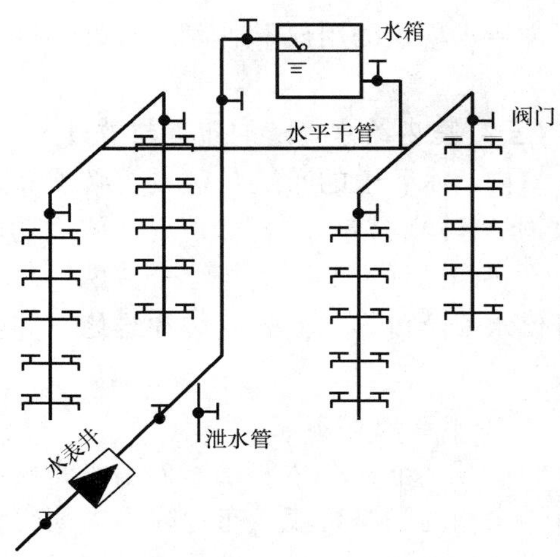

图 3-2 设水箱的给水方式

3. 设水泵的给水方式

这种给水方式适用于室外管网水压经常性不足的生产车间、住宅楼或者居住小区集中加压供水系统。当室外管网压力不能满足室内管网所需压力时，利用水泵进行加压后向室内给水系统供水，当建筑物内用水量较均匀时，可采用恒速水泵供水；当建筑物内用水量不均匀时，宜采用自动变频调速水泵供水，以提高水泵的运行效率，达到节能的目的，如图3-3所示。

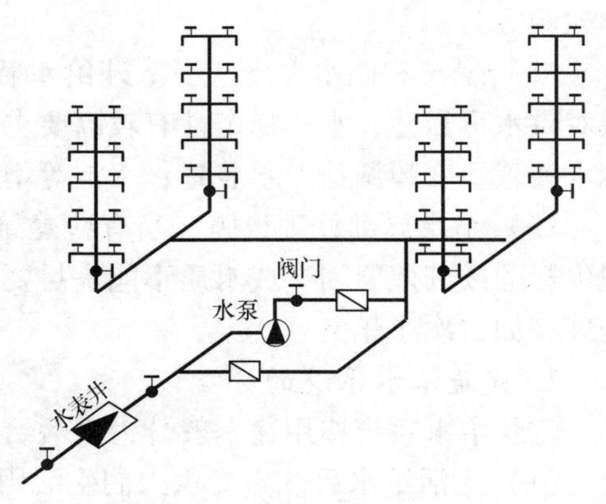

图3-3 设水泵的给水方式

4. 设水池、水泵和水箱的给水方式

这种给水方式适用于当室外给水管网水压经常性或周期性不足，又不允许水泵直接从室外管网吸水，并且室内用水量不均匀的供水系统。利用水泵从储水池吸水，经加压后送到高位水箱或直接送给系统用户使用。当水泵供水量大于系统用水量时，多余的水充入水箱储存；当水泵供水量小于系统用水量时，则由水箱出水，向系统补充供水，以满足室内用水要求，如图3-4所示。

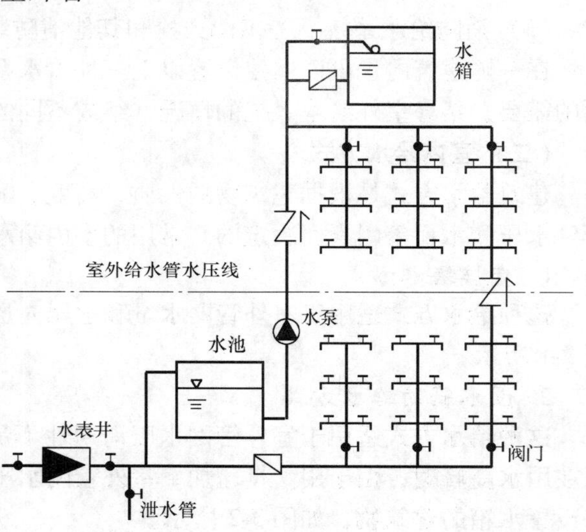

图3-4 设水池、水泵和水箱的给水方式

5. 设气压给水装置的给水方式

这种给水方式适用于室外管网水压经常性不足，不宜设置高位水箱或水塔的建筑（如隐蔽的国防工程、地震区建筑、建筑艺术要求较高的建筑等），但对于压力要求稳定的用户不适宜，如图3-5所示。

（三）室内给水管道的布置与敷设

室内给水管道的布置与敷设，必须深入了解该建筑物的建筑和结构的设计情况、使用功能、其他建筑设备的设计方案，进行综合考虑。总的要求是保证供水安全可靠，便于安装和维修，同时不妨碍美观。

1. 给水管道的布置

（1）引入管 引入管是室外给水管网与室内给水管网之间的联络管段，布置时力求简短，其位置一般由建筑物用水量最大处接入，同时要考虑便于水表的安装与维修，与其他地下管线之间的净距应

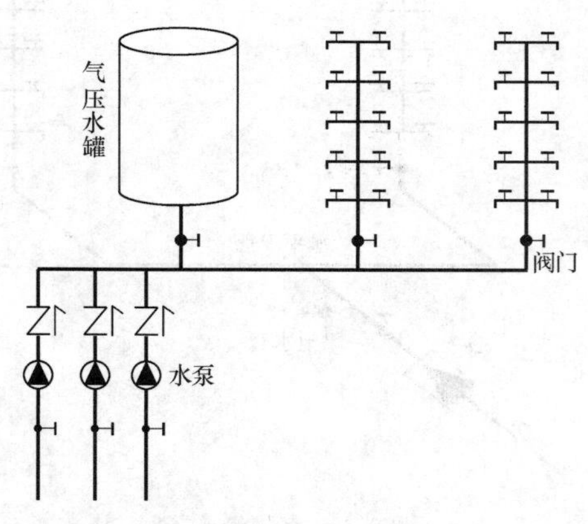

图3-5 设气压给水装置的给水方式

满足安装操作的需要。一般的建筑物设一根引入管，单向供水。对不允许间断供水的大型或多层建筑，可设两条或两条以上引入管，并由建筑不同侧的配水管网引入。引入管的埋设深度应根据土壤冰冻深度、车辆荷载、管道材质及管道交叉等因素确定，管顶最小覆土深度不得小于土壤冰冻线以下0.15m。引入管在通过基础墙处要预留孔洞，洞顶至管顶的净空不得小于建筑的最大沉降量，一般不小于0.15m。给水引入管与排水排出管的水平净距不得小于1m，引入管应有不小于0.3%的坡度坡向室外给水管网。

（2）水表结点　必须单独计量水量的建筑物，应在引入管上装设水表。水表节点组成有：水表前后设置的阀门，水表后设置的单向阀和放水阀，绕水表设的旁通管。

（3）水平干管　室内给水系统，按照水平配水干管的敷设位置，可以设计成下行上给、上行下给、环状式和中分式四种形式。下行上给式的水平干管通常布置在建筑底层走廊内、走廊地下或地下室顶棚下。上行下给式的水平干管通常布置在最高层的顶棚下面或吊顶内。环状式的水平干管或配水立管互相连成环，当系统中某一管段发生故障时，可用阀门切断事故管段而不中断供水。

（4）立管　立管靠近用水设备，并沿墙柱向上层延伸，保持短直，避免多次弯曲。明设的给水立管穿楼板时，应采取防水措施。美观要求较高的建筑物，立管可在管井内敷设。管井应每层设外开检修门。需进人维修管道的管井，其维修人员的工作通道净宽度不宜小于0.6m。

（5）支管　支管从立管接出，直接接到用水设备。需要泄空的给水横支管宜有0.2%～0.5%的坡度坡向泄水装置。

以上各管道系统在室内布置时，不应穿越变配电房、电梯机房、通信机房、大中型计算机房、计算机网络中心、音像库房等遇水会损坏设备和引发事故的房间，并应避免在生产设备上方通过。也不得妨碍生产操作、交通运输和建筑物的使用。

室内给水管道不得布置在遇水会引起燃烧、爆炸的原料、产品和设备的上面；不得布置在烟道、风道、电梯井内、排水沟内；给水管道不得穿过大便槽和小便槽，也不宜穿越橱窗、壁柜。

室内给水管道不宜穿越伸缩缝、沉降缝、变形缝，当必须穿越时，应设置补偿管道伸缩的装置。

塑料给水管道不得布置在灶台上边缘，不得与水加热器或热水炉直接连接，应有不小于0.4m的金属管段过渡。

2. 给水管道的敷设

根据建筑物的性质及要求，给水管道的敷设分为明装和暗装两种形式。

（1）明装　管道在建筑物内沿墙、梁、柱、地板或在顶棚下等处暴露敷设，并以钩钉、吊环、管卡及托架等支托物使之固定。一般的民用建筑和大部分生产车间内的给水管道可采用明装。

（2）暗装　干管和立管敷设在吊顶、管井内，支管敷设在楼地面的找平层内或沿墙敷设在管槽内。标准较高的民用住宅、宾馆及工艺技术要求较高的精密仪表车间内的给水管道一般采用暗装。

（四）给水管道的防腐、防冻、防结露

1. 管道防腐

无论是明装管道还是暗装管道，除镀锌钢管、给水塑料管外，都必须做防腐处理。管道防腐最常用的方法是刷油。具体做法是，明装管道表面除锈，露出金属光泽并使之干燥，刷防锈漆2道，然后刷面漆1~2道，当管道需要做标志时，可再刷调和漆或铅油；暗装管道除锈后，刷防锈漆2道；埋地钢管除锈后刷冷底子油2道，再刷沥青胶（玛琋脂）2遍。质量较高的防腐做法是做管道防腐层，3~9层不等。材料为冷底子油、沥青胶、防水卷材等。对于埋地铸铁管，如果管材出厂时未涂油，敷设前在管外壁涂沥青2道防腐；明装部分可刷防锈漆2道和银粉2道。当通过管道内的水有腐蚀性时，应采用耐腐蚀管材或在管道内壁采取防腐措施。

2. 管道保温防冻

在寒冷地区，对于敷设在冬季不供暖房间的管道以及安装在受室外冷空气影响的门厅、过道处的管道应考虑保温、防冻措施。常用的做法是：管道除锈并刷防腐漆后，管道外包棉毡（如岩棉、超细玻璃棉、玻璃纤维和矿渣棉毡等）做保温层，或用保温瓦（由泡沫混凝土、硅藻土、水泥蛭石、泡沫塑料和水泥膨胀珍珠岩等制成）做保温层，外包玻璃丝布保护层，表面刷调和漆。

3. 管道防结露

管道明装在环境温度较高、空气湿度较大的房间，如厨房、洗衣房和某些生产车间等，管道表面可能产生凝结水而引起管道的腐蚀，应采取防结露措施。其做法一般与保温的做法相同。

三、建筑排水工程

（一）建筑排水系统的分类

建筑内部排水系统是将人们在日常生活或生产中使用过的水及时收集、顺畅输送并排出建筑物的系统。根据排水的来源和水受污染情况不同，一般可分为如下三类。

1. 生活排水系统

生活排水系统排除民用住宅建筑、公共建筑以及工业企业生活间的生活污水、废水。

2. 工业废水排水系统

一般称受污染严重的工业废水为生产污水，受污染严重的生产污水必须经过相关的处理后才能排出厂外；生产废水是受污染较轻的水，如工业冷却水，可回收利用。一般工业废水排水系统可分为生产污水排水系统和生产废水排水系统两类。

3. 雨水排水系统

雨水排水系统是指排除屋面雨水、雪水的系统。雨水、雪水较清洁，可以直接排入水体或城市雨水系统。

（二）建筑排水系统的组成

建筑排水系统的基本要求是迅速通畅地排除建筑内部的污水、废水，并能有效防止排水管道中的有毒有害气体进入室内。建筑排水系统（图3-6）主要由下列部分组成。

1. 污水和废水收集器具

污水、废水收集器具是排水系统的起点，它往往是用水器具，包括卫生器具、生产设备上的受水器等。如脸盆是卫生器具，同时也是排水系统的污水、废水收集器。

2. 水封装置

水封装置设置在污水、废水收集器具的排水口下方，或器具本身构造设置有水封装置。其作用是来阻挡排水管道中的臭气和其他有害、易燃气体及虫类进入室内造成危害。

安设在器具排水口下方的水封装置是管式存水弯，一般有S形和P形，如图3-7所示。水封高度一般为50~100mm。水封底部应设清通口，以利于清通。

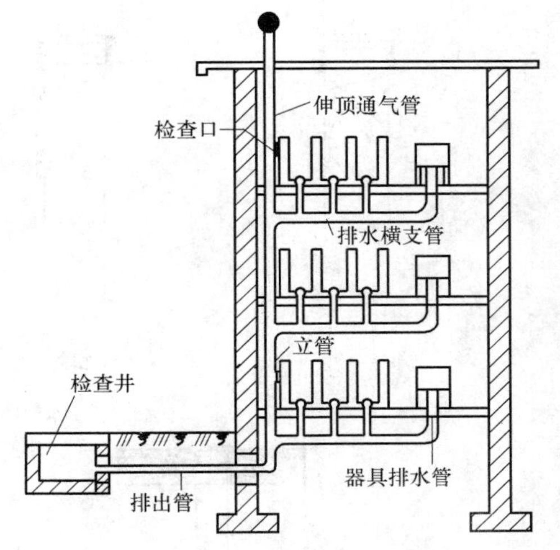

图3-6　建筑排水系统

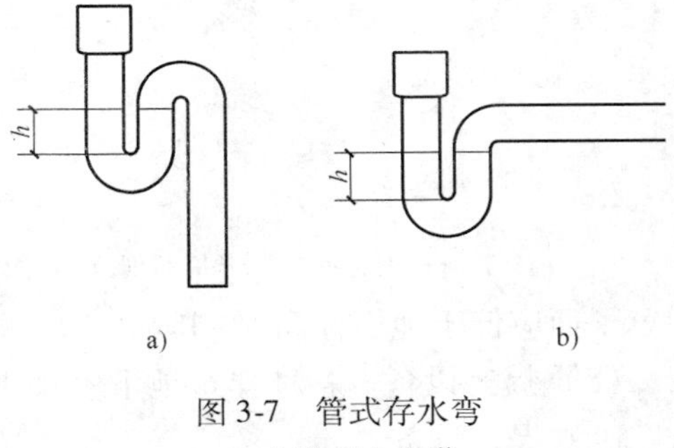

图3-7　管式存水弯
a) S形　b) P形

3. 排水管道

排水管道可分为以下几种。

(1) 器具排水管　它是指连接卫生器具与后续管道排水横支管的短管。

(2) 排水横支管　它是指汇集各器具排水管的来水，并将其沿水平方向输送至排水立管的管道。排水横支管应有一定坡度。

(3) 排水立管　它是指收集各排水横管、支管的来水，并从垂直方向将水排泄至排出管的管道。

(4) 排出管　它是指收集排水立管的污水、废水，并从水平方向排至室外污水检查井的管段。

(5) 通气管　设置通气管的目的是能向排水管内补充空气，使水流畅通，减少排水管内的气压变化幅度，防止卫生器具水封被破坏，并能将管内臭气排到大气中去。

(6) 清通部件　为疏通排水管道，在室内排水系统中，一般均需设置如下三种清通部件，如图3-8所示。

1) 检查口。检查口为可以双向清通的管道维修口。检查口设在排水立管及较长的水平管段上。它是在管道上留有一个孔口，平时用压盖和螺栓盖紧的，发生管道堵塞时可以打开，进行检查或清理。

2) 清扫口。清扫口仅可进行单向清通。在连接2个及2个以上的大便器或3个及3个以上卫生器具的污水横管中，应在横管的起端设置清扫口，也可采用螺栓盖板的弯头，带堵头的三通配件作为清扫口。

3) 检查井。检查井一般设在埋地排水管道的转弯、变径、坡度改变的两条及两条以上管道交汇处。生活污水排水管道，在建筑物内不宜设检查井。对于不散发有害气体或大量蒸汽的工业废水排水管道，可在建筑物内设检查井。

(7) 地漏　每个卫生间均应设置1个50mm规格的地漏，其位置在易溅水的器具附近地面的最低处。食堂、厨房和公共浴室等排水宜设置网框式地漏。要求地面坡度坡向地漏，地

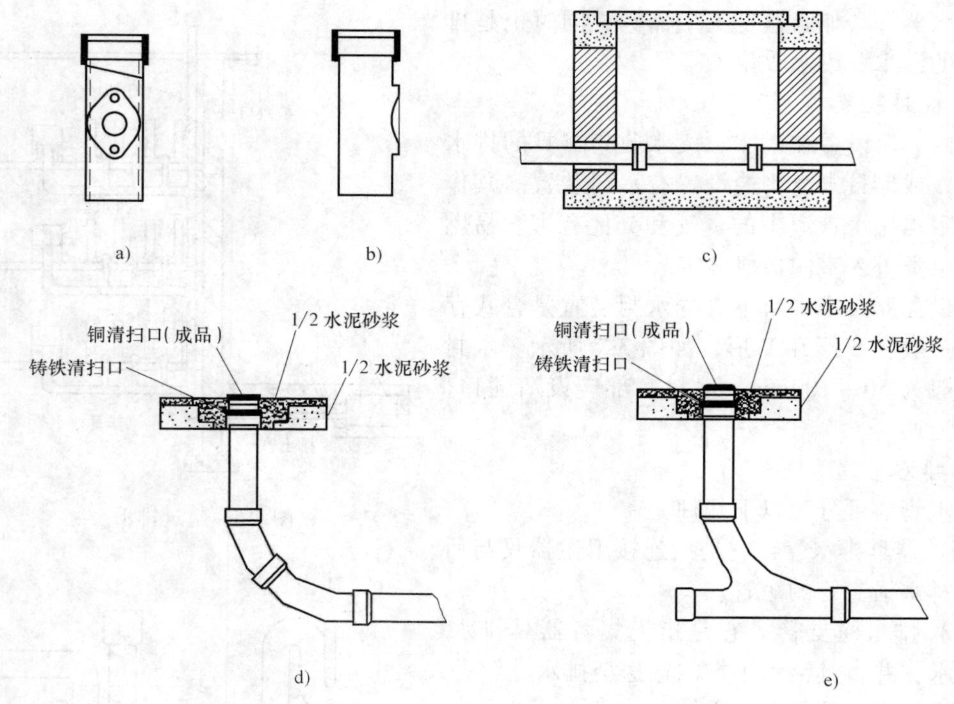

图 3-8 清通部件

a）检查口正立面 b）检查口剖面 c）检查井 d）横管起端的清扫口 e）横管中端的清扫口

漏箅子面应低于地面标高 5～10mm。

（8）提升设备 各种建筑地下室中的污水、废水不能自流排至室外检查井，须设置污水、废水提升设备。

（9）污水局部处理构筑物 当建筑内部污水由于受污染严重不能直接排入城市排水管道或水体时，必须设污水局部处理构筑物。

（三）污水排放条件

建筑排水的出路有两条：一是排入水体，即江、河、湖、海中；二是排入市政排水管道中。建筑排水是水经使用后受污染的水，水中含有不同的污染物，若直接向市政管道排放，会影响下游排水管道的功能和污水处理的难易程度；若直接排向天然河流湖泊，会破坏自然环境，造成各种不利影响。因此，各种污水的排放，都必须达到国家规定的排放标准，如《医疗机构水污染物排放标准》《污水综合排放标准》，以及污水排入市政管道的标准、排入自然水体的排放标准等。

（四）排水管道的布置与敷设

1. 排水管道的特点和管道布置原则

排水管道所排泄的水，一般是使用后受污染的水，含有各种悬浮物、块状物，容易引起管道堵塞。

排水管道内的流水是不均匀的，在仅设伸顶通气管的各层建筑内，变化的水流引起管道内气压急剧变化，会产生较大的噪声，影响房间的使用效果。

排水管一般采用建筑排水塑料管或柔性接口排水铸铁管，不能抵御建筑结构的较大变形

或外力撞击、高温等影响。当管内温度比管外温度低较多时，管壁外侧会出现冷凝水。这些在管道布置时应加以注意。

排水管道布置应满足使用要求，且应经济美观、维修方便。应力求简短，拐弯最少，有利于排水，避免堵塞，不出现“跑冒滴漏”，并使管道不易受到破坏，还要使建设投资和日常管理维护费用最低，另外还要考虑布置美观、方便使用和维修等。

随着社会的发展和人们生活水平的提高，人们对住宅的要求也越来越高，新规范规定住宅卫生间的卫生器具排水管不宜穿越楼板进入他户。这一规定适应了我国近年来对住宅商品化的发展趋势和人们法律意识的提高，由于住宅是私人空间，所以有拒绝他人进入的权利，为了避免下排水式的卫生器具一旦堵塞或渗漏，清通或修理时对下层住户的影响，可采用同层排水的方式。同层排水方式要求采用后排水式的卫生洁具，在本层将污水、废水排至立管，并做好地漏的设置。

2. 室内排水管道的布置与敷设

卫生器具的设置位置、高度、数量及选型，应根据使用要求、建筑标准、有关的设计规定并本着节约用水原则等因素确定。

器具排水管是连接卫生器具和排水横支管的管段。在器具排水管上应设有一个水封装置，若有的卫生器具中本身有水封装置，则可不另设。器具排水管与排水横支管垂直连接，应采用90°斜三通。有些排水设备不宜直接与下水道相连接。如医疗灭菌消毒设备的排水，饮用水储水箱的排水管和溢流管排水、空调设备的冷凝或冷却水排水、食品冷藏库房地面的排水等，要求与排水管承接口有一定的空隙。

排水横支管一般沿墙布设，注意管道不得穿越建筑大梁，也不得挡窗户。横支管是重力流，要求管道有一定坡度通向立管。

排水立管一般设在墙角处或沿墙、柱垂直布置，宜采用靠近排水量最大的排水点，如采用分流制排水系统的住宅建筑的卫生间，污水立管应设在大便器附近，而废水立管则应设在浴盆附近。

排水横支管与立管连接，宜采用45°斜三通或顺水三通；排水立管与排出管的连接，采用两个45°弯头或弯曲半径不小于4倍管径的90°弯头，以保证水流顺畅。

最低排水横支管，应与立管管底有一定的高差，以免立管中的水流形成的正压破坏该横支管上所有连接的水封。排水横支管连接在排水管或横干管上时，连接点距立管底部下游水平距离不宜小于3.0m，当靠近排水立管底部的排水支管的连接不能满足上述要求时，排水支管应单独接至室外检查井或采取有效的防反压措施。

（五）屋面排水系统

屋面排水系统的作用是汇集降落在建筑物屋面上的雨水和雪水并将其沿一定路线排泄至指定地点。

屋面排水系统分为外排水系统（有檐沟外排水方式和天沟排水方式）、内排水系统、混合排水系统。

第二节　建筑供暖工程

建筑供暖系统的任务和目的就是满足人们日常生活和社会生产所需要的大量的热能，它

是利用热媒（如热水、水蒸气或其他介质）将热能从热源通过热力管道输送至各个热用户的工程技术。

一、供暖方式、热媒及系统分类

（一）供暖方式及选择

1. 集中供暖与分散供暖

（1）集中供暖　它是指热源和散热设备分别设置，用热媒管道相连接，由热源向各个房间或各个建筑物供给热量的供暖方式。

（2）分散供暖　它是指热源、热媒输送和散热设备在构造上合为一体的就地供暖方式。

2. 全面供暖与局部供暖

（1）全面供暖　它是指为使整个供暖房间保持一定温度要求而设置的供暖方式。

（2）局部供暖　它是指为使室内局部区域或局部工作地点保持一定温度要求而设置的供暖方式。

3. 连续供暖与间歇供暖

（1）连续供暖　它是指对于全天使用的建筑物，使其室内平均温度全天均能达到设计温度的供暖方式。

（2）间歇供暖　它是指对于非全天使用的建筑物，仅在使用时间内使室内平均温度达到设计温度，而在非使用时间内可自然降温的供暖方式。

4. 值班供暖

值班供暖是指在非工作时间或中断使用的时间内，为使建筑物保持最低室温要求而设置的供暖方式。值班供暖室温一般为5℃。

供暖方式应根据建筑物规模，所在地区气象条件、能源状况、能源政策、环境保护等要求，通过技术经济比较等确定。

（二）集中供暖的热媒及其选择

集中供暖系统的常用热媒（也称为介质）是热水和蒸汽，民用建筑应采用热水做热媒。工业建筑，当厂区只有供暖用热或以供暖用热为主时，宜采用高温水做热媒；当厂区供热以工艺用蒸汽为主时，在不违反卫生、技术和节能要求的条件下，可采用蒸汽做热媒。利用余热或天然热源供暖时，供暖热媒及其参数可根据具体情况确定。

（三）供暖系统的分类

按供暖系统使用热媒可分为热水供暖系统和蒸汽供暖系统。以热水做热媒的供暖系统，称为热水供暖系统；以蒸汽做热媒的供暖系统，称为蒸汽供暖系统。按供暖系统中使用的散热设备可分为散热器供暖系统和热风供暖系统。按供暖系统中散热方式不同分为对流供暖系统和辐射供暖系统。

二、对流供暖系统

（一）热水供暖系统

1. 热水供暖系统的分类

（1）按热媒温度不同分类　分为低温水供暖系统（热水温度低于100℃）和高温水供暖系统（热水温度高于100℃）。室内热水供暖系统大多采用低温水供暖来设计供回水温度。

（2）按供回水管道设置方式分类　分为单管系统和双管系统。热水经供水管顺序流过多组散热器，并顺序地在各散热器中冷却的系统，称为单管系统。热水经供水管平行地分配给多个散热器，冷却后的回水自每个散热器直接沿水管回流热源的系统，称为双管系统。

（3）按管道敷设方式分类　分为垂直式系统和水平式系统。

（4）按系统循环的动力不同分类　分为重力（自然）循环系统和机械循环系统。重力循环系统是靠供水与回水的密度差进行循环的系统；而机械循环系统是靠机械力（水泵压力）进行水循环的系统。

2. 重力（自然）循环热水供暖系统

重力（自然）循环热水供暖系统主要有上供下回式及单管顺流式两种。其特点是：作用压力小、管径大、系统简单、不消耗电能。

3. 机械循环热水供暖系统

机械循环热水供暖系统与重力循环热水供暖系统的主要区别是在系统中设置了循环水泵，主要靠水泵的机械能使水在系统中强制循环，如图3-9所示。

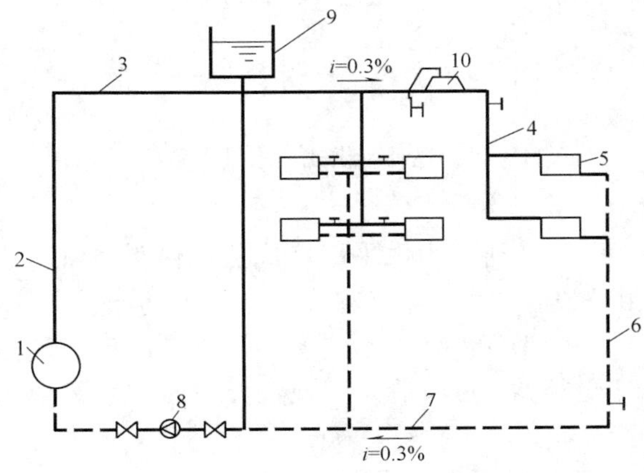

图3-9　机械循环双管上供下回热水供暖系统

1—锅炉　2—总立管　3—供水干管　4—供水立管　5—散热器　6—回水立管　7—回水干管　8—水泵　9—膨胀水箱　10—集气罐

图3-10所示是机械循环下供下回式热水供暖系统，这种系统适用于平屋顶建筑物的顶层难以布置干管的场合，以及有地下室的建筑。在这种系统中，供水、回水干管敷设在底层散热器之下，系统内的排气较为困难，可以通过专设的空气管或顶层散热器上的冷风阀进行排气。这种系统适用于室温有调节要求且顶层不能敷设干管时的4层以下建筑，缓和了上供下回系统的垂直失调现象。

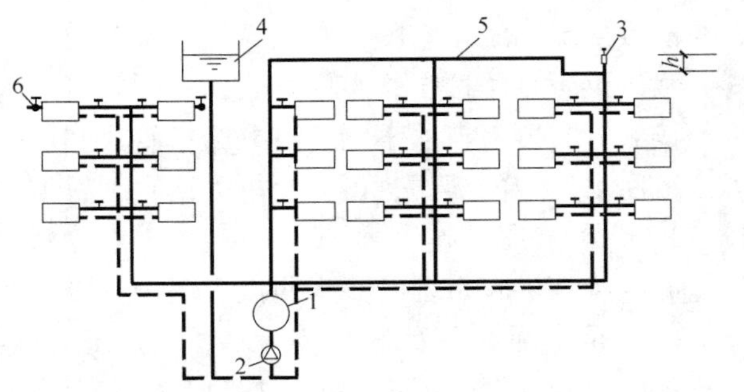

图3-10　机械循环下供下回式热水供暖系统

1—热水锅炉　2—循环水泵　3—集气罐　4—膨胀水箱　5—空气管　6—冷风阀

图3-11所示为机械循环中供式热水供暖系统，它适用于顶层无法设置供水干管或边施工边使用的建筑。水平供水干管布置在系统的中部。这种系统减轻了上供下回系统楼层过高易引起的垂直失调的问题，同时可避免顶层梁底高度过低致使供水干管挡住窗户而妨碍开启等的问题。

图3-12所示为机械循环下供上回式热水供暖系统，这种系统的供水干管设置在下部，回水干管设置在上部，顶部有顺流式膨胀水箱，排气方便，可取消集气装置，水的流向与系统中空气的流动方向一致，都是自下而上。

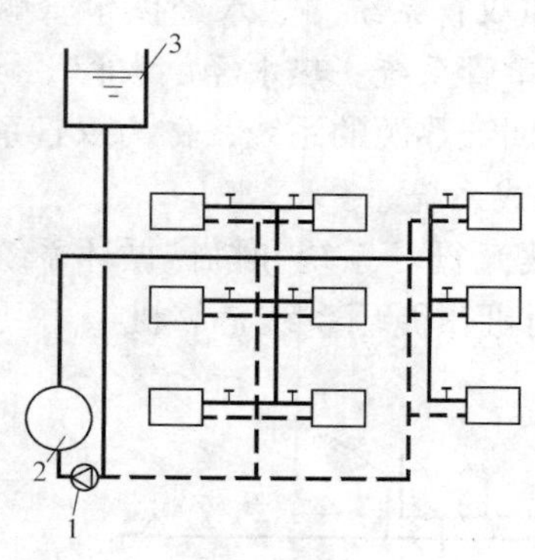

图3-11 机械循环中供式热水供暖系统
1—循环水泵 2—热水锅炉 3—膨胀水箱

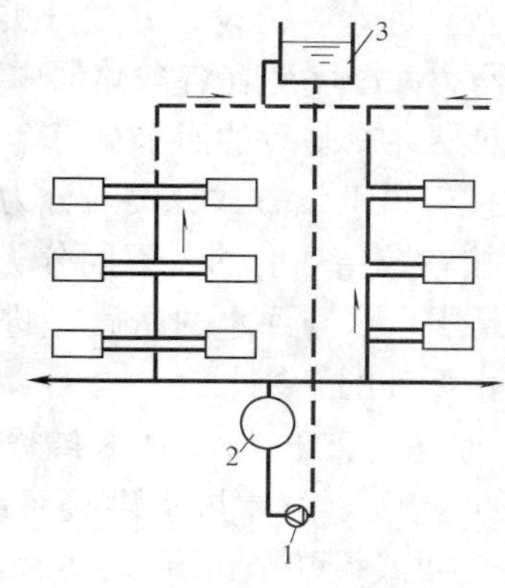

图3-12 机械循环下供上回式热水供暖系统
1—循环水泵 2—热水锅炉 3—膨胀水箱

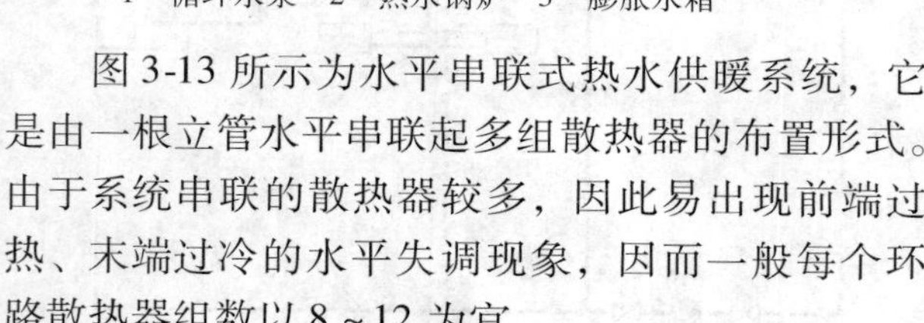

图3-13所示为水平串联式热水供暖系统，它是由一根立管水平串联起多组散热器的布置形式。由于系统串联的散热器较多，因此易出现前端过热、末端过冷的水平失调现象，因而一般每个环路散热器组数以8~12为宜。

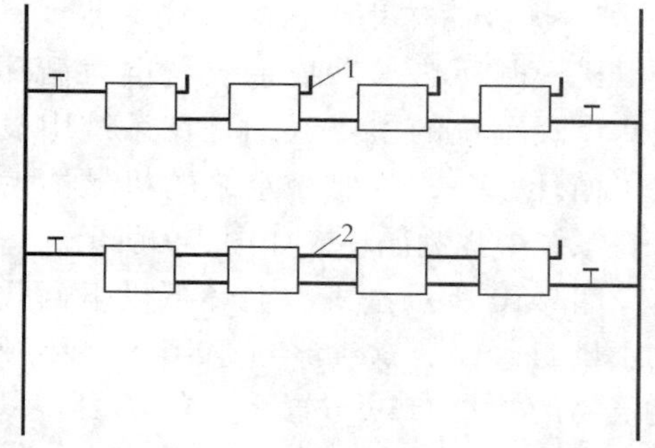

图3-13 水平串联式热水供暖系统
1—冷风阀 2—空气管

（二）蒸汽供暖工程

1. 蒸汽供暖系统的分类

蒸汽供暖系统按供汽压力的大小可分为：高压蒸汽供暖系统，它的供汽压力大于70kPa；低压蒸汽供暖系统，它的供汽压力等于或低于70kPa；真空蒸汽供暖系统，它的供汽压力低于大气压。

蒸汽供暖系统按干管布置方式的不同，可分为上供式、中供式和下供式蒸汽供暖系统。

按立管布置特点的不同，可分为单管式和双管式蒸汽供暖系统。

按回水动力的不同，可分为重力回水和机械回水蒸汽供暖系统。

2. 低压蒸汽供暖

低压蒸汽供暖系统的凝水回流入锅炉有以下两种形式。

（1）重力回水 如图3-14所示，在系统运行前，锅炉中充水至a—a平面，被加热后产生一定压力和温度的蒸汽。蒸汽在自身压力作用下克服流动阻力，沿供汽管道输送到散热器内，进行热量交换后，凝水靠自重作用沿凝水管路返回锅炉中。同时，聚集在散热器和供汽管道内的空气也被驱入凝水管，最后经连接在凝水管末端点的排气装置排出。

（2）机械回水 如图3-15所示，机械回水不同于连续循环重力回水系统，凝水不直接返回锅炉，而是先靠重力流进入专用的凝结水箱，然后通过凝结水泵将凝结水箱内的凝结水送入锅炉重新加热产生蒸汽。在低压蒸汽供暖系统里，凝结水箱的位置应低于所有的散热器及凝水管，并且进凝结水箱的凝结水管应随凝结水的流向做向下的坡度，因为是重力流。

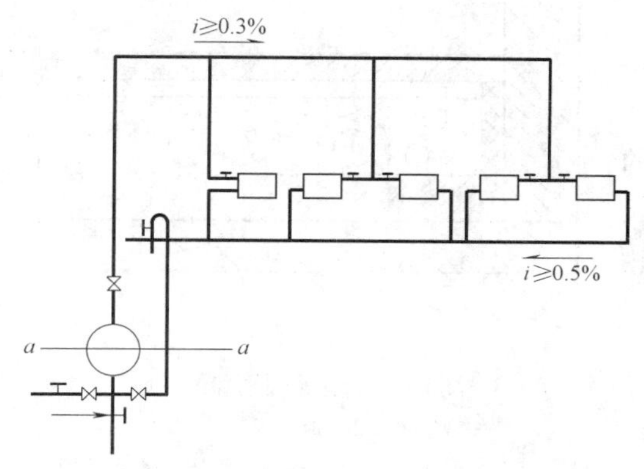

图 3-14　重力回水低压蒸汽供暖系统

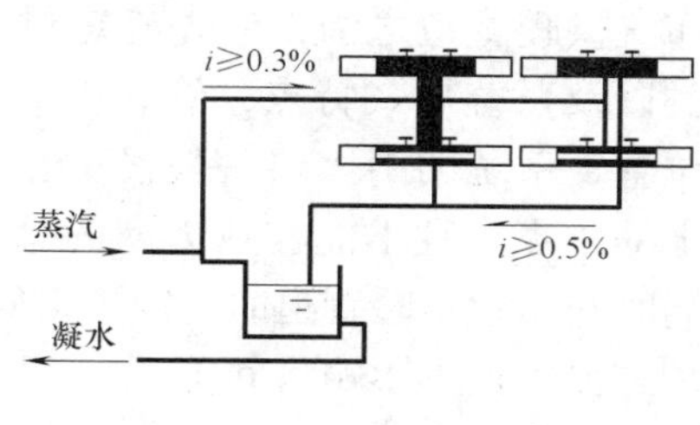

图 3-15　机械回水低压蒸汽供暖系统

3. 高压蒸汽供暖

由于高压蒸汽供暖系统的供汽压力大，因此与低压蒸汽系统相比，它的作用面积较大，蒸汽流速也大，管径小，因此在相同的热负荷情况下，高压蒸汽供暖系统在管道初投资方面则较省，有较好的经济性。也正由于这种系统的压力高，因此散热器表面温度非常高，使得房间卫生条件极差，并容易烫伤人，所以这种系统一般只在工业厂房中使用。

（三）热风供暖工程

热风供暖系统是以空气作为热媒，首先将空气加热，然后将高于室温的热空气送入室内，与室内空气进行混合换热，达到加热房间、维持室内气温达到供暖使用要求的目的。在这种系统中，空气可以通过热水、蒸汽或高温烟气来加热。

根据送风方式的不同，热风供暖有集中送风、风道送风及暖风机送风等几种基本形式。根据空气来源不同，可分为直流式（即空气为新鲜空气，全部来自室外）、再循环式（即空气为回风，全部来自室内）和混合式（即空气由室内部分回风和室外部分新风组成）等供暖系统。

（四）辐射供暖工程

辐射供暖是一种利用建筑物内的屋顶面、地面、墙面或其他表面的辐射散热器设备散出的热量来达到房间或局部工作点供暖要求的供暖方法。它与土木建筑专业联系比较密切。

辐射供暖的种类和形式很多，按辐射体表面温度可分为：低温辐射供暖系统，即辐射板面温度低于 80℃的供暖系统；中温辐射供暖系统，即辐射板面温度一般为 80～200℃的供暖系统；高温辐射供暖系统，即辐射板面温度高于 500℃的供暖系统。

目前，低温辐射供暖使用较多。它是把加热管直接埋设在建筑物构件内而形成散热面，散热面的主要形式有顶棚式、墙面式和地面式等。低温地板辐射供暖的一般做法是，在建筑物地面结构层上，首先铺设高效保温隔热材料，而后用 *DN*15 或 *DN*20 的通水管（通水管用盘管一般为蛇形管形状，近年来采用新型塑料管、铝塑复合管，现场一般为每根 120m），按一定管间距固定在保温材料上，最后回填碎石混凝土，经夯实平整后再做地面面层，如图 3-16所示。其热媒为低温热水，供水温度一般为 40～60℃，供回水温差为 6～10℃。

（五）供暖系统热媒的选择

供暖系统热媒的选择，应根据热媒的特性、卫生、经济、使用性质、地区供暖规划等条

件来确定。

（六）供暖系统的管路布置

在布置供暖管道之前，应先确定供暖系统的热媒种类以及系统形式特点，然后再确定合理的引入口位置，系统的引入口一般设置在建筑物长度方向上的中点，且不能与热力网的总体布局相矛盾。同时在布置供暖管道时，应力求管道最短，便于维护方便，且不影响房间美观。

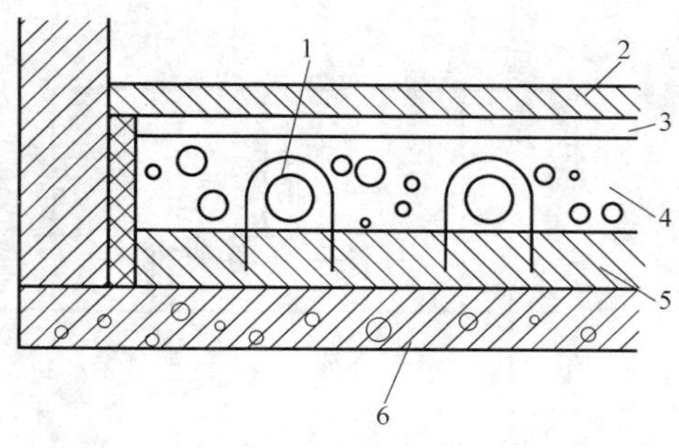

图3-16 地板辐射结构图
1—散热器 2—地面层 3—找平层
4—豆石混凝土 5—复合保温层 6—地面结构层

三、供暖设备及附件

1. 散热器

散热器是安装在房间内的一种散热设备，也是我国目前大量使用的一种散热设备。它是把来自管网的热媒（热水或蒸汽）的部分热量传入室内，以达到补偿房间散失热量的目的，维持室内所要求的温度，从而达到供暖的目的。

散热器的种类繁多，按其制造材质主要分为铸铁和钢铸两种；按其结构形式可分为管形、翼形、柱形、平板形和串片式等。

2. 膨胀水箱

膨胀水箱一般用钢板制作，通常是圆形或矩形。膨胀水箱安装在系统的最高点，用来容纳系统加热后体积膨胀的水量，并控制水位高度。膨胀水箱在自然循环系统中起到排气作用，在机械循环中还起到恒定系统压力的作用。

3. 排气设备

排气设备是及时排除供暖系统中空气的重要设备，在不同的系统中可以用不同的排气设备。在机械循环上供下回式系统中，可用集气罐、自动排气阀来排除系统中的空气，且装在系统末端最高点；在水平式和下供式系统中，用装在散热器上的手动放气阀来排除系统中的空气。

热水供暖上供下回式系统中，一个系统中的两个环路不能合用一个集气罐，以免热水通过集气罐互相串通，造成流量分配的混乱情况产生。

4. 疏水器

疏水器的作用是自动阻止蒸汽逸漏且迅速排出用热设备及其管道中的凝水，同时还能排除系统中积留的空气和其他不凝性气体。因此，疏水器在蒸汽供暖系统中是必不可少的重要设备，它通常设置在散热器回水支管或系统的凝水管上。最常用的疏水器主要有机械型疏水器、热动力型疏水器和热静力型疏水器三种。疏水器很容易被系统管道中的杂质堵塞，因此在疏水器前应有过滤措施。

5. 除污器

除污器是阻留系统热网水中的污物以防它们造成系统室内管路的阻塞的设备，一般为圆形钢质筒体。其接管直径可取与干管相同的直径。

除污器一般安装在供暖系统的入口调压装置前，或锅炉房循环水泵的吸入口和换热器前面；其他小孔口也应该设除污器或过滤器。

6. 散热器控制阀

散热器控制阀安装在散热器入口管上，是根据室温和给定温度之差自动调节热媒流量的大小来自动控制散热器散热量的设备。主要应用于双管系统中，单管跨越系统中也可使用。这种设备具有恒定室温、节约系统能源的功能。

第三节　建筑电气工程

一、建筑电气系统

（一）建筑的供配电系统

接受电源输入的电能，并进行检测、计量、变压等，然后向用户和用电设备分配电能的系统，称为供配电系统。

1. 电能的生产、输送和分配

电能的生产、输送和分配过程全部在电力系统中完成，电力系统由发电厂、电力网和电力用户三大环节组成。

（1）发电厂　发电厂是将一次能源（如水力、火力、风力、原子能等）转换成二次能源（电能）的场所。我国目前主要以火力和水力发电为主，近年来在原子能发电能力上也有很大提高，相继建成了广东大亚湾、浙江秦山等核电站。

（2）电力网　电力网是电力系统的有机组成部分，它包括变电所、配电所及各种电压等级的电力线路。变电所与配电所，是为了实现电能的经济输送和满足用电设备对供电质量的要求，需要对发电机的端电压进行多次变换而设立的。变电所是接受电能、变换电压和分配电能的场所，可分为升压变电所和降压变电所两大类。配电所不具有电压变换能力。电力线路是输送电能的通道。由于发电厂与电力用户相距较远，所以要用各种不同电压等级的电力线路将发电厂、变电所与电力用户之间联系起来，使电能输送到用户。一般将发电厂生产的电能直接分配给用户或由降压变电所分配给用户的10kV及以下的电力线路称为配电线路，而把电压在35kV及以上的高压电力线路称为送电线路。

（3）电力用户　电力用户也称电力负荷。在电力系统中，一切消费电能的用电设备均称为电力用户。电力用户按其用途可分为：动力用电设备、工艺用电设备、电热用电设备、照明用电设备等，它们分别将电能转换为机械能、热能和光能等不同形式，适应生产和生活的需要。

2. 电源引入方式

建筑用电属于动力系统的一部分，常以引入线（通常为高压断路器）和电力网分界。

电源向建筑物内的引入方式应根据建筑物内的用电量大小和用电设备的额定电压数值等因素确定。引入方式有：

1）建筑物较小或用电设备负荷量较小，而且均为单相、低压用电设备时，可由电力系统柱上变压器引入单相220V的电源。

2）建筑物较大或用电设备的容量较大，但全部为单相和三相低压用电设备时，可由电力系统柱上变压器引入三相380V/220V的电源。

3）建筑物很大或用电设备的容量很大，虽全部为单相和三相低压用电设备，从技术和

经济因素考虑，应由变电所引入三相高压6kV或10kV的电源经降压后供用电设备使用，并且在建筑物内设置变压器，布置变电室。若建筑物内有高压用电设备时，应引入高压电源供其使用，同时装置变压器，满足低压用电设备的电压要求。

3. 电力负荷分类及要求

（1）一级负荷　中断供电将造成人身伤亡者，造成重大政治影响和经济损失，或造成公共场所秩序严重混乱的电力负荷，属于一级负荷。一级负荷应由两个电源供电，一用一备，当一个电源发生故障时，另一个电源应不致同时受到损坏。一级负荷中的特别重要负荷，除上述两个电源外，还必须增设应急电源。为保证对特别重要负荷的供电，禁止将其他负荷接入应急供电系统。

常用的应急电源可有以下几种：独立于正常电源的发电机组、供电网络中有效地独立于正常电源的专门馈电线路、蓄电池。

（2）二级负荷　中断供电将造成较大政治影响、较大经济损失或将造成公共场所秩序混乱的电力负荷，属于二级负荷。对于二级负荷，要求采用两个电源供电，一用一备，两个电源应做到当发生电力变压器故障或线路常见故障时不致中断供电（或中断供电后能迅速恢复）。在负荷较小或地区供电条件困难时，二级负荷可由一路6kV及以上的专用架空线供电。

（3）三级负荷　不属于一级负荷和二级负荷的一般电力负荷，均属于三级负荷。三级负荷对供电电源无要求，一般为一路电源供电即可，但在可能的情况下，也应提高其供电的可靠性。

4. 供配电系统

（1）供配电系统的主要设备　除根据供电电压与用电电压是否一致而确定是否需要选用变压器外，根据供配电过程中输送电能、操作控制、检查计量、故障保护等不同要求，在变配电系统中一般还包括如下设备：

1）输送电能设备，如母线、导线和绝缘子，三者是输送电能必不可少的设备，统称电气装置。

2）通断电路设备，高电压、大功率采用断路器，中低电压、中小功率采用自动空气开关或刀闸等。

3）检修指示设备，如高压隔离开关。

4）满足高电压、大电流检查计量和继电保护需要的电压互感器和电流互感器。

5）故障保护设备，如熔断器等。

6）雷电保护设备，如避雷器等。

7）功率因数改善设备，如电容器等。

8）限制短路电流设备，如电抗器等。

从开关设备到电抗器的全部设备，都是为了方便和有利于系统的运行而加入的，这些设备统称为电器。全部电气装置和电器，即供配电系统中的全部设备统称为电气设备。

（2）配电柜　用于安装电气设备的柜状成套电气装置称为配电柜。其中，用于安装高压电气设备的称为高压配电柜，用于安装低压电气设备的称低压配电柜，安装布置低压配电柜的房间称为低压配电室。变配电室是由高压配电室、变压器室和低压配电室三个基本部分有机组合而成的。对于设置有变压器的大型建筑物来说，变配电室是其重要组成之一，应在

建筑平面设计中统一加以考虑。

（二）建筑电气照明系统

应用可以将电能转换为光能的电光源进行采光，以保证人们在建筑物内正常从事生产和生活活动，以及满足其他特殊需要的照明设施，称为建筑电气照明系统。

1. 建筑电气照明系统的基本组成

电气照明系统是由电气和照明两套系统组成的。

（1）电气系统　电气系统是指电能的产生、输送、分配、控制和消耗使用的系统，是由电源、导线、控制和保护设备及用电设备所组成的。

（2）照明系统　照明系统是指光能的产生、传播、分配和消耗吸收的系统，是由光源、控照器、室内空间、建筑内表面、建筑形状和工作面等组成的。

2. 建筑照明系统的分类

按照在建筑中所起主要作用的不同，可将建筑照明系统分为视觉照明系统和气氛照明系统两大类。

（1）视觉照明系统　视觉照明系统是指在自然采光不足之处或夜间，提供必要的照度，满足人们的视觉要求（属于生理要求），以保证所从事的生产、生活活动正常进行而采用的照明系统。根据具体工作条件，又可分为工作照明、事故照明和障碍照明三种。

1）工作照明，是指保证人们的工作和生活正常进行所采用的照明。工作照明是电气照明中的基本类型。

2）事故照明，是指当工作照明因事故而中断时，供暂时继续工作或人员疏散用的照明。

3）障碍照明，是指装设于高大建筑物的顶部，作为飞行障碍标志的照明。

（2）气氛照明系统　气氛照明系统是指创造和渲染某种气氛和人们所从事的活动相适应（即满足人们的心理要求）而采用的照明系统。根据具体应用场所又可分为建筑彩灯和专用彩灯两种：

1）建筑彩灯，是指节假日夜晚用于装饰整幢建筑物的照明系统。

2）专用彩灯，是指满足各种专门需要的气氛照明，如喷泉照明、舞池照明等。

（三）建筑动力系统

应用可以将电能转换为机械能的电动机、拖动水泵、风机等机械设备运转，为整个建筑提供舒适、方便的生产、生活条件而设置的各种系统，统称为建筑动力系统。可以说建筑动力系统实质上就是向电动机配电，以及对电动机进行控制的系统。

二、供配电系统

（一）发电厂

发电厂是将一次能源（如水力、火力、风力、原子能等）转换成二次能源（电能）的场所。我国目前主要以火力和水力发电为主，近年来在原子能发电能力上也有很大提高。

（二）电力系统

由于电力不能大量储存，其生产、输送、分配和消费都是在同一时间内完成的，因此必须把电厂、电力网、变电所等有机地联结成一个整体，即“电力系统”，如图3-17所示。城市范围的各级电压的供配电网路统称为城市电力网，城市电力网是电力系统的重要组成

部分。

大、中型城市的电力网有500kV超高压线路，220kV、110kV高压线路，35kV或10kV中压网和380V低压网。其中，35kV、10kV、380V这三级电力是直接向用户供电的，与建筑工程的关系最为密切。按照国家标准，电力系统受电设备的标称电压为500kV、330kV、220kV、110kV、35kV、10kV、0.38kV、0.22kV。

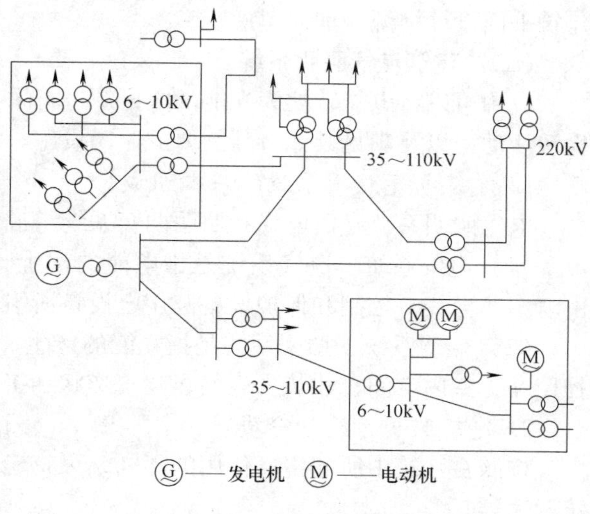

图3-17 电力系统的组成

（三）电力用户

使用电能的单位称为电力用户。电力用户的类型很多，主要有工业用电、农业用电、商业用电和生活用电等。根据用户用电容量的大小和规模，可以接在电力网的各个电压等级中，连接在电力系统各级电网上的一切用电设备所需的功率统称为用电负荷，它分为有功负荷和无功负荷，电力系统任一时刻发出的有功功率和无功功率总是和负荷相平衡的。

（四）工厂供电系统

工厂供电系统一般由降压变电所、配电所、车间变电所、输配电线路和用电设备组成。配电所的功能是接受电能和分配电能，而变电所的功能是接受电能、变化电压和分配电能。在实际工作中，为了节约投资和占地面积，常把变配电设备装设在同一设施内，故称为变配电所。

为满足工业生产和生活用电的需要，工厂供电必须达到安全、可靠、优质、经济的要求。

1. 供电线路分类

1）按电压等级可分为高压线路（1kV及以上的线路）和低压线路（1kV以下的线路）。

2）按供电方式可分为单端供电线路、两端供电线路和环形供电线路等。单端供电线路又称开式供电线路，两端供电线路和环形供电线路又称闭式供电线路。

3）按线路结构形式可分为架空线路、电缆线路和户内配电线路等。

2. 线路接线方式

（1）高压线路接线方式　工厂厂区高压线路的接线方式有放射式、树干式和环形等基本形式。

1）放射式供电。放射式供电系统是由总降压变电所引出的单独线路，直接供给车间变电所。放射式线路敷设容易，维护方便，运行中互不影响，易于继电保护的整定和装设自动装置。但因缺乏备用电源，供电可靠性不高。任一线路故障或检修时，该线路所供电的全部负荷都要停电。这种简单的放射式供电线路一般只适用于供给三级负荷和个别二级负荷。

2）树干式供电。与放射式供电系统相比较，树干式供电系统可以减少有色金属消耗量和变配电所的馈出线路，使结构简化并降低投资费用，但车间变电所的位置必须恰当。

由于树干式供电只有一个电源，供电的可靠性差，干线中的任何故障都将造成全部用户的停电，直到线路中的故障被排除才能恢复供电。因电缆线路修复的时间长，故多用架空线结构。树干式供电只能用于三级负荷。

3）环形供电。环形供电在结构中一般采用双电源“手拉手”的环状结构，但在正常时开环进行，相当于树干式供电的另一种形式。

（2）低压线路接线方式　低压配电系统的配电线路由配电装置（配电盘）及配电线路（干线及分支线）组成。配电方式有放射式、树干式及混合式等数种，如图3-18所示。

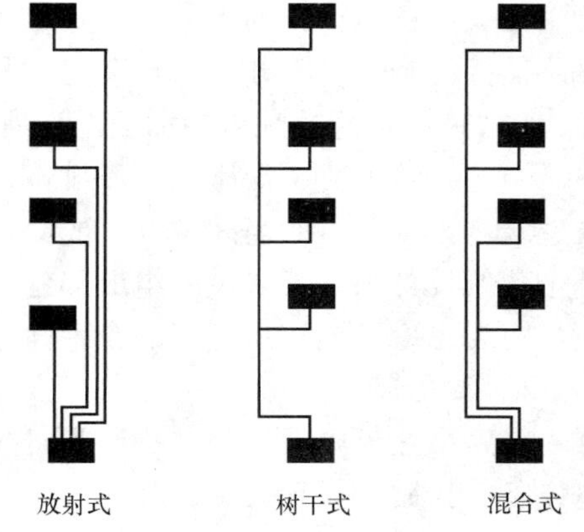

图3-18　配电方式

放射式的优点是各个负荷独立受电，因而故障范围一般仅限于本回路，线路发生故障需要检修时，只切断本回路而不影响其他回路，同时回路中电动机启动引起的电压波动，对其他回路的影响也较小；缺点是所需开关和线路较多，因此放射式配电一般多用于比较重要的负荷。

树干式的特点是建设费用低和故障影响的范围较大，当干线上所接用的配电盘不多时，仍然比较可靠，所以在多数情况下，一个大系统都采用树干式与放射式相混合的配电方式。

从低压电源引入的总配电装置（第一级配电点）开始，至末端照明支路配电盘为止，配电级数一般不宜多于三级，每一级配电线路的长度不宜大于30m。如从变配电所的低压配电装置算起，则配电级数一般不多于四级，总配电长度一般不宜超过200m，每路干线的负荷计算电流一般不宜大于200A。

（3）建立自备电厂　工厂的电源绝大多数是来自电力系统，但在下述情况下工厂也可以建立自备电厂。

1）距离系统太远，由系统供电有困难。

2）本厂有大量重要负荷，需要独立的备用电源，而从系统取得又有困难。

3）本厂生产及生活需要大量热能，建立自备热电厂，既供电也供蒸汽和热水。

4）本厂或所在地区有可供利用的能源。

对于重要负荷不多的工厂，作为解决备用电源的措施，发电机可用柴油机或其他小型动力机械带动，这样比较简单。

（五）电气设备的选择

1. 导线和电缆的选择

（1）导线截面选择条件　导线截面可按导线允许温升、电压损失条件和机械强度三种方法选择，三者都必须保障安全条件。在设计中，按允许温升进行导线截面的选择，按允许电压进行校核，并应满足机械强度的要求。

（2）线路的工作电流　导线截面选择的计算首先是确定线路的工作电流，因为线路工作电流是影响导线温升的重要因素。

（3）按允许温升选择导线截面　电流通过电线、电缆必然导致导体发热，从而使其实际工作温度超过环境温度。电流越大，发热越多，甚者超过允许温升，形成火灾。因此各种导线都有一定的容许载流量，或称安全载流量，简称载流量。

由导线载流量数据，可根据导线允许温升选择导线截面；导线载流量数据，是在一定的环境温度和敷设条件下给出的。当环境温度和敷设条件不同时，载流量数据需要乘以校正系数。

2. 开关设备

开关设备是指根据生产工艺要求，产生相应的动作使电路接通或断开的设备。常用的有照明器控制开关、刀开关、自动空气开关、保护设备等。

(六) 配电盘、配电柜和变配电所

上述建筑内所用低压和高压设备，均应安装在配电盘或配电柜上，而所有的盘、柜均应在建筑内占据一定的空间位置，或放置在专门的电气房间中。这些空间位置和专用房间都是整个建筑设计中不可缺少的组成部分之一。在进行设计时，不仅要考虑到建筑布局方便和美观，也要考虑到电气运行上的合理性和安全要求。

1. 配电盘

在整个建筑内部的公共场所和房间内大量设置有配电盘，其内装有所管范围内的全部用电设备的控制和保护设备，其作用是接受和分配电能。

(1) 配电盘的布置　配电盘的布置从技术性方面应保证每个分电箱的供电各相负荷平衡，其不均匀程度小于30%，在总盘的供电范围内，各相负荷的不均匀程度小于10%。从可靠性考虑，供电总干线中的电流一般为60～100A。每个配电盘的单相分支线，宜为6～9路；每路分支线上设一个空气开关或熔断器；每支路所接设备（如灯具和插座等）总数不宜超过20个（最多不超过25个），花灯、彩灯、大面积照明灯等回路除外。从经济性考虑，配电盘应位于用电负荷的中心，以缩短配电线路，减少电压损失。一般规定，单相配电盘供电半径为30m，三相配电盘供电半径为60～80m。各层配电盘的位置在多层建筑中应在相同的平面位置处，以利于配线和维护，且设置在操作维护方便、干燥通风、采光良好处，并注意不要影响建筑美观和结构合理的配合。

(2) 盘面布置及尺寸　根据盘内设备的类型、型号和尺寸，结合供电工艺情况对设备做合理布置，按照设计手册的相应规定，确定各设备之间的距离，则可确定盘面的布置和尺寸。为方便设计和施工，应尽量采用设计手册中所推荐的典型盘面布置方案。

2. 配电柜

配电柜又称开关柜，是用于安装高低压配电设备和电动机控制保护设备的定型柜。安装高压设备的称为高压配电柜，安装低压设备的称为低压配电柜。

(1) 高压配电柜　按结构形式分为固定式、活动式和手车式三种类型。固定式是柜内设备均固定安装，需到柜内进行安装维护，各配电柜均有固定的外形尺寸。

(2) 低压配电柜　按结构形式分为离墙式、靠墙式和抽屉式三种类型。离墙式为双面维护，有利于检修，但占地面积大。靠墙式不利于检修，但适于场地较小处或扩建改建工程。抽屉式优点很多，可用备用抽屉迅速替换发生故障的单元回路而立即恢复供电，而且回路多、占地少。但因其结构复杂、加工困难、价格较高，故目前国内应用尚不普遍。各低压配电柜均有标准接线方案供选用，并有固定的外形尺寸。

3. 变配电所

它的作用是从电力系统接受电能和变换电压及分配电能。

变配电所可以分为升压变电所和降压变电所两大类型。升压变电所是将发电厂生产的

6～10kV 的电能升高至 35kV、110kV、220kV、500kV 等高压，以利于远距离输电；降压变电所是将高压网送过来的电能降至 6～10kV 后，分配给用户变压器，再降至 380V 或 220V，供建筑物或建筑工地的照明或动力设备、用电器等使用。

变配电所由高压配电室、变压器室和低压配电室三部分组成。此外，还有高压电容器室（提高功率因素用）和值班室。

三、电气照明

（一）照明的基本知识

1. 光的实质

光是能引起视觉的辐射能，它以电磁波的形式在空间传播。光的波长一般在 380～780nm 范围内，不同波长的光给人的颜色感觉不同。描述光的量有两类：一类是以电磁波或光的能量作为评价基准来计量，通常称为辐射量；另一类是以人眼的视觉效果作为基准来计量，通常称为光度量。在照明技术中，常采用后者，因为采用以视觉强度为基础的光度量较为方便。

2. 照明质量

评价房间照明质量好坏，主要有以下几个方面。

（1）照度合理　为了保护视力，提高工作效率，各种不同类别的房屋在工作面上的照度不能低于相关规定的推荐值。过低的照度，由于没有良好的视觉条件，会影响正常的工作和学习，而过高的照度又不利于节约用电。

（2）照度均匀　如果在工作面上照度不均匀，则当人的眼睛从一个表面转移到另一个表面时，就需要经过一段适应过程，从而容易导致视觉的疲劳。为了达到室内照度的均匀，必须合理地布置灯具。

（3）限制眩光　当所观察物亮度极高或与背景亮度对比强烈时所引起的不舒适或造成视力下降的现象称为眩光。长期在此恶劣的照明环境下进行视觉工作，易引起视觉疲劳。为了限制眩光，可以采用限制光源的亮度、降低灯具表面的亮度、正确选择照明器等方法来限制眩光。

（4）光源显色性　在采用电器照明时，如果物体表面的颜色基本保持原来的色彩，这种光源的显色性就好；反之，在光源照射下，物体颜色发生了很大的变化，这种光源的显色性就不好。在需要正确辨别色彩的场所，应采用显色性好的光源。如白炽灯、日光灯都是显色性好的光源，而高压水银灯显色性差。为了改善光色，有时可以采用两种光源混合使用。

（二）照明的分类

照明种类是按照明的功能来划分的，分为正常照明、备用照明或事故应急照明、警卫值班照明和障碍照明。

1. 正常照明

正常照明是指在正常情况下的室内外照明。《建筑电气设计技术规程》规定：所有使用房间和供工作、运输、人行的屋顶、室外庭院和场地，皆应设置正常照明。正常照明有三种方式：一般照明、局部照明和混合照明。

（1）一般照明　它是指在整个场所或场所中的某部分照度基本上均匀的照明。

（2）局部照明　它是指局限于某工作部位的固定或移动照明。

(3) 混合照明　它是指一般照明和局部照明共同组成的照明。

2. 备用照明或事故应急照明

备用照明或事故应急照明是指在正常照明因故障熄灭的情况下，供继续工作或人员疏散用的照明。应急照明应采用能瞬时点燃的电光源（一段采用白炽灯或卤钨灯）。不允许使用高压汞灯、金属卤化物灯、高低压钠灯作为应急照明的电光源。当应急照明作为正常照明的一部分需经常使用，且发生故障不需切换电源的情况时，可采用荧光灯作为应急照明。

3. 警卫值班照明

警卫值班照明是指在非工作时间内供值班用的照明。值班照明可利用正常照明中能单独控制的一部分，或利用应急照明的一部分甚至全部来作为值班照明。按警卫任务的需要，在厂区、仓库区或其他警卫设施范围内装设的照明，称为警卫照明。

4. 障碍照明

障碍照明是指在建筑上装设的作为障碍标志的照明。如在飞机场周围较高的建筑物上，或在有船舶通行的航道两侧，应按民航和航运部门的有关规定装设障碍灯。

（三）电光源和灯具

1. 电光源

将电能转换为光能的设备称为电光源。电光源按发光原理分为热辐射光源和气体放电光源。

(1) 热辐射光源　主要是利用电流的热效应，将具有耐高温、低挥发性的灯丝加热到白炽程度而产生部分可见光。如白炽灯、卤钨灯等。

(2) 气体放电光源　主要是利用电流通过气体（或蒸气）时，激发气体（或蒸气）电离、放电而产生的可见光。按放电介质分为：气体放电灯（氙、氖灯），金属蒸气灯（汞、钠灯）；按放电形式分：辉光放电灯（霓虹灯），弧光放电灯（荧光灯、钠灯）。

2. 灯具分类和选择

灯具是一种控制光源发出的光进行再分配的装置，它与光源共同组成照明器，但在实际应用中，灯具与照明器并无严格的界限。照明灯具很难按一种方法来分类，可从不同角度进行分类，如按光源分类、按安装方法分类等。

(1) 按配光曲线分类　按配光曲线分类，主要有以下几种：

1）直接配光（直射型灯具）。90%～100%的光通量向下，其余向上，即光通量集中在下半部。直射型灯具效率高，但灯的上半部几乎没有光线，顶棚很暗，与照亮灯光容易形成对比眩光，又由于某种原因，它的光线集中，方向性强，产生的阴影也较浓。

2）半直接配光（半直射型灯具）。60%～90%的光通量向下，其余向上，向下光通量仍占优势。它能将较多的光线照射到工作面上，又使空间环境得到适当的亮度，阴影变淡。

3）均匀扩散配光（漫射型灯具）。40%～60%的光通量向下，其余向上，向上和向下的光通量大致相等。这类灯具是用漫射透光材料制成封闭式灯罩，造型美观、光线柔和，但光的损失较多。

4）半间接配光（半间接型灯具）。10%～40%的光通量向下，其余向上。这种灯具上半部用透明材料，下半部用漫射透光材料做成，由于上半部光通量的增加，增加了室内反射光的照明效果，光线柔和，但灯具的效率低。

5）配光（间接型灯具）。0～10%的光通量向下，其余向上。这类灯具全部光线都由上

半球射出，经顶棚反射到室内，光线柔和，没有阴影和眩光，但光损失大，不经济，适用于剧场、展览馆等。

（2）按结构特点分类　按结构特点分类，主要有下列几种：

1）开启型。其光源与外界环境直接相通。

2）闭合型。透明灯具是闭合型，透光罩把光源包合起来，但是罩内外空气仍能自由流通，如乳白玻璃球形灯等。

3）密闭型。透明灯具固定处有严密封口，内外隔绝可靠，如防水、防尘灯等。

4）防爆型。符合《防爆电气设备制造检验规程》的要求，能安全地在有爆炸危险性性质的场所中使用。

（3）按安装方式分类　分为吊式（X）、固定线吊式（X1）、防水线吊式（X2）、人字线吊式（X3）、杆吊式（G）、链吊式（L）、座灯头式（Z）、吸顶式（D）、壁式（B）和嵌入式（R）等，如图3-19所示。

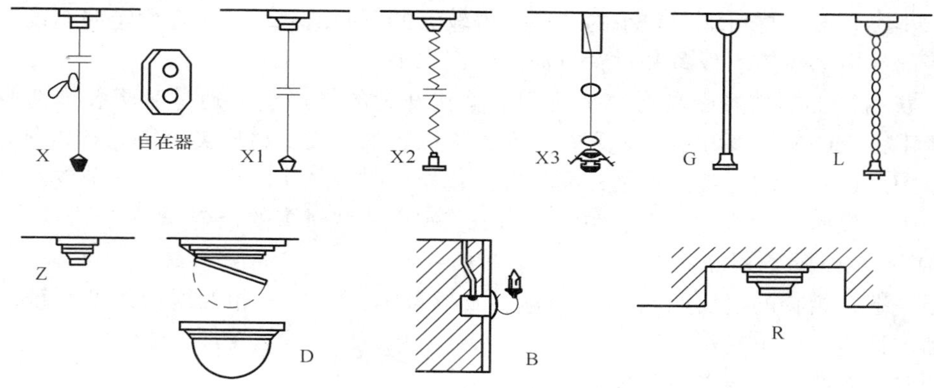

图3-19　灯具的安装方式图

（4）灯具的选择应考虑如下几点：

1）首先应根据建筑物各房间的不同照度标准、对光色和显色性的要求、环境条件（温度、湿度等）、建筑特点、对照明可靠性的要求，根据基建投资情况结合考虑长年运行费用（包括电费、更换光源费、维护管理费和折旧费等），根据电源电压等因素，确定光源的类型、功率、电压和数量。

2）技术性主要是指满足配光和限制眩光的要求。高大的厂房宜选深照型灯具，宽大的车间宜选广照型、配用型灯具，使绝大部分光线直照到工作面上。一般公共建筑可选半直射型灯具，较高级的可选漫射型灯具，通过顶棚和墙壁的反射使室内光线均匀、柔和。豪华的大厅可考虑选用半反射型或反射型灯具，使室内无阴影。

3）应综合从初投资和年运行费用全面考虑其经济性。满足照度要求而耗电最少，即最经济，故以选光效高、寿命长的灯具为宜。

4）应结合环境条件、建筑结构情况等安装使用中的各种因素考虑其使用性。

5）不同建筑有不同的特点和不同的功能，灯具的选择应和建筑特点、功能相适应。

由于建筑的多样性、环境的差异性和功能的复杂性，决定了满足这些要求的灯具选型很难确定一个统一的标准。但一般来说应恰当考虑灯具的光、色、型、体和布置，合理运用光照的方向性、光色的多样性、照度的层次性和光点的连续性等技术手段，起到渲染建筑、烘

托环境和满足各种不同需要的作用。

3. 灯光照明在建筑装饰中的作用

建筑装饰照明设计的基本原则应该是安全、适用、经济、美观。

（1）安全性　所谓安全性，主要是针对用电事故考虑的。一般情况下，线路、开关、灯具的设置都需有可靠的安全措施。诸如分电盘和分线路一定要有专人管理，电路和配电方式要符合安全标准，不允许超载。在危险地方要设置明显标志，以防止漏电、短路等火灾和伤亡事故发生。

（2）适用性　所谓适用性，是指能提供一定数量和质量的照明，保证规定的照度水平，满足工作、学习和生活的需要。灯具的类型、照度的高低、光色的变化等，都应与使用要求相一致。一般生活和工作环境，需要稳定柔和的灯具，使人们能适应这种光照环境而不感到厌倦。

（3）经济性　照明设计的经济性有两个方面的含义：一是采用先进技术，充分发挥照明设施的实际效益，尽可能以较小的费用获得较大的照明效果；二是在确定照明设施时要符合我国当前在电力供应、设备和材料方面的生产水平。

（4）美观　照明装置尚具有装饰房间、美化环境的作用。特别是对于装饰性照明，更应有助于丰富空间的深度和层次，显示被照物体的轮廓，表现材质美，使色彩和图案更能体现设计意图，达到美的意境。但是，在考虑美化作用时应从实际出发，注意节约。对于一般性生产、生活设施，不能过度为了照明装饰的美观而花费过多的资金。

（四）照明供配电系统

对于一般建筑物的电气照明供电，通常采用380V/220V三相四线制供电系统，即由配电变压器的低压侧引出三根相线（L1、L2和L3）和一根零线（N）。

照明供电系统一般由以下几部分组成。

（1）进户线　从低压架空线上接到建筑物外墙的支架之间为接户线，由外墙到总照明配电箱之间为进户线。

（2）配电箱　配电箱是接受和分配电能的装置。在配电箱中应装有用来接通和切断的开关，以及防止过载的熔断器和电度表等。

（3）干线和支线　从总配电箱到分配电箱的一段线路称为干线。从分配电箱引至灯具及其他用电器的一段线路称为支线。支线的供电范围一般为20~30m，支线截面面积一般在1.0~4.0mm^2范围之内。

复习思考题

1. 建筑给水系统由哪几部分组成？
2. 建筑给水管道的布置原则和要求有哪些？
3. 建筑排水系统由哪几部分组成？
4. 建筑供暖方式有哪些？
5. 建筑电气有哪些基本系统？
6. 电源引入方式有哪些？

4 第四章　道路、铁路和桥梁工程

【内容摘要及学习要求】

要求了解21世纪我国交通运输的发展目标、现代化的交通运输系统等知识；掌握道路工程中道路的分类、公路建设、城市道路、高速公路等知识；熟悉铁路工程中的高速铁路、城市轻轨与地下铁道、磁悬浮铁路，掌握铁路选线设计和路基工程两大部分；掌握桥梁工程中桥梁的分类与选用、桥跨结构、桥面构造等知识，了解国内外桥梁建设成就。

第一节　概　　述

现代交通诞生于19世纪初，此后近200年来，交通运输的发展日新月异。铁路、公路、航空、水运、管道等相继出现。五种运输方式的产生和发展，为社会经济发展提供了强有力的基础保障。20世纪，交通运输的发展初步构筑起了交通运输综合体系。21世纪的交通运输发展将是高新技术广泛应用、高速交通全面发展的时代，人类社会的时空观念将发生深刻变革。为了保持我国经济稳定并以较快的速度发展，中央决定扩大对基础设施，特别是交通基础设施建设的投资规模，以此来促进和带动整个国民经济稳定持续的发展。因此，在今后相当长的一段时间内，交通基础设施建设任务仍然相当艰巨。

一、21世纪我国交通运输的发展趋势、发展目标和任务

改革开放以来，我国加快了交通基础设施建设，交通运输成为经济建设的战略重点。尤其是20世纪90年代以来，我国采取了一系列重大举措，如增加了投资力度，促进了交通运输快速发展，初步解决了煤炭等大宗散货运输的紧张矛盾。目前，我国交通运输发展正从“限制型”向“适应型”转变。

进入21世纪，我国国民经济仍然保持了持续快速的发展水平。到21世纪中叶，我国将基本实现现代化，人均国民生产总值将达到中等发达国家水平，社会经济面貌将发生历史性巨大变化，人民生活更加富裕。因此，交通运输发展的市场前景十分广阔，交通管理与运输组织技术将发生根本变革。

我国交通运输的发展目标是：到21世纪中叶，建立一个可持续性的，以高速化和智能化为目标的新型综合交通运输体系，并成为世界交通强国和运输大国；交通科学技术达到世

界先进国家水平；交通运输技术装备、运输组织与运输管理，进入世界先进水平行列；铁路（含高速铁路）成为世界上最发达的系统；公路及其运输系统在世界上名列前茅；航空运输成为世界上最大的市场之一；水运成为世界航运强国。为实现上述目标，我国交通运输发展任务包括以下三个方面：

1）继续加强交通基础设施建设，建立现代化交通运输体系。

2）不断提高运输速度，大力发展高速交通。

3）依靠科技进步，促进交通运输可持续发展。

二、现代化的交通运输

（一）交通运输系统现代化

交通运输系统现代化是一个复杂的概念，它可以被理解成为一种发展中国家追赶发达国家的过程；也可以理解成为一种采用高新技术改造传统交通运输系统的要求；或者是适应社会经济发展的要求。表达上看，可以是与发达国家基础设施的规模数量比较，可以是直接感受到的服务水平，也可以是一种形象化的概念（如立体交通、智能化交通等）。交通运输系统所需要适应的需求是多方位的，基本可以反映为如下三方面的需求。

（1）适应经济发展的需求　建设国际经济中心城市；带动区域经济的发展；创造良好的投资环境；促进产业结构的调整等。

（2）适应社会发展的需求　建设支持城市群体可持续发展的交通运输系统，支持城市结构及布局的调整；为市民提供高水平的交通运输服务；迎接 WTO 的挑战等。

（3）适应生态环境持续发展的需求　建立生态条件良好的交通空间；降低交通环境污染程度；减少交通运输系统建设及运行对自然界资源的消耗等。

同时，交通运输系统的建设又具有重要的引导作用：将引导城市的发展；交通运输业的技术改造将为信息产业创造巨大的市场；交通运输服务方式的现代化（例如现代物流服务），将促使传统的商业营销通道体系进行重组改造、企业联盟关系与方式的重组等。

（二）交通运输方式

1. 综合运输系统

20 世纪 50 年代初，苏联提出了综合运输体系这一概念，其初衷是运用计划的手段将各种运输方式的优势发挥出来。

综合运输体系的关键在于五种运输方式之间的联合贯通与协作配合。它要求各种运输方式在建设上要统筹规划，协调发展，合理布局；在组织管理上要扩大网络，资源整合，动作协同。综合运输体系由硬件设施与软件服务相结合的三个子系统组成：一是具有一定技术装备的综合运输网及其结合部系统；二是综合运输生产与装备系统；三是充分体现市场经济规律的综合运输组织管理和协调系统。

2. 铁路运输

铁路与公路、水运、航空、管道等运输方式组成国家交通运输网。铁路运输与其他运输方式相比较，具有运量大、运送速度快、受气候条件的影响小、运输准时、使用方便等特点。铁路与其他陆上运输方式比较，还具有占地少、能耗低、事故少、污染少等优势。所以，铁路在国民经济中承担着大部分的客、货运输任务，是我国交通运输网的骨干之一。

3. 道路运输

道路运输是一种机动灵活、简捷方便的运输方式，在中短途货物的运输中，要比铁路、航空运输具有更大的优越性。道路运输已渗入经济建设和社会生活的各个方面，在国民经济中占有越来越重要的地位。高速公路的建设和使用，为汽车快速、高效、安全、舒适地运行提供了良好的条件，标志着我国的道路运输事业和科学技术水平进入了一个崭新的时代。

4. 航空运输

航空运输是指采用商业飞机运输货物的商业活动，是目前国际上一种安全迅速的运输方式。它具有以下特点：较高的运输速度；最适合于鲜活易腐商品和季节性强的商品运送；安全准确；可节省包装、保险、利息等费用。

5. 航道运输

（1）内河运输　内河运输是水上运输的一个重要组成部分，同时，也是连接内陆腹地和沿海地区的纽带。它具有运量大、投资少、成本低、耗能少的特点，对一个国家的国民经济和工业布局起着重要的作用。世界各国都很重视本国内河运输系统的建设。

（2）海洋运输　海洋运输是历史悠久的国际贸易运输方式。由于国际贸易是进行世界范围的商品交换，地理条件决定了海洋运输的重要作用。目前，国际贸易总运量中 2/3 以上的货物是利用海上运输完成的，从而使海上运输成为国际贸易中最重要的运输方式。海洋运输具有以下特点：运输量大；通过能力强；运费低廉；速度较低；风险较大。

6. 管道运输

管道运输是随着石油的生产而产生和发展的。它是运输通道和运输工具合二为一的一种专门运输方式。现代管道不仅可以输送原油、各种石油成品、化学品、天然气等液体和气体物品，而且可以运送矿砂、碎煤浆等。

第二节　道 路 工 程

现代交通运输体系由道路、铁路、水运、航空和管道五种运输方式组成，它们共同承担客、货的集散与交流，在技术与经济上又各具特点。道路运输从广义来说，是指货物和旅客借助一定的运输工具，沿道路某个方向，做有目的的移动过程；从狭义来说，道路运输则是指汽车在道路上有目的的移动过程。道路运输是交通运输的重要组成部分。

道路是供各种车辆和行人通行的工程设施，其主要功能是作为城市与城市、城市与乡村、乡村与乡村之间及内部的联络通道。道路的修建促进了人类的进步，而人类的进步又促进了道路的建设。现代道路的修建始于 18 世纪的英国和法国，当时对道路已有排水良好、路基密实等要求。汽车的出现使得路面荷载要求不断增长，对道路又提出了更高的要求。

道路工程则是以道路为对象而进行的规划、设计、施工、养护与管理工作的全过程及其工程实体的总称。

一、道路的分类和组成

1. 道路的分类

道路根据其所处的位置、交通性质、使用特点等可分为公路、城市道路、专用道路及乡村道路等。

（1）公路 公路是指连接城市与乡村的、主要供汽车行驶的具备一定技术条件和设施的道路。公路按其重要程度和使用性质可划分为：国家干线公路（简称国道）、省级干线公路（简称省道）、县级公路（简称县道）和乡级公路（简称乡道）。

（2）城市道路 城市道路是指在城市范围内，供车辆及行人通行的，具备一定技术条件和设施的道路，是城市组织生产、安排生活、搞活经济、物质流通所必需的交通设施。

（3）专用道路 专用道路是指由工矿、农林等部门投资修建，主要供该部门使用的道路，包括厂矿道路、林区道路等。

（4）乡村道路 乡村道路是指建在乡村、农场，主要供行人及各种农业运输工具通行的道路。

各类道路由于其位置、交通性质及功能均不相同，在设计时其依据、标准及具体要求也不相同。

2. 道路的组成

道路是一种线形工程结构物，它包括线形组成和结构组成两部分。

（1）线形组成 道路的中线是一条三维空间曲线，称为路线。线形就是指道路中线在空间的几何形状和尺寸。道路中线在水平面上的投影称为路线平面。反映路线在平面上的形状、位置及尺寸的图形称为路线平面图。用一曲线沿道路中线竖直剖切展成的平面称为路线纵断面。空间线形通常是用线形组合、透视图法、模型法来进行研究的。

（2）结构组成 具体如下：

1）路基。路基是道路结构体的基础，是由土、石材料按照一定尺寸、结构要求所构成的带状土工结构物。路基必须稳定坚实。道路路基的结构、尺寸用横断面表示。

2）路面。路面是在路基表面的行车部分，是用各种筑路材料分层铺筑的结构物，以供车辆在其上以一定的速度，安全、舒适地行驶。路面使行车部分加固，使之具有一定的速度、平整度和粗糙度。

3）桥涵。道路在跨越河流、沟谷和其他障碍物时所使用的结构物称为桥涵。桥涵是道路的横向排水系统之一。

4）排水系统。为了确保路基稳定，免受自然水的侵蚀，道路还应修建排水设施。道路排水系统按其排水方向的不同，可分为纵向排水系统和横向排水系统；按排水位置又分为地面排水设施和地下排水设施两部分。地面排水设施用以排除危害路基的雨水、积水及外来水；地下排水设施主要用于降低地下水位及排除地下水。

5）隧道。隧道是为道路从地层内部或水下通过而修筑的建筑物。隧道在道路中能缩短里程、避免道路翻越山岭，保证道路行车的平顺性。

6）防护工程。陡峻的山坡或沿河一侧的路基边坡受水流冲刷，会威胁路段的稳定。为保证路基的稳定，加固路基边坡所修建的人工构筑物称为防护工程。

7）特殊构造物。除上述常见的构造物外，为了保证道路连续、路基稳定，确保行车安全，还在山区地形、地质特别复杂路段修建一些特殊构造物，如悬出路台、半山桥和防石廊等。

8）沿线设施。沿线设施是道路沿线交通安全、管理、服务以及环境保护设施的总称，主要包括交通安全设施、交通管理设施、防护设施、停车设施、路用房屋及其他沿线设施和绿化。

二、公路

公路是设置在大地表面供各种车辆行驶的一种带状构筑物。

（一）公路的功能

公路主要承担中途、短途运输任务；补充和衔接其他运输方式，担任大运量运输的集散运输任务；在特殊条件下，也可独立担负长途运输任务，特别是随着高速公路的发展，中、长途运输的任务将逐步增大。

（二）公路分级与技术标准

1. 公路分级

按照公路的交通量、任务和性质，根据公路不同的地形条件，我国《公路工程技术标准》（JTG B01—2014）将公路划分为两类五级，即汽车专用公路和一般公路两大类及高速公路、一级公路、二级公路、三级公路和四级公路五个等级。

（1）汽车专用公路　汽车专用公路是指实行汽车与非机动车、其他机动车以及行人分离的，专供汽车行驶的道路。分为高速公路、一级公路和二级公路，使用寿命为15～20年。

（2）一般公路　一般公路是指供汽车及其他车辆、行人等混合交通使用的公路，包括部分二级公路、三级公路和四级公路，使用寿命在15年以下。

2. 公路技术标准

公路技术标准是根据理论要求和公路建设的经验总结以及国家政策拟定的，是国家的法定技术要求。它反映了一个国家公路建设的技术方针和生活水平。一般有“几何标准”“载重标准”“净空标准”等，在公路设计时必须严格遵守。

“几何标准”，或称“线形标准”，主要是确定路线线形几何尺寸的技术标准。“载重标准”用于道路的结构设计，它的主要依据是汽车的载重标准等级。“净空标准”是根据不同汽车的外轮廓尺寸和轴距来确定道路的尺寸。

（三）公路建设

1. 公路的路基建设

路基是行车部分的基础，它由土、石按照一定尺寸、结构要求建筑成带状土工结构物。路基必须具有一定的力学强度和稳定性，又要经济合理，以保证行车部分的稳定性和防止自然破坏力的损害。公路路基的横断面组成有：路堤、路堑和填挖部分，如图4-1所示。其中，路堤有一般路堤、软土路堤、沿河路堤、护脚路堤等；路堑是开挖地面而成的路基，两旁设排水边沟，基本路堑形式有全挖式、台口式和半山洞式；填挖部分路基是路堤和路堑的结合形式。路基的几何尺寸由高度、宽度和边坡组成。路基高度由路线纵断面设计确定；路

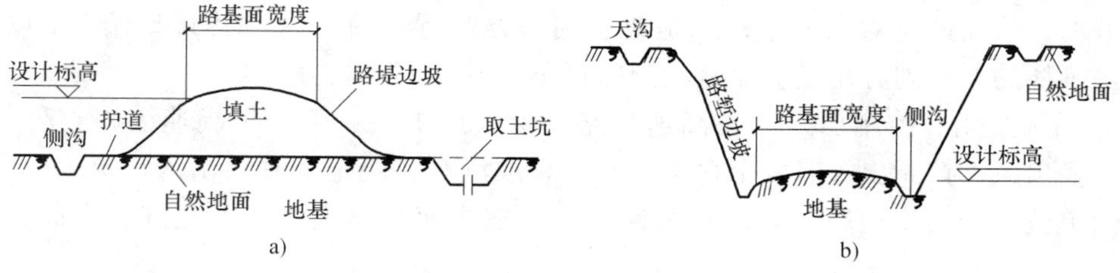

图4-1　公路路基横断面形式

a）路堤　b）路堑

基宽度则根据设计交通量和公路等级确定；路基边坡则会影响路基的整体稳定性，必须正确设计。

2. 公路的路面建设

公路路面是用各种坚硬材料分层铺筑而成的路基顶面的结构物，以供汽车安全、迅速和舒适地行驶。因此，路面必须具有足够的力学强度和良好的稳定性，以及表面平整和良好的抗滑性能。路面结构如图4-2所示。

路面一般按其力学性质分为柔性路面和刚性路面两大类。柔性路面主要有碎石路面和各种沥青路面，它的刚度较小，抗拉强度较低，荷载作用下变形较大，路面弹性较好，无接缝，行车舒适性好。刚性路面是指水泥混凝土路面，它一般强度高，刚性大，整体性好，在车轮的作用下路面的变形较小。路面的常用材料有沥青、水泥、碎石、黏土、砂、石灰及其他工业废料等。

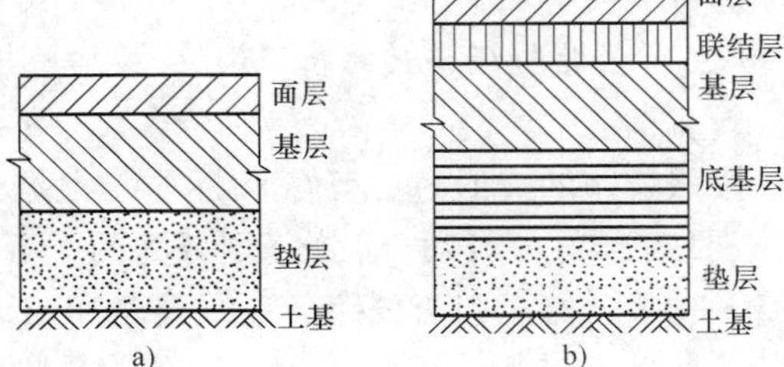

图4-2 路面结构图

a）低级、中级路面 b）高级路面

（四）高速公路

高速公路是20世纪30年代在西方发达国家开始出现的、专门为汽车交通服务的基础设施。高速公路在运输能力、速度和安全性方面具有突出优势，对实现国土均衡开发、建立统一的市场经济体系、提高现代物流效率和公众生活质量等具有重要作用。目前全世界已有80多个国家和地区拥有高速公路。高速公路不仅是交通现代化的重要标志，也是国家现代化的重要标志。

高速公路具有四条以上车道，路中央设有隔离带，分隔双向车辆行驶，互不干扰，全封闭，全立交，控制出入口；严禁产生横向干扰，为汽车专用，设有自动化监控系统，以及沿线设有必要服务设施。高速公路的造价很高，占地多，但是从其经济效益与成本比较看，高速公路的经济效益还是很显著的。

1. 高速公路的功能

高速公路除具有普通公路的功能外，还具有其自身的特殊功能。

（1）交通限制、汽车专用 交通限制主要是指对车辆和车速加以限制。高速公路规定，凡非机动车和50km/h以下的车辆，可能形成危险和妨碍交通的车辆，均不得使用高速公路，最高车速不能超过120km/h。

（2）分隔行驶 分隔行驶包括两个方面：一是在对向车道间设有中央分隔带，实行往返车道分离，从而避免对向撞车；二是对于同一方向行驶的车辆，至少设有两个以上车行道，并用画线的办法划分车道。设有专门的超车车道。

（3）沿线封闭、控制出入 在高速公路的沿线用护栏和路栏把高速公路与外界隔开，以控制车辆出入。控制出入有两个含义：一是只准汽车在规定的一些出入口进出高速公路，不准任何单位或个人将道路接入高速公路；二是在高速公路主线上不允许有平面交叉路口存在。

（4）高标准线形 高等级公路极大地避免了长直线形路段，采用大半径曲线形，根据地形以圆曲线或缓和曲线为主。增加了路线美感，更有利于行车安全。

（5）设施完善　采用较高的线形标准和设置完善的交通安全与服务设施，从行车条件和技术上为安全、快速行车提供可靠的保证。

2. 高速公路的特点

（1）车速高　高速公路由于通行速度提高，使行驶时间缩短，从而带来巨大的社会效益和经济效益，对经济、军事、政治都有十分重要的意义。

（2）通行能力大　高速公路路面宽、车道多，可容车流量大，通行能力大，根本上解决了交通拥挤与阻塞问题。高速公路的通行能力比一般公路高出几倍乃至几十倍。

（3）行车安全　行车安全是反映交通质量的根本标志。因为高速公路有严格的管理系统，全程采用先进的自动化交通监控手段和完善的交通设施，全封闭、全立交、无横向干扰，因此交通事故大幅度下降。

（4）降低运输成本　高速公路完善的道路设施条件使主要行车消耗——燃油与轮胎消耗、车辆磨损、货损及事故赔偿损失降低，从而使运输成本大幅度降低。

（5）带动了沿线发展　高速公路的高能、高效、快速通达的多功能作用，使生产与流通、生产与交换周期缩短，速度加快，促进了商品经济的繁荣发展。在高速公路沿线形成高速公路的产业信息带。

3. 高速公路沿线设施

高速公路沿线设施包括安全设施、服务设施、高速公路交通控制与管理设施以及高速公路的绿化等，这些设施是保证车辆高速安全行驶，提供驾乘人员方便舒适的交通条件，高速公路交通指挥调度及环境美化与保护的必不可少的组成部分。

安全设施一般包括标志（如警告、限制、指示标志等）、标线（用文字或图形来指示行车的安全设施）、护栏（有刚性护栏、半刚性护栏、柔性护栏等）、隔离设施（如金属网、常青绿篱等）、照明及防眩设施（为保证夜间行车的安全所设置的照明灯、车灯灯光防眩板等）、视线诱导设施（为保证司机视觉及心理上的安全感，所设置的全线轮廓标等）、公路界碑、里程标和百米标。

服务性设施一般有综合性服务站（包括停车场、加油站、修理所、餐厅、旅馆、邮局、通信、休息室、厕所、小卖部等）、小型休息点（以加油站为主，附设厕所、电话、小块绿地、小型停车场等）、停车场等。

交通管理设施一般为高速公路管理入口控制、交通监控设施（如检测器监控、工业电视监控、通信联系的电话、巡逻电视等）、高速公路收费系统（如收费广场、收费岛、站房、顶棚等）。

环境美化设施是保证高速行车舒适和驾驶员在视觉上与心理上协调的重要环节。因此，高速公路在设计、施工、养护、管理的全过程中，除满足工程和交通的技术要求外，还要符合美学规律，经过多次调整、修改，使高速公路与当地的自然风景相协调而成为优美的带状风景造型。

三、城市道路

城市道路是城市中组织生产、安排生活所必需的车辆、行人交通往来的道路，是连接城市各个组成部分（包括市中心、工业区、生活居住区、对外交通枢纽以及文化教育、风景浏览、体育活动场所等），并与郊区公路相贯通的交通纽带。其主要作用在于使车辆和行人

安全、迅速、舒适地通行，为城市工业发展与居民生活服务。

同时，城市道路也是布置城市公用事业地上、地下管线设施，街道绿化，组织沿街建筑和划分街坊的基础，并为城市公用设施提供容纳空间。城市道路用地是在城市总体规划中所确定的道路规划红线之间的用地部分，是道路规划红线与城市建筑用地、生产用地，以及其他用地的分界控制线。因此，城市道路是城市市政设施的重要组成部分。

1. 城市道路的组成

城市道路由车行道、人行道、平侧石及附属设施四个主要部分组成。

(1) 车行道　车行道即道路的行车部分，主要供各种车辆行驶，分为快车道（机动车道）、慢车道（非机动车道）。一条道路的车行道可由一条或数条机动车道和数条非机动车道组成。

(2) 人行道　人行道供行人步行交通所用。为了保证行人交通的安全，人行道与车行道应有所分隔，一般高出车行道15～17cm。

(3) 平侧石　平侧石位于车行道与人行道的分界位置，它也是路面排水设施的一个组成部分，同时又起着保护道路面层结构边缘部分的作用。侧石与平石共同构成路面排水边沟，侧石与平石的线形确定了车行道的线形，平石的平面宽度属于车行道范围。

(4) 附属设施　具体如下：

1) 排水设施。包括为路面排水的雨水进水井口、检查井、雨水沟管、连接管、污水管的各种检查井等。

2) 交通隔离设施。包括用于交通分离的分车岛、分隔带、隔离墩、护栏和用于导流交通和车辆回旋的交通岛和回车岛等。

3) 绿化。包括行道树、林荫带、绿篱、花坛、街心花园的绿化，为保护绿化设置的隔离设施。

4) 地面上杆线和地下管网。包括雨污水管道、给水管道、电力电缆、煤气等地下管网和电话、电力、热力、照明、公共交通等架空杆线及测量标志等。

5) 其他附属设施还包括路名牌、交通标志牌、交通指挥设备、消火栓、邮筒以及为保护路基设置的挡土墙、护栏、护坡以及停车场、加油站等。

2. 城市道路系统

城市道路系统是城市辖区范围内各种不同功能道路，包括附属设施有机组成的道路体系。城市道路系统一般包括：城市各个组成部分之间相联系、贯通的汽车交通干道系统和各分区内部的生活服务性道路系统。城市内的道路纵横交织，组成网络，所以城市道路系统又称为城市道路网。常用的道路网大体上可归纳成四种形式：方格式、放射环形式、自由式、混合式。

(1) 方格式道路网　方格式道路网又称棋盘式道路网，是道路网中常见的一种形式。方格式道路网划分的街坊用地多为长方形，即每隔一定距离设一干路及干路间设支路，分为大小适当的街坊。

(2) 放射环形式道路网　放射环形式道路网是国内外大城市和特大城市采用较多的一种形式。放射环形式道路网以市中心为中心，环绕市中心布置若干环形干道，联系各条通往中心向四周放射的干道。

(3) 自由式道路网　自由式道路网往往是结合地形布置，路线弯曲，无一定的几何图

形。此种道路网适用于自然地形条件复杂的城市。我国青岛、重庆等城市的道路网即属于自由式道路网。

（4）混合式道路网　混合式道路网是结合城市的条件，采用几种基本形式的道路网组合而成的；目前不少大城市在原有道路网基础上增设了多层环状路和放射形出口路，形成了混合式道路网。如北京、上海、天津、沈阳、武汉、南京等城市的道路网均属于这种道路网。

3. 城市道路的分类

城市道路的功能是综合性的，按照城市道路在道路系统中的地位、交通功能以及沿街建筑物的服务功能等来划分城市道路。目前，一般将其划分为快速路（一般为汽车专用路）、主干路（指全市性干道）、次干路（指地区性或分区干道）、支路（指居住区道路与连通路）。

（1）快速路　快速路是指为较高车速较长距离而设置的道路。快速路对向车道之间应设中间带以分隔对向交通，当有自行车通行时，应加设两侧带。快速路的进出口应采取全控制或部分控制，快速路与高速公路、快速路、主干路相交时，都必须采用立体交叉，在过路行人较集中地点应设置人行天桥或地下通道。

（2）主干路　主干路是构成道路网的骨架，是连接城市各主要分区的交通干道。以交通功能为主时，宜采用机动车与非机动车分流形式，一般均为三幅路或四幅路，主干路的两侧不宜设置吸引大量车流、人流的公共建筑物的进出口。

（3）次干路　次干路是城市的交通干路，兼有服务功能。次干路辅助主干路构成城市完整的道路系统，沟通支路与主干路之间的交通联系，因此起广泛连接城市各部分与集散交通的作用。

（4）支路　支路是联系次干路之间的道路，个别情况下也可沟通主干路、次干路。支路是用作居住区内部的主要道路，也可作为居住区及街坊外围的道路，在支路上很少有过境车辆交通。

第三节　铁 路 工 程

铁路运输是现代化运输体系之一，也是国家的运输命脉之一。铁路运输的最大优点是运输能力大、安全可靠、速度较快、成本较低、对环境的污染较小，基本不受气象及气候的影响，能源消耗远低于航空和公路运输，是现代化交通运输体系中的主干力量。

世界铁路的发展已有近200年的历史，第一条完全用于客、货运输而且有特定时间行驶列车的铁路，是1830年通车的英国利物浦与曼彻斯特之间的铁路。20世纪60年代开始出现了高速铁路，速度从120km/h提高到450km/h左右，以后又打破传统的轮轨相互接触的黏着铁路，出现了轮轨相互脱离的磁悬浮铁路。而后者的试验运行速度，已经达到500km/h以上。一些发达国家和发展中国家的大城市已经把建设磁悬浮铁路列入计划。

我国的铁路已形成全国铁路网。从上海浦东国际机场至龙阳路地铁站的磁悬浮铁路的兴建运营，标志着我国铁路建设已逐步达到国际先进水平。

城市轻轨与地下铁道已是各国发展城市公共交通的重要手段之一。城市轨道交通具有运量大、舒适性好、对环境污染小、能源利用率高等优点，是一种快速、安全、便捷的城市交

通工具，并被誉为绿色交通工具。

一、铁路工程概述

铁路工程涉及选线设计和路基工程两大部分。

1. 铁路选线设计

铁路选线设计是整个铁路工程设计中一项关系全局的总体性工作。选线设计的主要工作内容有：

1）根据国家政治、经济和国防的需要，结合线路经过地区的自然条件、资源分布、工农业发展等情况，规划线路的基本走向，选定铁路的主要技术标准。

2）根据沿线的地形、地质、水文等自然条件和村镇、交通、农田、水利设施，来设计线路的空间位置。

3）研究布置线路上的各种建筑物，如车站、桥梁、隧道、涵洞、路基、挡墙等，并确定其类型和大小，使其总体上互相配合，全局上经济合理。

线路空间位置的设计是指线路平面与纵断面设计。铁路线路平面是指铁路中心线在水平面上的投影，它由直线段和曲线段组成。铁路纵断面是指铁路中心线在立面上的投影，由坡段及连接相邻坡段的竖曲线组成。而坡段的特征用坡段长度和坡度值表示。

铁路定线就是在地形图上或地面上选定线路的走向，并确定线路的空间位置。铁路定线的基本方法有套线、眼镜线和螺旋线等，如图4-3所示。

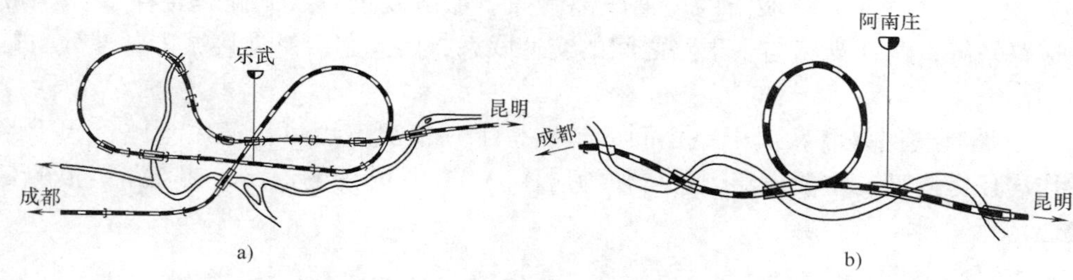

图4-3 铁路定线
a）眼镜线 b）螺旋线

2. 铁路路基

铁路路基是承受并传递轨道重力及列车动态作用的结构，是轨道的基础。路基是一种土石结构，处于各种地形地貌、地质、水文和气候环境中，有时还遭受各种灾害，如洪水、泥石流、崩塌、地震等。路基设计一般需要考虑如下问题。

（1）横断面 横断面的形式有路堤、半路堤、路堑、半路堑、不填不挖等，如图4-4所示。路基由路基体和附属设施两部分组成。路基面、路肩和路基边坡构成路基体。路基附属设施是为了保证路肩强度和稳定所设置的排水设施（如排水沟）、防护设施（如种草种树）与加固设施（如挡土墙、扶壁支挡结构）等。

（2）路基稳定性 路基受到列车动态作用及各种自然力影响可能会出现道砟陷槽、翻浆冒泥和路基剪切滑动与挤起等现象，所以需要从以下的影响因素去考虑：路基的平面位置和形状；轨道类型及其上的动态作用；路基体所处的工程地质条件；各种自然应力的作用等。设计中心须对路基的稳定性进行验算。

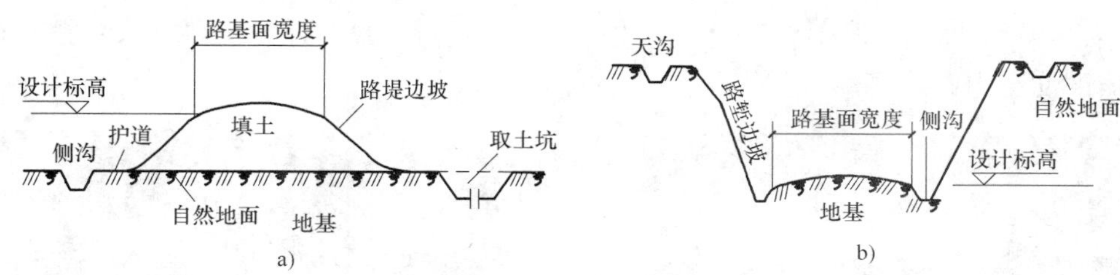

图 4-4　铁路路基横断面形式
a）路堤　b）路堑

二、高速铁路

1. 高速铁路的发展概况

铁路现代化的一个重要标志是大幅度地提高列车的运行速度。当今世界上，铁路速度的分档一般定为：时速 100 ~ 120km 称为常速；时速 120 ~ 160km 称为中速；时速 160 ~ 200km 称为准高速或快速；时速 200 ~ 400km 称为高速；时速 400km 以上称为特高速。

从 20 世纪初至 20 世纪 50 年代，德、法、日等国都开展了大量的有关高速列车的理论研究和试验工作。1964 ~ 1990 年是世界上高速铁路发展的最初阶段。除了北美以外，世界上经济和技术发达的日本、法国、意大利和德国推动了高速铁路的第一次建设高潮。1964 年 10 月 1 日，世界上第一条高速铁路——日本的东海道新干线正式投入运营，时速达到 210km；之后，法国在 1981 年建成了它的第一条高速铁路（TVG 东南线），列车时速达到 270km；后来又建成了 TVG 大西洋线，时速达到 300km；日本东海道新干线和法国 TVG 东南线的运营，在技术、商业、财政以及政治上都获得了极大的成功。

高速铁路建设在日本和法国所取得的成就影响了很多国家。20 世纪 80 年代末，世界各国对高速铁路的关注和研究酝酿了第二次建设的高潮。第二次建设高峰于 90 年代在欧洲形成，所波及的国家主要有法国、德国、意大利、西班牙、比利时、荷兰、瑞典和英国等国家。1991 年，欧洲议会批准了泛欧高速铁路网的规划，1994 年 12 月，欧洲铁盟通过了在 2010 年内建成泛欧高速铁路网的规划，规划的目标是新建 12500km，可以满足列车以 250km/h 以上速度运行的高速铁路，改造 14000km 既有线，形成 29000km 的高速铁路网，以连接欧洲所有的主要城市。

高速铁路的建设与研究自 20 世纪 90 年代中期形成了第三次高潮，这次高潮波及亚洲、北美、澳洲以及整个欧洲，形成了交通领域中铁路的一场复兴运动。自 1992 年以来，俄罗斯、韩国、澳大利亚、英国、荷兰等国家和我国台湾地区均先后开始了高速铁路新线的建设。

目前，高速铁路技术在世界上已经成熟，高速化已经成为当今世界铁路发展的共同趋势。21 世纪的铁路运输业将会出现轮轨系高速铁路的全面发展，全球性高速铁路网建设的时期已经到来。

归纳起来，当今世界上建设高速铁路有下列几种模式：

1）日本新干线模式。全部修建新线，旅客列车专用（图 4-5）。

2）法国 TVG 模式。部分修建新线，部分旧线改造，旅客列车专用。

3）德国 ICE 模式。全部修建新线，旅客列车及货物列车混用。

4）英国APT模式。既不修建新线，也不对旧线进行大量改造，主要靠采用摆式车体的车辆组成的动车组；旅客列车及货物列车混用（图4-6）。

图4-5 日本新干线模式

图4-6 英国APT模式

2. 高速铁路的技术要求

高速铁路的实现为城市之间的快速交通往来和旅客出行提供了极大的方便，同时也对铁路选线与设计等提出了更高的要求，如铁路沿线的信号与通信自动化管理，铁路机车和车辆的减振和隔声要求，对线路平面、纵断面的改造，加强轨道结构，改善轨道的平顺性和养护技术等。

1）为了保证列车能按规定的最高速度，安全、平稳和不间断地运行，铁路线路不论就其整体来说或者就其各个组成部分来说，都应当具有一定的坚固性和稳定性。在高速铁路上，列车运行速度很高，要求线路的建筑标准也高，包括最小曲线半径、缓和曲线、外轨超高等线路平面标准，坡度值和竖曲线等线路纵断面标准以及高速行车对线路构造、道岔等的特定要求等。

2）高速列车的牵引动力是实现高速行车的重要关键技术之一。它涉及许多方面的新技术，如新型动力装置与传动装置；牵引动力的配置已不能局限于传统机车的牵引方式，而要采用分散的或相对集中的动车组方式；高速条件下新的制动技术；高速电力牵引时的受电技术和装备；适应高速行车要求的车体及行走部分的结构以及减少空气阻力的新外形设计等。这些均是发展高速牵引动力必须解决的具体技术问题。

3）高速铁路的信号与控制系统是高速列车安全、高密度运行的基本保证。它是集微机控制与数据传输于一体的综合控制与管理系统，也是铁路适应高速运行、控制与管理而采用的最新综合性高技术，一般统称为先进列车控制系统。如列车自动防护系统、卫星定位系统、车载智能控制系统、列车调度决策支持系统、列车微机自动监测与诊断系统等。

4）通信在铁路运输中起着神经系统和网络的作用，它主要完成三个方面的任务：保证指挥列车运行的各种调度指挥命令信息的传输；为旅客提供各种服务的通信；为设备维修及运营管理提供通信条件。列车运行速度的提高，对通信提出了更高的要求：通信应具有高可靠性，以保证列车的高速运行安全；通信应保证运营管理的高效率，通信与信号系统紧密结合，形成一个整体；通信与计算机和计算机网相结合，形成一个现代化的运营、管理、服务系统；通信应完成多种信息的传输和提供多种通信服务，多种通信方式结合形成统一的铁路通信网。

3. 我国高速铁路的建设

我国把铁路提速作为加快铁路运输业发展的重要战略。2004年4月18日，我国铁路开始启动历史上的第五次大面积提速，此次提速，新增3500km提速线路，主要干线列车时速达到160km，标志着我国铁路在扩充运能和提高技术装备方面实现新的突破。为了实现铁路跨越式发展，我国铁路部门已经制定并开始实施一项建设发达铁路网的宏伟蓝图——《中长期铁路网规划》。计划未来投入2万亿元人民币用于铁路建设，目标是在2020年建成快速铁路客运网络和大能力货运网，主要技术装备将达到国际先进水平，运输能力能够适应国民经济发展和小康社会的需求。

2008年8月1日，我国第一条高等级城际快速铁路——京津高速铁路已开通运行。京津城际铁路是我国高速铁路的开端，采用世界最先进的无砟轨道技术铺设，列车为国产时速350km的CRH3/CRH2C型动车组。其中，CRH3在试验中跑出了394.3km/h的世界运营列车最高时速纪录。

三、城市轻轨与地铁

1. 城市轻轨

城市轻轨是城市客运有轨交通系统的又一种形式，它与原有的有轨电车交通系统不同。它一般有较大比例的专用道，大多采用浅埋隧道或高架桥的方式，车辆和通信信号设备也是专门化的，克服了有轨电车运行速度慢、正点率低、噪声大的缺点。它比公共汽车速度快、效率高、省能源、无空气污染等。轻轨比地铁造价低，见效快。自20世纪70年代以来，世界上出现了建设轻轨铁路的高潮。目前已有200多个城市建有这种交通系统。

轻轨适用于中等运量，多采用全封闭或半封闭方式，实行信号控制。其线路在市区部分可置于地下或高架，在郊区部分一般多在地面运行。轻轨平均速度为20~25km/h，单向高峰流量为1~3万人次/h。适用于道路坡道较大或弯曲的大中城市，也可在特大城市配合地铁在郊区的延伸。在运输能力上有较大的灵活性，其造价仅为地铁的1/5~1/3。

上海已于2000年12月建成我国第一条城市轻轨系统，即明珠线。明珠线的顺利建成将我国的城市交通发展推向一个新的阶段。截至2016年5月31日，上海城市地上地下轨道交通里程总长度为650km（不含通勤快路，包含磁悬浮），居全国之首。

2. 地铁

世界上第一条载客的地铁是1863年首先通车的伦敦地铁。早期的地铁是蒸汽火车，轨道离地面不远。第一条使用电动火车而且真正深入地下的铁路直到1890年才建成。这种新型且清洁的电动火车克服了以往蒸汽火车的很多缺点。

地铁常建于城市中心地区，其特点是运量大，能迅速疏散旅客，不易堵塞，运量可达4~6万人次/h，速度可达30.60km/h，运行采用全封闭信号控制，运行间隔为2~2.5min。所以，凡城市运量在4万人次/h以上的，可以选用地铁。地铁的安全、快速、准时是其他轨道交通无法比拟的，但由于造价昂贵，制约了其发展。

目前，伦敦地铁里程总长度为402km，每天载客200余万人次。现在全世界建有地铁的城市到处可见，如法国的巴黎，英国的伦敦，俄罗斯的莫斯科，日本的东京，美国的纽约、芝加哥，加拿大的多伦多，我国的北京、上海、天津、广州等多个城市。

发达国家的地铁设施非常完善，如巴黎的地铁在城市地下纵横交错，行驶里程高达几百公里，遍布城市各个角落的地下车站，给居民带来了非常便利的公共交通服务。波士顿地铁于20世纪90年代率先采用交流电驱动的电动机和不锈钢制作的车厢，也是美国大陆首先使

用交流电直接作为动力的地铁列车。美国纽约的地铁是世界上最繁忙的，每天行驶的班次多达9000多次，运输量非常惊人。

3. 城市轻轨和地铁的特点

城市轻轨和地铁一般具有如下特点：

1）线路多经过居民区，对噪声和振动的控制较严，除了对车辆结构采取减振措施及修筑声屏障以外，对轨道结构也要求采取相应的措施。

2）行车密度大，运营时间长，留给轨道的作业时间短，因而须采用高质量的轨道部件，一般用混凝土道床等维修量小的轨道结构。

3）一般采用直流电动机牵引，以轨道作为供电回路。为了减少泄漏电流的电解腐蚀，要求钢轨与基础间有较高的绝缘性能。

4）曲线段占的比例大，曲线半径比常规铁路小得多，一般为100m左右，因此要解决好曲线轨道的构造问题。

四、磁悬浮铁路

1. 磁悬浮铁路的概念

磁悬浮铁路是一种新型的交通运输系统，它与传统铁路有着截然不同的特点。磁悬浮铁路上运行的列车，是利用电磁系统产生的吸引力和排斥力将车辆托起，使整个列车悬浮在铁路上，利用电磁力进行导向，并利用直流电动机将电能直接转化成推进力来推动列车前进。

与传统铁路相比，磁悬浮铁路由于消除了轮轨之间的接触，因而无摩擦阻力；线路垂直负荷小，适于高速运行，时速可达500km/h以上；无机械振动和噪声，无废气排出和污染，有利于环境保护，能充分利用能源，从而获得高的运输效率；列车运行平稳，也能提高旅客的舒适度；由于磁悬浮铁路采用导轨结构，不会发生脱轨和颠覆事故，提高了列车运行的安全性和可靠性；磁悬浮列车由于没有钢轨、车轮、接触导线等摩擦部件，可以省去大量的维修工作和维修费用。另外，磁悬浮列车可以实现全盘自动化控制，因此磁悬浮铁路将成为未来最具竞争力的一种交通工具。

2. 磁悬浮铁路的发展概况

对于磁悬浮铁路的研究，日本和德国起步最早（图4-7和图4-8），但两国采用的制式却截然不同。德国采用常导磁吸式（即铁芯电磁铁悬挂在导体下方，导轨为固定磁铁，利用两者之间的吸引力使车体浮起）；而日本采用超导磁斥式（即用超导磁体与轨道导体中感应电流之间的相斥力使车体浮起）。在车辆和线路结构上，在悬浮、导向和推进方式上虽各有不同，然而基本原理是一样的。

目前，磁悬浮铁路已经逐步从探索性的基础研究进入到实用性开发研究的阶段。世界发达国家已经提出建设磁悬浮铁路网的设想。

我国已在上海浦东开发区建造了首条磁悬浮列车示范运营线。上海磁悬浮快速列车西起地铁2号线龙阳路站、东至浦东国际机场，采用德国技术建造，全长约33km，设计最大速度为430km/h，单向运行时间为8min。上海磁悬浮快速列车工程既是一条浦东国际机场与市区连接的高速交通线，也是一条旅游观光线，还是一条展示高科技成果的示范运营线。随着这条铁路的开发与运营，将大大缩小我国铁路建设与世界先进水平的差距。

图 4-7　日本超导磁斥式

图 4-8　德国常导磁吸式

第四节　桥 梁 工 程

桥梁既是一种功能性的结构物，又是一个立体的造型艺术工程，是一处景观，往往具有时代的特征。因此，桥梁设计既要满足桥梁使用的要求，也要满足桥梁美学、景观方面的要求。尤其是大型桥梁，它往往是一个地方的标志，桥梁设计必须反映当地的文化、历史与时代风貌。

在公路、城市道路、乡村道路建设中，为了跨越各种障碍（如河流线路等），必须修建各种类型的桥梁，桥梁是交通线中的重要组成部分。随着城市建设的高速发展，迫切需要新建、改造许多城市桥梁，人们对桥梁建筑提出了更高的要求。现代快速路上迂回交叉的立交桥、新兴城市中不断涌现的雄伟壮观的城市桥梁常常成为大中城市的标志与骄傲。

一、国内外桥梁建设成就与展望

（一）国内外桥梁建设成就

早在罗马时代，欧洲的石拱桥艺术已在世界桥梁史上谱写过光辉的篇章。19 世纪中叶出现了钢材，促进了桥梁建筑技术方面空前的发展。20 世纪 30 年代预应力混凝土技术的出现，使桥梁建设获得了廉价、耐久且刚度和承载力均很大的建筑材料，从而推动桥梁发展产生又一次飞跃。20 世纪 50 年代以后，随着计算机和有限元技术的迅速发展，使得桥梁设计工程师能进行复杂结构计算，桥梁工程的发展又获得了再次飞跃。下面介绍几种主要桥梁体系的中外建设成就。

1. 混凝土梁桥

我国跨径最大的简支梁桥是 1997 年建成的昆明南过境干道高架桥，其跨径为 63m。大跨度混凝土梁桥的主要桥型有预应力混凝土连续梁桥和预应力混凝土连续刚构桥。1998 年，挪威建成了世界第一大跨斯托尔马桥（主跨 301m）和世界第二大跨拉脱圣德桥（主跨 298m），两桥均为连续刚构桥。我国于 1997 年建成的虎门大桥辅航道桥（主跨 270m）为当时预应力混凝土连续刚构桥世界第一大跨。我国大跨径混凝土梁桥的建桥技术已居世界先进水平。

2. 拱桥

在古代欧洲和我国均建造了许多石拱桥，以我国赵州桥最为著名。2001 年建成的山西

晋城的丹河大桥，跨径为146m，是目前世界最大跨度的石拱桥。1980年，在当时的南斯拉夫（位于现在的克罗地亚）建成了克尔克桥。该桥为混凝土拱桥，主跨390m，边跨244m。1997年建成的重庆万县长江公路大桥，采用钢管拱为劲性骨架，主跨420m，是当时世界最大跨度的钢筋混凝土拱桥。1995年，我国用悬臂施工法建成了贵州江界河大桥，它以主跨330m跨越乌江，桥下通航净空高度达惊人的270m，是目前世界最大跨度的混凝土桁架拱桥。2000年建成了广州丫髻沙大桥，主跨360m，为当时世界最大跨度钢管混凝土拱桥。2005年建成巫山长江大桥，主跨460m（图4-9），是目前世界第一大跨径钢管混凝土拱桥。

图4-9 巫山长江大桥

3. 斜拉桥

1956年瑞典建成的斯特伦松德桥（主跨183m）是第一座现代斜拉桥。1998年建成的日本多多罗大桥（主跨890m）是斜拉桥跨径的重大突破，是世界斜拉桥建设史上的一个里程碑。21世纪初我国完工的两座跨度超过1000m的斜拉桥，一座是香港昂船洲大桥，其主跨为1018m；另一座是苏通长江大桥，其主跨为1088m，在2008年建成之初是一座创纪录的世界第一斜拉桥。

4. 悬索桥

20世纪30年代，相继建成的美国乔治·华盛顿桥（主跨1067m）和旧金山金门大桥（主跨1280m），使悬索桥的跨度超过了1000m。世界建成的著名悬索桥，有80年代英国建成的亨伯桥（主跨1410m）、90年代丹麦建成的大贝尔特东桥（主跨1624m）及目前世界最大跨度的日本明石海峡大桥（主跨1991m，图4-10）。我国修建的现代大跨度悬索桥著名的有香港青马大桥（主跨1377m）、江阴长江大桥（主跨1385m）、润扬长江大桥南汊桥（主跨1490m）。

图4-10 日本明石海峡大桥

（二）桥梁工程前景展望

随着世界经济的发展，桥梁建设必将迎来更大规模的建设高潮。21世纪桥梁界的梦想是沟通全球交通。国外计划修建多个海峡桥梁工程，如意大利与西西里岛之间墨西拿海峡大桥，主跨3300m，最大水深300m；日本计划在21世纪将兴建五大海峡工程。我国在21世纪初拟建五个跨海工程：渤海海峡工程、长江口越江工程、杭州湾跨海工程、珠江口零丁洋跨海工程和琼州海峡工程。此外，我国将在长江、珠江和黄河等河流上修建更多的桥梁工程。可以预见，大跨度桥梁将向更长、更大、更柔的方向发展。

从现代桥梁发展趋势来看，21世纪桥梁技术发展主要集中在下面几个方向：在结构上研究适合应用于更大跨度的结构形式；研究大跨度桥梁在气动、地震和行车动力作用下，结构的安全性和稳定性；研究更符合实际状态的力学分析方法与新的设计理论；开发和应用具有高强度、高弹模、轻质特点的新材料；进行100～300m深海大型基础工程的实践；开发和应用桥梁自动监测和管理系统；重视桥梁美学和环境保护。

二、桥梁的基本组成与分类

1. 桥梁的组成

桥梁一般由桥跨结构、桥墩、桥台和墩台基础组成，如图 4-11 所示。

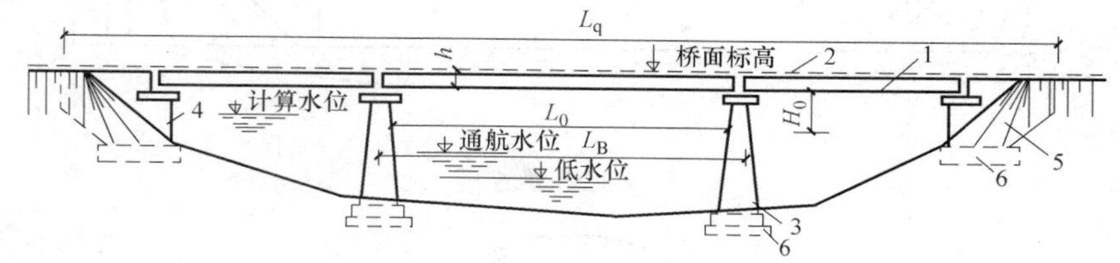

图 4-11　梁桥的基本组成部分

1—主梁　2—桥面　3—桥墩　4—桥台　5—锥形护坡　6—基础

（1）桥跨结构（也称为上部结构）　桥跨结构包括承重结构和桥面系，是在线路遇到障碍（如河流、山谷或城市道路等）而中断时，跨越这类障碍的主要承重结构，也是承受自重、行人和车辆等荷载的主要构件。该承重部分因桥型不同而各有名称，梁式桥的承重部分为主梁，拱桥的承重部分是拱圈，刚架桥的承重部分是刚架。桥面系通常由桥面铺装、防水和排水设施、人行道、栏杆、侧缘石、灯柱及伸缩缝等构成。

（2）桥墩、桥台（统称下部结构）　下部结构是支承桥跨结构并将恒载和车辆活荷载传至地基的构筑物。桥台设在桥梁两端，桥墩则在两桥台之间。桥墩的作用是支承桥跨结构；而桥台除了起支承桥跨结构的作用外，还要与路堤衔接，并防止路堤滑塌。为保护桥台和路堤填土，桥台两侧常做一些防护和导流工程。

（3）墩台基础　墩台基础是使桥上全部荷载传至地基的底部奠基的结构部分。基础工程是在整个桥梁工程中施工比较困难的部位，而且常常需要在水中施工，因而遇到的问题也很复杂。

桥跨上部结构与桥墩、桥台之间一般设有支座，桥跨结构的荷载通过支座传递给桥墩、桥台，支座还要保证桥跨结构能产生一定的变位。

2. 桥梁的分类

桥梁的分类方法很多，可分别按其用途、建造材料、使用性质、行车道部分位置、桥梁跨越障碍物的不同等条件分类。但最基本的方法是按其受力体系分类，一般分为梁式桥、拱桥、刚架桥、悬索桥、斜拉桥。

（1）梁式桥　梁式桥系是古老的结构体系，梁式桥是一种在竖向荷载作用下无水平反力的结构（图 4-12）。其主要承重构件的梁内产生的弯矩很大，所以在受拉区须配置钢筋以承受拉应力。梁桥常见的类型有简支板桥、简支梁桥、悬臂梁桥、T 形悬臂梁桥和连续梁桥，目前常用的有简支梁桥、简支板桥和连续梁桥。

（2）拱桥　拱桥是在竖向力作用下具有水平推力的结构物，主要承重结构是拱圈或拱肋，且以承受压力为主（图 4-13）。传统的拱桥以砖、石、混凝土为主修建，也称圬工桥梁。现代的拱桥如钢管混凝土拱桥则以其优美的造型成为许多市政桥梁的首选桥型，这是传统拱桥和现代梁桥的完美结合。

（3）刚架桥　刚架桥的主要承重结构是梁或板和立柱或竖墙整体结合在一起的刚架结

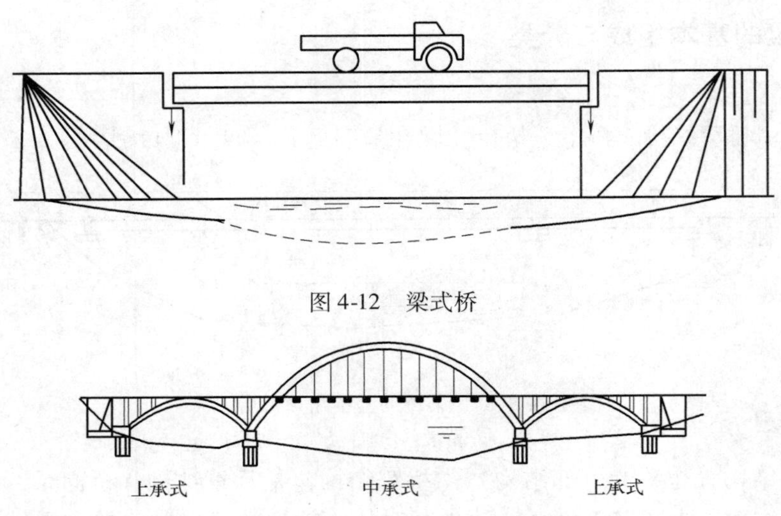

图 4-12 梁式桥

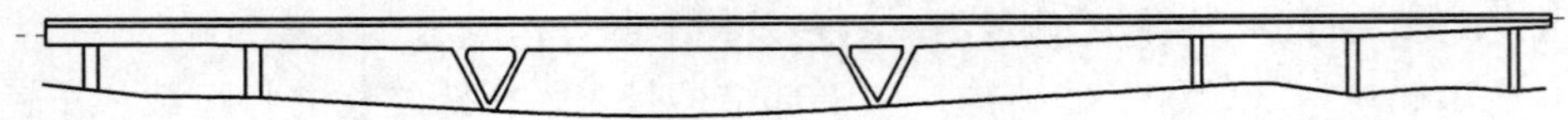

图 4-13 钢管混凝土拱桥

构，刚架桥跨中的建筑高度就可以做得较小（图 4-14）。刚架桥的缺点是施工比较困难。

图 4-14 V 形桥墩刚架桥

（4）悬索桥 传统的悬索桥均用悬挂在两边塔架上的强大缆索作为主要承重结构（图 4-15）。在竖向荷载作用下，通过吊杆使缆索承受很大的拉力，通常就需要在两岸桥台的后方修筑非常巨大的锚碇结构。悬索桥也是具有水平反力（拉力）的结构。现代的悬索桥广泛采用高强度钢丝编制的钢缆，结构自重较轻，能以较小的建筑高度跨越其他任何桥型无与伦比的特大跨度；成卷的钢缆易于运输，结构的组成构件较轻，便于无支架悬吊拼装。

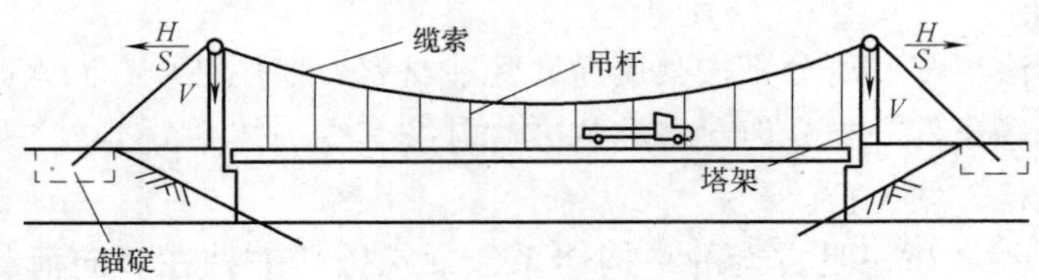

图 4-15 悬索桥

（5）斜拉桥 斜拉桥（图 4-16）是由承压的塔、受拉的索与承弯的梁体组合起来的一种结构体系。主要承重的是主梁，由于斜拉索将主梁吊住，使主梁变成多点弹性支承的连续梁。在外荷载和自重作用下，梁除本身受弯外，还有斜拉索施加给主梁的轴向力，主梁为压弯构件，斜拉索塔架充分发挥其结构的力学性能，可减少主梁截面或增加桥跨跨径。从经济上看，可以做悬索桥也可做斜拉桥时，斜拉桥总是经济的。常用斜拉桥是三跨双塔式结构。

（6）组合体系桥 由几种不同体系的结构组合而成的桥梁称为组合体系桥。

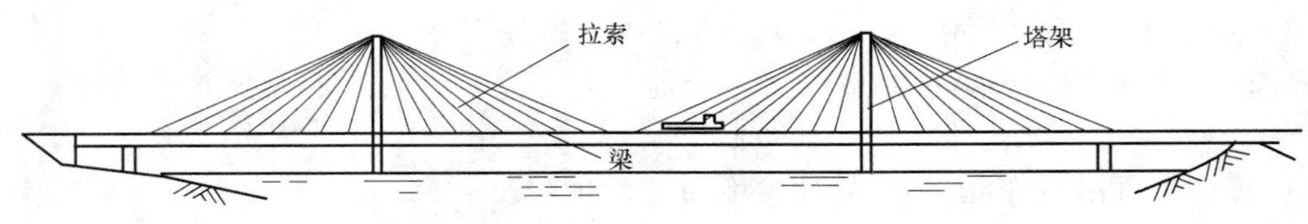

图 4-16　斜拉桥

三、桥面构造

桥面构造包括桥面铺装、桥面防水层、排水系统、人行道、栏杆、护栏和伸缩缝等（图 4-17）。桥面构造设计同样须遵循“安全、适用、经济、美观”的原则进行。桥面布置应在桥梁的总体设计中考虑，根据道路等级、桥梁宽度及行车要求等条件综合确定。目前，公路与城市桥梁的桥面布置主要有双向车道布置、分车道布置和双层桥面布置三种形式。

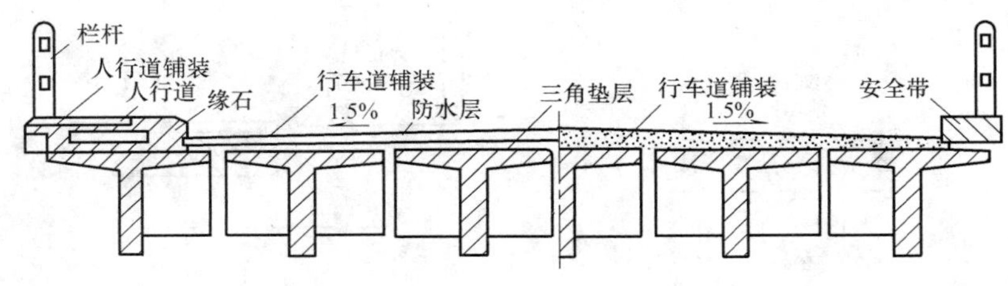

图 4-17　桥面的一般构造

1. 桥面铺装

桥面铺装又称行车道铺装，其功能主要表现在：保护主梁行车道板部分不受车辆轮胎的直接磨耗；分布车辆等集中荷载，使主梁受力均匀；防止主梁遭受雨水的侵蚀。

桥面横坡的设置。桥面积水不仅对结构有侵蚀作用，对行车也非常不利，因此除桥梁纵向坡度外，还应将桥面铺装沿横向设置双向横坡来迅速排除桥面雨水。目前通常将桥面横坡设置为抛物线或直线型，坡度为 1.5% ~3.0%，但为简化施工一般采用直线型横坡，并在桥中线处使用圆弧或抛物线过渡。

常用桥面横坡的设置主要有三种方法：设置在墩台顶部做成倾斜的桥面板，在整个桥宽上就可采用等厚度的铺装层；通过不等厚的铺装层来形成横坡；将行车道板做成双向倾斜的横板。

2. 桥面防水层

桥面防水层设在钢筋混凝土桥面板与铺装层之间，尤其在主梁受负弯矩作用处。梁桥防水层的构造由垫层、防水层与保护层三部分组成。垫层多做成三角形，以形成桥面横向排水坡度；垫层不宜过厚或过薄，厚度在 5cm 以下时，可只用1∶3或1∶4水泥砂浆抹平。水泥砂浆的厚度不宜小于 2cm。垫层的表面不宜光滑。有的梁桥防水层可以利用桥面铺装来充当。

3. 排水系统

通常可按下面的原则设置桥面排水设施：

1）$L<50$m 时，若桥面纵坡 $i\geqslant 2\%$，则不必设置专门的泄水孔道，雨水可流至桥头从引道上排除，但为防止雨水冲刷引道路基，应在桥头引道的两侧设置流水槽；若桥面纵坡 $i<2\%$，则可在跨中左右对称设置一对泄水管。

2）$L \geqslant 50$m 时，若桥面纵坡 $i \geqslant 2\%$，宜在桥上每隔 12～15m 设置一个泄水管；若桥面纵坡 $i < 2\%$，宜在桥上每隔 6～8m 设置一个泄水管。泄水管的过水面积通常是每平方米桥面不宜少于 3cm^2。

3）泄水管可沿行车道两侧左右对称布置，也可交错布置，其离缘石的距离为 20～50cm，也可布置在人行道下面，此时需要在人行道块件上预留横向进水孔，并在泄水管周围设置相应的聚水槽。

4）对于跨线桥和城市桥梁应设置完善的落水管道，将雨水排至地面阴沟或下水道内，以保持美观。

4. 人行道

人行道设在桥承重结构的顶面，而且高出行车道 25～35cm，有就地浇筑式、预制装配式，常用的构造形式如图 4-18 所示。

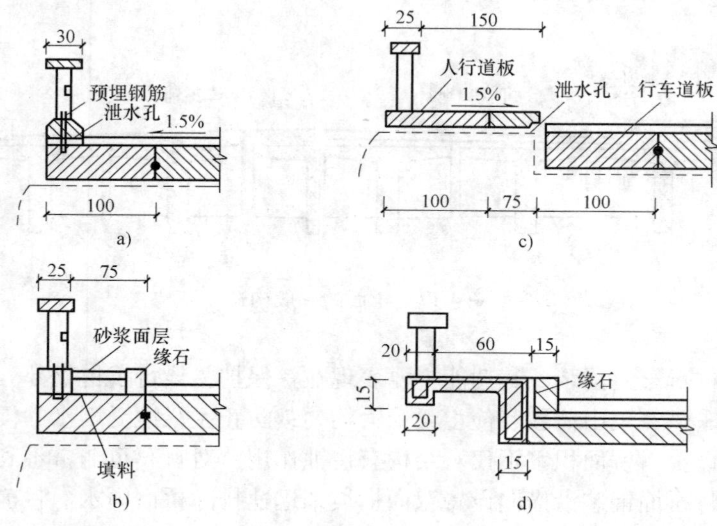

图 4-18 人行道构造形式

其中，图 4-18a 所示为上设安全带的构造，它可以单独做成预制块件或与梁一起预制。图 4-18b 所示为附设在板上的人行道构造，人行道部分用填料填高，上面敷设 2～3cm 砂浆面层或沥青砂，在人行道内边缘设置缘石。图 4-18c 所示为小跨型宽桥，可将人行道部分墩台加高，在其上搁置人行道承重板。图 4-18d 所示则适用于整体浇筑的钢筋混凝土梁桥，而将人行道设在挑出的悬臂上，这样可缩短墩台长度，但施工不太方便。

5. 栏杆、灯柱和护栏

栏杆是桥梁的防护设备，城市桥梁栏杆应美观实用、朴素大方，栏杆高度通常为 1.0～1.2m，栏杆柱的间距一般为 1.6～2.7m。对于特别重要的城市桥梁，栏杆和灯柱设计更应注意艺术造型，使之与周围环境和桥型相协调，可采用易于制成各种图案和艺术性强的花板金属栏杆。

城市桥梁应设照明设备，照明灯柱可以设在栏杆扶手的位置上，也可靠近缘石处，其高度一般高出车行道 5m 左右。

护栏的设置宽度不少于 0.25m，高度为 0.25～0.35m，有的达到 0.4m。常用的有钢筋混凝土墙式护栏和金属制桥梁栏杆。设置护栏除保障行人的安全外，还能在意外情况下，对

机动车起阻挡作用，抵挡车辆的冲撞，使车辆不致发生因失控冲出护栏以外的事故。

6. 伸缩缝

桥面伸缩缝设置是保证桥跨结构在活载作用、混凝土收缩与徐变、温度变化等因素影响下可以自由变形，而不产生额外的附加内力。

伸缩缝的构造要求如下：在平行垂直桥梁轴线的两个方向，均能自由伸缩变形；使车辆在伸缩缝处能平行通过；具有能够安全排水和防水的构造，能防止雨水、垃圾泥土等杂物渗入阻塞；对于城市桥梁还应保证在车辆通过时噪声较小；施工和安装方便，其部件要有足够的强度，且应与桥面铺装部分固接；对于敞露式伸缩缝要便于检查和清除缝下沟槽内污物。

需要特别注意的是：在伸缩缝附近的栏杆或护栏结构也应断开，以便相应地自由变形。常用的伸缩缝有橡胶伸缩缝，目前使用较多是大变形橡胶伸缩缝。伸缩缝在使用中容易损坏，为了行车平顺舒适，减少养护工作量，提高桥梁的使用寿命，应尽量减少伸缩缝的数量，并保证伸缩缝的施工质量。

复习思考题

1. 什么是交通运输系统现代化？
2. 现代交通运输体系由哪几种运输方式组成？
3. 交通支持保障系统包括哪些内容？
4. 道路是如何分类的？城市道路是如何分类的？
5. 道路由哪些结构组成？
6. 公路是如何分级的？
7. 画出公路路基横断面图。
8. 高速公路有哪些特殊功能？
9. 城市道路由哪几部分组成？
10. 城市道路网有哪几种形式？
11. 画出铁路路基横断面图。
12. 高速铁路有哪些技术要求？
13. 什么是磁悬浮铁路？它有哪些优势？
14. 桥梁一般由哪几部分组成？
15. 桥梁按其受力体系是如何分类的？
16. 桥面构造包括哪几部分？
17. 写出伸缩缝的构造要求。

5 第五章　港口、海洋和飞机场工程

【内容摘要及学习要求】

要求掌握港口规划与布置、码头建筑、防波堤、护岸建筑等知识；熟悉机场工程的规划、跑道方案、航站区规划与设计，机场维护区及环境等知识；熟悉港口规划与布置、码头建筑、防波堤、机场规划、航站区规划与设计等知识；了解海洋工程、海洋平台、海洋开发等内容。

第一节　港口工程

现代交通是由铁路、公路、水运、管道、航空等各种运输方式组成的综合运输系统。港口是综合运输系统中水陆联运的重要枢纽。客货运输无论从船舶转入陆运工具，还是由陆运工具转入船舶，都离不开港口的服务工作。所以，一个现代化的港口，实际上也是城市海陆空立体交通的总管，是"综合运输体系"的中心。

港口是供船舶停泊出入、旅客及货物集散并变换运输方式的场地。港口为船舶提供安全停靠和进行作业的设施，并为船舶提供补给、修理等技术服务和生活服务。

一、港口的分类、组成及港口建设的基本准则

1. 港口可按多种方法分类

（1）按所在位置分类　可分为海港和河港。其中，海港又分为海岸港和河口港。

（2）按用途分类　可分为商业港、工业港、渔港、军港和避风港。

（3）按成因分类　可分为天然港和人工港。

（4）按港口水域在寒冷季节是否冻结分类　可分为冻港和不冻港。

（5）按潮汐关系、潮差大小及是否修建船闸控制进港分类　可分为闭口港和开口港。

（6）按对进口的外国货物是否办理报关手续分类　可分为报关港和自由港。

2. 港口的组成

港口由水域和陆域两大部分组成，如图 5-1 所示。

水域包括进港航道、港池和锚地，对天然掩护条件较差的海港须建造防波堤。陆域则包括码头、港口仓库及货场、铁路及道路、装卸及运输机械、辅助设备等。

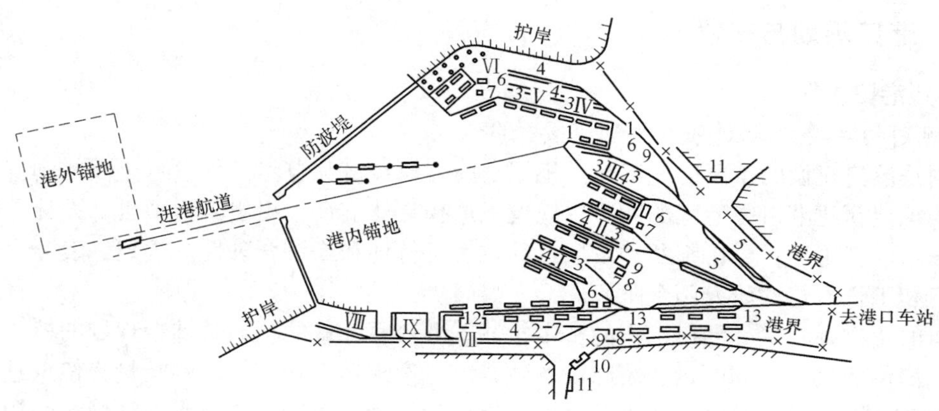

图 5-1　港口的组成

Ⅰ—杂货码头　Ⅱ—木材码头　Ⅲ—矿石码头　Ⅳ—煤炭码头　Ⅴ—矿物材料码头
Ⅵ—石油码头　Ⅶ—客运码头　Ⅷ—工作船码头及维修站　Ⅸ—工程维修基地
1—导航标志　2—港口仓库　3—露天货场　4—铁路装卸线　5—铁路分区调车场
6—作业区办公室　7—作业区工人休息室　8—工具库房　9—车库
10—港口管理局　11—警卫室　12—客运站　13—储存仓

水域是供船舶航行、运转、锚泊和停泊装卸之用，要求有适当的深度，水流平缓，水面稳静。陆域是供旅客集散、货物装卸、货物堆存和转载用，要求有适当的高程、岸线长度和纵深。

港口水域可分为港外水域和港内水域。港外水域包括进港航道和港外锚地。有防波堤掩护的海港，在门口以外的航道称为港外航道。港外锚地供船抛锚停泊、等待检查及引水。港内水域包括港内航道、转头水域、港内锚地和码头前水域或港池。

为了保证船舶安全停泊及装卸，港内水域要求稳静。在天然掩护不足的地点修建海港，需建造防波堤，以满足泊稳要求。

3. 港口建设的基本准则

港口建设是一项综合性工程建设，港口建设的步骤一般分为规划、设计、施工三个阶段。根据交通部《港口工程技术规范》中的有关规定，在港口建设中要执行如下基本准则：

1）港口建设必须符合国民经济发展的需要，应当与经济布局、城市规划和交通运输系统发展相适应，正确处理与城市、水利及军港和渔港的相互关系。

2）港口建设应统一规划，合理布置，充分发挥现有港口的作用；新建、扩建港口应尽快形成生产能力。充分发挥港口的社会效益和经济效益。

3）港口建设应贯彻节约用地的方针，少占或不占良田。

4）港口建设应因地制宜、就地取材，积极慎重地采用符合我国国情的新技术、新结构、新设备。

5）必须注意环境保护，防治污染。

6）港口建设必须认真贯彻节能方针，推广先进节能技术，降低能耗。

7）港口水工建筑物的等级主要根据港口政治、经济、国防等方面的重要性和建筑物在港口中的作用来划分。共分为Ⅰ级建筑物、Ⅱ级建筑物和Ⅲ级建筑物。

二、港口规划与布置

（一）港口规划

1. 规划的主要阶段划分及规划主要依据

规划是港口建设的重要前期工作。规划之前要对经济和自然条件进行全面的调查和必要的勘测，拟定新建港口或港区的性质、规模；选择具体港址，提出工程项目、设计方案，然后进行技术经济论证；分析判断建设项目的技术可行性和经济合理性。规划一般分为选址可行性研究和工程可行性研究两个阶段。

港口的货物吞吐量是港口工作的基本指标。港口吞吐量的预估是港口规划的核心。港口的规模、泊位数目、库场面积、装卸设备数量以及集疏运设施等皆以吞吐量为依据进行规划设计。船舶是港口最主要的直接服务对象，港口的规划与布置，港口水、陆域的面积与尺度以及港口建筑物的结构皆与到港船舶密切相关。因此，船舶的性能、尺度及今后发展趋势也是港口规划设计的主要依据。

2. 港址选择

港址选择是一项复杂而重要的工作，是港口规划工作的重要步骤，是港口设计工作的先决条件。一个优良港址应满足下列基本要求：有广阔的经济腹地；与腹地有方便的交通运输联系；与城市发展相协调；有发展余地；满足船舶航行与停泊要求；有足够的岸线长度和陆域面积；战时港口常作为海上军事活动的辅助基地，也常成为作战目标而遭破坏，应满足相应的要求；对附近水域生态环境和水、陆域自然景观尽可能不产生不利影响；尽量利用荒地劣地，少占或不占良田，避免大量拆迁。

我国的湛江港，水深及泊稳条件好，泥沙来源少，是天然条件好的海湾良港，就可不建防波堤。大连湾内的大连港，有一定的天然掩护，但不能完全满足泊稳要求，则建造了防波堤。我国的天津新港，长江中下游的安庆港、九江港等，都具有港水深、水域宽阔、航道及岸坡稳定的特点，是较好的港址实例。

3. 工程可行性研究

工程可行性研究，从各个侧面研究规划实现的可能性。把港口的长期发展规划和近期实施方案联系起来，通过进一步的调查研究和必要的钻探、测量等工作，进行技术经济论证和方案比较，通过不同方案的研究，找到投资少、建设工期短、成本低、利润大、综合效益最好的方案。工程投资估算的精确度应控制在10%以内。分析判断建设项目的技术可行性和经济合理性，为确定拟建工程项目方案是否值得投资提供科学依据。

（二）港口布置

港口布置必须遵循统筹安排、合理布局、远近结合、分期建设等原则。港口布置方案在规划阶段是最重要的工作之一，不同的布置方案在许多方面会影响到国家或地区发展的整个进程。图5-2所示为港口布置的基本形式，这些形式可分为如下三种基本类型。

（1）自然地形的布置（天然港）　如图5-2f、g、h所示。

（2）挖入内陆的布置　如图5-2b、c、d所示。

（3）填筑式的布置　如图5-2a、e所示。

挖入内陆的布置形式，一般来说，为合理利用土地提供了可能性。在泥沙质海岸，当有大片不能耕种的土地时，宜采用这种建港形式。但这种布置，例如图5-2b，狭长的航道可能

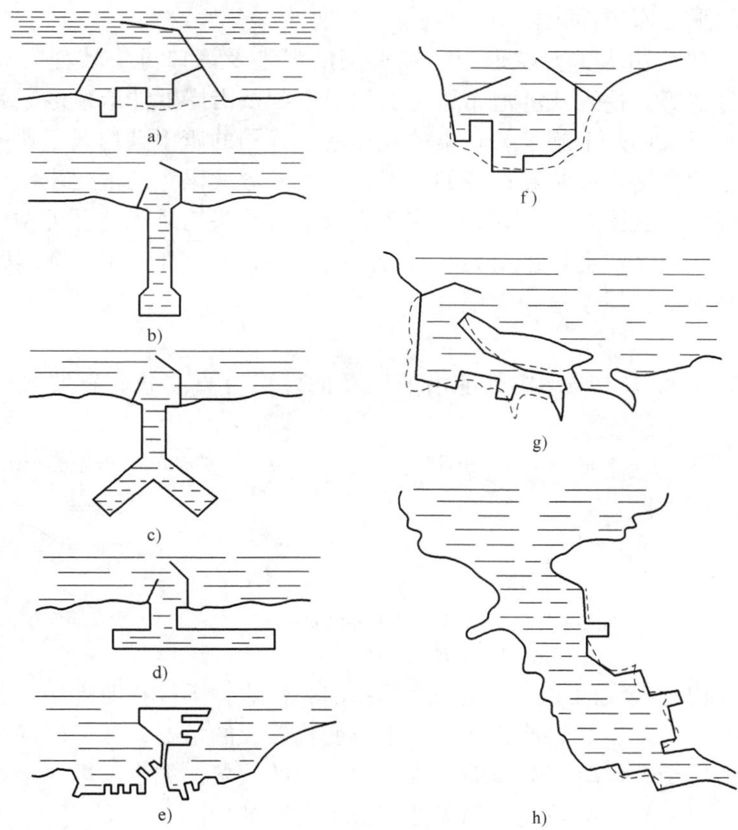

图 5-2　港口布置的基本形式

a）突出式（虚线表示原海岸线）　b）挖入式航道和调头地　c）Y 形挖入式航道
d）平行的挖入式航道　e）老港口增加人工港岛　f）天然港的建设　g）天然离岸岛　h）河口港

使侵入港内的波高增加，因此必须进行模型研究。

如果港口岸线已充分利用，泊位长度已无法延伸，但仍未能满足增加泊位数的要求，这时，只要水域条件适宜，便可采用图 5-2e 所示的解决方法，即在水域中填筑人工岛。日本常采用这种办法扩建深水码头和在海中填筑临港工业用地。

在天然港的情况下，如果疏浚费用不太高，则图 5-2h 所示的河口港可能是单位造价最低而泊位数最多的一种形式。

三、码头建筑

码头是供船舶系靠、装卸货物或上下旅客的建筑物的总称，它是港口中主要的水工建筑物之一。

1. 码头的平面布置形式

常规码头的平面布置形式有以下三种。

（1）顺岸式　码头的前沿线与自然岸线大体平行，在河港、河口港及部分中小型海港中较为常用。其优点是陆域宽阔、疏运交通布局方便，工程量较小。

（2）突堤式　码头的前沿线布置成与自然岸线有较大的角度。大连、天津、青岛等港口均采用这种形式。其优点是在一定的水域范围内可以建设较多的泊位；缺点是突堤宽度往

往有限，每泊位的平均库场面积较小，作业不方便。

（3）挖入式　港池由人工开挖形成，在大型的河港及河口港中较为常见，如德国汉堡港、荷兰的鹿特丹港等。挖入式港池布置也适用于泻湖及沿岸低洼地建港，利用挖方填筑陆域，有条件的码头可采用陆上施工。日本的鹿岛港、我国的唐山港均属于这一类型。

随着船舶大型化和高效率装卸设备的发展，外海开敞式码头已被逐步推广使用，并且已应用于大型散货码头，我国石臼港煤码头和北仑港矿石码头均属于这种类型。此外，在岸线有限制或沿岸浅水区较宽的港口以及某些有特殊要求的企业（如石化厂），岛式港方案得到发展，日本的神户岛港就属于这一类型。

2. 码头结构

（1）码头横断面形式　码头按其前沿的横断面外形有直立式、斜坡式、半直立式和半斜坡式（图5-3）。

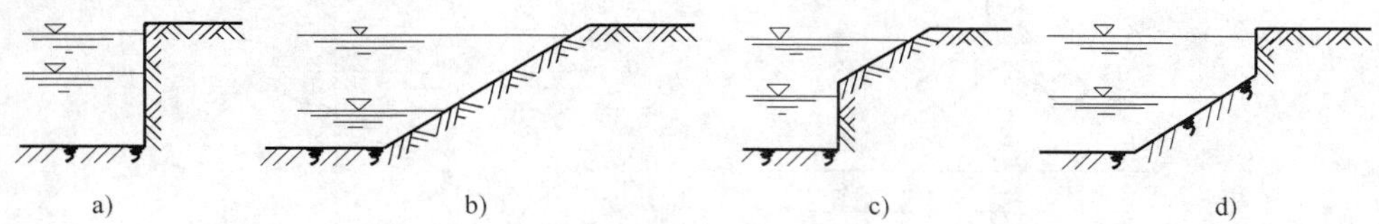

图5-3　码头横断面形式

a）直立式　b）斜坡式　c）半直立式　d）半斜坡式

直立式码头岸边有较大的水深，便于大船系泊和作业，不仅在海港中广泛采用，在水位差不太大的河港中也常采用。斜坡式适用于水位变化较大的情况，如天然河流的上游和中游港口；半直立式适用于高水时间较长而枯水时间较短的情况，如水库港；半斜坡式适用于枯水时间较长而高水时间较短的情况，如天然河流上游的港口。

（2）码头结构形式　码头按结构形式可分为重力式、板桩式、高桩式和混合式（图5-4）。重力式码头（图5-4a）是靠自重（包括结构重量和结构范围内的填料重量）来抵抗滑动和倾覆的，一般适用于较好的地基。板桩式码头（图5-4b）是靠打入土中的板桩来挡土的，它受到较大的土压力，目前只用于墙高不大的情况，一般在10m以下。高桩式码头（图5-4c）主要由上部结构和桩基两部分组成，一般适用于软土地基。

除上述主要结构形式外，根据当地的地质、水文、材料、施工条件和码头使用要求等，也可采用混合式结构。例如，下部为重力墩、上部为梁板式结构的重力墩式码头，后面为板桩结构的高桩栈桥码头（图5-4d），由基础板、立板和水平拉杆及锚碇结构组成的混合式码头（图5-4e）。

四、防波堤

防波堤的主要功能是为港口提供掩护条件，阻止波浪和漂沙进入港内，保持港内水面的平稳和所需要的水深，同时兼有防沙、防冰的作用。

1. 防波堤的平面布置

防波堤的平面布置，因地形、风浪等自然条件及建港规模要求等而异，一般可分为四大类型（图5-5）。

（1）单突堤　单突堤是在海岸适当地点筑一条堤，伸入海中，使堤端到达适当深水处。A_1、A_2式，当波浪频率比较集中在某一方位，泥沙运动方向单一或港区一侧已有天然屏障

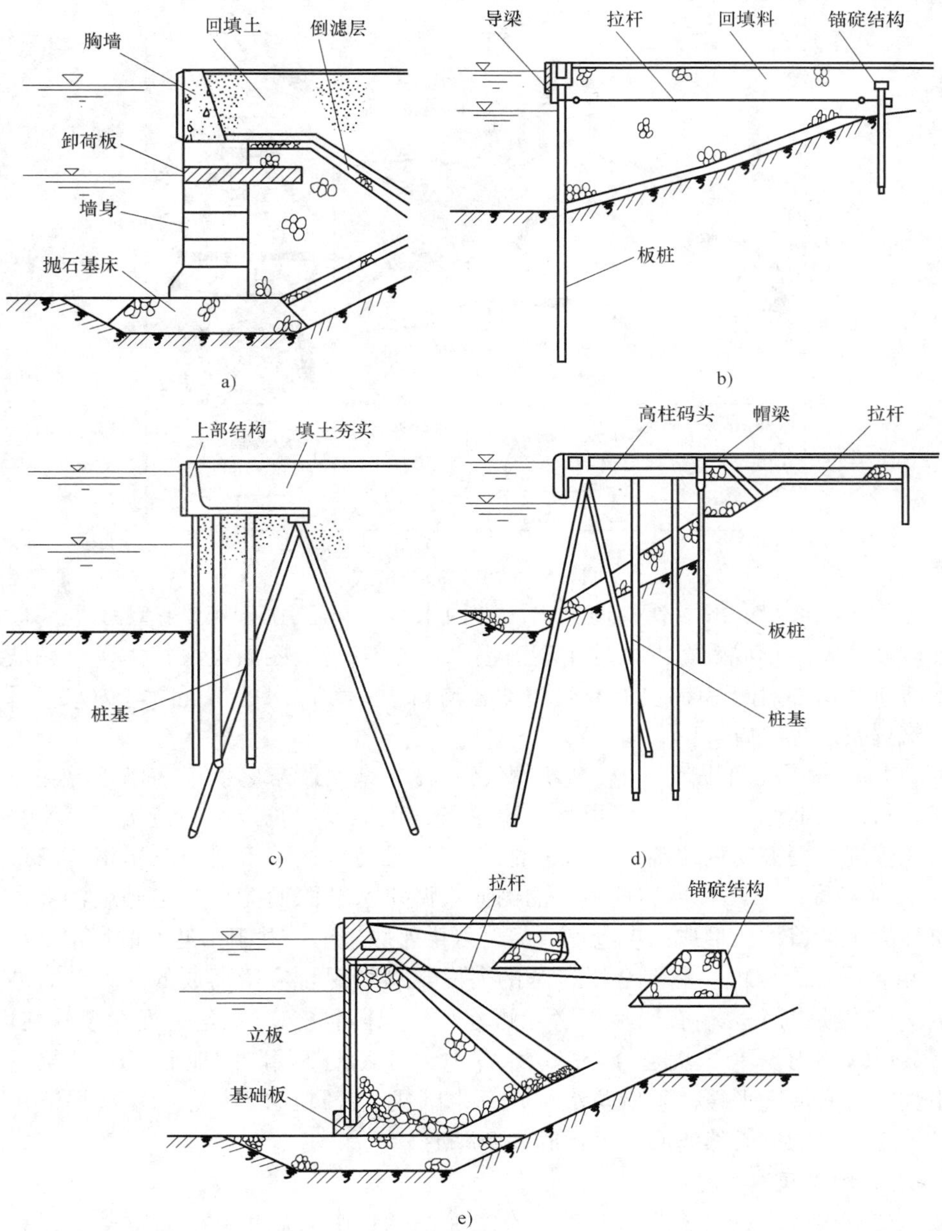

图 5-4　码头的结构形式

a）重力式码头　b）板桩式码头

c）高桩式码头　d）高桩栈桥码头　e）混合式码头

时采用，不宜用在沿岸泥沙活跃地区。A_3 式适用于海岸已有天然湾澳，其水域足以满足港区使用的情况。

（2）双突堤　双突堤是自海岸两边适当地点，各筑突堤一道伸入海中，遥相对应，达深水线，两堤末端形成一突出深水的口门，以围成较大水域，保持港内航道水深。B_1 式用

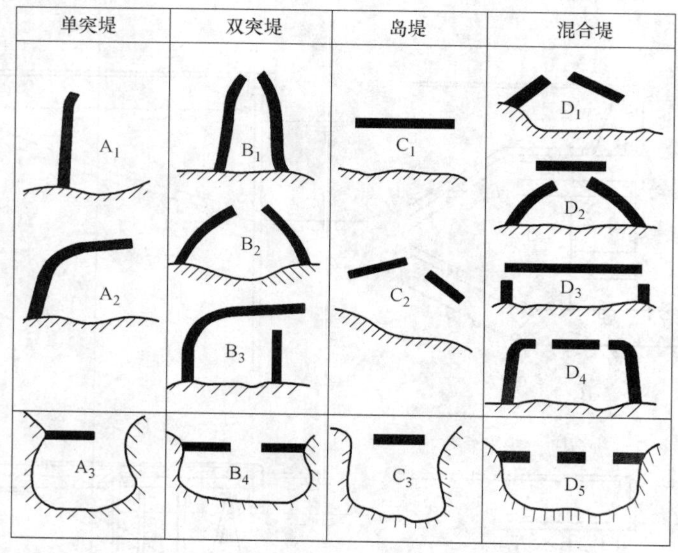

图 5-5 防波堤布置形式

于海底平坦的开敞海岸，形成狭长而突出的港内水域，只适用于中、小型海港。B_2 式用于海底坡度较陡，希望形成较宽港区的中型海港。B_3 式多建于迎面风浪特大，海底坡度较陡且水深的海岸。B_4 式用于海岸已有自然湾澳，湾口中央为深水的情况，港内水面平衡，淤沙极少，筑堤费用也较省。

（3）岛堤　岛堤是筑堤于海中，形同海岛，专拦迎面袭来的波浪与漂沙。堤身轴线可以是直线、折线或曲线。C_1 式岛堤堤身与岸平行，可形成窄长港区，适用于海岸平直、水深足够、风浪迎面而方向变化范围不大的情况。C_2 式岛堤适用于港址海岸稍具湾形而水深的情况。C_3 式岛堤用于已有足够宽水域的湾澳；两岸水较深而湾口有暗礁或沙洲，利用此情势，筑岛堤于湾口外，形成两个港口口门，以供船舶进出，并阻挡迎面的风浪。

（4）组合堤　组合堤又称混合堤，是由突堤与岛堤混合应用而成的。大型海港多用此类堤式。D_1 式堤是因突堤端有回浪而必须再建岛堤以阻挡。D_2 式是岛堤建于双突堤门外，以阻挡强波侵入港内。D_3 式堤适合于岸边水深大，海底坡度甚陡的地形。D_4 式堤适用于岸边水深不大，海底坡度平缓，须借防浪堤在海中围成大片港区的情况。D_5 式堤适用于已有良好掩护并足够开阔的天然湾澳，可建成大型海港。

2. 防波堤的类型

防波堤按其构造形式（或断面形状）及对波浪的影响有斜坡式、直立式、混合式、透空式、浮式以及喷气消波设备和喷水消波设备等（图 5-6）。

斜坡式防波堤在我国使用最广泛，它对地基沉降不甚敏感，一般适用于地基土壤较差、水深较小及当地盛产石料的情况，它较易于修复。

直立式防波堤适用于海底土质坚实、地基承载能力较好和水深大于波浪破碎水深的情况，但如水深过大，墙身过高，又将使地基承受较大的压力。

混合式防波堤是直立式上部结构和斜坡式堤基的综合体。混合式防波堤适用于水深较大的情况。

透空式防波堤特别适用于水深较大、波浪较小的情况。但透空式堤不能阻止泥沙入港，

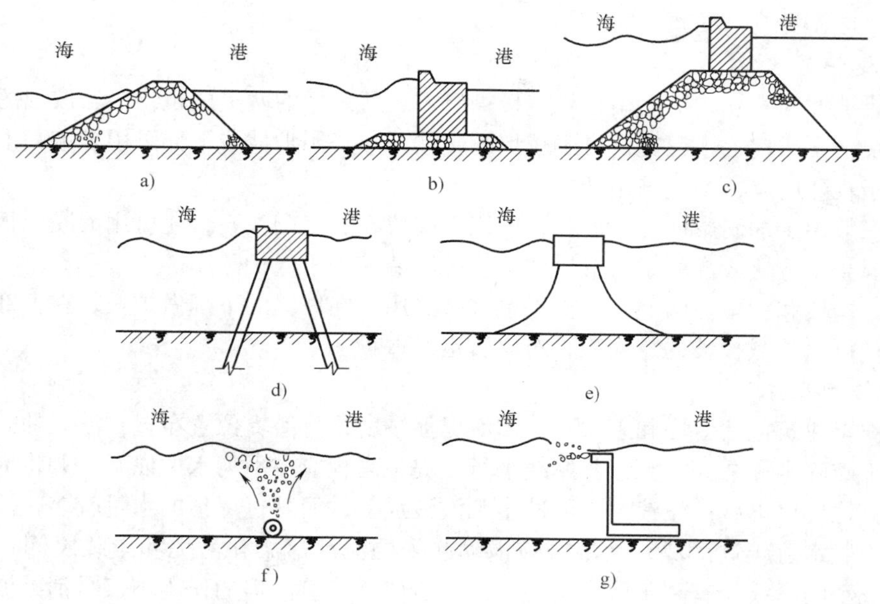

图 5-6　防波堤类型

a）斜坡式　b）直立式　c）混合式　d）透空式

e）浮式　f）喷气消波设备　g）喷水消波设备

也不能减小水流对港内水域的干扰。

浮式防波堤不受地基基础的影响，可随水位的变化而上下，能削减波浪，修建迅速，且拆迁容易，但不能防止其下的水流及泥沙运动。浮式防波堤较适用于波浪较陡和水位变化幅度较大的场合，可以用作临时工程的防浪措施。

喷气消波设备的初期投资少，造价与水深无关，施工简单，拆迁方便。但喷气消波设备在使用时，运转费用较高。

新式防波设备有塑料帘幕和浮毯等形式，其作用原理与浮式防波堤类似，但材料费用较高，锚系也较困难，应做到简单、经济和耐久。

防波堤形式的选用，应根据当地情况，如海底土质、水深大小、波浪状况、建筑材料、施工条件等以及使用上的不同要求等，经方案比较后再确定。

五、护岸建筑

天然河岸或海岸，因受波浪、潮汐、水流等自然力的破坏作用，会产生冲刷和侵蚀现象。这种现象可能是缓慢的，水流逐渐把泥沙带走，但也可能在瞬间发生，短时间内出现大量冲刷，因此，要修建护岸建筑物。护岸建筑物可用于防护海岸或使河岸免遭波浪或水流的冲刷。而港口的护岸则是用来保护除了码头岸线以外的其他陆域边界。在某些情况下，岸边是不允许被冲刷及打破其自然平衡的。例如，在岸坡变化的范围内建有重要的建筑物；沿岸有铁路、公路路基或桥梁、涵洞等建筑物；在遭受侵蚀的岸边地带附近，有突堤、码头等；在内河畔毗邻船闸等地带修建建筑物。

护岸方法可分为两大类：一类是直接护岸，即利用护坡和护岸墙等加固天然岸边，抵抗侵蚀；另一类是间接护岸，即利用在沿岸建筑的丁坝或潜堤，促使岸滩前发生淤积，以形成

稳定的新岸坡。

1. 直接护岸建筑

斜面式护坡和直立式护岸墙，是直接护岸方法所采用的两类建筑物。若波浪的经常作用方向与岸线正交或接近于正交，对于较坦的岸坡，应采用护坡或下部采用护坡面上部加筑护岸墙；对于较陡的岸，则应采用护岸墙。

护坡一般用于加固岸坡。护坡材料可用干砌块石、浆砌块石，还可用混凝土板、钢筋混凝土板、混凝土方块或混凝土异形块体等。护岸墙多用于保护陡岸。

此外，护坡和护岸墙的混合式护岸也多被采用，在坡岸的下部做护坡，在上部建成垂直的墙，这样可以缩减护坡的总面积，对墙脚也有保护。

2. 间接护岸建筑

间接护岸建筑包括潜堤和丁坝。利用潜堤促淤就是将潜堤位置布置在波浪的破碎水深以内而临近于破碎水深之处，大致与岸线平行，堤顶高程应在平均水位以下，并将堤的顶面做成斜坡状，这样可以减小波浪对堤的冲击和波浪反射，而越过堤顶的水量较多，波浪在堤前破碎后，一股水流越过潜堤，携带着被搅动起来的泥沙落淤在潜堤和岸线之间。滩地淤长后，将形成新的岸线，有利于原岸线的巩固。所以，修筑潜堤的作用不仅是消减波浪，也是一种积极的护岸措施。

丁坝自岸边向外伸出，对斜向朝着岸坡行进的波浪和与岸平行的沿岸流都具有阻碍作用，同时也阻碍了泥沙的沿岸运动，使泥沙落淤在丁坝之间，使滩地增高，原有岸地就更为稳固。在波浪方向经常变化不定的情况下，丁坝轴线宜与岸线正交布置；否则，丁坝轴线方向应略偏向下游。丁坝的结构形式很多，有透水的，有不透水的，其横断面形式有直立式的，有斜坡式的。

第二节 海洋工程

海洋工程是一门相对较新的学科，它的未来与人类利用自然能源和海底矿藏资源、提供食物来源、提供娱乐休闲活动、运输货物与人员、提供人类居住和安置设施的可替代空间，以及更好地了解海洋的作用过程和进一步发展工程概念，以保护陆地免受各种海洋气象条件侵扰，是紧密相关的。海洋工程是利用工程原理来分析、设计、发展和管理一些在水中环境（如海洋、湖泊、港湾和河流中）运行的系统，包含相关的各个领域，如海岸工程、轮机工程、船舶工程、海军工程及近海工程，也研究在海洋环境中运行的系统。

海洋工程学科一直到20世纪的60年代末和70年代初才出现于一些大学内，所以，海洋工程教育相对来说是很新的领域。探索水下环境、发展近海石油及天然气工业、海岸保护和港口的扩展推动了海洋工程的发展。美国海军的J. Y. Cousteau和E. A. Link是为勘探开发海洋资源提供了平台的水下居住舱和载人深潜器的先驱者。一些石油公司在近海油气领域的发展中做了大量的工作，如开发墨西哥湾、波斯湾及北海的油气资源。同时，应用海洋工程的机会也迅速增多。在我国、加拿大、巴西、比利时、印尼、墨西哥等国以及非洲，近海工程也得到了长足的发展和进步。

一、海洋工程概述

海洋工程是指以开发、利用、保护、恢复海洋资源为目的，并且工程主体位于海岸线向海一侧的新建、改建、扩建工程，是开发和利用海洋的综合技术科学。包括有关的建筑工程及相应的技术措施。海洋工程可分为海岸工程、近海工程和深海工程三类。

1. 海岸工程

海岸工程着眼于保护海岸线和海滩免受侵蚀和洪水淹没（图 5-7）。主要包括海岸防护工程、围海工程、海港工程、河口治理工程、海上疏浚工程、沿海渔业设施工程、环境保护设施工程等。

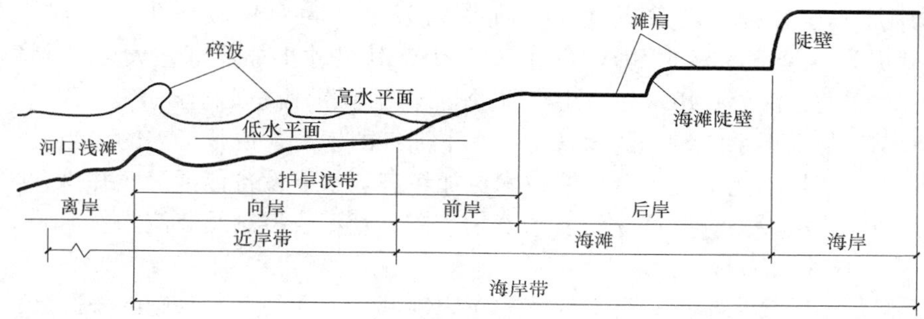

图 5-7 海岸带的结构图

1950 年，美国为了保护海岸线成立了侵蚀海岸委员会。在全世界范围内开展的一个主要行动是填沙护滩，即在经受多年的侵蚀或剧烈风暴后，在海滩上填加原有的海滩物质。例如，迈阿密填沙护滩项目是保护陆地免受洪水淹没和波浪作用，提供休闲及保护有多种海洋生物栖生的湿地所必需的。许多人造海岸保护结构，如海堤、防波堤、岸壁、丁坝、折流坝等保护了海岸线。

在 20 世纪 60 年代，港口、码头和游艇港迅速发展。而安全和适航的航道对港口又是关键，建设和维护航道、突堤及防波堤给这些重要的贸易港提供了安全的通道。为发展港口和疏浚航道底部的沉积物，美国陆军工程兵团首先致力于疏浚及疏浚物处理方面的研究。1987 年，美国陆军工程兵团发起了“疏浚研究项目”以提高疏浚作业效率。

2. 近海工程

近海工程在 20 世纪中叶以来发展很快。主要是在大陆架较浅水域的海上平台、人工岛等的建设工程，以及在大陆架较深水域的建设工程，如浮船式平台、半潜式平台、石油和天然气勘探开采平台、浮式储油库、浮式炼油厂、浮式飞机场等建设工程。

美国早在 1887 年进行的第一次近海石油勘探位于加州海岸几英尺深的水域，1910 年在路易斯安那州的 Ferry 湖中钻了第一口油井。1960 年波斯湾和北海发现了石油，近海平台开始发展。20 世纪 70 年代近海工业蓬勃发展，近海平台和钻井工作迅速向深水挺进。Mcclelland 和 Reifel 的报告（1986）称共有 3500 座近海结构物分布于 35 个国家，其中的 98% 是由打入海底的钢桩支撑的钢结构平台。进入 20 世纪 90 年代后，张力腿平台进入更深的水域（>610m），浮式生产系统已用于边际油田。由于大量的石油资源在更深水域（>1829m）中被发现，人们不断提出了新的平台概念以降低生产费用，并使它能够在较深水域中工作。

3. 深海工程

深海工程包括无人深潜的潜水器和遥控的海底采矿设施等建设工程。由于海洋环境变化复杂，海洋工程除考虑海水的腐蚀、海洋生物的附着等作用外，还必须能承受台风、海浪、潮汐、海流和冰凌等的强烈作用，在浅海区还要经受得了岸滩演变和泥沙运移等的影响。

水下居住舱、潜水设备、潜艇和在水下完成工作的设备都是为使人们更好地利用海洋而研究、发展、设计及操作的深海工程实例。E. A. Link 于 1962 年发展和测试了第一个饱和潜水的水下居住舱 Man-in-the-Sea I 号。USS Nautilus 号是第一艘核动力潜艇（1990）。遥控潜水器（ROV）是一种无人水下系统，通常包括一套推进系统、闭路电视及机械或电动液压操作臂。第一个闻名于世的 ROV 是美国海军的 CURV，它于 1966 年回收了西班牙海岸外 869m 水深中的一枚氢弹。随着近海工业向深海发展，为对付较恶劣的气候（如北海），ROV 的发展更为迅速。现有的 ROV 超过 1000 个，其尺寸小如篮球，大至大卡车大小，有些可工作于海洋的最深处。ROV 一般用于近海工业、军事用途及科学研究。

一般来说，与水下系统有关的设备对于水下油气的生产来说是必需的。当油气田是边际油田时，海底生产技术比传统平台生产技术更加经济。水下设备包括海底井口、防喷器、垫板、管线、油井测试设备、生产立管、水下生产树、管汇、控制及节流阀。

4. 海洋工程应用领域

海洋工程是一门交叉学科，有着广泛的应用领域，下面列出了其中的一部分：海岸保护及侵蚀防治（海堤、防波堤、丁坝、突堤、折流坝、填沙护滩）；疏浚及疏浚物处理（航道维护、港口发展与维护、机械及水力疏浚设备）；船舶水动力学（浮体及系泊体运动）；海底基础（海洋结构物的海底支撑）；监视海洋环境（环境监控）；系泊系统（张紧缆索、悬链、多点与单点系泊）；船舶工程（船舶稳定性、船体结构、阻力、推进）；数值模拟（结构、流体、相互作用）；海洋能（温差、风、潮汐、波浪、海流）；海洋仪器（波高计、流速计、导电率—温度—深度—氧溶度探测计、海水采样器、潮汐测量仪、大气透射计）；海洋采矿（锰结核矿、砂矿）；海浪（波浪理论，波浪运动学，波浪力、波浪预测和统计，波浪折射、反射及衍射，波谱分析）；近海处理（未被污染的疏浚物、被污染的疏浚物、有毒废物）；近海管道（油、气）；近海结构物（固定式、重力式、顺应式、油气平台，自升式钻井平台）；物理模型（造波水池、波槽、循环水槽、牵引水池、敞开式循环水槽）；港口、码头、游艇港（商业及娱乐，建设、维护及运转）；探寻与打捞（探寻并打捞沉物及财宝）；潜艇及浮式结构物（军用潜艇、半潜式钻井平台、浮式生产系统）；潜水器（小型载人潜水器、遥控潜水器、自给式潜水器）；水声学（声呐、测扫描仪、海底地层剖面仪、回声测深仪、地震探测）；水下系统（居住舱、潜水钟、遥控潜水器）。

二、海洋开发

海洋开发是指人类对海洋资源的开发。包括对海洋生物的开发利用；海水淡化；从海水中提取氯、钠及盐等化学资源；深海锰结核的试采；海底油气田的开发；利用潮汐等动力资源发电等。

人类利用海洋已有几千年的历史。由于受到生产条件和技术水平的限制，早期的开发活动主要是用简单的工具在海岸和近海中捕鱼虾、晒海盐，以及海上运输，逐渐形成了海洋渔业、海洋盐业和海洋运输业等传统的海洋开发产业。

现代海洋开发活动中，海洋石油和天然气的开发、海洋运输、海洋捕捞以及精制海盐的规模和产值巨大，属于已成熟的产业，正在进行技术改造和进一步扩大生产；海水增养殖业、海水淡化、海水提溴和镁、潮汐发电、海上工厂、海底隧道等正在迅速发展；深海采矿、波浪发电、温差发电、海水提铀、海上城市等正在研究和试验之中。

1. 海洋资源开发

（1）海底矿产资源开发 海底矿产资源种类繁多，石油和天然气的开发产值占首位，其次是煤矿，另外还有砂、砾石和重砂矿等。

1）石油和天然气。海底有5000万km^2（约占海洋面积的14%）潜在的含油沉积盆地。据报告，1990年，全世界海上石油已探明储量达2.970×10^{10}t，海上天然气已探明储量达$1.909\times10^{13}m^3$。20世纪80年代初，从事海上油气勘探的国家已达100多个。海洋石油和天然气开发的产值已占海洋开发总产值的70%左右。我国1959年开始在渤海勘探，目前我国石油资源量为1070亿t，其中海洋石油量为246亿t；天然气资源量为54.54万亿m^3，其中海洋天然气为15.79万亿m^3。2007年，海洋油气业实现增加值769亿元；海洋油气勘探自主创新能力逐步增强，中石油在冀东南堡新发现10亿t大油田，中海油在渤海湾、北部湾等海域新发现10个油气田，其中9个为自营油气田，海洋油气发展潜力进一步提高。

2）煤矿。目前开采海底煤矿的国家有日本、英国、加拿大、土耳其、智利、中国等。日本海底煤矿的开采量占其全国煤总产量的50%左右。智利海底煤矿的开采量达全国煤总产量的84%。英国的位于诺森伯兰离岸14km海底的煤矿是世界最大的海底煤矿。

3）重砂矿和砂砾。据估计，海水中含有的黄金可达550万t，银5500万t，钙560万亿t，镁1767万亿t等。所以海滨矿砂成为增加矿产储量的最大潜在资源之一，越来越为人们所利用。海滨砂矿的开采方法很多。目前世界80%的锆石、90%的金红石都是由澳大利亚海滨砂矿开采的。世界90%的锡石来自海滨砂矿，泰国是最大的产锡国。美国在阿拉斯加的好消息湾开采的铂砂矿占美国铂总产量的90%以上。我国开采的海滨砂矿有钛铁矿、锆石、独居石等。世界上正在开采海洋砂砾的国家有日本、英国、美国、丹麦、荷兰、瑞典及我国等。

4）锰结核和热液矿床。锰结核是最有经济价值的一种矿砂。它是1872~1876年英国一艘名为“挑战号”的考察船在北大西洋深海底处首次发现的。据估计整个大洋底锰结核的蕴藏量约3万亿t，是世界上一项取之不尽，用之不竭的宝贵资源。目前，锰结核矿成为世界许多国家的开发热点。近年来，科学家们在大洋底发现了33处“热液矿床”，这是又一项极有开发前途的大洋矿产资源。海底锰结核的试验性开采已经开始。

（2）海水化学资源开发 海水中存在着丰富的资源。人类直接从海水中大量提取或利用的物质目前只有食盐、溴、镁和淡水等。食盐是提取量最大的海水化学物质，其世界年产量已超过5000万t。我国的产量一直居首位。海水提溴和提镁发展都较快，世界溴产量的70%、镁产量的34%都来源于海水。

（3）海洋生物资源开发 海洋生物资源开发包括捕捞和养殖两个方面。由于捕捞量的90%以上集中在大陆架水域，造成捕捞过度。近十多年来，水产资源遭到破坏，不少国家的捕捞区已向深海远洋发展，并寻找新的海洋生物资源。据联合国粮农组织初步估计，南极磷虾蕴藏量为10亿~50亿t。在不破坏生态平衡的前提下，每年可捕捞5000万~7000万t，几乎相当于目前世界的总渔获量，受到世界各国重视。海水养殖发展很快，美国的海水牡蛎

养殖产量居世界首位，我国海水养殖的品种有海带、紫菜、贻贝、鲍鱼、牡蛎、蛤、海参、对虾、梭鱼、尼罗罗非鱼等。

（4）海洋能利用　海洋能利用包括潮汐发电、波浪发电和温差发电等。世界上第一座具有商业规模的潮汐发电站是1966年法国建成的朗斯河口潮汐发电站，总装机容量为24万kW，年发电量为5.44亿度。1984年4月，加拿大在芬迪湾建成的安纳波利斯潮汐发电站，装机容量为19900kW。小型的波浪发电装置已达到商品化、实用化，在导航浮标和灯塔上广泛使用。温差发电从20世纪70年代以来发展较快。日本于1981年在瑙鲁岛上建成的一座岸式试验性温差发电站，发电机额定功率为100kW，试验时最大功率为120kW。澳大利亚海洋电力技术公司与Griffin能源公司于2008年5月底签署合作开发澳大利亚西部Perth海岸外海洋波浪能发电协议，潜在发电规模高达100MW。

（5）海洋空间利用　人类为了满足生产和生活的需要，把海上、海中和海底空间当作交通、生产、军事活动和居住、娱乐的场所。

1）海上运输。海上运输历史悠久，早在公元前1000年时，地中海沿岸国家已开始航海。公元1405～1433年，我国的郑和7次率船队下“西洋”，曾到达非洲的马达加斯加附近，与东非、印度、南洋约30多个国家进行交往。到19世纪末，世界大洋的主要航道都已开辟。20世纪前期，又开辟了通往南极的航道，开凿了连接太平洋和大西洋的巴拿马运河，开始了北极航道的定期航行。第二次世界大战以来，海上货运量、海上运输船队得到空前发展。

2）海上城市和海上机场。海上城市是指在海上建立的具有新城市机能、新交通体系的大型居住区，可容纳几万人。目前世界上已建成的最大海上城市是日本神户人工岛（图5-8）。图5-9所示为迪拜人工岛。

海上机场是把飞机的起降跑道建筑在海上固定式建筑物或漂浮式构筑物上的机场。如日本的长崎机场、英国伦敦的第三机场建在人工岛上；美国纽约拉瓜迪亚机场是用钢桩打入海底建立的桩基式海上机场；日本的关西机场则是漂浮式海上机场，位于大阪湾东南的海面上，它是将巨大钢箱焊接在许多钢制浮体上，浮体半潜于水中，钢箱高出海面作为机场，用锚链系泊于海上，机场面积设计为1100ha（1ha = 10000m^2）。

图5-8　日本神户人工岛

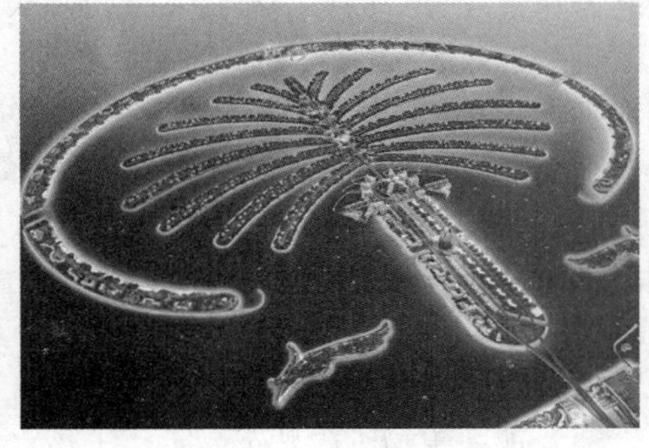

图5-9　迪拜人工岛

3）海上工厂。海上工厂是把生产装置安放在海上漂浮的设施上，就地开发利用海洋能的工厂。日本等国建的“海明”号波浪发电厂、美国建的温差发电厂都是建在船上的海上发电厂。美国在新泽西州岸外大西洋东北11mile（英里）处建立的海上原子能发电厂安置在两只漂浮的大平底船上，周围环有马蹄形防波堤。巴西在亚马孙河口建的海上纸浆厂，安置在一艘钢制大平底船上。日本还建有日处理垃圾达10000t的海上废弃物处理厂以及日产5000m^{3}淡水的浮式海水淡化厂。

4）海底隧道。世界上已建成数条海底隧道。日本修建的青函海底隧道是世界上最长的海底隧道，它穿过津轻海峡，全长53.85km。已经建成的还有长达51km的英吉利海底隧道和47km的直布罗陀海底隧道等。

5）海底军事基地。海底军事基地是指建在海底的导弹和卫星发射基地、水下指挥控制中心、潜艇水下补给基地、海底兵工厂、水下武器试验场等用于军事目的的基地。它们大体上可分为两类：一类是设在海底表面的基地，由沉放海底或在海底现场安装的金属构筑物组成；另一类是在海底下面开凿隧道和岩洞作为基地。美国、苏联修建的海底军事基地最多。

2. 海洋开发技术

（1）海水淡化技术　淡水资源奇缺的中东地区，数十年前就把海水淡化作为获取淡水资源的有效途径。全世界共有近8000座海水淡化厂，每天生产的淡水超过60亿m^3。俄罗斯海洋学家探测查明，世界各大洋底部也拥有极为丰富的淡水资源，其蕴藏量约占海水总量的20%。这为人类解决淡水危机展示了光明的前景。

（2）深海探测与深潜技术　深海是指深度超过6000m的海域。世界上深度超过6000m的海沟有30多处，马里亚纳海沟的深度达11000m，是迄今为止发现的最深的海域。美国是世界上最早进行深海研究和开发的国家，“阿尔文”号深潜器曾在水下4000m处发现了海洋生物群落，“杰逊”号机器人潜入到了6000m深处。1960年，美国的“迪里雅斯特”号潜水器首次潜入世界大洋中最深的海沟——马里亚纳海沟，最大潜水深度为10916米。1997年，我国利用自制的无缆水下深潜机器人，进行深潜6000m深度的科学试验并取得成功，这标志着我国的深海开发已步入正轨。

（3）大洋钻探技术　洋底是地壳最薄的部位，且有硅铝缺失现象，没有花岗岩那样坚硬的岩层。因此，洋底地壳是人类将认识的触角伸向地幔的最佳通道，“大洋钻探”是研究地球系统演化的最佳途径。美国自然科学基金会从1966年开始筹备“深海钻探”计划，即“大洋钻探”的前身。1968年8月，“格罗玛·挑战者”号深海钻探船第一次驶进墨西哥湾，开始了长达15年的深海钻探，该船所收集的达百万卷的资料已成为地球科学的宝库，其研究成果证实了海底扩张，建立了“板块学说”，为地球科学带来了一场革命。1985年1月，美、英、法、德等国拉开了“大洋钻探”的序幕。“大洋钻探”计划主要从两方面展开研究：一是研究地壳与地幔的成分、结构和动态；二是研究地球环境，即水圈、冰圈、气圈和生物圈的演化。

（4）海洋遥感技术　海洋遥感技术是海洋环境监测的重要手段。海洋遥感技术主要包括以光、电等信息载体和以声波为信息载体的两大遥感技术。海洋声学遥感技术是探测海洋的一种十分有效的手段。利用声学遥感技术，可以探测海底地形、进行海洋动力现象的观测、进行海底地层剖面探测，以及为潜水器提供导航、避碰、海底轮廓跟踪的信息。卫星遥感技术的突飞猛进，为人类提供了从空间观测大范围海洋现象的可能性。目前，美国、日本、俄罗斯等国已发射了10多颗专用海洋卫星，为海洋遥感技术提供了坚实的支撑平台。

（5）海洋导航技术　海洋导航技术主要包括无线电导航定位、惯性导航、卫星导航、水声定位和综合导航等。无线电导航定位系统包括近程高精度定位系统和中远程导航定位系

统。最早的无线电导航定位系统是20世纪初发明的无线电测向系统。20世纪40年代起，人们研制了一系列双曲线无线电导航系统，如美国的“罗兰”和“欧米加”，英国的“台卡”等。卫星导航系统是发展潜力最大的导航系统。1964年，美国推出了世界上第一个卫星导航系统——海军卫星导航系统，又称子午仪卫星导航系统。目前，该系统已成为使用最为广泛的船舶导航系统。1984年，我国从美国引进一套标准“罗兰—C”台链，在南海建设了一套远程无线电导航系统，即“长河二号”台链，填补了我国中远程无线电导航领域的空白。在卫星导航方面，我国注重发展陆地、海洋卫星导航定位，已成为世界上卫星定位点最多的国家之一。

总之，合理有序开发海洋资源、科学管理海洋资源是一项涉及海洋经济可持续发展，涉及国家能源、外交、军事和国家安全的重大战略举措，应引起高度重视。

第三节 飞机场工程

世界航空运输是在20世纪初开始发展的。世界上第一架飞机是1903年由美国人怀特兄弟发明创造的，同年，12月17日试飞成功，从此打开了航空史的新局面。1909年，法国最先创办了商业航空运输，随后德、英、美等国也相继开办。然而，航空运输作为一种国际贸易货物运输方式，则是在第二次世界大战以后才开始出现的。此后，航空运输的发展十分迅速，在整个国际贸易运输中所占的地位日益显著，航空运输量也在逐步增大。

到2014年底，全球客机保有量增长至21600架，货运量日渐增多，航线四通八达，遍及全球各大港口和城市。航空运输在我国还是一个正在成长的年轻事业。随着经济的迅速发展，航空运输量也在迅速增长。但与北美和欧洲等发达国家相比，目前我国民航运输还有较大差距，与我国巨大的人口和国土面积很不相称。可以预料，我国航空运输在今后较长时期内仍会以较高速度发展。

随之而来，机场规划、跑道设计方案、航站区规划、机场维护及机场的环境保护等已日益成为人们关注的问题。

民用航空运输系统由飞机、航线和机场三部分组成。飞机是航空运输系统的运载工具；航线是航空公司开辟的由甲地航行到乙地的营业路线，机场则是航空运输系统中运输网络的节点，是地面交通和空中交通的接口。

一、机场的组成、分类及飞行区等级

1. 机场的组成

运输机场应具有如下功能：保证飞机安全、及时起飞和降落；安排旅客和货物准时、舒适地上下飞机；提供方便和迅捷的地面交通连接市区。

为实现地面交通和空中交通的转接，机场系统包括空域和地域两部分。

机场空域即指航站区空域，供进出机场的飞机起飞和降落。

地域由飞行区、航站区、机场维护区和进出机场的地面交通等部分组成。飞行区为机场内飞机活动的区域，主要包括跑道、滑行道和停机坪等。航站区为飞行区同出入机场的地面交通的交接部。航站区主要由航站楼、站坪及停车场所等组成。机场维护区是飞机维修、供油设施、空中交通管制设施、安全保卫设施、救援和消防设施、行政办公区等设置的地方。

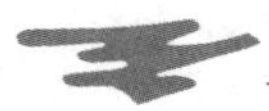

2. 机场分类

（1）国际机场　国际机场是指供国际航线使用，并设有海关、边防检查、卫生检疫、动植物检疫、商品检验等联检机构的机场。

（2）干线机场　干线机场是指省会、自治区首府及重要旅游、开发城市的机场。

（3）支线机场　支线机场又称地方航线机场，是指各省、自治区内地面交通不便的地方所建的机场，其规模通常较小。

3. 飞行区分级

为了使机场各种设施的技术要求与运行的飞机性能相适应，飞行区等级由第一要素的代码和第二要素的代号所组成的基准代号来划分。第一要素是根据飞机起飞着陆性能来划分飞行区等级的要素，第二要素是根据飞机主要尺寸划分飞行区等级的要素。如B757—200飞机需要的飞行区等级为4D。

二、机场规划

机场规划涉及面很广，除了各种技术方面的因素要考虑以外，还要顾及政治和经济方面。机场规划工作与其他各项规划一样，主要是分析需求，确定容量和规模，依据使用要求并考虑对环境的影响提出今后的发展方案。

1. 规划目的

机场规划是规划人员对某个机场为适应未来航空运输需求而做的发展设想。它可以是一个新建机场，也可以是现有机场某些设施的扩建或改建。

机场规划的目的是为了在机场各项设施的发展规模、机场毗邻地区的土地使用、机场的修建和使用对周围环境的影响、对出入机场的交通设施的要求、经济和财政的可行性、各项设施实施的优先次序和阶段划分诸方面提出指导方针，供机场当局制定短期和长期的发展政策和决策，向上级部门或其他单位寻求财政资助，争取当地政府和人民的兴趣和支持等。

2. 规划过程和内容

整个规划过程可大体分为四个阶段。

第一阶段：确定机场的设施要求。

这一阶段主要是确定适应运输要求所需的机场设施，须详细考察以下几个方面：①搜集机场服务地区的有关数据，为规划提供基础信息；②空运需求预测是制定规划的基础；③容量分析，主要对飞行区、航站区、空域、出入机场地面交通系统和交通管制设施五个方面进行容量分析；④确定所需的设施，列出所需设施的清单；⑤影响的研究。

第二阶段：场址选择。

新建机场的规划应包括场址选择这一部分内容。场址选择是从环境、地理、经济和工程观点出发，寻找一块尺寸足够容纳各项机场设施而位置适中的场地。选择场址最重要的是对各候选机场场址（包括现有机场的扩建）进行正确的评价。

第三阶段：机场总平面图。

机场总平面图包括机场布置图、土地使用图、航站区布置图、总平面图四个部分。

第四阶段：财务计划。

机场规划完成后，估算各阶段各项设施所需的费用，并从机场运营的观点进行经济可行性分析。最后，分析资金筹措的来源（税收、公债、债券、政府资助等）以判断财务可行

性。可以制订多个规划方案，经分析比较和有关部门的认可和批准后，确定最佳方案。然而，规划是个连续的过程，需每隔一段时间，搜集资料重新评价，按经济、运营、环境和财务条件的变化进行修改。

1998年7月竣工的香港机场（图5-10），按照2040年客运量8730万人次、货物890万t、飞机起降37.55万架次的要求设计，占地12.48km²，造价1550亿港币（约200亿美元）。机场设有2条平行的长3800m、宽60m的沥青混凝土跑道，跑道两端设有仪表着陆系统，其中北跑道可保证跑道视程低至200m时飞机仍能安全着陆。客机机位120个，货机机位28个、维修机位18个。客运大楼建筑面积为89万m²，内设自动人行道和全自动列车的旅客捷运系统，有140多家商店和餐厅。机场有高速公路及铁路通至市区。

图5-10 香港机场鸟瞰图

三、跑道、滑行道

（一）跑道

1. 跑道体系的组成

跑道体系包括跑道、道肩、停止道、升降带、跑道端的安全区、净空道等。除跑道外，其他部分是起辅助作用的设施。

（1）跑道 由于跑道是跑道体系中最重要的部分，在后面专门进行叙述。

（2）道肩 道肩作为跑道和土质地面之间过渡用，以减少飞机一旦冲出或偏离跑道时有损坏的危险，也有减少雨水从邻近土质地面渗入跑道下基础的作用，确保土基强度。

（3）停止道 停止道设在跑道端部，飞机中断起飞时能在上面安全停止。设置停止道可以缩短跑道长度。

（4）升降带 升降带设在跑道两侧的升降带土质地区，主要保障飞机在起飞、着陆滑跑过程中的安全，不允许有危及飞机安全的障碍物。

（5）跑道端的安全区 设置在升降区两端，用来减少起飞、着陆时飞机偶尔冲出跑道以及保证提前接地时的安全。

（6）净空道 设置净空道是确保飞机完成初始爬升之用的。净空道设在跑道两端，其

土地由机场当局管理，以确保不会出现危及飞机安全的障碍物。

2. 跑道的作用与分类

（1）跑道的作用 机场的跑道直接供飞机起飞滑跑和着陆滑跑之用，飞机对跑道的依赖性非常强。如果没有跑道，地面上的飞机无法飞行，飞行的飞机无法落地。因此，跑道是机场上最重要的工程设施。

（2）跑道的分类 民航机场的跑道通常用水泥混凝土筑成，也有的用沥青混凝土。一般民航机场只设一条跑道，有的运输量大的机场设置两条或更多的跑道。

跑道按其作用可分为：主要跑道、辅助跑道、起飞跑道、着陆跑道。

跑道根据其配置的无线电导航设备情况分非仪表跑道和仪表跑道。非仪表跑道是指只能供飞机用目视进近程序飞行的跑道；仪表跑道是指可供飞机用仪表进近程序飞行的跑道。仪表跑道又可分为非精密进近跑道和精密进近跑道。

3. 跑道布置方案

（1）跑道构形 跑道构形是指跑道的数量、位置、方向和使用方式，它取决于交通量需求，还受气象条件、地形、周围环境等的影响。

一般跑道构形有五种，即单条跑道、两条平行跑道、两条不平行或交叉的跑道、多条平行跑道、多条平行及不平行或交叉跑道。

（2）航站区与跑道关系 航站区的位置应布置在从它到跑道起飞端之间的滑行距离最短的地方，并尽可能使着陆飞机的滑行距离也最短。

对于单条跑道，如果在每个方向的起飞和着陆次数大致相等，航站区设在跑道中部位置（图5-11a），则不论哪一端用于起飞，其滑行距离均相等，并且也便于从各个方向着陆。

在设置两条平行跑道的情况下，如果飞机起飞和着陆可在两个方向进行，航站区设在两条跑道的中间部位最合适（图5-11b）；如果一条只用于着陆，而另一条只用于起飞，则平行跑道的端部宜错位布置，航站区应设置在图5-11c所示的位置上，使起飞或着陆的滑行距离都减小。交通量大的机场，在双平行跑道之间设置垂直连接的短跑道（图5-11d）。

如果风向要求多个方向的跑道时，宜把航站区设在V形或交叉跑道的中间。航站区不宜放在两条跑道的外侧（图5-11e）。因为它一方面增加了滑行距离，另一方面飞机在滑行到另一条跑道时需穿越正在使用的邻近跑道。

采用4条平行跑道时，宜规定两条专用于着陆，两条专用于起飞，并规定邻近航站区的两条跑道用于起飞（图5-11f）。

（二）滑行道

滑行道主要供飞机从飞行区的一部分通往其他部分用，主要有如下五种。

（1）进口滑行道 设在跑道端部，供飞机进入跑道起飞用。设在双向起飞、着陆的跑道端的进口滑行道，也做出口滑行道。

（2）旁通滑行道 设在跑道端附近，供起飞的飞机临时决定不起飞时，从进口滑行道迅速滑回用，也供跑道端堵塞时飞机进入跑道飞行用。

（3）出口滑行道 供飞机脱离跑道用，交通量大的机场，除了设在跑道两端的出口滑行道，应在跑道中部设置。

（4）平行滑行道 供飞机通往跑道两端用。交通量大的机场，可设置两条，供飞机来回单向滑行使用。

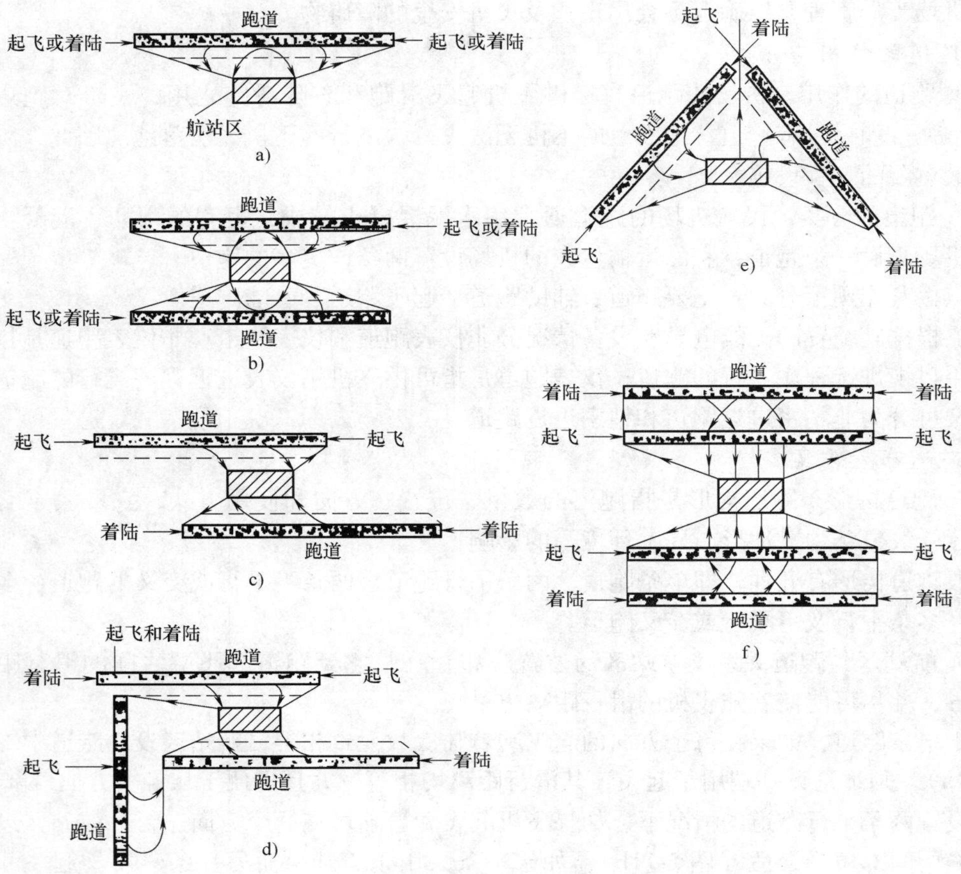

图5-11 飞机跑道方案

（5）联络滑行道 交通量大的机场，通常设置一条由站坪直通跑道的短滑行道，即联络滑行道；交通量大的机场，在双平行滑行道之间设置垂直连接的短跑道，也称为联络滑行道。

四、航站区规划与设计

航站区规划与设计是机场工程的又一重要方面。旅客航站区主要由航站楼、站坪及停车场所等组成。航站楼的设计涉及位置、形式、建筑面积等要素。

（一）航站楼

航站楼是机场的主要建筑，供旅客完成从地面到空中或从空中到地面转换交通方式之用。

1. 航站楼的设施

航站楼通常由以下五项设施组成：接地面交通的设施，有上下汽车的车边道及公共汽车站等；办理各种手续的设施，如办票、托运行李的柜台、安全检查和提取行李的设施等；连接飞机的设施，如候机室、登机设施等；航空公司营运和机场必要的管理办公室与设备等；服务设施，如餐厅、商店等。

2. 航站楼的位置

航站楼的位置通常设置在飞行区中部。为了减少飞机的滑行距离，航站楼应尽量靠近平行滑行道，且充分利用机场用地。航站楼要离开跑道足够的距离，给站坪和平行滑行道的发展留有余地。大型机场的航站楼和站坪都比较大，为了便于航站楼布局和站坪排水，航站楼应设置在既平坦又较高的地方。同时，航站楼应离开其他建筑物足够的距离，为将来发展留有余地。

3. 航站楼平面布局

航站楼的平面布局与旅客量、飞机运行次数、交通类型（国际和国内）、场地的物理特性、出入机场的地面交通模式等许多因素有关。它们可归纳为如下四种基本方案（图5-12）。

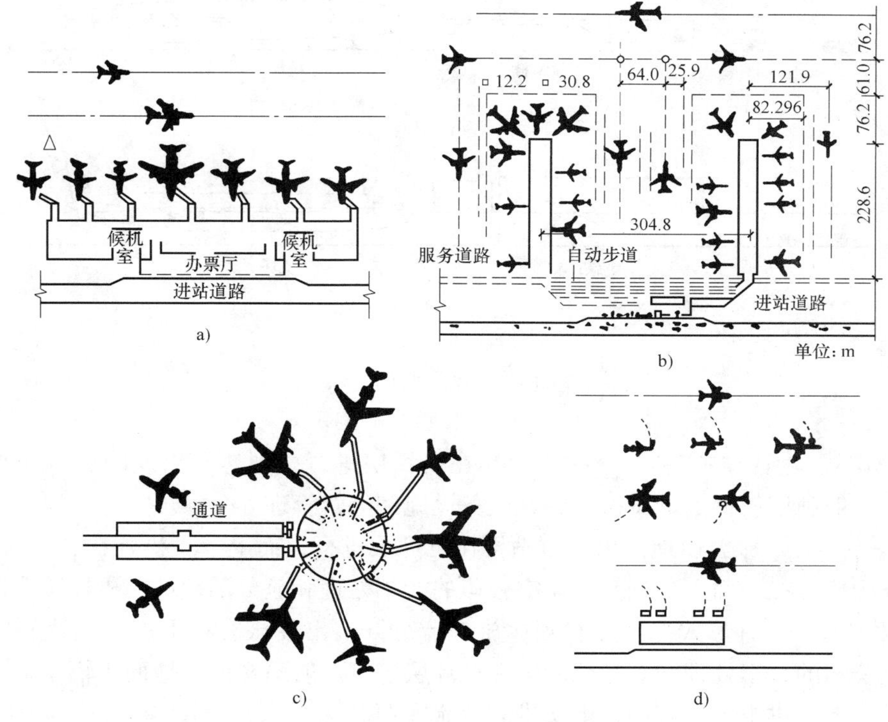

图5-12　旅客航站楼平面布局

a）线型　b）廊道型　c）卫星型　d）转运型

（1）线型　飞机停放在航站楼空侧边沿处，楼内有共用的票务大厅和候机室。

（2）廊道型　从航站楼的空侧边向外伸出指形廊道，廊道两侧各有一排门位供旅客上下飞机。廊道提供候机室和连接各室的走廊，根部同主楼相接。

（3）卫星型　一座或多座卫星式建筑物，通过地面、地下或高架通道同航站楼主楼相连接。飞机围绕圆形建筑物停放，建筑物内设置集中的或者按门位分散的候机室。

（4）转运型　转运型又称远机位式。飞机停放在同航站楼分开的停机坪上，旅客利用舷梯上下飞机，由地面车辆载运出入航站楼，各项手续均在航站楼办理。

许多机场的平面布局方案采用的是上述一种或多种基本形式的组合。对于旅客量少的小型机场，可不按上述方案布局，将飞机停放在航站楼空侧的停机坪上，旅客由航站楼直接步

行到机位处登机。

4. 航站楼竖向布局

竖向布局主要考虑的是把出发和到达的旅客流分开，以方便旅客和提高运行效率。根据旅客量的多少和航站楼可使用的土地等因素可将航站楼布局成单层、一层半或两层三种（图5-13）。

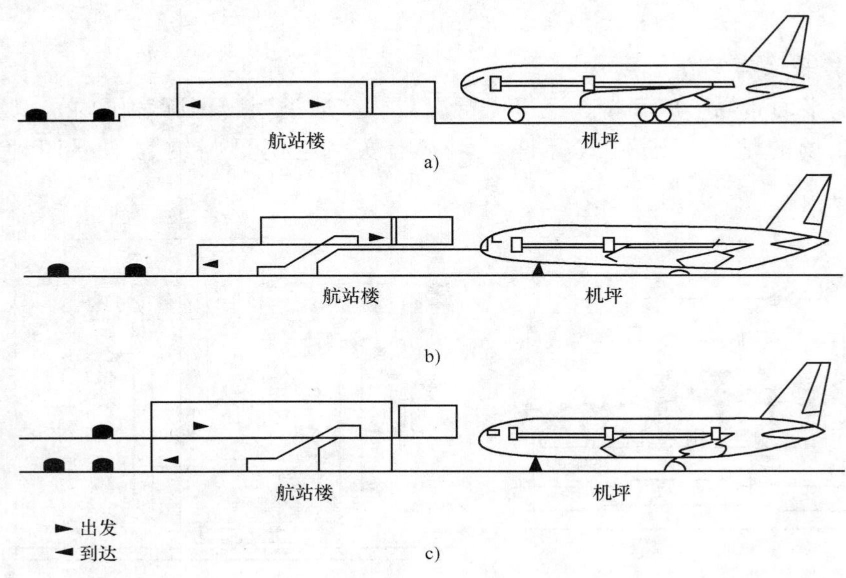

图5-13 航站楼竖向布局

a）单层式 b）一层半式 c）两层式

（1）单层式 所有旅客和行李的流动都在机坪层进行。到达和出发的旅客在平面上分隔开。旅客一般利用舷梯上下飞机。旅客服务设施和经营管理办公室可放在二层楼上。

（2）一层半式 旅客由地面出入航站楼在机坪层进行，而上下飞机则在二层楼上进行，到达和出发的旅客在平面上分隔开。航空公司的行李处理和航务活动都在机坪层上进行。

（3）两层式 这种形式把出发和到达旅客流分开，出发旅客在上层，到达旅客和行李领取及航空公司的行李处理和航务活动则在机坪层进行。航站楼前的地面车辆车道和路边也设上下两层，上层供出发旅客用，下层供到达旅客用。

旅客航站楼的总体布局方案的选择，主要与旅客量和类型有关；此外，航站楼的现有设施、可使用的土地和地面交通系统等都会影响方案的选择。

5. 航站楼的建筑面积

建筑面积根据高峰小时客运量来确定，面积配用标准与机场性质、规模及经济等有关。目前我国可考虑采用的标准为：国内航班14～26m^2/人，国际航班28～40/m^2 人。

（二）站坪、机场停车场与货运区

站坪又称客机坪，是设在航站楼前的机坪，供客机停放、上下旅客、完成起飞前的准备和到达后的各项作业用。

机场停车场设在机场的航站楼附近，停放车辆很多且土地紧张时宜用多车库。停车场建筑面积主要根据高峰小时车流量、停车比例及平均每辆车所的面积来确定。

机场货运区供办理货运手续、装上飞机以及飞机卸货、临时储存、交货等用。主要由业务楼、货运库、装卸场及停车场组成。货运手段有客机带运和货机载运两种。客机带运通常在客机坪上进行，货机载运通常在货机坪上进行。货运区应离开旅客航站区及其他建筑物适当距离，以便将来发展。

五、机场维护区及机场环境

（一）机场维护区

机场维护区是飞机维修、供油设施、空中交通管制设施、安全保卫设施、救援和消防设施、行政办公区等设置的地方。

飞机维修区承担航线飞机的维护工作，即对飞机在过站、过夜或飞行前时进行例行检查、保养和排除简单故障等。一般设一些车间和车库，有些机场设停机坪以供停航时间较长的飞机停放。有时机场还设隔离坪，供专机或由于其他原因需要与正常活动场所相隔离的飞机停放之用。少数机场承担飞机结构、发动机、设备及附件等的修理和翻修工作，其规模较大，设有飞机库、修机坪、各种车间、车库和航材库等。

供油设施供飞机加油，大型机场还有储油库及配套的各种设施。空中交通管理设施有航管、通信、导航和气象设施等。安全保卫设施主要有飞行区和站坪周边的围栏及巡逻道路。救援与消防设施主要有消防站、消防供水设施、应急指挥中心及救援设施等。行政办公区供机场当局、航空公司、联检等行政单位办公用，可能还设有区管理局或省市管理局等单位。

（二）机场环境

环境问题是当今世界上人类面临的重要问题之一。机场占地多，影响范围广，运营时对周边环境要求很高。机场环境分为两个方面：一是机场周围环境的保护，使得机场建设和运营不至于对周围环境造成不良影响；二是做好机场运营环境的保护，使航空运输安全、舒适、高效进行。

1. 机场周围环境的保护

环境污染防治主要包括声环境、空气环境和水环境的污染与防治、固体废弃物的处理，其中声环境防治最为主要。

（1）声环境污染防治　声环境中有机场噪声污染，主要来自飞机起降和进场的汽车所产生的噪声。其防治办法有：用低噪声的飞机取代高噪声飞机，夜间尽量不飞或少飞等；利用地形作为屏障、设置声屏障、植树造林、加强管理等。

（2）空气环境污染防治　飞机主要在起飞滑跑时排出氮氧化物和进场汽车流量大而污染空气。其防治措施有：在邻近飞行区一侧植树。

（3）水环境污染防治　其防治措施有：机场雨水和生活污水宜排入当地污水系统，各种生活垃圾按照城市垃圾的处理办法进行处置。

2. 机场运营环境保护

（1）机场的净空环境保护　机场管理部门应该与当地政府或城建部门密切配合，按照标准的机场发展终端净空图，严格控制净空。

（2）电磁环境保护　机场周边的电磁环境应该符合国家对机场周围环境的要求，严格控制各个无线电导航站周围的建设，使得机场的电磁环境不受破坏。

（3）预防鸟击飞机　飞机极易遭遇鸟类的撞击，轻则受伤，重则机毁人亡。其预防措

施有：机场位置和飞机起降避开鸟类迁移路线和吸引鸟类的地方。机场安装驱鸟与监视的装置。严格管理场内环境，使鸟不宜生存等。

3. 机场内部环境保护

机场的内部环境保护重点是声环境。事实上飞机噪声对机场内部的危害也很大，因此机场建筑物要进行合理的声学设计，将其设置在符合声环境要求的地方，对航站楼进行必要的建筑隔声，合理安排飞行活动，植树造林等均是机场内部环境保护的有力措施。

复习思考题

1. 港口由哪几部分组成？
2. 港口布置的基本类型有哪些？
3. 常规码头的平面布置有哪几种形式？
4. 码头横断面形式及结构形式有哪几种？
5. 防波堤是如何分类的？
6. 防波堤的平面布置有哪几种形式？
7. 什么是海洋工程？
8. 海岸工程包括哪些内容？
9. 海洋开发包括哪些内容？
10. 机场由哪几部分组成？
11. 写出机场工程的规划程序。
12. 跑道体系由哪几部分组成？
13. 航站楼通常由哪些设施组成？
14. 写出航站楼的平面布局方案和竖向布局方案。
15. 如何保护机场环境？

6 第六章 土木工程材料

【内容摘要及学习要求】

本章介绍了土木工程材料的基本性质，如基本物理性质、力学性质和耐久性；同时介绍了土工工程中常用的结构材料（胶凝材料、混凝土、砂浆、墙体材料、钢材）和建筑功能材料（防水材料、玻璃陶瓷、塑料、隔声材料、绝热材料等）的组成、主要性能及应用等。熟练掌握，材料的力学性质、耐久性、结构材料的组成、主要性能及应用等重点内容，了解材料基本物理性质、建筑功能材料的组成、主要性能及应用等基本内容。

高楼、厂房、道路、桥梁、港口、码头、矿井、隧道等土木工程都是用材料按一定的要求建造成的，土木工程中所使用的各种材料统称为土木工程材料。土木工程材料是土木工程发展的物质基础，材料的类型、数量、质量将直接影响建筑物或构筑物的性能、功能、寿命和经济成本，从而影响人类生活空间的安全性、方便性、舒适性。

土木工程材料的品种很多，一般分为金属材料和非金属材料两类。金属材料包括黑色金属（钢、铁）与有色金属；非金属材料包括水泥、石灰、石膏、砂石、木材、玻璃等。材料也可按功能分类，一般分为结构材料（承受荷载作用）和非结构材料，非结构材料有围护材料、防水材料、装饰材料、保温隔热材料等。

第一节 土木工程材料的一般性质

土木工程材料的性质是多方面的，某种材料应具备何种性质，主要是由材料自身的性质决定的。一般来说，土木工程材料的性质可分为如下四个方面。

（1）物理性质　物理性质表示材料物理状态特征及与各种物理过程有关的性质。与质量有关的基本物理参数有密度、表观密度、孔隙率、空隙率等；与水有关的若干性质有亲水性、憎水性、吸水性、吸湿性、抗渗性、抗冻性；与热有关的性质有热导率、热容、热阻等。

（2）力学性质　力学性质是指材料在应力作用下，有关抵抗破坏和变形能力的性质。包括强度、比强度、弹性、塑性、韧性及脆性。

（3）化学性质　化学性质是指材料发生化学变化的能力及抵抗化学腐蚀的稳定性。

(4) 耐久性　耐久性是指材料在使用过程中能长久保持其原有性质的能力。

一、材料的物理性质

(一) 与质量有关的性质

1. 密度

密度是指材料在绝对密实状态下单位体积的质量。重金属材料的密度为7.50～9.00g/cm^3，硅铝酸盐的密度多在1.80～3.30g/cm^{3}之间，有机高分子材料的密度往往小于2.50g/cm^3。

土木工程材料中除少数材料（钢材、玻璃等）接近绝对密实外，绝大多数材料内部都包含有一些孔隙。在自然状态下含孔块体材料的体积V_0是由固体物质的体积（即绝对密度状态下材料的体积）V和孔隙体积V_k两部分组成的，如图6-1所示。那么在测定这些含孔块体材料的密度时，需将其磨成细粉（粒径小于0.2mm）以排除其内部孔隙。经干燥后用李氏密度瓶测定其绝对体积。材料磨得越细，受测材料孔隙排除越充分，测得的实体体积越接近绝对体积，所得到的密度值越精确。对于某些较为致密但形状不规则的散粒材料，在测定其密度时，可以不必磨成细粉，而直接用排水法测其绝对体积的近似值（因颗粒内部的封闭孔隙体积没有排除），这时所求得的密度为视密度。混凝土所用砂、石等散粒状材料常按此法测定密度。

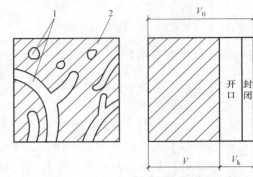

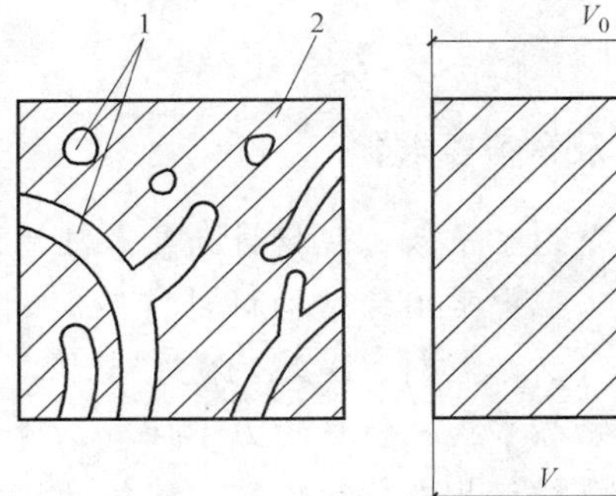

图6-1　材料组成示意图
1—孔隙　2—固体物质

2. 表观密度

表观密度指材料在自然状态下单位体积的质量。表观密度的大小除取决于密度外，还与材料孔隙率及孔隙的含水程度有关。材料孔隙越多，表观密度越小；当孔隙中含有水分时，其质量和体积均有所变化。因此在测定表观密度时，须注明含水情况，没有特别标明时常指气干状态下的表观密度，在进行材料对比试验时，则以绝对干燥状态下测得的表观密度值（干表观密度）为准。

工程上可以利用表观密度推算材料用量，计算构件自重，确定材料的堆放空间。

3. 堆积密度

堆积密度是指散粒状或粉状材料，在自然堆积状态下单位体积的质量。材料的堆积密度取决于材料的表观密度以及测定时材料装填方式和疏密程度。工程中通常采用松散堆积密度确定颗粒状材料的堆放空间。

4. 孔隙率

孔隙率是指材料内部孔隙体积占材料总体积的百分率。材料的许多工程性质如强度、吸水性、抗渗性、抗冻性、导热性、吸声性等都与材料的孔隙有关。这些性质不仅取决于孔隙率的大小，还与孔隙的大小、形状、分布、连通与否等构造特征密切相关。

5. 密实度

密实度是指材料体积内被固体物质所充实的程度，也就是固体物质的体积占总体积的比例。

密实度、孔隙率是从不同角度反映材料的致密程度，一般工程上常用孔隙率反映材料的致密程度。

6. 空隙率

空隙率是指散粒或粉状材料颗粒之间的空隙体积占其自然堆积体积的百分率。空隙率的大小，反映了散粒或粉状材料的颗粒之间相互填充的紧密程度。空隙率在配制混凝土时可作为控制混凝土粗、细骨料配料以及计算混凝土含砂率的依据。

（二）与水有关的性质

1. 亲水性与憎水性

材料能够被水润湿的性质，称为材料的亲水性。材料不能够被水润湿的性质，称为材料的憎水性。所谓润湿，就是水被材料表面吸附的过程，它和材料本身的性质有关。根据材料被水润湿的程度，可将材料分为亲水性材料与憎水性材料两大类。

材料的亲水性与憎水性可用润湿角 θ 来说明，如图 6-2所示。

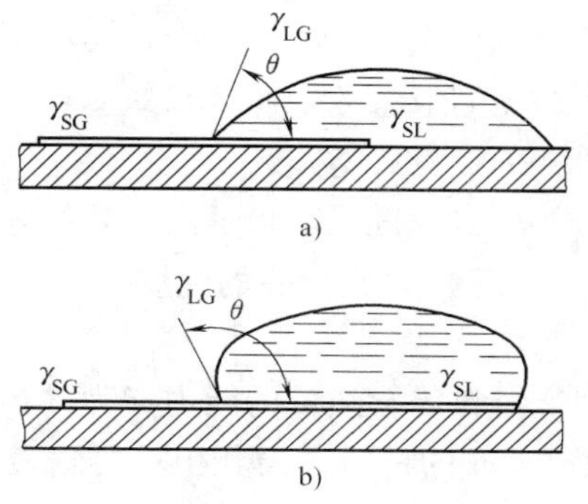

图 6-2　材料的润湿示意图

a）材料的亲水　b）材料的憎水

润湿角是在材料、水、空气三相的交点处，沿水滴表面的切线（γ_{LG}）与水和固体的接触面（γ_{SL}）之间的夹角。θ 角越小，水分越容易被材料表面吸附，说明材料被水润湿的程度越高。通常认为，润湿角 $\theta \leqslant 90°$ 的材料为亲水性材料，如砖、石料、混凝土、木材等。润湿角 $\theta > 90°$ 的材料为憎水性材料，如沥青、石蜡、塑料等，这些憎水性材料常用作防水、防潮材料，也可用作亲水性材料的表面处理，以提高其耐久性。

2. 吸水性

材料在浸水状态下吸收水分的能力称为吸水性。水分的吸入给材料带来一系列不良的影响，往往使材料的许多性质发生改变，如体积膨胀、保温性能下降、强度降低、抗冻性变差等。

3. 吸湿性

材料在潮湿的空气中吸收水分的性质，称为吸湿性。吸湿性的大小与自身的特性（亲水性、孔隙率和孔隙特征）和周围环境条件有关，气温越低，相对湿度越大，材料的吸湿性就越大。

4. 耐水性

材料长期在饱和水作用下而不破坏，强度也不显著降低的性质称为耐水性。材料的耐水性用软化系数表示。软化系数一般在 0 ~ 1 间波动，其值越小，说明材料吸水饱和强度降低越多，材料耐水性越差。软化系数大于 0. 80 的材料，通常可以认为是耐水材料。

5. 抗渗性

材料抵抗压力水渗透的性质称为抗渗性（不透水性）。材料的抗渗性好坏有以下两种不同表示方法。

（1）渗透系数　渗透系数的物理意义是：一定厚度的材料，在单位水头作用下，单位时间内透过单位面积的水量。渗透系数越大，表明材料的透水性越好而抗渗性越差。一些防

渗防水材料（如油毡）其防水性常用渗透系数表示。

（2）抗渗等级 抗渗等级是指材料在标准试验方法下进行透水试验，以规定的试件在透水前所能承受的最大水压力来确定，用符号 p_n 表示，其中 n 为该材料所能承受的最大水压（1/10）MPa 数，如 p_4、p_6、p_8 等分别表示材料能承受 0.4MPa、0.6MPa、0.8MPa 的水压而不渗水。混凝土和砂浆抗渗性的好坏常用抗渗等级表示。

6. 抗冻性

材料在吸水饱和状态下经受多次冻结和融化作用（冻融循环）而不破坏，同时也不显著降低强度的性质，称为抗冻性。抗冻性的大小用抗冻等级表示。抗冻等级是将材料吸水饱和后，按规定方法进行冻融循环试验，以质量损失不超过5%时，强度下降不超过25%，所能经受的最大冻融循环次数来确定，用符号“F_n”表示，其中 n 为最大冻融循环次数，如 F_{15}、F_{50}、F_{100} 等。

材料的抗冻等级越高，其抗冻性越好，材料可以经受冻融循环的次数越多。

（三）与热有关的性质

1. 导热性

材料传导热量的能力称为导热性。导热性的大小用热导率表示。热导率在数值上等于厚度为1m 的材料，当其相对两侧表面温度差为1K 时，经单位面积（$1m^2$）单位时间所通过的热量。材料热导率越小，材料的隔热性能越好。

2. 热容量

材料加热时吸收热量，冷却时放出热量的性质称为热容量。热容量的大小用比热容来表示。比热容在数值上等于1g 材料，温度升高或降低1K 时所吸收或放出的能量。

材料的热导率和比热容是设计建筑物围护结构、进行热工计算时的重要参数，选用热导率小、比热容大的材料可以节约能耗并长时间地保持室内温度的稳定。

二、材料的力学性质

（一）强度

材料抵抗因应力作用而引起破坏的能力称为强度。应力是由于外力或其他因素（如限制收缩、不均匀受热等）作用而产生的。材料的强度通常以材料在应力作用下失去承载能力时的极限应力来表示，数值上等于材料受力破坏时单位受力面积上所承受的力。

材料强度的大小理论上取决于材料内部质点间结合力的强弱，实际上与材料中存在的结构缺陷有直接关系。组成相同的材料，其强度决定于其孔隙率的大小。另外，材料的强度还与测试强度时的测试条件和方法等外部因素有很大关系。为使测试结果准确、可靠、具有可比性，对于以强度为主要性质的材料，必须严格按照标准试验方法进行静力强度的测试。静力强度包括抗压强度、抗拉强度、抗弯强度和抗剪强度，分别表示材料抵抗压力、拉力、弯曲、剪力破坏的能力。

针对不同种类的材料具有抵抗不同形式的力的作用特点，将材料按其相应极限强度的大小，划分为若干不同的强度等级。对于水泥、石材、砖、混凝土、砂浆等在建筑物中主要用于承压部位的材料，以其抗压强度来划分强度等级。而建筑钢材在建筑物中主要用于承受拉力载荷，所以以其屈服强度作为划分强度等级的依据。

（二）弹性与塑性

材料在极限应力作用下会被破坏而失去使用功能，在非极限应力作用下则会发生某种变形。弹性与塑性反映了材料在非极限应力作用下两种不同特征的变形。

弹性是指材料在应力作用下产生变形，外力取消后，材料变形即可消失并能完全恢复原来形状的性质。这种当外力取消后瞬间即可完全消失的变形，为弹性变形。明显具有弹性变形特征的材料称为弹性材料。

塑性是指材料在应力作用下产生变形，当外力取消后，仍保持变形后的形状尺寸，且不产生裂纹的性质。这种不随外力撤消而消失的变形称为塑性变形，或永久变形。明显具有塑性变形特征的材料称为塑性材料。

实际上，纯弹性与纯塑性的材料都是不存在的。不同的材料在力的作用下表现出不同的变形特征。例如：低碳钢在受力不大时，仅产生弹性变形，此时，应力与应变的比值为一常数；随着外力增大至超过弹性极限之后，则出现另一种变形——塑性变形。又如混凝土，在它受力一开始，弹性变形和塑性变形便同时发生，除去外力后，弹性变形可以恢复（消失），而塑性变形不能消失，这种变形称为弹塑性变形，具有这种变形特征的材料称为弹塑性材料。

（三）脆性和韧性

脆性是指材料在外力作用下直到破坏前无明显塑性变形而发生突然破坏的性质。具有这种破坏特征的材料称为脆性材料。脆性材料的特点是抗压强度远大于其抗拉强度，受力作用时塑性变形小，而且破坏时无任何征兆，有突发性，主要适合于承受压力静载荷。土木工程材料中大部分无机非金属材料均为脆性材料，如天然岩石、陶瓷、玻璃、砖、生铁、普通混凝土等。

韧性是指材料在冲击或振动荷载作用下，能吸收较大能量，产生一定的变形而不致破坏的性能，又称冲击韧度。具有这种性质的材料称为韧性材料。韧性材料的特点是塑性变形大，受力时产生的抗拉强度接近或高于抗压强度，破坏前有明显征兆，主要适合于承受拉力或动载荷。木材、建筑钢材、沥青混凝土等属于韧性材料。用作路面、桥梁、起重机梁等需要承受冲击荷载和有抗震要求的结构用材料均应具有较高的韧性。

三、材料的耐久性

耐久性是指材料在使用过程中抵抗各种自然因素及其他有害物质长期作用，能长久保持其原有性质的能力。

材料在使用过程中，会与周围环境和各种自然因素发生作用。这些作用包括物理、化学和生物的作用。物理作用一般是指干湿变化、温度变化、冻融循环等。这些作用会使材料发生体积变化或引起内部裂缝的扩展，而使材料逐渐破坏，如水泥混凝土的热胀冷缩。化学作用包括酸、碱、盐等物质的水溶液及有害气体的侵蚀作用，这些侵蚀作用会使材料逐渐变质而破坏，如水泥石的腐蚀、钢筋的锈蚀作用。生物作用是指菌类、昆虫的侵害作用，包括使材料因虫蛀、腐朽而破坏，如木材的腐蚀等。因而，材料的耐久性实际上是衡量材料在上述多种作用之下能够长久保持原有性质而保证安全正常使用的性质。

对材料耐久性最可靠的判断，是对其在使用条件下进行长期的观察和测定，但这需要很长的时间。为此，近年来采用快速检验法，这种方法是模拟实际适应条件，将材料在实验室

进行有关的快速试验，根据试验结果对材料的耐久性做出判定。在实验室进行快速试验的项目主要有：干湿循环、冻融循环、加湿与紫外线干燥循环、碳化、盐溶液浸渍与干燥循环、化学介质浸渍等。

在设计建筑物选用材料时，必须考虑材料的耐久性问题，因为只有采用了耐久性良好的材料，才能保证建筑物的耐久性。提高材料的耐久性，对节约材料、保证建筑物长期正常使用、减少维修费用、延长建筑物使用寿命等，均具有十分重要的意义。

第二节　常用土木工程材料

一、胶凝材料

凡能在物理、化学作用下，从浆体变成坚固的石状体，同时将砂、石、砖、砌块等散粒或块状材料胶结成整体并具有一定机械强度的材料，统称胶凝材料。胶凝材料可分为无机与有机两大类。石膏、石灰、水泥属无机胶凝材料。无机胶凝材料可按照其硬化条件分为气硬性与水硬性两种。只能在空气中硬化的称为气硬性胶凝材料，如石膏、石灰。气硬性胶凝材料一般只适用于地上或干燥环境，不宜用于潮湿环境，更不可用于水中。不仅能在空气中硬化，而且能更好地在水中硬化并保持或继续提高其强度的胶凝材料称为水硬性胶凝材料，如水泥。水硬性胶凝材料既适用于地上，也适用于地下或水中。沥青和各种树脂属于有机胶凝材料。

（一）石膏

石膏是以硫酸钙 $CaSO_4$ 为主要成分的气硬性胶凝材料，以天然的二水石膏矿石或含有二水石膏的化学副产品和废渣为原料。其主要品种有：建筑石膏、高强石膏、粉刷石膏、高温煅烧石膏等。

土木工程中使用最多的石膏品种是建筑石膏，建筑石膏加水后拌制的浆体具有良好的可塑性。建筑石膏的凝结较快，加水后几分钟内即可失去流动性，30min 产生强度。凝结硬化时，体积不收缩，而是略有膨胀（膨胀值约为 1%）。建筑石膏具有很好的防火性能、隔热性能和吸声性能，具有良好的装饰性和可加工性。建筑石膏的应用很广，除用于室内抹面、粉刷外，更主要的用途是制成各种石膏制品。常见的有：纸面石膏板、石膏装饰板、纤维石膏板、石膏空心条板、石膏空心砌块和石膏夹心砌块等。

石膏还可用来生产各种浮雕和装饰品。如浮雕饰线、艺术灯圈、角花等。石膏制品具有轻质、新颖、美观、价廉等优点；但其强度较低、耐水性能差。为了提高石膏的强度及耐水性，近年来我国科研工作者先后成功研制多种石膏外加剂（如石膏专用减水增强剂），给石膏的应用提供了更广阔的前景。

（二）石灰

石灰是将石灰石（主要成分为碳酸钙 $CaCO_3$）在 900 ~ 1100℃温度下煅烧，生成以氧化钙（CaO）为主要成分的气硬性胶凝材料，又称生石灰。石灰硬化后强度不高，耐水性差，所以石灰不宜在潮湿环境中使用，也不宜单独使用。

工程中使用时要将生石灰熟化，即加水使之消解为熟石灰（或消石灰）。熟化过程为放热反应，放出大量热的同时，体积增大 1 ~ 2.5 倍。生石灰在化灰池中加水，拌制成石灰浆，

熟化的氢氧化钙经筛网过滤（除渣）流入储灰坑。石灰浆在储灰坑中沉淀（不少于7d）并除去上层水分后称为石灰膏。石灰膏主要用来拌制砌筑砂浆、抹面砂浆。

将生石灰淋以适当的水，消解成氢氧化钙，再经磨细、筛分而得干粉，称为消石灰粉或熟石灰粉。消石灰粉也需放置一段时间，待进一步熟化后使用。消石灰粉可用于拌制灰土、三合土。由于其熟化未必充分，不宜用于拌制砂浆。

除此以外，石灰还可用于制作硅酸盐制品、生产加气混凝土制品，如轻质墙板、砌块、各种隔热保温制品，以及碳化石灰板等。

（三）水泥

水泥是一种粉末状材料，加适当水调制后，经一系列物理、化学作用，由最初的可塑性浆体变成坚硬的石状体。具有较高的强度，并且能将散状、块状材料黏结成整体。水泥浆体不仅能在空气中凝结硬化，而且能更好地在水中凝结硬化，并保持发展其强度，因而水泥是典型的水硬性胶凝材料。

水泥是建筑工程中最为重要的建筑材料之一，水泥的问世对工程建设起了巨大的推动作用，引起了工程设计、施工技术、新材料开发等领域的巨大变革。不仅大量用于工业与民用建筑工程中，而且广泛用于交通、水利、海港、矿山等工程，几乎任何种类、规模的工程都离不开水泥。

1. 水泥的分类

水泥的品种繁多，按其矿物组成，水泥可分为硅酸盐系列、铝酸盐系列、硫铝酸盐系列、铁铝酸盐系列、氟铝酸盐系列等。按其用途和特性又可分为通用水泥、专用水泥和特性水泥。通用水泥是指目前建筑工程中常用的七大水泥，即硅酸盐水泥、普通硅酸盐水泥、矿渣硅酸盐水泥、火山灰质硅酸盐水泥、粉煤灰硅酸盐水泥、复合硅酸盐水泥和石灰石硅酸盐水泥；专用水泥是指有专门用途的水泥，如砌筑水泥、道路水泥等；而特性水泥是指有比较特殊性能的水泥，如硅酸盐膨胀水泥、快硬硅酸盐水泥、抗硫酸硅酸盐水泥等。

水泥品种虽然很多，但从应用方面考虑，硅酸盐系列水泥是最基本的。

2. 通用水泥

（1）硅酸盐水泥　硅酸盐水泥由硅酸盐水泥熟料、0～5%（质量分数，下同）石灰石或粒化高炉矿渣、适量石膏磨细制成。硅酸盐水泥凝结硬化速度快、水化热大、强度高、抗冻性好、耐磨性好，但其抗腐蚀性、耐热性差。适用于早期强度要求高的工程、冬期施工工程、重要结构的高强混凝土和预应力混凝土工程。不能用于大体积混凝土工程、高温环境的工程、海水和有侵蚀性介质存在的工程。

（2）普通硅酸盐水泥　凡由硅酸盐水泥熟料、6%～15%混合材料、适量石膏磨细制成的水硬性胶凝材料，称为普通硅酸盐水泥（简称普通水泥）。掺活性混合材料时，最大掺量不得超过15%，其中允许用不超过水泥质量5%的窑灰或不超过水泥质量10%的非活性材料来代替。掺非活性混合材料时，最大掺量不得超过水泥质量的10%。普通硅酸盐水泥的性质与硅酸盐水泥相近，由于掺入少量混合材料，性质稍有区别。其早期强度略低、水化热略低、耐腐蚀性略有提高、耐热性稍好、抗冻性和耐磨性略有降低。在应用范围方面，与硅酸盐水泥基本相同，甚至在一些不能用硅酸盐水泥的地方也可采用普通水泥，使得普通水泥成为建筑行业应用面最广、使用量最大的水泥品种。

（3）矿渣硅酸盐水泥　矿渣硅酸盐水泥由硅酸盐水泥熟料、粒化高炉矿渣、适量石膏

磨细制成。粒化高炉矿渣掺加量为20%～70%。允许用不超过8%的窑灰、石灰石、粉煤灰和火山灰质混合材料替代粒化高炉矿渣，但粒化高炉矿渣不得少于20%。与硅酸盐水泥相比，其早期强度（3d、7d）较低，后期强度高；水化热低、抗腐蚀能力较强；耐热性较好、抗冻性较差。

（4）火山灰质硅酸盐水泥　火山灰质硅酸盐水泥由硅酸盐水泥熟料、火山灰质混合材料、适量石膏磨细制成。火山灰质混合材料掺加量为20%～50%。与矿渣硅酸盐水泥相似，其抗冻性和耐磨性较差，但是抗渗性较好。

（5）粉煤灰硅酸盐水泥　粉煤灰硅酸盐水泥由硅酸盐水泥熟料、粉煤灰、适量石膏磨细制成。粉煤灰掺加量为20%～40%。与矿渣硅酸盐水泥相似，但抗裂性较好。

矿渣硅酸盐水泥、火山灰质硅酸盐水泥和粉煤灰硅酸盐水泥三者性能相似，都适用于水下混凝土、海港混凝土、大体积混凝土、耐腐蚀性要求较高的混凝土、高温下养护的混凝土。此外，矿渣硅酸盐水泥特别适用于有耐热要求的混凝土，火山灰质硅酸盐水泥特别适用于有抗渗要求的混凝土。

（6）复合硅酸盐水泥　由硅酸盐水泥熟料、两种或两种以上规定的混合材料、适量石膏磨细制成的水硬性胶凝材料称为复合硅酸盐水泥（简称复合水泥）。水泥中混合材料总掺加量按质量百分比计大于15%但不超过50%。水泥中允许用不超过8%的窑灰代替部分混合材料；掺矿渣时，混合材料掺量不得与硅酸盐水泥重复。

复合水泥是一种新型的通用水泥。与普通水泥相比，混合材料掺加量不同，普通水泥掺加量不超过15%，而复合水泥掺加量应大于15%。与矿渣水泥、火山灰水泥、粉煤灰水泥相比，混合材料种类不是一种而是两种或两种以上，而且所掺的混合材料的范围也扩大了，不仅仅是三种水泥所掺的矿渣、粉煤灰、火山灰、窑灰等，还可以掺用许多工业废渣。复合水泥中多种混合材料互掺可弥补一种混合材料性能的不足，如矿渣与粉煤灰复掺后，水泥石更密实，从而明显改善了水泥性能。

复合水泥性能取决于所掺混合材料的种类、掺量及相对比例，与矿渣硅酸盐水泥、火山灰质硅酸盐水泥、粉煤灰硅酸盐水泥有不同程度的类似。

（7）石灰石硅酸盐水泥　由硅酸盐水泥熟料、石灰石、适量石膏磨细制成的水硬性胶凝材料称为石灰石硅酸盐水泥。石灰石掺加量为10%～25%。

石灰石硅酸盐水泥具有和易性好、需水量少、抗渗、抗冻、抗硫酸盐性能好等特点，适用于水利、农田、地下、水中、潮湿环境中的混凝土，低层民用建筑基础、垫层、砌筑及强度不高的水泥制品；不宜用于钢筋混凝土工程及干燥环境中。

3. 其他水泥

（1）快硬硅酸盐水泥　凡以硅酸盐水泥熟料和适量石膏磨细制成的、以3d抗压强度表示强度等级的水硬性胶凝材料称为快硬硅酸盐水泥（简称快硬水泥）。由于快硬水泥凝结硬化快，所以适用于紧急抢修工程、低温施工工程和高强混凝土预制件等。这种水泥水化放热量大而迅速，不适合用于大体积混凝土工程。

（2）快凝快硬硅酸盐水泥　以硅酸钙、氟铝酸钙为主的熟料，加入适量石膏、粒化高炉矿渣、无水硫酸钠，经过磨细制成的一种凝结快、小时强度增长快的水硬性胶凝材料，称为快凝快硬硅酸盐水泥（简称双快水泥）。双快水泥主要用于军事工程、机场跑道、桥梁、隧道和涵洞等紧急抢修工程。

（3）白色硅酸盐水泥　由白色硅酸盐水泥熟料加入适量石膏磨细制成的水硬性胶凝材料，称为白色硅酸盐水泥（简称白水泥）。磨制水泥时，允许加入不超过水泥质量5%的石灰石或窑灰作为外加物。白度是白水泥的一个重要指标。我国白水泥的白度分为四个等级。根据白度及强度等级，又分为优等品、一等品和合格品。白水泥强度高，色泽洁白，可配制彩色砂浆和涂料、白色或彩色混凝土、水磨石、斩假石等，用于建筑物的内外装修。白水泥也是生产彩色水泥的主要原料。

（4）高铝水泥　高铝水泥属于铝酸盐系水泥，是由铝酸钙为主，氧化铝含量约50%（质量分数）的熟料磨细制成的水硬性胶凝材料（旧称矾土水泥）。高铝水泥是一种快硬、高强、耐热及耐腐蚀的胶凝材料。其主要特性有：早期强度高、耐高温和耐腐蚀。高铝水泥主要用于工期紧急的工程，如国防、道路和特殊抢修工程等；也可用于冬期施工的工程。

（5）膨胀水泥　由硅酸盐水泥熟料与适量石膏和膨胀剂共同磨细制成的水硬性胶凝材料，称为膨胀水泥。按水泥的主要成分不同，分为硅酸盐、铝酸盐和硫铝酸盐型膨胀水泥；按水泥的膨胀值及其用途不同，又分为收缩补偿水泥和自应力水泥两大类。

膨胀水泥在硬化过程中不但不收缩，而且有不同程度的膨胀。膨胀水泥除了具有微膨胀性能外，也具有强度发展快、早期强度高的特点，可用于制作大口径输水管和各种输油、输气管，也常用于有抗渗要求的工程、要求补偿收缩的混凝土结构、要求早强的工程结构节点浇筑等。但是，这种水泥的使用温度不宜过高，一般使用温度为60℃以下为好。

二、混凝土

混凝土是当代最主要的土木工程材料之一。混凝土具有原料丰富、价格低廉、生产工艺简单的特点；同时，还具有抗压强度高、耐久性好、强度等级范围宽的特点，使用范围十分广泛。

混凝土的种类很多，按胶凝材料不同，分为水泥混凝土（又称普通混凝土）、沥青混凝土、石膏混凝土及聚合物混凝土等；按表观密度不同，分为重混凝土（表观密度大于2800kg/m³）、普通混凝土（表观密度为1950～2800kg/m³）、轻混凝土（表观密度小于1950kg/m³）；按使用功能不同，分为结构用混凝土、道路混凝土、水工混凝土、耐热混凝土、耐酸混凝土及防辐射混凝土等；按施工工艺不同，又分为喷射混凝土、泵送混凝土、振动灌浆混凝土等。为了克服混凝土抗拉强度低的缺陷，将水泥混凝土与其他材料复合，出现了钢筋混凝土、预应力混凝土、各种纤维增强混凝土及聚合物浸渍混凝土等。

（一）普通混凝土

普通混凝土由水泥、细骨料、粗骨料、水和外加剂五种原材料组成。在混凝土中，砂、石起骨架作用，称为骨料；水泥与水形成水泥浆，水泥浆包裹在骨料的表面并填充其空隙。硬化前水泥浆与外加剂起润滑作用，赋予拌合物一定和易性，便于施工。硬化后水泥浆与外加剂起到胶结作用，将骨料胶结成一个坚实的整体。

1. 组成材料

（1）水泥　配制混凝土用的水泥品种，应当根据工程性质与特点、工程所处环境及施工条件，依据各种水泥的特性，合理选择。水泥强度等级的选择应与混凝土的设计强度等级相适应。

（2）细骨料（砂）　混凝土用骨料按其粒径大小不同分为细骨料和粗骨料。粒径在

0.15 ~4.75mm 之间的岩石颗粒称为细骨料：粒径大于4.75mm 的岩石颗粒称为粗骨料。混凝土的细骨料主要采用天然砂，有时也可采用人工砂。

砂的粗细程度是指不同粒径的砂粒混合在一起后的总体砂的粗细程度。砂子通常分为粗砂、中砂、细砂三种规格，配制混凝土时，应优先选用中砂。砂的颗粒级配是指不同粒径和数量比例的砂子的组合或搭配情况。在混凝土中，砂粒之间的空隙由水泥浆填充，为达到节约水泥和提高强度的目的，就应尽量减少砂粒之间的空隙，选择级配好的砂。

（3）粗骨料　普通混凝土常用的粗骨料有卵石（砾石）和碎石。碎石表面粗糙而且具有吸收水泥浆的孔隙特征，所以它与水泥石的黏结能力较强；卵石表面光滑且少棱角，与水泥石的黏结能力较差，但混凝土拌合物的和易性较好。在相同条件下，碎石混凝土比卵石混凝土强度高10%左右。为满足混凝土强度要求，粗骨料必须具有足够的强度。粗骨料的最大粒径不得超过结构截面最小尺寸的1/4；且不得超过钢筋最小净距的3/4；对于混凝土实心板，骨料的最大粒径不宜超过板厚的1/3，且最大粒径不得超过40mm；对泵送混凝土，碎石最大粒径与输送管内径之比，宜小于或等于1∶3，卵石宜小于或等于1∶2.5。与细骨料一样，粗骨料也要求有良好的级配，以减少空隙率，从而节约水泥，保证混凝土的和易性及强度。

（4）水　对混凝土用水的质量要求是：不影响混凝土的凝结和硬化；无损于混凝土强度发展及耐久性；不加快钢筋锈蚀；不引起预应力钢筋脆断；不污染混凝土表面。混凝土用水按水源可分为饮用水、地表水、地下水、海水以及经适当处理后的工业废水。拌制及养护混凝土宜采用饮用水。

（5）外加剂　混凝土外加剂是指在混凝土拌和过程中掺入的用以改善混凝土性能的物质。除特殊情况外，掺量一般不超过水泥用量的5%。

外加剂的使用是混凝土技术的重大突破。随着混凝土工程技术的发展，对混凝土性能提出了许多新的要求。如泵送混凝土要求高的流动性；冬期施工要求高的早期强度；高层建筑、海洋结构要求高强、高耐久性。这些性能的实现，需要应用高性能外加剂。由于外加剂对混凝土技术性能的改善，它在工程中应用的比例越来越大，不少国家使用掺外加剂的混凝土已占混凝土总量的60%~90%。因此，外加剂也就逐渐成为混凝土中的第五种成分。

混凝土外加剂种类繁多，主要功能分为如下四类：改善混凝土拌合物流变性能的外加剂，包括各种减水剂、引气剂和泵送剂等；调节混凝土凝结时间、硬化性能的外加剂，包括缓凝剂、早强剂和速凝剂等；改善混凝土耐久性的外加剂，包括引气剂、防水剂和阻锈剂、减缩剂等；改善混凝土其他性能的外加剂，包括加气剂、膨胀剂、防冻剂、着色剂、防水剂等。

目前，在工程中常用的外加剂主要有减水剂、引气剂、早强剂、缓凝剂、防冻剂等。

2. 主要技术性质

混凝土的性质包括混凝土拌合物的和易性、混凝土强度、变形及耐久性等。

（1）和易性　和易性又称工作性，是指混凝土拌合物在一定的施工条件下，便于各种施工工序的操作，以保证获得均匀密实的混凝土性能。和易性是一项综合技术指标，包括流动性、黏聚性和保水性三个主要方面。

（2）混凝土强度　混凝土强度是混凝土硬化后的主要力学性能，反映混凝土抵抗荷载的量化能力。混凝土强度包括抗压、抗拉、抗剪、抗弯、抗折及握裹强度。其中以抗压强度最大，抗拉强度最小。

（3）混凝土的变形　混凝土的变形包括非荷载作用下的变形和荷载作用下的变形。非荷载作用下的变形有化学收缩、干湿变形及温度变形等。水泥用量过多，在混凝土的内部易产生化学收缩而引起微细裂缝。

（4）混凝土耐久性　混凝土耐久性是指混凝土在实际使用条件下抵抗各种破坏因素作用，长期保持强度和外观完整性的能力。具体而言，混凝土的耐久性包括混凝土的抗冻性、抗渗性、抗蚀性及抗碳化能力等。

（二）其他混凝土

1. 纤维增强混凝土（FRC）

纤维增强混凝土是由不连续的短纤维均匀地分散于混凝土基材中形成的复合混凝土材料。纤维增强混凝土可以克服混凝土抗拉强度低、抗裂性能差、脆性大的缺点。在纤维增强混凝土中，韧性及抗拉强度较高的短纤维均匀分布于混凝土中，纤维与水泥浆基材的黏结比较牢固，纤维间相互交叉和牵制，形成了遍布结构全体的纤维网。因此，纤维增强混凝土的抗拉、抗弯、抗裂、抗疲劳、抗振及抗冲击能力得以显著改善。

2. 聚合物混凝土

聚合物混凝土是由有机聚合物、无机胶凝材料和骨料结合而成的一种新型混凝土。聚合物混凝土按其组合及制作工艺可分以下三种。

（1）聚合物水泥混凝土（PCC）　将聚合物乳液拌合物掺入普通混凝土中制成。聚合物水泥混凝土改善了普通混凝土的抗渗性、耐磨性及抗冲击性。由于其制作简便，成本较低，故实际应用较多。目前主要用于现场灌筑无缝地面、耐腐蚀性地面及修补混凝土路面、机场跑道面层和做防水层等。

（2）聚合物浸渍混凝土（PIC）　聚合物浸渍混凝土是以混凝土为基材，而将聚合物有机单体渗入混凝土中，然后再用加热或放射线照射的方法使其聚合，使混凝土与聚合物形成一个整体。这种混凝土具有高强度、高防水性的特点，并且其抗冻性、抗冲击性、耐蚀性和耐磨性都有显著提高。适用于要求高强度、高耐久性的特殊构件，特别适用于储运液体的有筋管、无筋管、坑道管。在国外已用于耐高压的容器，如原子反应堆、液化天然气储罐等。

（3）聚合物胶结混凝土（PC）　聚合物胶结混凝土又称树脂混凝土，是以合成树脂为胶凝材料的一种聚合物混凝土。这种混凝土具有较高的强度，良好的抗渗性、抗冻性、耐蚀性及耐磨性，并且有很强的黏结力，缺点是硬化时收缩大、耐火性差。这种混凝土适用于机场跑道面层，耐腐蚀的化工结构，混凝土构件的修复、堵缝材料等，但由于目前树脂的成本较高，限制了其在工程中的实际应用。

3. 碾压混凝土

碾压混凝土中水泥和水的用量较普通混凝土显著减少，有时还大量掺入工业废渣。碾压混凝土水灰比小，以及用碾压设备压实，施工效率高。碾压混凝土路面的总造价可比水泥混凝土路面降低 10% ~20%。碾压混凝土在道路或机场工程中是十分可靠的路面或路面基层材料，在水利工程中是抗渗性和抗冻性良好的筑坝材料，也是各种大体积混凝土工程的良好材料。

4. 防火混凝土

防火混凝土是由耐火骨料和胶凝材料，加水或其他液体配制而成，能在持续高温下，保

持所需物理力学性能的混凝土。主要用于建造高炉基础、焦炉基础、高炉外壳和热工设备基础。

5. 防辐射混凝土

能屏蔽X射线、γ射线或中子辐射的混凝土称为防辐射混凝土。材料对射线的吸收能力与其表观密度成正比，因此防辐射混凝土采用重骨料配制，常用的重骨料有重晶石（表观密度为4000~4500kg/m^3）、赤铁矿、磁铁矿、钢铁碎块等。为提高防御中子辐射性能，混凝土中可掺加硼和硼化物及锂盐等。胶凝材料采用硅酸盐水泥或铝酸盐水泥，最好采用硅酸钡、硅酸锶等重水泥。防辐射混凝土用于原子能工业及国民经济各部门使用放射性同位素的装置，如反应堆、加速器、放射化学装置等的防护结构。

三、建筑砂浆

建筑砂浆是由胶凝材料、细骨料和水，有时也加入适量掺合料和外加剂，混合而成的土木工程材料，又称为无骨料的混凝土。在建筑施工过程中，主要用作砌筑、抹灰、灌缝和粘贴饰面的材料。建筑砂浆按用途分为砌筑砂浆、普通抹面砂浆、装饰砂浆、防水砂浆以及防辐射砂浆、绝热砂浆、吸声砂浆等。按所用胶凝材料可分为水泥砂浆、石灰砂浆、混合砂浆、聚合物砂浆等。

四、墙体材料

墙体在建筑中起承重、围护、分割作用。在我国，传统的墙体材料主要是烧结黏土砖、石块，其应用历史长，有“秦砖汉瓦”之说。随着我国墙体材料改革的深入，为适应现代建筑的轻质高强、多功能的需要，实现建筑节能，相继出现了很多新型材料。主要产品有空心砖（多孔砖）、煤矸石砖、粉煤灰砖、灰砂砖、页岩砖等砖类；普通混凝土砌块、轻质混凝土砌块、加气混凝土砌块、石膏砌块等砌块种类；石膏板材、水泥类墙板及复合墙板等。这些材料的使用，既可以节约黏土资源又可以利用工业废渣，有利于环境保护，实现可持续发展的战略。

（一）砌墙砖

砌墙砖是指以黏土、工业废料及其他地方资源为主要原材料，按不同工艺制成的，在建筑上用来砌筑墙体的砖。按孔洞率不同可分为普通砖（孔洞率小于15%）、空心砖（孔洞率大于15%）两类，其中用于承重墙的空心砖又称为多孔砖。按制作工艺又可分为烧结砖和非烧结砖两类。按主要原料分为烧结黏土砖（N）、烧结页岩砖（Y）、烧结粉煤灰砖（F）和烧结煤矸石砖（M）。

1. 烧结砖

烧结普通黏土砖原料容易取得，生产工艺比较简单，价格低、便于组合，所以广泛地用于墙体、基础、柱等砌筑工程中。但是由于生产传统黏土砖毁田取土量大、能耗高、砖自重大、施工中劳动强度高、工效低，因此有必要逐步改革并用新型材料取而代之。至2003年6月1日，全国170个城市取缔烧结黏土砖，并于2005年在全国范围内禁止生产，彻底取缔。烧结普通砖主要推广烧结页岩砖、烧结粉煤灰砖和烧结煤矸石砖，其尺寸规格为240mm×115mm × 53mm，同烧结普通黏土砖。

烧结多孔砖孔洞数量多、尺寸小、垂直受压面（图6-3），是承重砖。P型多孔砖的尺寸是240mm ×115mm ×90mm，并配有180mm×115mm ×90mm的配砖，以便于砌筑。M型多孔砖的尺寸是190mm ×190mm×90mm 。空心砖孔洞数量少、尺寸大、平行受压面（图6-4)，是非承重砖。其尺寸规格长、宽、高应符合下列系列：①290mm，190（140）mm，90mm；②240mm，180（175）mm，115mm。多孔砖砌成的墙、柱抗压强度较高，且重量减轻，符合轻质高强的发展方向。空心砖一般作为非承重隔墙砌筑材料。

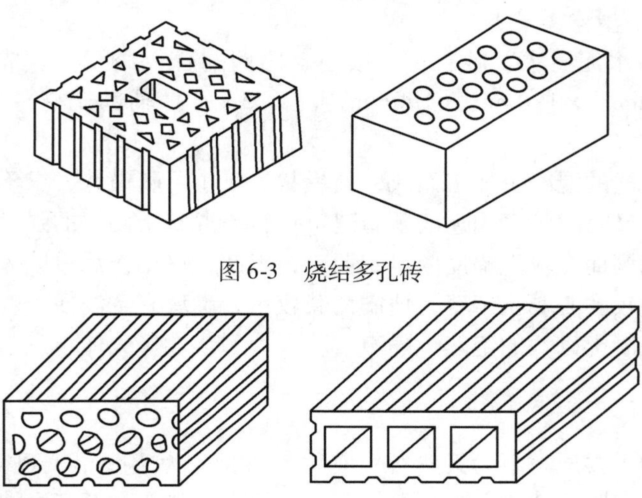

图6-3　烧结多孔砖

图6-4　空心砖

2. 非烧结砖

非烧结是指不经焙烧而制成的砖。常见的品种有灰砂砖、粉煤灰砖等。

蒸压灰砂砖是以石灰和砂子（也可以掺入颜料和外加剂）为原料，经过磨细、计量配料、搅拌混合、压制成型、蒸压养护而成的实心砖或空心砖。目前朝着空心化和大型化发展。同其他砖相比，灰砂砖具有较高的蓄热能力，且密度大，隔声性能十分优越，不易燃。可用于砌筑建筑物的外墙和内隔墙。

蒸压（养）粉煤灰砖是指以粉煤灰、石灰和水泥为主要原料，掺加适量石膏、外加剂、颜料和骨料，经坯料制备、压制成形、高压或常压蒸汽养护而成的实心粉煤灰砖。砖的外形、尺寸同烧结普通砖。这类砖可用于工业及民用建筑的墙体和基础 。

（二）砌块

砌块是指砌筑用的人造块材，多为直角六面体。砌块主规格尺寸中的长度、宽度和高度，至少有一项分别大于365mm、240mm、115mm，但高度不大于长度或宽度的6倍，长度不超过高度的3倍。

砌块按用途划分为承重砌块和非承重砌块；按产品规格可分为大型（主规格高度大于980mm)、中型（主规格高度为380~980mm）和小型（主规格高度为115~ 380mm）砌块。

砌块的生产工艺简单，生产周期短；可以充分利用地方资源和工业废渣，有利于环境保护；而且尺寸大，砌筑效率高，可提高工效；通过空心化，可以改善墙体的保温隔热性能，是当前大力推广的墙体材料之一。

1. 蒸压加气混凝土砌块

蒸压加气混凝土砌块是以钙质材料（水泥、石灰等）和硅质材料（矿渣和粉煤灰）为

主要材料，并加入铝粉作为加气剂，经磨细、计量配料、搅拌浇筑、发气膨胀、静停切割、蒸压养护等工序而制成的多孔轻质块体材料，简称加气混凝土砌块。

这种砌块的表观密度小，保温及耐火性好，易于加工，抗震性强，隔声性好，施工方便。适用于低层建筑的承重墙，多层和高层建筑的非承重墙、隔断墙、填充墙及工业建筑物的围护墙体和绝热材料。这种砌块易干缩开裂，必须做好饰面层。

2. *普通混凝土小型空心砌块*

混凝土砌块是由水泥、水、砂、石，按一定比例配合，经搅拌、成型和养护而成的。砌块的主规格为390mm ×190mm ×190mm，配以3~4种辅助规格，即可组成墙用砌块基本系列。

混凝土砌块由可塑的混凝土加工而成，其形状、大小可随设计要求不同而改变，因此它既是一种墙体材料，又是一种多用途的新型建筑材料。混凝土砌块的强度可通过混凝土的配合比和改变砌块的孔洞而在较大幅度内得到调整，因此，可用作承重墙体和非承重的填充墙体。混凝土砌块自重较实心黏土砖轻，地震荷载较小，砌块有空洞便于浇筑配筋芯柱，能提高建筑物的延性。混凝土砌块的绝热、隔声、防火、耐久性等大体与黏土砖相同，能满足一般建筑要求。

3. *石膏砌块*

生产石膏砌块的主要原材料为天然石膏或化工石膏。为了减小表观密度和降低导热性，可掺入适量的锯末、膨胀珍珠岩、陶粒等轻质多孔填充材料。在石膏中掺入防水剂可提高其耐水性。石膏砌块轻质、绝热吸气、不燃、可锯可钉，生产工艺简单，成本低，多用作内隔墙。

（三）墙用板材

墙用板材具有轻质、高强、多功能的特点，便于拆装，平面尺寸大，施工劳动效率高，可改善墙体功能；厚度小，可提高室内使用面积；自重小，可降低建筑物对基础的承重要求，降低工程造价。因此大力发展轻质板材是墙材改革的趋势。

1. *石膏板材*

石膏板材以其平面平整、光滑细腻、可装饰性好、具有特殊的呼吸功能、原材料丰富、制作简单的特点而得到广泛的应用。在轻质板材中占很大比例的主要有各种纸面石膏板、石膏空心板、石膏刨花板等。

2. *水泥类墙用板材*

水泥类墙用板材具有较好的耐久性和力学性能，生产技术成熟，产品质量可靠。工程常用GRC轻质多孔墙板和纤维增强水泥平板。

（1）GRC轻质多孔墙板　GRC轻质多孔墙板又名GRC空心条板，是以硫铝酸盐水泥轻质砂浆为基材，以耐碱玻璃纤维或其网格布作为增强材料，并加入发泡剂和防水剂等，经配料、搅拌、浇筑、振动成型、脱水养护而成的具有若干个圆孔的条形板。GRC轻质多孔条板密度小、韧性好、耐水、不燃、易加工，可用于工业与民用建筑的分室、分户，以及厨房、厕浴间、阳台等非承重的内隔墙和复合墙体的外墙面。

（2）纤维增强水泥平板　建筑用纤维增强水泥平板是以纤维与水泥作为主要原料，经制浆、成坯、养护等工序而制成的板材。按使用的纤维品种分石棉水泥板、混合纤维水泥板、无石棉纤维水泥板三类，按密度分为高密度板、中密度板和轻板。各类纤维水泥板均具有防水、防潮、防蛀、防霉、不易变形及良好的可加工性等特点。高密度板可用作建筑物的外墙面板，中密度板和轻板主要用作隔墙和吊顶。

五、建筑钢材

钢材是土木工程中应用最广泛的金属材料。工程中使用的各种钢材，包括钢结构用各种型材（如圆钢、角钢、工字钢、槽钢、管钢等）、板材，以及混凝土结构用钢材（如钢筋、钢丝等）。

钢材有如下的优点：材质均匀，性能可靠，强度高，具有一定的塑性和韧性，具有承受冲击和振动荷载的能力，可切割、焊接、铆接或螺栓连接，便于装配；其缺点是：易锈蚀，维修费用高，耐火性差。

1. 混凝土结构用钢材

（1）热轧钢筋　热轧钢筋是土木工程中用量最大的钢筋品种之一，主要用于钢筋混凝土结构和预应力钢筋混凝土结构的配筋。热轧钢筋按其化学成分和强度分为 HPB 300 级、HRB335 级、HRB400 级、HRB500 级 。HPB300 级钢筋的表面为光面，其余级别钢筋表面一般带肋（月牙肋或等高肋）。为便于运输，直径为 6 ~ 10mm 的钢筋常卷成圆盘，直径 > 12mm 的钢筋则轧成 6 ~ 12m 的直条。

（2）冷轧带肋钢筋　冷轧带肋钢筋是将普通低碳钢热轧圆盘条，在冷轧机上冷轧成三面或二面有月牙形横肋的钢筋。这种钢筋是采用近年来从国外引进的技术生产的。

（3）冷拉低碳钢筋和冷拔低碳钢丝　对于低碳钢和低合金钢，在保证要求延伸率和冷弯指标的条件下，进行较小程度的冷加工后，可提高屈服强度。这种钢筋须在焊接后进行冷拉，否则在焊接后冷拉效果会由于高温影响而消失。

（4）热处理钢筋　热处理钢筋是用热轧中碳低合金钢筋经淬火、回火调质处理的钢筋，通常用于预应力混凝土结构。为增加与混凝土的黏结力，钢筋表面常轧有通长的纵肋和均布的横肋。

（5）预应力钢丝、刻痕钢丝和钢绞线　预应力钢丝是以优质碳素结构钢圆盘条经等温淬火并拔制而成的。若将预应力钢丝辊压出规律性凹痕，以增强与混凝土的黏结，则成刻痕钢丝。预应力钢丝应具有强度高、柔性好、松弛率低、耐腐蚀等特点，适用于各种特殊要求的预应力混凝土。钢绞线是由高强钢丝捻制成的，有三根一股和七根一股的钢绞线。预应力钢丝、刻痕钢丝及钢绞线均属于冷加工强化的钢材，没有明显的屈服点，材料检验只能以抗拉强度为依据；具有强度高、塑性好、使用时不需要接头等优点，适用于大荷载、大跨度及曲线配筋的预应力混凝土结构。

2. 钢结构钢材

（1）钢板　用光面轧辊机轧制成的扁平钢材，以平板状态供货的称为钢板；以卷状供货的称为钢带。按轧制温度不同，分为热轧和冷轧两种；按厚度热轧钢板分为厚板（厚度大于 4mm）和薄板（厚度为 0. 35 ~ 4mm）两种；冷轧钢板只有薄板（厚度为 0. 2 ~ 4mm）一种。

建筑用钢板及钢带主要是碳素结构钢。一些重型结构、大跨度桥梁、高压容器等也采用低合金钢板。

薄钢板经冷压或冷轧成波形、双曲形、V 形等形状，称为压形钢板。彩色钢板、镀锌薄

钢板、防腐薄钢板等都可用来制作压形钢板。其特点是：重量轻、强度高、抗震性能好、施工快、外形美观等。主要用于围护结构、楼板、屋面等。由于钢材材质均匀，可视为各向同性，强度高，重量轻，延性、塑性和韧性都好。国内外工程实践证明，钢结构抗震性能好，宜用于承受振动和冲击的结构，且由于便于建筑选形、外形美观、施工安装简便快捷、有利于保证工程质量、检测方便、工期短、相对所占施工安装操作面较小等一系列优点，已在各种工程建设中得到广泛应用。目前，钢结构应用从重型到轻型，从大型、大跨度、大面积到小型、细小结构。

（2）钢管 按照生产工艺，钢管分为焊接钢管与无缝钢管两大类。

焊接钢管采用优质带材焊接而成，表面镀锌或不镀锌。按其焊缝形式有直纹焊管与螺纹焊管之分。焊管成本低，易加工，但在多数情况下抗压性能较差。在建筑工程中，主要用于输水、送气及供暖系统。

无缝钢管多采用热轧－冷拔联合工艺生产，也可用冷轧方式生产，但后者成本高昂，在工程中一般不使用。热轧无缝钢管具有良好的力学性能与工艺性能，已有部颁标准。在建筑工程中，无缝钢管主要用于压力管道，在一些特定的钢结构中，往往也设计用无缝钢管。

（3）型钢 在建筑工程的钢结构中，大量使用各种规格与型号的型钢。绝大部分型钢用热轧方式生产。建筑工程中使用最多的型钢有角钢、槽钢、工字钢、扁钢及窗框钢等（图6-5）。

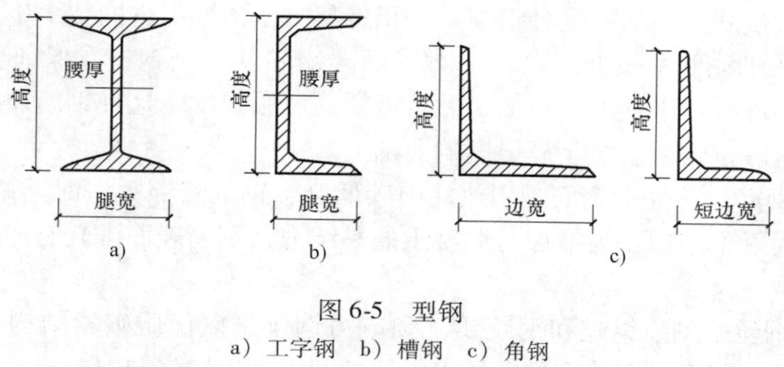

图6-5 型钢

a）工字钢 b）槽钢 c）角钢

六、沥青、沥青制品与其他防水材料

1. 沥青、沥青制品

沥青材料是由一些极其复杂的高分子碳氢化合物和这些碳氢化合物的非金属（氧、硫、氮）衍生物所组成的混合物。沥青可分为地沥青（包括天然地沥青和石油地沥青）和焦油沥青（包括煤沥青、木沥青、页岩沥青等）。以上这些类型的沥青在土木工程中最常用的主要是石油沥青和煤沥青两类，其次是天然沥青。

沥青除用在道路工程中外，还可以作为防水材料用于房屋建筑，以及用作防腐材料等。通常，石油加工厂制备的沥青不一定能全面满足如下要求（在低温条件下应有的弹性和塑性；在高温条件下要有足够的强度和稳定性；在加工和使用条件下具有抗“老化”能力；与各种矿料和结构表面之间有较强的黏附力；对构件变形的适应性和耐疲劳性），所以致使沥青防水屋面渗漏现象严重，使用寿命短。为此，常用橡胶、树脂和矿物填料等改性，可以使改性沥青的综合性能得到大大提高。

沥青砂浆是由沥青、矿质粉料和砂所组成的材料。如再加入碎石或卵石，就成为沥青混凝土。沥青砂浆用于防水，沥青混凝土用于路面和车间大面积地面等。

2. 防水材料

随着我国新型建筑防水材料的迅速发展，各类防水材料品种日益增多。用于屋面、地下工程及其他工程的防水材料，除常用的沥青类防水材料外，已向高聚合物改性沥青、橡胶、合成高分子防水材料方向发展，并在工程应用中取得较好的防水效果。

我国目前研制和使用的高分子新型防水卷材品种有如下三大类：橡胶系防水卷材，主要品种有三元乙丙橡胶、聚氨酯橡胶、丁基橡胶、氯丁橡胶、再生橡胶卷材等；塑料系防水卷材，主要品种有聚氯乙烯、聚乙烯、氯化聚乙烯卷材等；橡塑共混型防水卷材，主要品种有氯化聚乙烯-橡塑共混卷材、聚氯乙烯-橡胶共混卷材等。

新型防水材料还有橡胶类胶粘剂，如聚氨酯防水涂料（又称聚氨酯涂膜防水材料）。新型密封材料，如聚氨酯建筑密封膏（用于各种装配式建筑屋面板楼地面、阳台、窗框、卫生间等部位的接缝，施工缝的密封，给水排水管道储水池等工程的接缝密封，混凝土裂缝的修补）；丙烯酸酯建筑密封膏（用于混凝土、金属、木材、天然石料、砖、砂浆、玻璃、瓦及水泥石之间的密封防水）。

七、木材

木材是一种古老的工程材料。由于其具有一些独特的优点，如轻质高强，易于加工（如锯、刨、钻等），有高强的弹性和韧性，能承受冲击和振动作用，导电和导热性能低，木纹美丽，装饰性好等，所以在出现众多新型土木工程材料的今天，木材仍在工程中占有重要地位。但木材也有缺点，如构造不均匀，各向异性；易吸湿、吸水，因而产生较大的湿胀、干缩变形；易燃、易腐等。不过，木材经过加工和处理后，可以得到很大程度的改善。

木材是由树木加工而成的，树木分为针叶树和阔叶树两大类。

针叶树树干通直而高大，易得大材，纹理平顺，材质均匀，木质较软而易加工，故又称软木材。常用树种有松、杉、柏等。

阔叶树树干通直部分一般较短，材质较硬，较难加工，故又称硬木材。常用树种有榆木、水曲柳、柞木等。

木材的构造决定着木材的性能，针叶树和阔叶树的构造不完全相同。树木可分为树皮、木质部和髓心三个部分。而木材主要使用木质部。

木材的顺纹（作用力方向与纤维方向平行）强度和横纹（作用力方向与纤维方向垂直）强度有很大的差别。

人造板材是利用木材或含有一定纤维量的其他作物做原料，采用一般物理和化学方法加工而成的。这类板材与天然木材相比，板面宽，表面平整光洁，没有节子，不翘曲、不开裂，经加工处理后还具有防水、防火、防腐、防酸性能。常用的人造板材有胶合板、纤维板、刨花板、木丝板、木屑板。

八、其他材料

（一）玻璃和陶瓷制品

玻璃已广泛地应用于建筑物，它不仅有采光和防护的功能，而且是良好的吸声、隔热及

装饰材料。除建筑行业外，玻璃还应用于轻工、交通、医药、化工、电子、航天等领域。常用玻璃材料的品种可分为平板玻璃、装饰玻璃、安全玻璃、防辐射玻璃和玻璃砖。

陶瓷是由适当成分的黏土经成型、烧结而成的较密实材料。尽管我国陶瓷材料的生产和应用历史很悠久，但在土木工程中的大量应用，特别是陶瓷材料的性能改进只是近几十年的事情。根据陶瓷材料的原料和烧结密实程度不同，可分为陶质、炻质和瓷质三种性能不同的人造石材。陶质材料密实度较差，瓷质材料密实度很大，性能介于陶质材料和瓷质材料之间的陶瓷材料称为炻质材料。

为改善陶瓷材料表面的机械强度、化学稳定性、热稳定性、表面光洁程度和装饰效果，降低表面吸水率，提高表面抗污染能力，可在陶瓷材料的表面覆盖一层玻璃态薄层，这一薄层称为釉料。这种陶瓷材料称为釉面陶瓷材料，其基体多为陶质材料。常用陶瓷材料的品种可分为陶瓷锦砖（马赛克）、陶瓷墙地砖、陶瓷釉面砖、卫生陶瓷。

（二）塑料和塑料制品

塑料是以有机高分子化合物为基本材料，加入各种改性添加剂后，在一定的温度和压力下塑制而成的材料。塑料具有以下一些性质：表观密度小、导热性差、化学稳定性良好、电绝缘性优良、消声吸振性良好及富有装饰性。

塑料在工业与民用建筑中可作为塑料模板、管材、板材、门窗、壁纸、地毯、装饰材料、防水及保温材料等；在基础工程中可用作塑料排水板或隔离层等；在其他工程中可用作管道、容器、黏结材料或防水材料等，有时也可用作结构材料，如膜结构。

（三）吸声隔声材料

材料吸声和材料隔声的区别在于，材料吸声着眼于声源一侧反射声能的大小，目标是反射声能要小。材料隔声着眼于入射声源另一侧的透射声能的大小，目标是透射声能要小。吸声材料对入射声能的衰减吸收，一般只有十分之几，因此，其吸声能力即吸声系数可以用小数表示；而隔声材料是透射声能衰减到入射声能的比例，为方便表达，其隔声量用分贝的计量方法表示。

一般情况下，密实、沉重、光滑的材料隔声好；轻质、疏松、多孔的材料吸声性能好。

1. 常用的吸声材料

（1）无机材料　包括水泥蛭石板、石膏砂浆 、水泥膨胀珍珠岩板、水泥砂浆。

（2）有机材料　包括软木板、木丝板、木质纤维板等。

（3）多孔材料　包括泡沫玻璃、泡沫塑料、泡沫水泥、吸声蜂窝板等。

（4）纤维材料　包括矿渣棉、玻璃棉、酚醛玻璃纤维板、工业毛毡等。

2. 常用的隔声材料

（1）隔绝空气声　应选密实的材料，如砖、混凝土、钢板等。

（2）隔绝固体声　应选弹性衬垫，如毛毡、软木、橡胶等材料 。

（四）绝热材料

绝热材料是保温、隔热材料的总称。一般是指轻质、疏松、多孔、松散颗粒、纤维状的材料，而且越是孔隙之间不相连通的，绝热性能就越好。常用绝热保温材料可分为无机绝热材料和有机绝热材料。

1. 无机绝热材料

（1）纤维状材料　常用的有矿渣棉及矿棉制品，石棉及石棉制品。石棉及石棉制品具有绝热、耐火、耐酸碱、耐热、隔声、不腐朽等优点。石棉制品有石棉水泥板、石棉保温板，可用作建筑物墙板、顶棚、屋面的保温、隔热材料。矿渣棉具有质轻、不燃、防蛀、价廉、耐腐蚀、化学稳定性好、吸声性能好等特点。它不仅是绝热材料，还可作为吸声、防振材料。

（2）粒状材料　常用的有膨胀蛭石及其制品、膨胀珍珠岩及其制品。膨胀蛭石制品主要有水泥膨胀蛭石制品、水玻璃膨胀蛭石制品。这两类制品可制成各种规格的砖、板、管等，用于围护结构和管道的保温、绝热材料。膨胀珍珠岩具有质轻、绝热、吸声、无毒、不燃烧、无臭味等特点，是一种高效能的绝热材料。

（3）多孔材料　常用的有微孔硅酸钙、泡沫玻璃。多孔混凝土有泡沫混凝土和加气混凝土两种。最高使用温度≤600℃，用于围护结构的保温隔热。

2. 有机绝热材料

常用的有机绝热材料有软木及软木板、泡沫塑料、木丝板、蜂窝板。

软木板耐腐蚀、耐水，只能阴燃不起火焰，并且软木中含有大量微孔，所以质轻，是一种优良的绝热、防振材料。软木板多用于顶棚、隔墙板或护墙板。

泡沫塑料是以各种树脂为基料，加入一定剂量的发泡剂、催化剂、稳定剂等辅助材料，经加热发泡制成的一种轻质、保温、隔热、吸声、防振材料。

蜂窝板是由两块较薄的面板牢固地黏结在一层较厚的蜂窝状心材两面而形成的板材，又称蜂窝夹层结构。面板必须用适合的胶粘剂与心材牢固地黏合在一起，才能显示出蜂窝板的优异特性，即强度重量比大，热导率低和抗振性能好等。

（五）装饰材料

对建筑物主要起装饰作用的材料称为装饰材料。对装饰材料的基本要求是：装饰材料应具有装饰功能、保护功能及其他特殊功能。虽然装饰材料的基本要求是装饰功能，但同时还可满足不同的使用要求（如绝热、防火、隔声）以及保护主体结构，延长建筑物寿命。此外，还应对人体无害，对环境无污染。装饰功能即装饰效果，主要是由质感、线条和色彩三个因素构成的。装饰材料种类繁多，有无机材料、有机材料及复合材料，也可按其在建筑物的装饰部位分类。

（1）外墙装饰材料　常用外墙装饰材料有：天然石材（大理石、花岗石）；人造石材（人造大理石、人造花岗石）；瓷砖和瓷片；玻璃（玻璃马赛克、彩色吸热玻璃、镜面玻璃等）；白水泥、彩色水泥与装饰混凝土；铝合金；外墙涂料碎屑饰面（水刷石、干粘石等）等。

（2）内墙装饰材料　常用内墙装饰材料有：内墙涂料；墙纸与墙布；织物类；微薄木贴面装饰板；铜浮雕艺术装饰板；玻璃制品。

（3）地面装饰材料　常用地面装饰材料有：人造石材；地毯类；塑料地板；地面涂料；陶瓷地砖（包括陶瓷马赛克）；人造石材；天然石材；木地板。

（4）顶棚装饰材料　常用顶棚装饰材料有：塑料吊顶材料（钙塑板等）；铝合金吊顶；石膏板（浮雕装饰石膏板、纸面石膏装饰板等）；墙纸装饰顶棚；玻璃钢吊顶吸声板；矿棉吊顶吸声板；膨胀珍珠岩装饰吸声板等。

复习思考题

1. 何谓密度、表观密度、堆积密度？三者有何区别？
2. 何谓亲水性材料？何谓憎水性材料？
3. 何谓材料耐久性？
4. 什么是实心砖、多孔砖、空心砖？为什么说烧结黏土砖会造成环境破坏？
5. 七大通用水泥品种有哪些？
6. 混凝土的组成材料有哪些？
7. 工程中常用的混凝土外加剂有哪些类型？
8. 墙体材料有哪几种类型？
9. 建筑钢筋的品种有哪些？
10. 常用的无机绝热材料有哪些？

7 第七章　土木工程中的力学和结构概念

【内容摘要及学习要求】

本章介绍了土木工程中用到的相关力学知识，如荷载、支座的约束力和结构构件的内力；同时讲述了土木工程结构的定义、结构的组成、结构的基本要求和结构的失效等。熟练掌握荷载的分类、反力、内力及结构的概念等重点内容，了解荷载代表值、结构的极限状态及结构的失效等基本内容。

第一节　荷载和作用

结构的外部作用，一般分为荷载与作用两大类。

荷载是指外界、建筑构造与结构自身对于结构所形成的力。如结构自重、建筑物其他构造自重、建筑物各种附加物的自重、建筑物各种附加物的运动形成的力、自然界的作用（如风、雨、雪）等。

作用是指外界、建筑构造与结构自身对于结构所形成的变形、位移的不协调导致的结构受力。如温度变化形成的构件与构件的不协调变形、地基的不均匀沉陷导致构件与构件的不协调变形、地震导致地表与结构的相对位移而形成的结构受力等。

由于各种作用对于结构的效果最终也表现为等效力，因此在常规上将荷载与作用统称为荷载。

一、荷载的分类

结构上的荷载，按其随时间的变异性不同，可分为下列三类。

（1）恒荷载（永久荷载）　恒荷载是指在结构发挥效用的时间范围内，即在建筑物的设计基准期内，其位置、方向、量值均不发生变化的荷载，如结构自重、土压力、预应力等。

（2）活荷载（可变荷载）　活荷载是指在结构发挥效用的时间范围内，其位置、方向、量值任一参数指标发生变化的荷载，如楼面活荷载、屋面活荷载和积灰荷载、风荷载和吊车荷载等。

（3）偶然荷载　偶然荷载是指在结构使用期间不一定出现，一旦出现，其值很大且持

续时间很短的荷载，如地震作用、爆炸、撞击力等。

按结构的反应特点，荷载可分为静力荷载和动力荷载。

（1）静力荷载　静力荷载是指逐渐增加的，不致使结构产生显著的冲击或振动，因而可忽略惯性力影响的荷载。静力荷载的大方向和作用点都不随时间而变化，如结构自重、一般的楼、屋面活荷载等。

（2）动力荷载　动力荷载是一种随时间迅速变化的荷载，它将使结构受到显著的冲击和振动，因而不能忽视加速度的影响，如地震作用、大型设备的振动、冲击波的压力均为动力荷载。

在进行结构的力学计算时，要把建筑物上的荷载进行简化，简化后的荷载一般分为如下两种。

（1）集中荷载　集中荷载是指荷载作用的范围相对于结构的尺度来讲很小，可以简化为一个点作用的荷载。集中荷载对于结构产生不连续的作用，它可以直接进行力学计算，如图7-1所示。

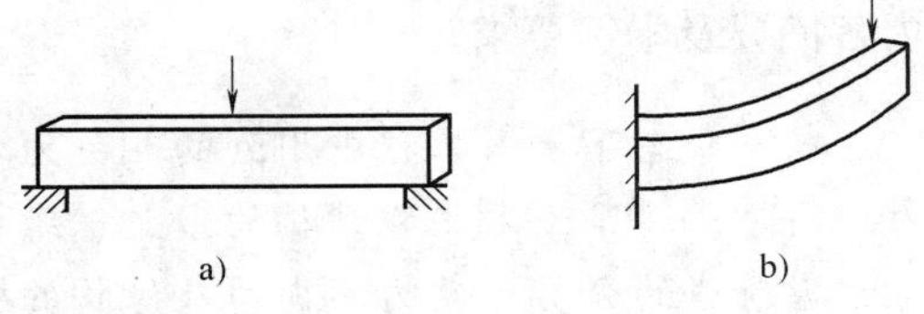

图7-1　集中荷载示意图

（2）分布荷载　分布荷载是指荷载作用的范围相对于结构的尺度是线或面作用的荷载。分布荷载对于结构产生相对连续的作用，它不能直接进行力学计算，需要以积分的办法求得分布荷载对于结构或构件的整体作用效果。图7-2a、b所示为均匀分布的荷载，图7-2c所示为非均匀分布的荷载。

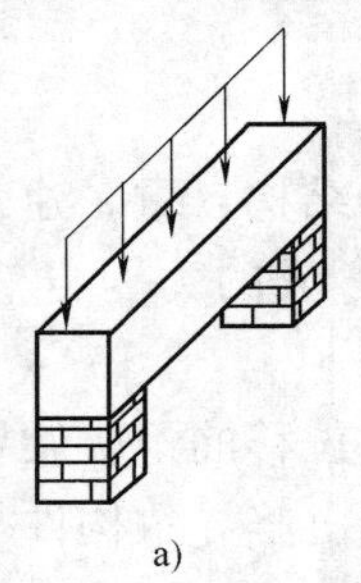

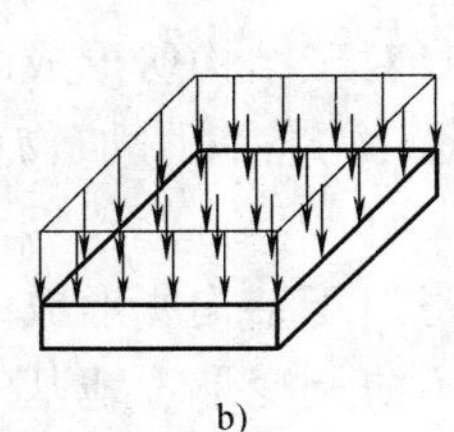

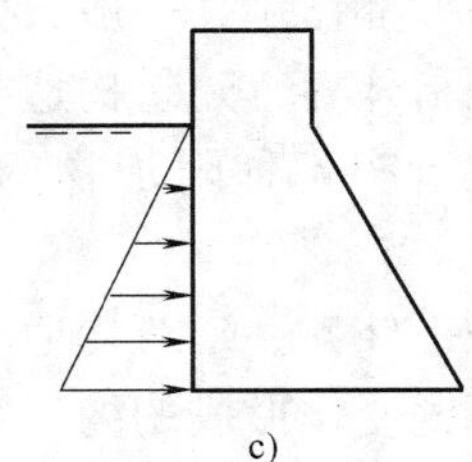

图7-2　分布荷载示意图

a）均布线荷载　b）均布面荷载　c）非均布荷载

二、特殊荷载与作用

风荷载与地震作用是两种典型的、随机的侧向动力荷载，是建筑结构设计中必须考虑的两种荷载因素。另外，由于温差和地基不均匀沉降会引起建筑物的内力效应，它是作用在建筑物内部的一种作用，也是建筑设计中不应忽略的因素。

（一）风荷载

1. 风的形成与危害

1）风是由于大气层的温度差、气压差等大气现象导致的空气流动现象，建筑物会对风形成阻挡，因此风会对于建筑物形成反作用。

2）风是极其复杂的气流现象，是随机性的动荷载，巨大的风力作用会致使建筑物水平

侧移、振动甚至垮塌。

3）在风的作用下，建筑物可能发生以下破坏：①主体结构变形导致内墙裂缝；②长时间的风振效应使结构受到往复应力作用而发生局部疲劳破坏；③外装饰受风力作用而脱落；④轻屋面受风的作用会向上浮起甚至破坏。

2. 风荷载的基本理论

气体的流动速度与压力成反比，迎风面受到压力作用，其他面由于风的流动而受到吸力作用。如图 7-3 所示，风荷载对建筑物的作用如下：

1）迎风面风力为压力，侧风面随着与风载夹角的变化，风力逐渐由压力转变为吸力。

2）矩形、圆形、三角形等不同平面形状的建筑物，各个侧面所受的风力作用差异很大。

3）建筑物表面粗糙会加大风力的作用。

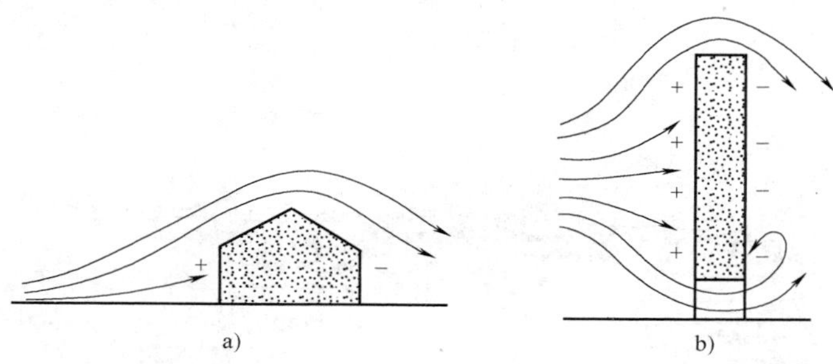

图 7-3　风荷载对建筑物的作用（“+”表示压力，“−”表示吸力）

a）气流对单层房屋的作用　b）气流对高层房屋的作用

3. 风荷载的计算

房屋所承受的风荷载在不同地区是不一样的，如沿海的大、内陆的小；同一地区每时每刻不一样；同一时刻在房屋的不同高程和不同部位不一样，如 5m 高程处和 50m 高程处风荷载可能差一倍多；迎风面受到的是压力，背风面受到的是吸力等。垂直于建筑物表面上的风荷载标准值 w_k，应按下式计算

$$w_k = \beta_z \mu_z \mu_s w_0 \tag{7-1}$$

式中　w_k——风荷载标准值（kN/m^2）；

β_z——z 高度处的风振系数，是考虑脉动风压对结构的不利影响，对于房屋高度低于 30m 或高宽比小于 1.5 的房屋结构，可不考虑此项影响，即 $\beta_z = 1.0$；

μ_s——风荷载体型系数，对于矩形平面的多层房屋，迎风面为 +0.8，背风面为 −0.5，其他平面见《建筑结构荷载规范》（GB 50009—2012，简称《荷载规范》）；

μ_z——风压高度变化系数，应根据地面粗糙类别按《荷载规范》确定；地面粗糙度分为 A、B、C、D 四类，A 类指近海海面和海岛、海岸、湖岸及沙漠地区；B 类指田野、乡村、丛林、丘陵以及房屋比较稀疏的乡镇和城市郊区；C 类指有密集建筑群的城市市区；D 类指有密集建筑群且房屋较高的城市市区；

w_0——基本风压（kN/m^2），是指某一地区，风力在迎风表面产生作用的标准值，按

《荷载规范》给出的全国基本风压分布图采用，但不得小于0.30kN/m^2。

（二）地震作用

地球表面上平稳，但其地壳的运动却一直在进行，日积月累就会在地壳内部产生很大的内应力，到一定时候就可能在最薄弱处发生地壳的突然断裂或错动，并以地震波的形式传至地面，使地面产生运动，这就是地震。

地震强度通常用震级和烈度来反应。震级是表示一次地震本身强弱程度和大小的尺度，以一次地震释放能量的多少来确定，一次地震只有一个震级。地震烈度是地震时某一地区的地面和各类建筑物遭受到一次地震影响的强弱程度，一次同样大小的地震，若震源深度、距震中的距离和土质条件等因素不同，则对地面和建筑物的破坏也不相同，一般说来，距震中越近，地震影响越大，地震烈度越高；离震中越远，地震烈度就越低。我国把地震烈度分为12度，可参考《中国地震烈度表》（GB/T 17742—2016）。震源、震中、地震波的关系如图7-4所示。虽然一次地震只有一个震级，但距离震中不同的地点，地震的影响是不一样的，即地震烈度不同。

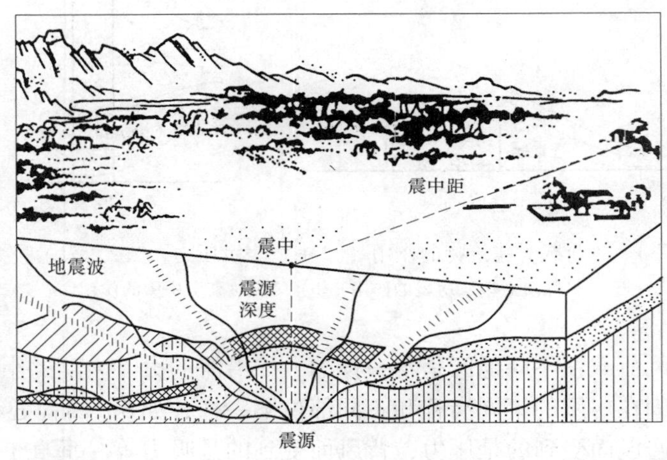

图7-4 震源、震中、震中距、地震波关系示意图

至今记录的世界上最大的地震是1960年发生在智利的9.5级地震。一次5级地震所释放的能量为2×10^{19}erg，相当于在花岗岩中爆炸2万tTNT炸药，每增加一级，释放的能量就增加31.5倍，地震给人类带来灾难，造成不同程度的人员伤亡和经济损失，为了减轻或避免这种损失，就必须重视地震对建筑物的作用。

地震引起的地面运动会使建筑物在水平方向、竖直方向产生加速度，这种加速度的反应值与房屋本身质量的乘积，就形成地震对房屋的作用力，即地震作用。地震对房屋的破坏作用主要由水平方向的最大加速度反应引起，故地震作用多以水平方向作用在建筑物上为主，对北京地区的8~9层的框架结构，其总水平地震作用为总自重的0.05~0.08倍，若该房屋为7×10^4kN，则其总水平地震作用为3500~5600kN。

（三）由温差和地基不均匀沉降引起的内力

房屋因昼夜温差和季节性温差，每时每刻都在改变着形状和尺寸，当这种改变受到约束时，就会使房屋结构引起内力效应，这也是一种“内在的”作用。例如：一根不受约束的

20m长的钢梁，在冬季0℃时安装完毕，到夏季气温35℃时会伸长8.4mm，它虽然很短，只有总长度的1/2380，但如果梁的两端被约束而不能自由伸长，这根梁就会受到压力P的作用，如图7-5所示。现代高层建筑必须考虑这种温差的内力效应。如图7-6所示的钢结构，外柱暴露在大气中，夏日日照气温可达将近50℃，若内柱在室温20℃的情况下，内外柱高度可差几十毫米。这种温差变化一般不会使结构遭到破坏，却会使梁、柱及其连接件受到额外的内力效应。同理，房屋因地基不均匀沉陷，也会在梁、柱及其连接处引起内力效应，如图7-7所示。

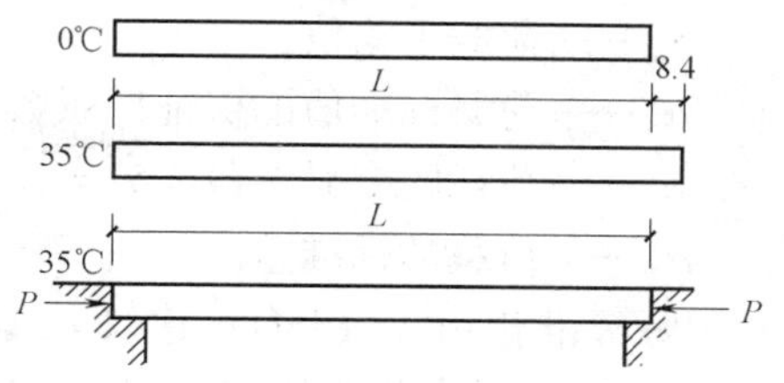

图7-5　钢梁因温差引起的内力效应

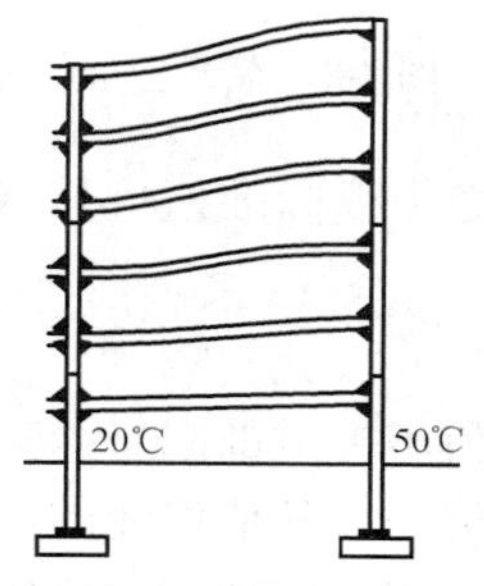

图7-6　钢框架因温差引起的内力效应

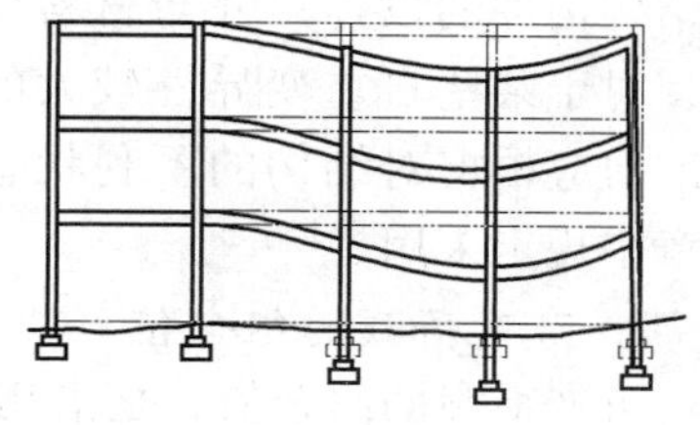
图7-7　钢框架因地基不均匀沉降引起的内力效应

在近年来的国内外建筑实践中发现，具有钢筋混凝土平屋顶与砖石砌体承重墙的混合结构，以及用各种轻型砌块填充的框架结构中，出现了与结构变形变化（温度、收缩、不均匀沉降）有关的裂缝，主要是正、倒八字形裂缝。一般认为，墙体顶部的正八字或倒八字形裂缝是由温度收缩应力引起的。

地基不均匀沉降引起建筑物的裂缝是多种多样的，有些裂缝尚随时间长期变化，裂缝宽度有几厘米至数十厘米。一般情况下，地基受到上部结构的作用，引起地基的沉降变形呈凹形，这种沉降使建筑物形成中部沉降大、端部沉降小的弯曲，结构中下部出现正八字形裂缝；地基的局部不均匀沉降也会引起这样的裂缝。当地基中部有回填砂、石，或中部的地基坚硬而端部软弱时，或由于上部结构荷载相差悬殊时，建筑物端部沉降大于中部时，会形成斜裂缝。

三、荷载的代表值

在结构设计时，荷载的代表值可分为以下几种。

1. 荷载的标准值

荷载的标准值一般是指结构在其设计基准期为50年的期间内，在正常情况下可能出现具有一定保证率的最大荷载。它是荷载的基本代表值，由于结构上的各种荷载，实际都是不确定的随机变量，对其取值应具有一定的保证率，也就是使得超过荷载标准值的概率要小于某一允许值，当有足够实测资料时，荷载标准值由资料按统计分析加以确定，即

$$S_k = S_m + \alpha_S \sigma_S = S_m(1 + \alpha_S \delta_S) \tag{7-2}$$

式中　S_k——荷载标准值；

S_m——荷载平均值；

α_S——荷载标准值的保证率系数；

δ_S——荷载的变异系数，$\delta_S = \sigma_S / S_m$；

σ_S——荷载的标准差。

国际标准化组织（ISO）建议 $\alpha_S = 1.645$，即相当于具有95%保证率的上限分位值，如图7-8所示。当没有足够统计资料时，荷载标准值可根据历史经验估算确定。

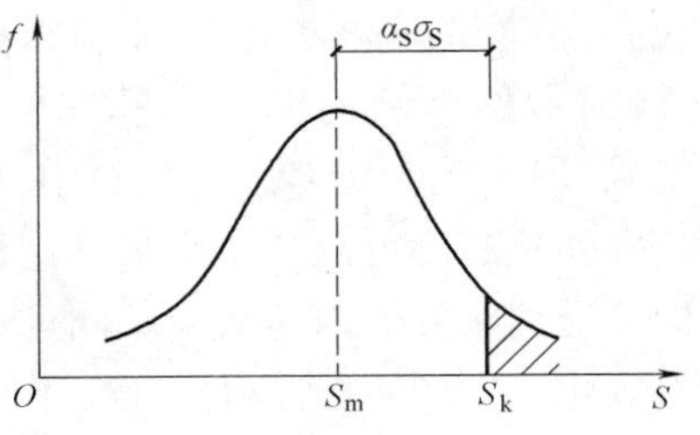

图7-8 荷载标准值的取值

我国《荷载规范》对荷载标准值的取值方法为：恒荷载标准值，对结构自重，由于其变异性不大，可按结构构件的设计尺寸与材料单位体积的自重计算确定，对于某些自重变异性较大的材料和构件，自重的标准值应根据对结构的不利状态，取上限值或下限值；可变荷载标准值应按《荷载规范》各章中规定采用。

2. 可变荷载的组合值

可变荷载的组合值，是指几种可变荷载进行组合时，其值不一定都同时达到最大，因此需做适当调整。其调整方法为：除其中最大荷载仍取其标准值外，其他伴随的可变荷载均采用小于1.0的组合值系数乘以相应的标准值来表达其荷载代表值。这种调整后的伴随可变荷载，称为可变荷载的组合值，其值用可变荷载的组合值系数与其相应可变荷载标准值的乘积来确定。

3. 可变荷载频遇值

可变荷载频遇值是指结构上出现的较大荷载。它与时间有密切的关联，即在规定的期限内（如在结构的设计基准期内），具有较短的总持续时间或较少的发生次数的特性，使结构的破坏性有所减缓，因此，可变荷载的频遇值总是小于荷载的标准值。《荷载规范》规定：可变荷载频遇值是以荷载的频遇值系数与相应的可变荷载标准值的乘积来确定的。

4. 可变荷载的准永久值

可变荷载的准永久值是指在结构上经常作用的可变荷载。它与时间的变异性有一定的相关性，即在规定的期限内，具有较长的总持续时间，对结构的影响有如永久荷载的性能。《荷载规范》规定：可变荷载准永久值是以荷载的准永久值系数与相应可变荷载标准值的乘积来确定的。

上述可变荷载组合值系数、频遇值系数、准永久值系数具体可查《荷载规范》。

第二节 反力和内力

一、反力

任何物体都与周围物体相联系，若因这种联系而使该物体的运动受到限制，亦即使得它沿某些方向的运动成为不可能，则可将周围物体对被研究物体运动的限制称为被研究物体所受到的约束。

当物体沿着约束所能阻止的运动方向上有运动或有运动趋势时，对它形成约束的物体必有能阻止其运动的力作用于它，这种力称为该物体所受到的约束力，约束力的方向恒与约束所能阻止的运动方向相反，工程中常见的有柔体约束、光滑接触面约束、光滑圆柱形铰链约束、铰链支座约束等。

1. 柔体约束

由绳索、链条、胶带等柔性物体所构成的约束称为柔体约束。柔体约束只能限制物体沿柔体伸长的方向运动，而不能限制其他方向的运动，所以柔体约束力的方向总是沿柔体中心线且背离被约束物体，即为拉力，通常用符号 F_T 表示，如图 7-9 所示。

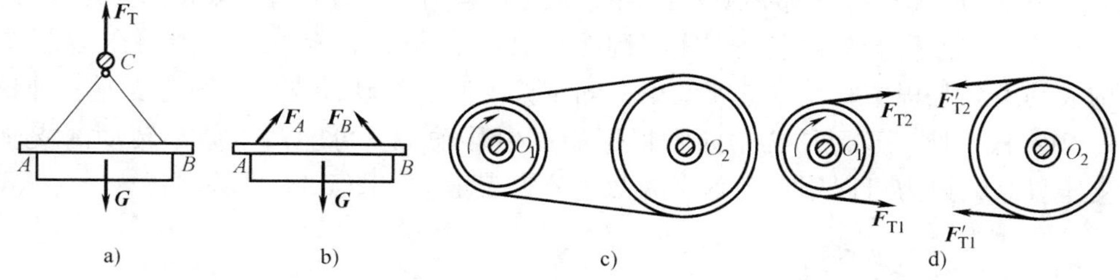

图 7-9　柔体约束

2. 光滑接触面约束

当两物体接触面之间的摩擦很小，可以忽略不计时，则构成光滑接触面约束。光滑接触面对被约束物体在过接触点处的公切面内任意方向的运动不加限制，同时也不限制物体沿接触面处的公法线脱离接触面，但阻碍物体沿该公法线方向进入约束内部，因此，光滑接触面约束的约束力必沿接触面处的公法线指向被约束物体，即为压力，用符号 F_N 表示，如图 7-10所示。

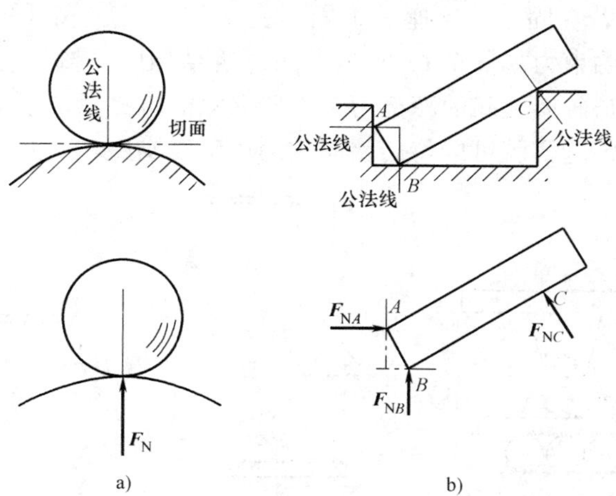

图 7-10　光滑接触面约束

3. 光滑圆柱形铰链约束

在两个物体上分别有直径相同的圆孔，再将一直径略小于孔径的圆柱体（称为销钉）插入该两物体的孔中就形成圆柱形铰链。这样，物体既可沿销钉轴线方向运动又可绕销钉轴线转动，但却不能沿垂直于销钉轴线的反向脱离销钉。光滑圆柱形铰链约束的约束力一般可将其分解为互相垂直的两个分力 F_x、F_y，如图 7-11 所示。

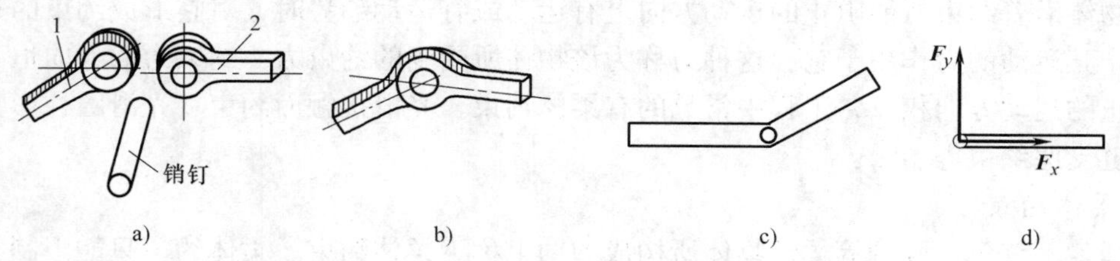

图 7-11 光滑圆柱形铰链约束

4. 铰链支座约束

任何建筑结构（构件），都必须安置在一定的支承物上，才能承受荷载的作用，达到稳固使用的目的。在工程上常常通过支座将构件支承在基础或另一静止的构件上，这样支座对构件就构成约束。工程中常见的支座约束有固定铰支座、可动铰支座、固定支座三种。

（1）固定铰支座 建筑结构中通常把不能产生移动，只可能产生微小转动的支座视为固定铰支座。其约束力可以用相互垂直的两个分力表示，如图 7-12 所示。

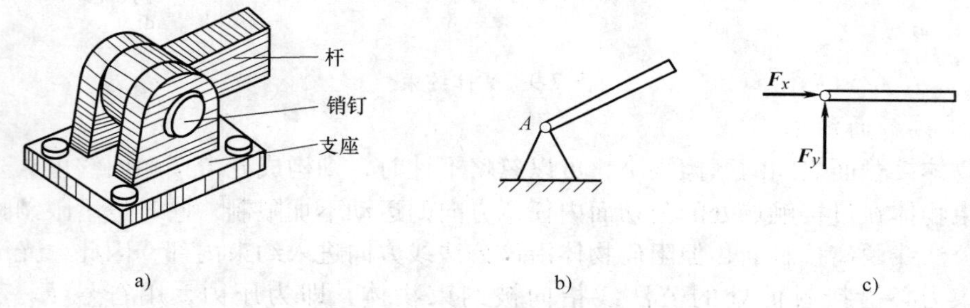

图 7-12 固定铰支座

（2）可动铰支座 若在固定铰支座的下面与支承物之间放入可沿支承面滚动的滚轴就构成了可动铰支座，其约束力如图 7-13 所示。如建筑结构中一搁置在砖墙上的梁，砖墙就是梁的支座，如略去梁与砖墙之间的摩擦力，则砖墙只能限制梁向下运动，而不能限制梁的转动与水平方向的移动，这样就可以将砖墙简化为可动铰支座。

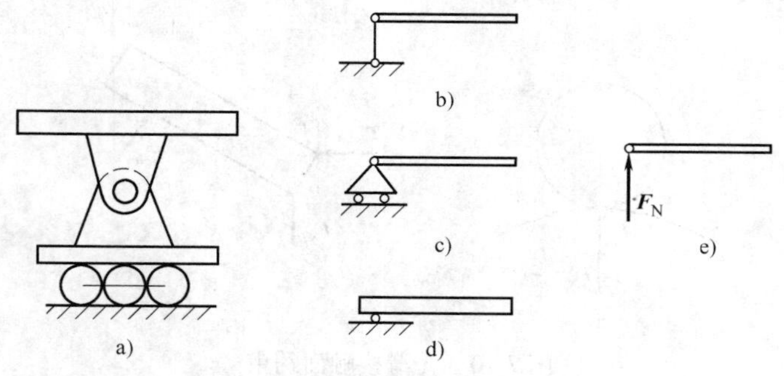

图 7-13 可动铰支座

（3）固定支座 固定支座不允许结构发生任何方向的移动和转动，在实际结构中，凡嵌入墙身的杆件，若嵌入部分有足够的长度，以致使杆端不能有任何移动和转动时，该端就可视为固定支座，固定支座的约束力可以用水平和竖向的反力 F_x 和 F_y 及反力偶 M 来表示，如图 7-14 所示。

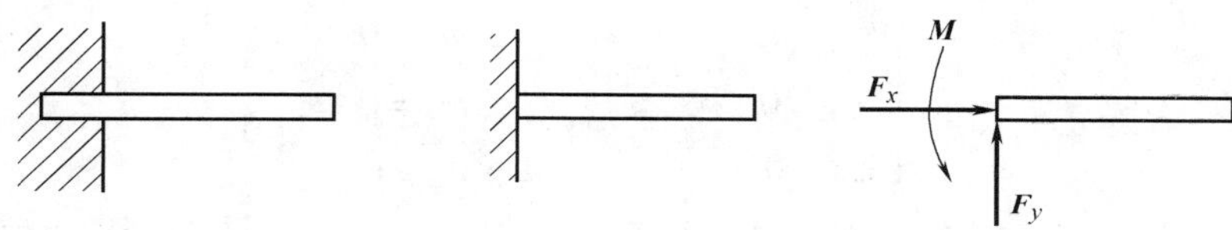

图 7-14　固定支座

二、内力

物体因受外力而变形，其内部各部分之间相对位置发生改变而引起的相互作用就是内力。当物体不受外力作用时，内部各质点之间存在着相互作用力，此作用力也为内力，但在工程力学中所指的内力是指与外力和变形有关的内力，即随着外力的作用而产生，随着外力的增加而增大，当外力撤去后，其内力也将随之消失。

所以，结构（构件）中的内力是与其变形同时产生的，内力作用的趋势则是力图使受力构件恢复原状，内力对变形起抵抗和阻止作用。在计算构件任一截面上的内力时，因内力为作用力和反作用力，如图 7-15 所示，对整体而言不出现，为此必须采用截面法，将内力暴露才能计算。

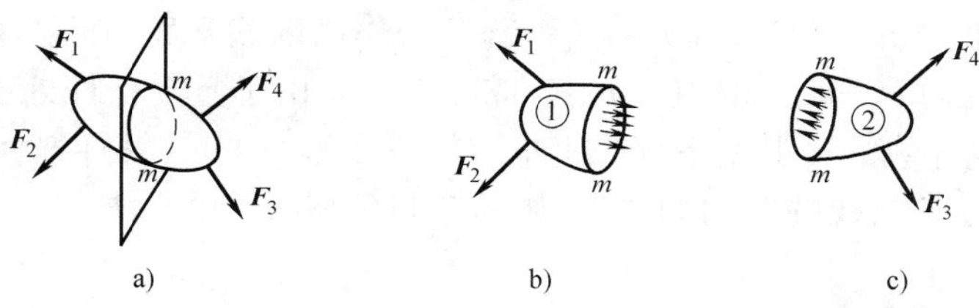

图 7-15　构件任一截面上的内力（互为作用力和反作用力）

a）用假想的截面把构件截开　b）左侧截面上的内力　c）右侧截面上的内力

图 7-16a 所示受力物体代表任一受力构件，为了显示和计算某一截面上的内力，可在该截面处用一假想的平面将构件截为两部分并弃掉一部分，将弃掉部分对保留部分的作用以力的形式表示之，此力就是该截面上的内力。通常是将截面上的分布内力用位于该截面形心处的合力来代替，虽然内力的合力是未知的，但总可以用六个内力分量来表示，如图 7-16b 所示。因构件在外力作用下处于平衡状态，所以截开后的保留部分也应该是平衡的，这样，根据下列两组平衡方程

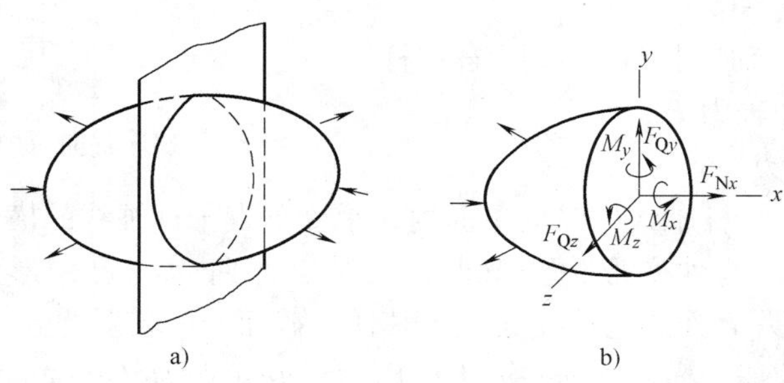

图 7-16　截面法计算构件内力

a）受力构件　b）截面上的内力

$$\begin{cases}\Sigma x=0\\ \Sigma y=0\\ \Sigma z=0\end{cases}\qquad \begin{cases}\Sigma m_x=0\\ \Sigma m_y=0\\ \Sigma m_z=0\end{cases}\tag{7-3}$$

可求出 F_{Nx}、F_{Qy}、F_{Qz} 与 M_x、M_y、M_z 等各内力分量，此时对图 7-16b 而言，F_{Nx}、F_{Qy}、F_{Qz} 与 M_x、M_y、M_z 均相当于外力。

截面上的内力并不一定同时存在上述六个分量，可能只存在其中的一个或几个。下面以轴向拉伸（或压缩）杆件和典型的受弯构件——梁为例，分析其截面上的内力。

1. 轴向拉伸（或压缩）杆件的内力

轴向拉伸（压缩）杆件是指在一对方向相反、作用线与杆件重合的外力作用下，将发生长度的改变（伸长或缩短）的杆件。设一等直杆在两端轴向拉力 F 的作用下处于平衡，求杆件截面 m—m 上的内力，如图 7-17a 所示。

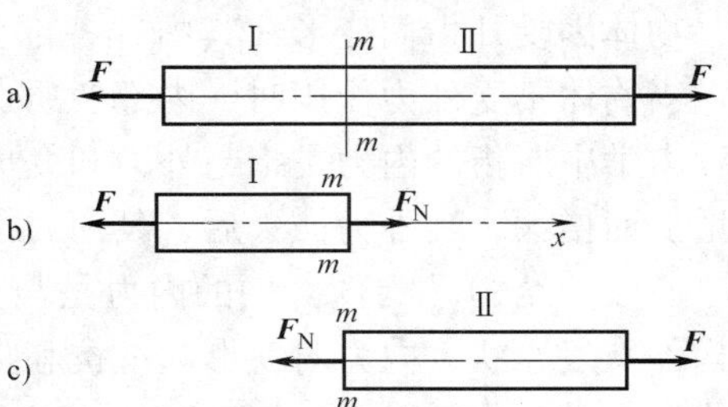

图 7-17 轴向拉力作用的等直杆

为此假想一平面沿横截面 m—m 将杆件截分为Ⅰ、Ⅱ两部分，任取一部分（如部分Ⅰ），弃去另一部分（如部分Ⅱ），并将弃去部分对留下部分的作用以截开面上的内力来代替。对于留下部分Ⅰ来说，截开面 m—m 上的内力 F_N 就成为外力。由于整个杆件处于平衡状态，杆件的任一部分均应保持平衡，故其留下部分Ⅰ也应保持平衡。于是，杆件截面 m—m 上的内力必定是与其左端外力 F 共线的轴向力 F_N，如图 7-17b 所示。内力 F_N 的数值可由平衡条件求得。

由平衡方程
$$\Sigma F_x=0,\ F_N-F=0$$
得
$$F_N=F$$
式中，F_N 为杆件任一横截面 m—m 上的内力，其作用线也与杆的轴线重合，即垂直于横截面并通过形心，这种内力称为轴力，用 F_N 表示。

若取部分Ⅱ为留下部分，则由作用与反作用原理可知，部分Ⅱ在截开面上的轴力与前述部分Ⅰ上的轴力数值相等而指向相反，如图 7-17c所示。同理，也可求得压杆任一截面 m—m 上的内力，如图 7-18 所示。

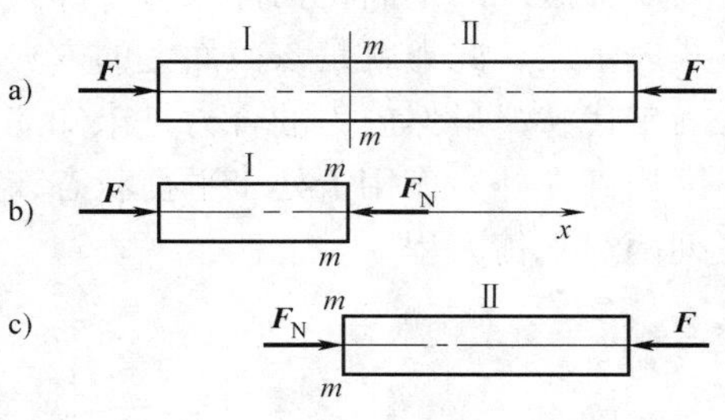

图 7-18 轴向压力作用的等直杆

由以上分析可知，轴向拉伸（或压缩）杆件的内力仅有一个，即轴力 F_N。

2. 梁截面上的内力

等截面直杆在其包含杆轴线的纵向平面内，承受垂直于杆轴线的横向外力作用，杆的轴线在变形后成为曲线，这种变形称为弯曲，凡是以弯曲为主要变形的杆件，通称为梁。图 7-19a所示为受集中力 F 作用的简支梁，求其任一截面 m—m 上的内力。

为求得坐标为 x 的任一横截面 m—m 上的内力，取 A 点为坐标轴的原点，应用截面法沿横截面 m—m 假想地把梁截为两部分，如图 7-19b、c 所示。分析梁的左侧部分，因在这段梁上的作用有向上的支座约束力 F_A，为满足沿 y 轴方向力的平衡条件，故在横截面 m—m

上必有一作用线与 F_A 平行而指向相反的内力，设内力为 F_Q，则由平衡方程 $\Sigma F_y = 0$，$F_A - F_Q = 0$

得　$$F_Q = F_A$$

F_Q 称为剪力。由于外力 F_A 与剪力 F_Q 组成一力偶，因而，根据左部分梁的平衡可知，横截面上必有一与其相平衡的内力偶。设内力偶的矩为 M，则由平衡方程

$$\Sigma M_C = 0,\ M - F_A x = 0$$

得　$$M = F_A x$$

矩心 C 为横截面 m—m 的形心，内力偶矩 M 称为弯矩。

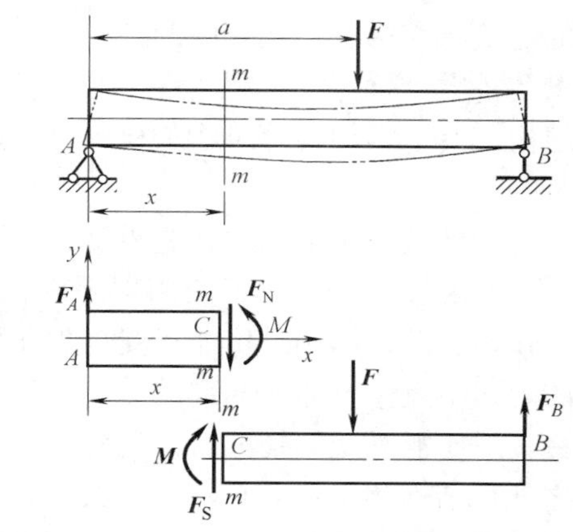

图 7-19　集中荷载作用的简支梁

左部分梁横截面 m—m 上的剪力和弯矩，实际上是右部分梁对左部分梁的作用，根据作用与反作用的原理，右部分梁在同一横截面 m—m 上的剪力和弯矩，在数值上应该分别与左部分梁剪力和弯矩相等，但指向和转向相反，如图 7-19c 所示。

由以上分析可知，受弯构件——梁横截面上的内力一般有剪力 F_Q 和弯矩 M。

第三节　结构的定义、组成和对结构的要求

一、结构的定义

为了使建筑物、构筑物在各种自然的与人为的作用下，保持其自身正常的工作状态，必须有相应的受力、传力体系，这个体系就是结构，如图 7-20 所示。

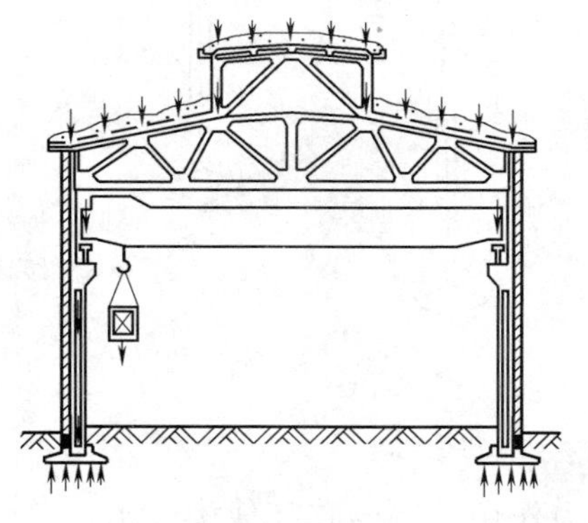

a)

b)

图 7-20　结构示意图

a）工业厂房　b）桥梁

建筑结构是构成建筑物并为使用功能提供空间环境的支撑体，承担着各种荷载；同时又是影响建筑构造、建筑经济和建筑整体造型的基本因素。具体来讲，在土木工程中，承受荷

载的建筑物和构筑物或其中的某些承重构件，都可称为结构。如常见建筑物的梁、柱、板；桥梁的桥墩、桥跨；水坝、堤岸等就是结构，而人们在日常活动中看不到的基础、地基也属于结构。有了结构，建筑物与构筑物就可以抵抗自然界与人为的各种作用，因此结构必须是安全的。

结构在其使用期限内，要承受各种永久荷载和可变荷载，有些结构可能还要承受偶然荷载。除此之外，结构在其使用期限内，还将受到温度、收缩、徐变、地基不均匀沉降等影响。在地震区，结构还可能承受地震作用。结构在上述各种因素的作用下，应具有足够的承载能力，不发生整体或局部的破坏或失稳。结构还应具有足够的刚度，不产生过大的挠度或侧移。对于混凝土结构而言，还应具有足够的抗裂性，满足对其提出的裂缝控制的要求。除此之外，结构还要具有足够的耐久性，在其使用年限内，钢材不出现严重的锈蚀，混凝土等材料不发生严重劈裂、腐蚀、风化、剥落等现象。

二、结构的组成

1. 形成跨度的构件与结构

建筑物内部要形成必要的使用空间，跨度是必不可少的尺度要求。常见的跨度构件是梁。板是梁水平侧向尺度的变异性构件，其原理、作用与梁基本相同，图 7-21 中的梁、板即为形成跨度的构件。

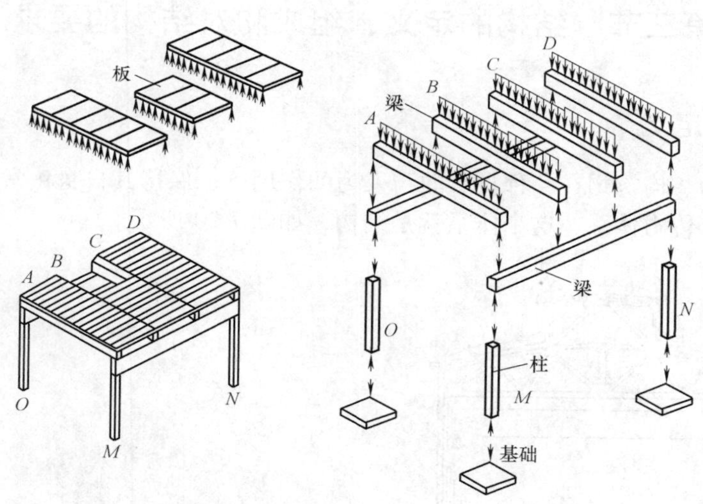

图 7-21 结构的组成

2. 垂直传力的构件与结构

跨度构件的两端形成对于其他构件向下的压力作用，需要有其他构件承担并传递至地面，这就是垂直传力构件或结构。常见的垂直传力构件或结构是柱，如图 7-21 中的柱子即为垂直传力构件。墙是柱水平侧向尺度的变异性构件，其原理、作用与柱基本相同，但是具有较大侧向刚度。对于一些特殊结构，不能够简单地将其分解成为跨度构件与垂直构件，可能是由整体结构形成的，如拱。

3. 抵抗侧向力的构件与结构

建筑物内部要有相应的构件或结构，来抵抗侧向力或者作用。常见的抵抗侧向力的构件

是墙。楼板的侧向刚度也较大，但只能够将建筑物在板所在的平面内形成刚性连接体。除了墙以外，柱与柱之间可以利用支撑来形成抵抗侧向变形的结构。

4. 承担和传递上部荷载的构件与结构

基础是建筑物的组成部分，承受着建筑物的上部荷载，并将这些荷载传给地基，如图 7-21中的基础。基础要承担垂直力、水平侧向力、弯矩等复杂的作用。基础必须向地面以下埋置一定的深度，以确保建筑物的整体稳定性。

地基是基础以下的持力土层或岩层。地基必须有足够的强度、刚度与稳定性。

三、结构的基本要求

在工程结构中，结构设计的目的是在现有技术基础上，用最少的人力和物力消耗，获得能够完成全部功能要求和足够可靠的结构。房屋结构要根据房屋的用途、建筑材料、施工技术条件、地质、地形、自然气候条件、造型要求及技术经济指标等选定合理的结构方案。既要满足结构的强度、刚度、稳定性、耐久性和经济性的要求，又要考虑建筑艺术的要求，尽量使结构造型优美，与建筑融为一体。对结构的基本要求包括平衡、强度、刚度、稳定性、耐久性等方面。

1. 平衡

平衡的基本要求就是保证建筑物及其任一组成构件不致发生运动。这里指的运动不包括支座产生的微小位移，也就是说，有些运动是不可避免的和必要的，但又是可以被建筑物所允许的，这种允许的微小运动仍使建筑结构处于平衡的状态。如一重 100kN 的构件安置在一基座上，则基座会对该构件产生一个 100kN 向上的支持力，若基座对构件产生的向上支持力小于 100kN，则构件就产生向下的运动，构件就不会平衡。这个例子说明：如果作用在某一对象上沿某一方向的力大小相等、方向相反且位于同一直线上，则此物体在这个方向上就不会发生运动，该物体就处于直线平衡的状态，如图 7-21 所示。

2. 强度

强度是指结构或构件在荷载作用下，抵抗破坏的能力。强度的基本要求就是保证结构及其任一组成构件在荷载作用下保持完好状态，也就是说结构体系能够把房屋在施工和使用期间所承受的各种荷载，通过相应的结构构件传递到地基上，并保证建筑物在正常工作情况下的安全性。结构的强度依据相应的规范规定和计算原理在后续课程中介绍，一般包括所选择材料的强度计算和验算结构构件的承载能力等。结构构件因强度不足造成破坏的实例如图 7-22所示。

3. 刚度

刚度是结构或构件在外力作用下抵抗变形的能力。刚度的要求就是使结构及其任一组成构件在荷载作用下不致产生过大的变形而影响使用，其变形值应控制在规范所允许的范围内，图 7-23 所示为结构变形示意图。刚度与结构或构件的形式、几何尺寸及所选用的材料有关，不能把刚度和强度的概念混为一谈，在同样荷载作用下，两个构件的强度可能是相等的，但两个构件的变形可能不一样。刚度是衡量结构承受温度变化、地基不均匀沉降和动力荷载时柔韧性的一个标志。

房屋建筑对结构允许变形的规定是根据使用要求，按照规范规定确定的。如楼板的挠度限值是根据装饰与美观的要求确定的，起重机梁的挠度限值是根据起重机行走坡度的要求确

a)

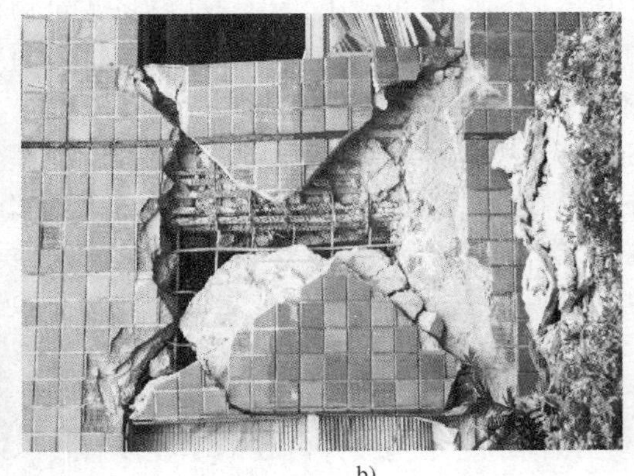

b)

图 7-22　结构构件因强度不足造成破坏的实例

a）柱子强度不足造成的破坏　b）梁强度不足造成的破坏

定的，高层建筑抗震缝限值是根据结构在遭受地震作用时，为避免结构振动碰撞而规定的。

4. 稳定性

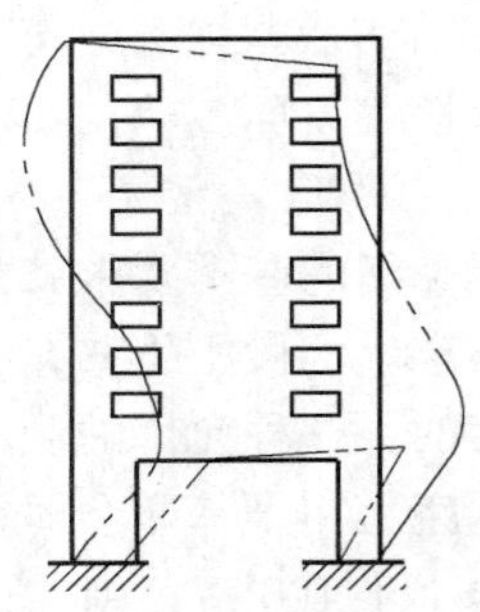

图 7-23　结构变形示意图

结构受到外力作用，在力的传递过程中，除要求满足强度和刚度要求外，结构的整体与局部尚需满足稳定性的要求。结构的稳定性分为基础与结构本身两个方面。在基础方面，要防止地基不均匀沉降而引起的倾斜倒塌或地基在水平力作用下的滑移。在结构方面有整体稳定性和局部稳定性的问题，结构施工中，要防止结构尚未形成整体时的失稳，如单层厂房排架柱施工和升板结构提升阶段的群柱失稳等。对结构的本身要防止不稳定的平衡状态的结构设计，如单层厂房排架结构，除用屋面板或檩条做水平连接外，还需布置屋面支撑和柱间支撑，以抵抗水平力。局部稳定是指结构本身的局部或结构中的杆件在受力时产生的屈曲现象，如压杆的失稳、梁受压翼缘的失稳、薄壁结构腹板的失稳等，特别在钢结构中要注意失稳现象，如图 7-24所示。

建筑物不够均衡或支撑在不均匀的地基上，也会有倾覆失稳的危险。如果建筑物的地基沉降不均匀，建筑物就会转动。著名的意大利比萨斜塔，在 1174 年动工建造，共 8 层，全高 54. 25m，1350 年完工。虽目前尚未倒塌，但倾斜已很严重，该结构倾斜的原因，并非塔身结构有问题，而是因地基土质含水量的差异，导致地基产生不均匀沉降，而致使塔身倾斜。

5. 耐久性

结构在正常使用和正常维护条件下，在规定的使用期限内要有足够的耐久性。结构的耐久性问题已引起世界各国的高度重视，可从两个方面（即环境条件的腐蚀和受力状态）对结构耐久性的影响考虑。解决环境条件的影响问题，目前采取的措施是选用耐环境腐蚀的材料、加大保护层、选用合理的形状和连接构件等。

a)

b)

图 7-24　结构的失稳破坏
a）钢柱失稳　b）钢梁失稳

第四节　结构的极限状态和结构失效

一、结构的极限状态

在工程结构中，结构设计的目的是在现有技术基础上，用最少的人力和物力消耗，获得能够完成全部功能要求和足够可靠的结构。结构能够满足功能要求而且能够良好地工作，称为结构的可靠或有效，反之则称结构不可靠或失效。区分结构可靠与失效状态的标志是极限状态。

整个结构或结构的一部分超过某一特定状态时，如达到极限能力、失稳、变形过大、裂缝过宽等，就不能满足设计规定的某一功能要求，此特定状态称为该功能的极限状态。根据功能要求，结构极限状态可分为承载能力极限状态和正常使用极限状态。

1. 承载能力极限状态

承载能力极限状态是指结构或构件达到最大承载力、疲劳破坏或不适于继续承载的变形时的状态。对于所有结构构件，均应进行承载力极限状态的计算，在必要时尚应进行构件的疲劳强度或结构的倾覆和滑移验算；对处于地震区的结构，尚应进行构件抗震承载力的计算，以保证结构构件具有足够的安全性和可靠性。

2. 正常使用极限状态

正常使用极限状态是指结构或构件达到正常使用或耐久性的某项规定限值时的状态。对于在使用上或外观上需要控制变形值的结构构件，应进行变形的验算；对于在使用上要求不出现裂缝的构件，应进行混凝土拉应力的验算；对于允许出现裂缝的构件，应进行裂缝宽度的验算；同时应进行相应的耐久性设计，以保证结构的正常使用和耐久性的要求。

当结构或构件进行正常使用极限状态设计时，考虑到万一所能满足的条件略差一些，虽然会影响结构的正常使用或使人们产生不能接受的感觉，甚至会减弱其耐久性，但一般不会导致人身伤亡或重大的经济损失；同时，考虑到作用在构件上的最不利可变荷载，往往是在

某一极限状态出现的，所以设计的可靠程度允许比承载能力极限状态略低一些。通常是按承载能力极限状态来计算结构构件，再按正常使用极限状态来验算构件。

二、结构失效

因各种荷载使房屋结构构件承受的拉力、压力、弯矩和扭矩等，及结构构件因承受着各种作用力而产生的拉伸、压缩、弯曲、剪切和扭转变形等，统称为结构的作用效应，用 S 表示。

结构抗力即结构构件抵抗其内力和变形的能力，是指由材料、截面及其连接方式所构成的抗拉能力、抗压能力、抗弯能力和抗扭能力，以及结构所能经受的变形、位移或沉降量，用 R 表示。

结构构件的工作状态可以用作用效应 S 和结构抗力 R 的关系式来描述：

当 $S<R$ 时，结构处于可靠状态；$S=R$ 时，结构处于极限状态；$S>R$ 时，结构处于失效状态。

结构能够完成预定功能的（$S\leqslant R$）的概率即为“可靠概率” P_s，不能完成预定功能（$S>R$）的概率为“失效概率” P_f，即

$$P_s+P_f=1.0 \tag{7-4}$$

在结构设计中，荷载、材料强度指标都是随机变量，它们的概率分布函数可以用不同的曲线来反映，其中正态分布占很重要的地位，由荷载等外部因素所产生的荷载效应 S 和材料强度及截面几何特征相关的结构抗力 R 也可认为是正态分布的随机变量。由于荷载效应可表示成各个截面的内力，而结构抗力可表示成结构内部所承受的内力值，所以两者的统计关系可列于同一坐标内，如图 7-25 所示。

从图 7-25 可以看出，结构抗力 R 值在大多数情况下出现大于荷载效应 S 值的情况，但在两条曲线重叠面积范围内，仍有可能出现结构抗力 R 低于荷载效应 S 的情况。例如图 7-25 中 A 点出现的抗力 R_A，就将低于以它右侧的 S 概率分布曲线所出现的各个 S 值，此时结构是失效的。由此可知，图中重叠面积的大小，反映了失效概率的高低，面积越小，失效概率越低。

从以上分析可知，由于结构抗力 R 和荷载效应 S 是正态分布的随机变量，所以 $Z=R-S$ 亦是一个正态分布的随机变量。Z 值的概率分布曲线如图 7-26 所示，从该图可以看出，所有 $Z=R-S<0$ 的事件（失效事件），其出现的概率就等于原点以左曲线下面与横坐标所包围的阴影面积。这样，其失效概率可表示为

$$P_f=p\ (Z=R-S<0)\ =\int_{-\infty}^{0}f\ (Z)\ \mathrm{d}Z \tag{7-5}$$

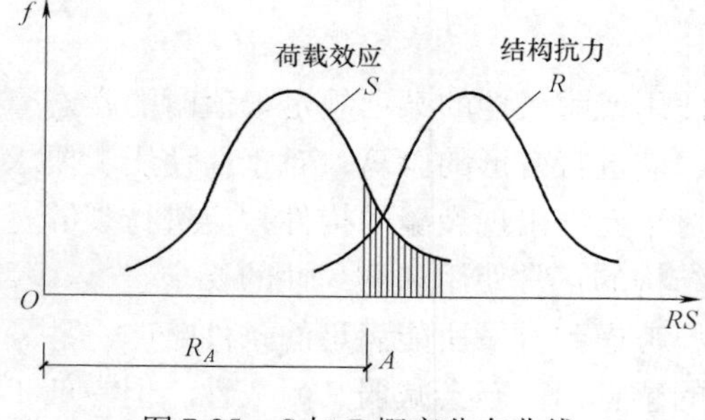

图 7-25　S 与 R 概率分布曲线

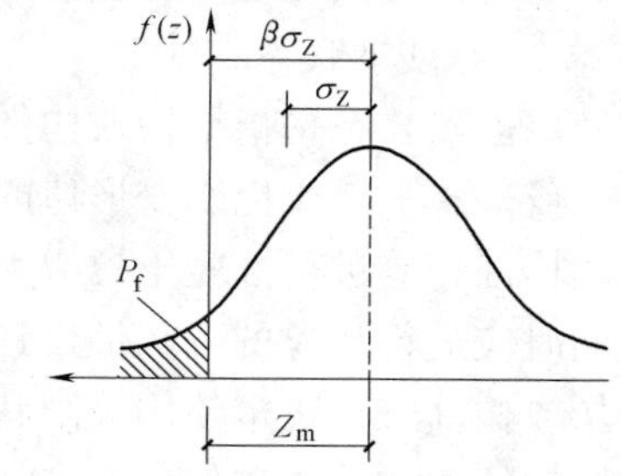

图 7-26　Z 的概率分布曲线

由概率论的原理可知，若以 R_{m}、S_{m} 和 σ_{R}、σ_{S} 分别表示结构抗力 R 和荷载效应 S 的平均值和标准差，则 Z 值的平均值 Z_{m} 和标准差 σ_{Z} 为

$$Z_{m}=R_{m}-S_{m} \tag{7-6}$$

$$\sigma_{Z}=\sqrt{\sigma_{R}^{2}+\sigma_{S}^{2}} \tag{7-7}$$

这样，由图7-26可以看出，结构的失效概率 P_{f} 与 Z 的平均值 Z_{m} 至原点的距离有关，令 $Z_{m}=\beta\sigma_{Z}$，则 β 与 P_{f} 之间存在着相应的关系，β 大则 P_{f} 小，因此 β 和 P_{f} 一样，可作为衡量结构可靠性的一个指标，故称 β 为结构的可靠指标，即

$$\beta=\frac{Z_{m}}{\sigma_{Z}}=\frac{R_{m}-S_{m}}{\sqrt{\sigma_{R}^{2}+\sigma_{S}^{2}}} \tag{7-8}$$

从式（7-8）可以看出，如所设计的结构当 R_{m} 和 S_{m} 的差值越大，或 σ_{R} 与 σ_{S} 的数值越小，则可靠指标 β 就越大，也就是失效概率 P_{f} 越小，结构就越可靠。

对于各种作用的效应，结构构件应具有相应的各种抗力，即结构构件的抗力必须大于或等于结构构件上作用所产生的效应，这样的结构是安全的、有效的。

房屋结构的失效，意味着结构或者属于它的构件不能满足各种功能的要求。结构失效常见于下列几种现象：

（1）破坏　破坏是指结构或构件截面抵抗作用力的能力不足以承受作用效应的现象，如拉断、压碎等。

（2）失稳　失稳是指结构或构件因长细比（如构件的长度与其截面边长之比）过大而在不大的作用力下突然发生位于作用力平面外的变形过大的现象，柱子压屈、梁在平面外的扭曲等均属于失稳现象。

（3）变形过大　变形过大指楼板、梁的过大挠度或过宽的裂缝；柱、墙的过大侧移；房屋有过大的倾斜或过大的沉降等。

（4）倾覆　倾覆是指整个结构或结构的一部分（如挑檐、阳台）作为刚体失去平衡而倾倒的现象。

（5）结构所用材料丧失耐久性　它是指钢材锈蚀、混凝土受腐蚀、砖遭冻融、木材被虫蛀蚀等化学、物理、生物现象等。

复习思考题

1. 工程结构中的荷载按作用时间分为哪几类？试举例说明。
2. 试说明风荷载、地震作用对建筑物的危害性。
3. 荷载的代表值有哪几种？应如何确定？
4. 工程中常见的支座约束有哪些？分别绘制其计算简图。
5. 轴向拉压杆及梁截面上的内力分别有哪些？各内力符号如何表示？
6. 什么是结构？结构由哪几部分组成？工程中对结构的基本要求是什么？
7. 强度和刚度的定义是什么？有什么区别？用工程实例加以说明。

是结构的抗力？什么是结构的作用效应？如何判断结构是否失效？

象说明结构已经失效？

8 第八章　土木工程结构体系

【内容摘要及学习要求】

本章系统介绍了梁、板、柱等平面结构体系的分类和受力特点；桁架结构的概念及框架结构的承重方案；工程中常用的高层建筑结构体系及空间结构体系类型。熟练掌握梁、板、柱平面结构、桁架结构及框架结构在工程中的应用等重点内容，了解高层建筑结构体系和空间结构体系的分类等基本内容。

第一节　梁、板、柱

一、梁

梁是将楼板上或屋面上的荷载传至柱子或墙上的受弯构件。梁上作用的荷载一般与梁轴线垂直，在这样的荷载作用下，梁要受弯，其轴线由原来的直线变成曲线，这种弯曲形式称为弯曲变形，产生弯曲变形的构件称为受弯构件（图 8-1）。梁和板是建筑工程结构中典型的受弯构件。

梁通常水平放置，有时也斜向设置以满足使用要求，如楼梯梁。梁的截面高度与跨度之比一般为 1/8 ~ 1/16。高跨比大于 1/4 的梁称为深梁。梁截面高度一般大于其截面宽度，但因工程需要，梁宽大于梁高时，称为扁梁。截面高度沿轴线变化的梁，称为变截面梁。

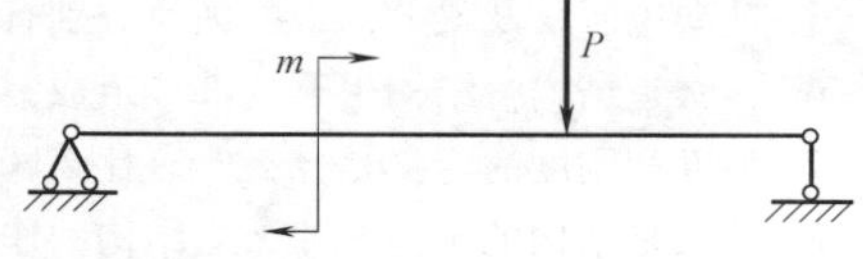

图 8-1　平面弯曲的梁

（一）梁上作用的荷载

作用在梁上的荷载常见的有下列几类。

（1）集中力　即作用在梁微小局部上的横向力，如图 8-2 所示。

（2）集中力偶　即作用在通过梁轴线的平面或与梁轴线平面平行的平面，如图 8-2 中的力偶 m。

图 8-2　作用集中力 P 和集中力偶 m 的梁

（3）分布荷载　即沿梁长连续分布的横向力，

分布荷载可分为均布荷载（沿梁长均匀分布的荷载，图 8-3a）与非均布荷载（沿梁长非均匀分布的荷载，图 8-3b）。

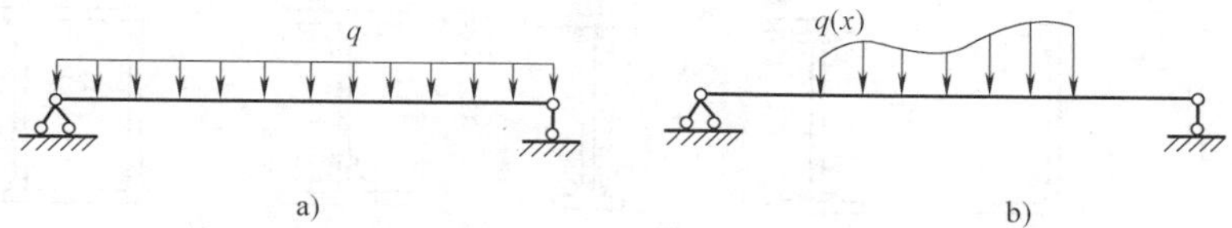

图 8-3　作用分布荷载的梁

a）均布荷载　b）非均布荷载

（二）梁的分类

1. 梁按材料分为混凝土梁、钢梁及钢-混凝土组合梁

（1）混凝土梁　混凝土梁常用的截面形式有矩形、T 形及花篮形等（图 8-4）。混凝土梁分为现浇钢筋混凝土梁和预应力钢筋混凝土梁。

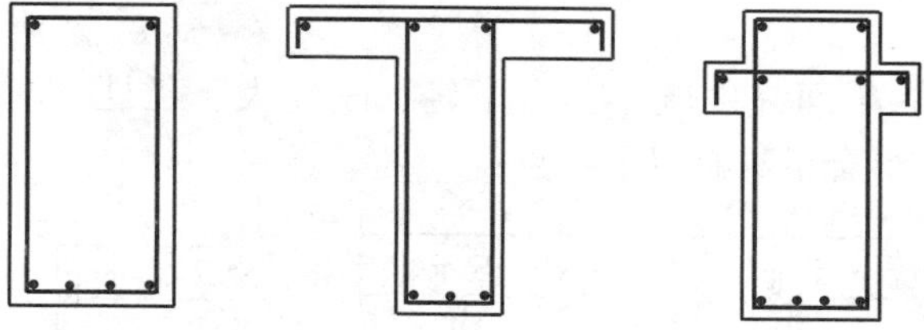

图 8-4　混凝土梁常用的截面形式

现浇钢筋混凝土梁是目前应用最广泛的梁，由混凝土、纵向钢筋和箍筋组成。由于混凝土抗拉强度低，所以在梁的受拉区设置纵向钢筋以抵抗弯矩引起的拉力，使梁的承载力得以极大提高，并显著提高梁的变形能力。梁的剪力由混凝土和箍筋共同承担。钢筋混凝土梁的配筋如图 8-5 所示。

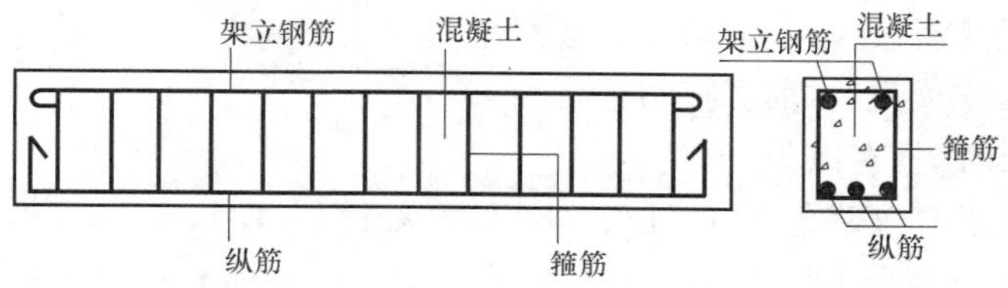

图 8-5　钢筋混凝土梁的配筋

预应力混凝土梁是在梁的受拉区对混凝土施加预压应力，如图 8-6 所示，并使梁产生向上的预起拱，可有效控制梁的裂缝宽度和挠度。预制的预应力混凝土梁一般均为后张预应力，在非地震区或低烈度地震设防区可采用无黏结预应力梁，在高烈度区宜采用有黏结预应力梁。预应力混凝土梁一般采用高强度的混凝土和高强度钢筋，可有效节省材料，减小截面尺寸。因此，当梁的跨度达到 12m 以上时宜采用预应力混凝土梁。预应力混凝土梁除配置预应力钢筋和箍筋外，也需要配置适量的普通钢筋。

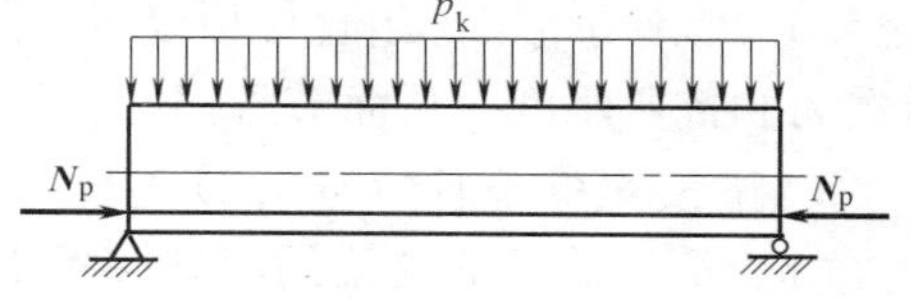

图 8-6　施加预压应力的预应力混凝土梁

（2）钢梁　钢梁的材料强度高，塑性好，钢材便于加工和安装，因此钢梁的使用范围

较广。由于材料强度高，所以钢梁的截面尺寸较小，其自重较轻。钢梁的缺点是容易生锈，防火性能差，维护费用较高。钢梁可由型钢直接制作，其截面形式如图8-7所示。

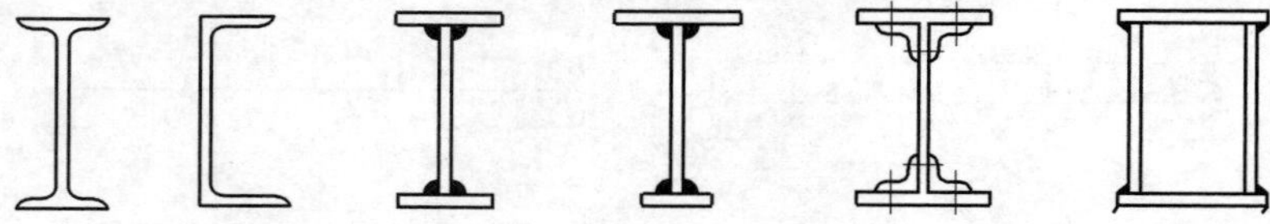

图8-7　钢梁的截面形式

（3）钢-混凝土组合梁　钢-混凝土组合梁通常情况下由钢筋混凝土翼板、钢梁、板托和抗剪连接件四个部分组成，如图8-8所示。在钢梁上支放混凝土楼板，且在两者之间设置一些抗剪连接件，以阻止混凝土与钢梁在受弯时的相互错动，使之组合成一个整体，这种组合构件称为钢-混凝土组合梁，其中常用的钢梁截面形式如图8-9所示。

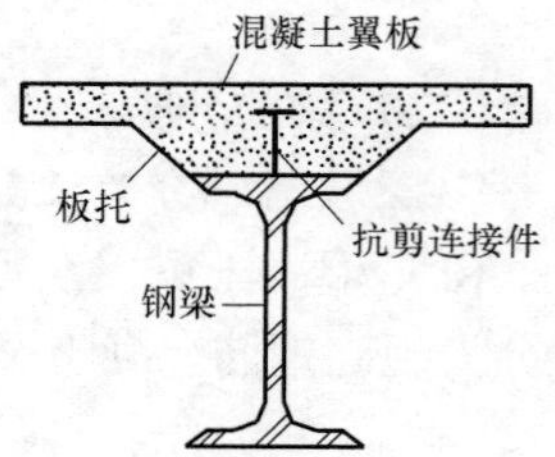

图8-8　钢-混凝土组合梁的组成

钢-混凝土组合梁的截面高度较小、自重轻、刚度大、延性好。与混凝土梁相比，组合梁具有以下特点：

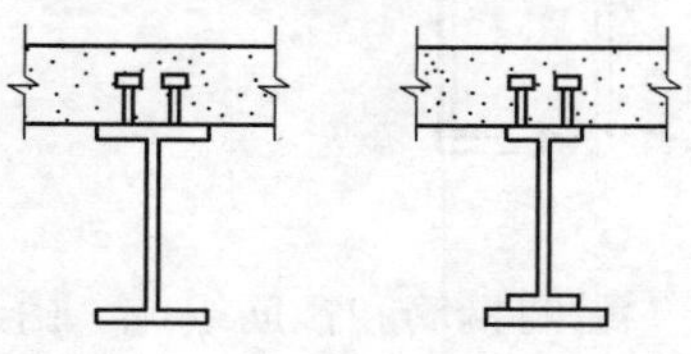
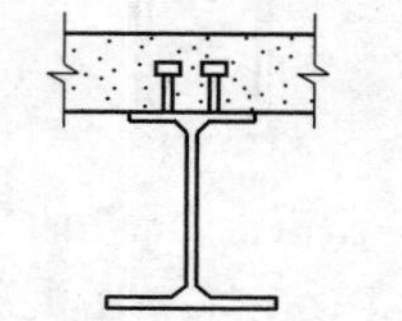
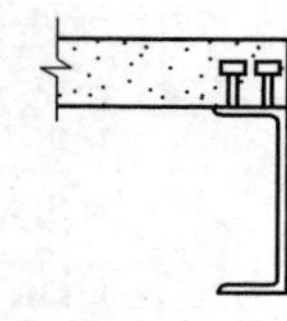
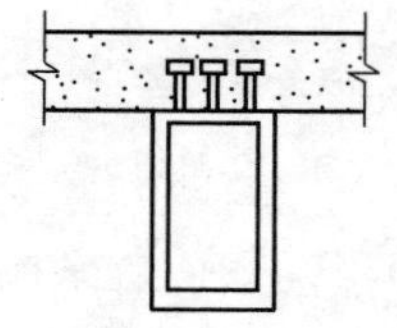

图8-9　钢-混凝土组合梁中常用的钢梁截面形式

1）可以使混凝土梁的高度降低1/4～1/3，自重减轻40%～60%。

2）组合梁的强度提高，在组合梁的正弯矩区，混凝土受压，钢梁受拉，两种不同材料都能充分发挥各自的特长，且受力合理，节约材料。

3）可节省施工支模量、缩短施工周期。

组合梁与钢梁相比具有以下特点：

1）可以使钢梁的高度降低1/4～1/3，刚度增大1/4～1/3。

2）处于受压区的混凝土板刚度较大，对避免钢梁的整体和局部失稳有明显的作用，使钢梁用于防止失稳方面的材料大大节省。

3）可利用钢梁上组合楼板混凝土的抗压作用，增加梁截面的有效高度，提高梁的抗弯承载力和抗弯刚度，从而节省钢材和降低造价。

2. 梁按支撑条件可分为简支梁、连续梁和悬臂梁

（1）简支梁　简支梁的两端搁置支撑物上，一端可视为可动铰支座，可动铰支座表示梁可绕该支座转动、也可平移；另一端可视为固定铰支座，固定铰支座表示梁可以自由转动但不能平移（图8-10）。无论是可动铰支座还是固定铰支座，都约束梁在垂直方向上的移动。简支梁是静定结构，一般用于小跨度结构，经济的截面高度一般为跨度的1/8～1/12。

（2）连续梁　连续梁具有两个以上支座（图8-11），为超静定梁，结构刚度较大，整体性较好。因连续梁的最大弯矩比简支梁小，所以在荷载和跨度相同的情况下，连续梁的截面高度可比简支梁小。

（3）悬臂梁　悬臂梁的一端为固定支座，另一端为自由端（图8-12）。悬臂梁广泛用于阳台、雨篷、体育场的看台等部位。悬臂梁的根部受力最大，在相同的均布荷载作用下，跨度相同的悬臂梁和简支梁相比，悬臂梁根部的最大弯矩是简支梁的4倍，最大挠度是简支梁的10倍，因此，一般悬臂梁的悬臂长度不宜超过根部截面高度的6倍，当悬臂长度较大时，宜把悬臂梁做成变截面梁。

图8-10　简支梁　　图8-11　连续梁　　图8-12　悬臂梁

二、板

板是将恒荷载和活荷载通过梁（或直接）传递到竖向支撑结构（墙、柱）的主要水平构件，板的长、宽两个方向的尺寸远大于其厚度，如房屋建筑中的楼盖，板是典型的受弯构件。

钢筋混凝土楼板按其施工方式分为现浇整体式钢筋混凝土楼板、装配整体式钢筋混凝土楼板。其中应用最广泛的是现浇整体式钢筋混凝土楼板，这种楼板具有整体性好、刚度大、抗震性强、防水性好等优点，适用于楼面荷载大，平面形状不规则或有较大集中设备荷载、振动荷载作用，对防漏或抗震要求较高的建筑物。

（一）现浇整体式钢筋混凝土楼板

现浇整体式钢筋混凝土楼板按受力和支撑条件的不同，分为肋梁楼板、井式楼板、无梁楼板和压型钢板组合楼板。

1. 肋梁楼板

肋梁楼板由板、次梁和主梁组成。板被梁分成若干区格，每一区格的板一般支撑在主梁、次梁或者墙上。当区格板的长边长度 l_2 与短边长度 l_1 的比值 $l_2/l_1>2$ 时，板上荷载主要沿短边方向传递到支撑梁上，而沿长边方向传递的荷载很小，可以忽略不计，计算时可以仅考虑短边方向的受弯作用，这种仅沿短边方向受力的板，称为单向板肋梁楼板（图8-13a）。

当区格板的长短边之比 $l_2/l_1\leqslant 2$ 时，板上荷载将通过两个方向传递到相应的支撑梁或墙上，此时，板计算时要考虑两个方向的受力，这种板沿两个方向受力，称为双向板肋梁楼板。双向板使板的受力和传力更加合理，构件的材料更能充分发挥作用（图8-13b）。

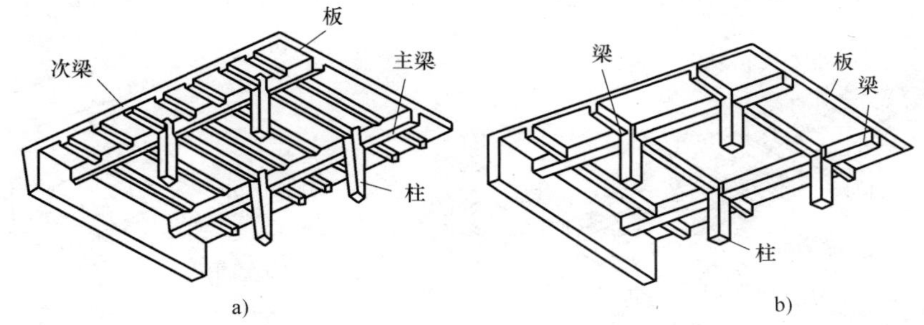

图8-13　肋梁楼板

a）单向板肋梁楼板　b）双向板肋梁楼板

肋梁楼板广泛用于多层及高层房屋的楼、屋盖结构中，其中，双向板肋梁楼盖多用于

公共建筑的高层建筑；单向板肋梁楼盖多用于多层厂房和公共建筑中。

2. 井式楼板

井式楼板是双向板的发展，是双向板和交叉梁系组成的楼板。当建筑上需要空间较大时，经常将楼板划分为若干接近正方形的小区格，两个方向的梁截面高度相同，无主、次梁之分，梁格布置呈“井”字，故称为井式楼板（图8-14）。井式楼板可少设或不设内柱，能跨越较大的空间，顶棚比较美观，适用于正方形或接近于正方形的公共建筑的门厅、中小型礼堂、餐厅等。但井式楼板与肋梁楼板相比，因井式楼板的梁跨度大，所以其钢筋用量较多，造价较高。

3. 无梁楼板

无梁楼板为板柱结构体系，楼板不设梁，将板直接支撑于柱上，所以称为无梁楼板（图8-15）。无梁楼板所占用的结构高度小，支模简单，但板厚较大。因无梁楼板除受弯外，在柱边会受到较大的冲切，所以在柱网较大时，柱顶要设置柱帽，这样可提高板的抗冲切能力，减小板的计算跨度。无梁楼板适用于柱网尺寸不超过6m的图书馆、仓库等建筑。

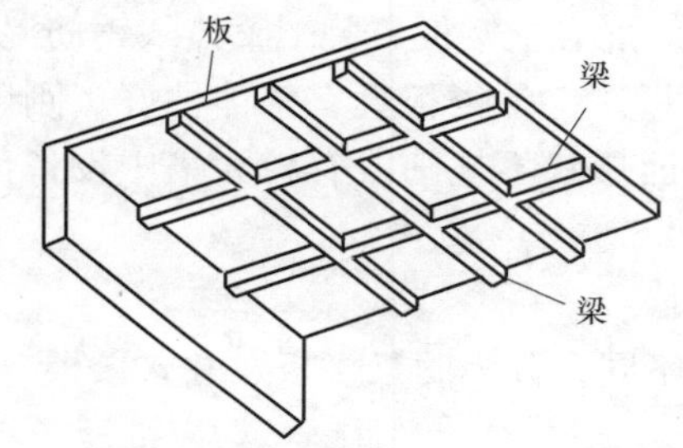

图8-14 井式楼板

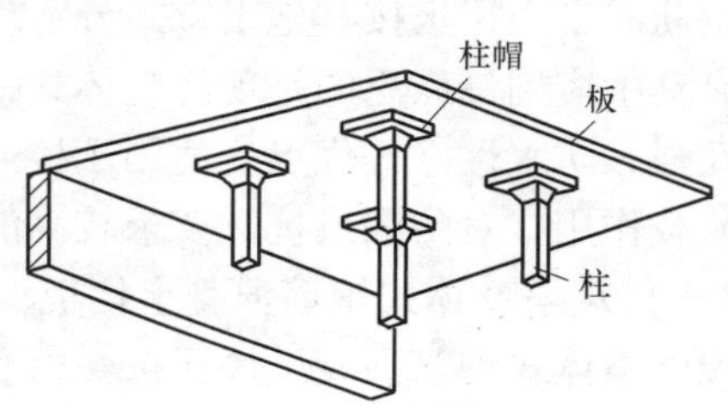

图8-15 无梁楼板

4. 压型钢板组合楼板

压型钢板组合楼板是在压型钢板上现浇混凝土，且配置适量钢筋所构成的一种板。压型钢板利用凹凸相间的压型薄钢板做衬板与现浇混凝土浇筑在一起支撑在钢梁上构成整体型楼板，如图8-16所示，压型钢板组合板的常用截面形式如图8-17所示。目前，在钢结构及组合结构房屋的楼盖和屋盖中，尤其是高层建筑钢结构的楼板中，普遍采用压型钢板组合楼板。

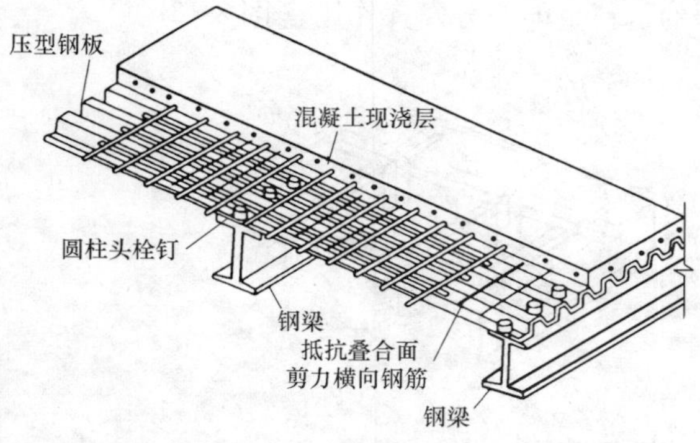

图8-16 压型钢板组合楼板

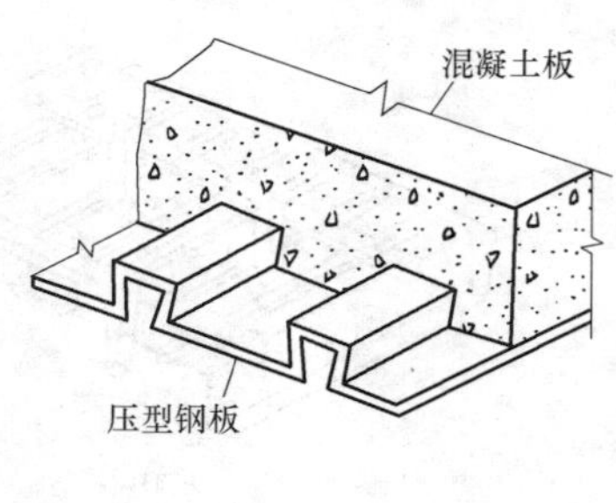

图8-17 压型钢板组合楼板的常用截面形式

压型钢板组合楼板与上述的肋梁楼板、井式楼板及无梁楼板相比，具有以下优点：

1）压型钢板通过与混凝土的组合作用，可以部分代替或全部代替楼板中的受力钢筋，从而减小了钢筋的制作与安装工作量。

2）压型钢板可作为浇筑混凝土的永久模板，节省了施工中搭设脚手架和安装与拆除模板的时间，大大缩短施工工期，降低成本。

3）压型钢板的肋部便于敷设水、电、通信设施等管线，可以增大室内层高或降低建筑总高度，提高建筑设计的灵活性。

（二）装配整体式钢筋混凝土楼板

装配式梁板结构也是钢筋混凝土结构最基本的形式之一，装配式梁板结构主要是铺板楼盖，铺板楼盖中，常用的构件是预制板，预制板分为实心板、空心板、槽形板和T形板，如图8-18所示。装配式楼板的优点是施工速度快，多用于多层砌体结构，缺点是整体性差，为此，在有抗震设防要求时，常在装配式楼板上现浇一层钢筋混凝土，加强其整体性，形成装配整体式钢筋混凝土楼板。

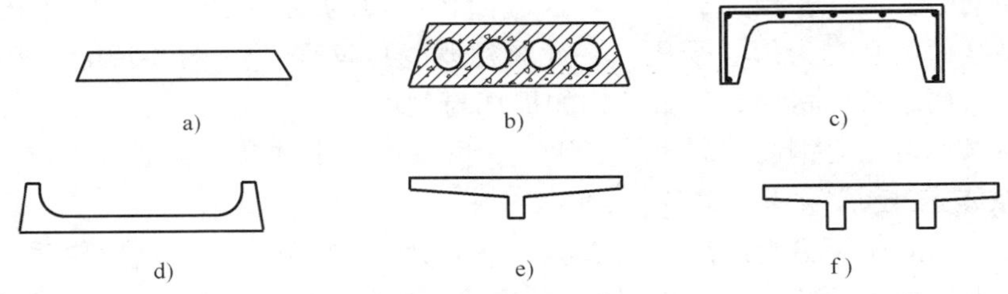

图8-18　常用预制板的截面形式

a）实心板　b）空心板（圆孔）　c）正槽形板

d）倒槽形板　e）单T形板　f）双T形板

1. 实心板

实心板是一种最简单的预制板，其主要特点是表面平整、制作简单、但自重大，适用于跨度较小的走道板、楼盖板、楼梯平台板等。实心板的跨度一般在1.2～2.4m之间，如采用预应力板，其最大跨度也不宜超过2.7m。常用板厚为50～80mm，板宽一般为500～1000mm。考虑到板与板之间的灌缝及施工时便于安装，板的实际尺寸比设计尺寸小一些，一般板底宽度小10mm，板面宽度至少要小20～30mm。

2. 空心板

空心板具有刚度大、自重轻、受力性能好、隔热隔声效果好等优点。上、下板面平整，因此在预制楼板中得到广泛应用，缺点是不能在板上随意开洞。空心板有单孔、双孔、多孔。其孔洞有圆形、方形、矩形和椭圆形，其中圆孔板因制作简单而应用最多。在施工时为避免空心板端部被压坏，在板端孔洞内应塞混凝土堵头。空心板可分为普通混凝土空心板、预应力空心板。空心板尺寸规格各地不一，有相应的标准图集可供选用。空心板的截面宽度常用的有500mm、600mm、900mm、1200mm；板长度一般有3.0m、3.3m、3.6m、3.9m、4.2m、4.8m；板截面高度一般有120mm、180mm、240mm等。

3. 槽形板

当板的跨度较大时，为了减轻板的自重，提高板的刚度，可采用槽形板的形式。槽形板

由面板、纵肋和横肋组成，肋向下的称为正槽形板，肋向上的称为倒槽形板。正槽形板的优点是受力合理，造价低且开洞自由，但因板下有肋不能形成平整的顶棚，一般用于对顶棚要求不高的建筑屋盖和楼面结构，如厨房、卫生间、仓库及厂房等。倒槽形板的受力性能较差，但可提供较平整的顶棚，可与正槽形板组成双层楼盖，在两槽形板之间填充保温材料，具有较好的保温性能，可作为寒冷地区的保温屋盖。

4. T 形板

T 形板有单 T 形板和双 T 形板两种。这类板的受力性能良好，布置灵活，能跨越较大的空间，开洞自由；但整体刚度不如其他类型的板。T 形板适用于板跨度在 12m 以内的楼盖和屋盖结构。

三、柱

柱是工程结构中主要承受压力，有时也同时承受弯矩的竖向杆件，用以支承梁、桁架、楼板等。柱的截面尺寸远小于其高度，荷载作用方向与柱轴线平行，根据受力情况，柱分为轴心受压柱和偏心受压柱，当荷载作用于柱截面形心时为轴心受压柱（图 8-19a）；当荷载作用方向偏离截面形心时为偏心受压柱，此时柱既受压又受弯（图 8-19b）。柱是结构中极为重要的部分，柱的破坏将导致整个结构的损坏与倒坍。

柱按所用材料可分为钢筋混凝土柱、钢柱、型钢混凝土柱及钢管混凝土柱等。

1. 钢筋混凝土柱

钢筋混凝土柱的应用最为广泛，如单层工业厂房的排架柱，多、高层房屋结构中的框架柱。钢筋混凝土柱常用的截面形式有正方形、矩形和圆形（图 8-20）。

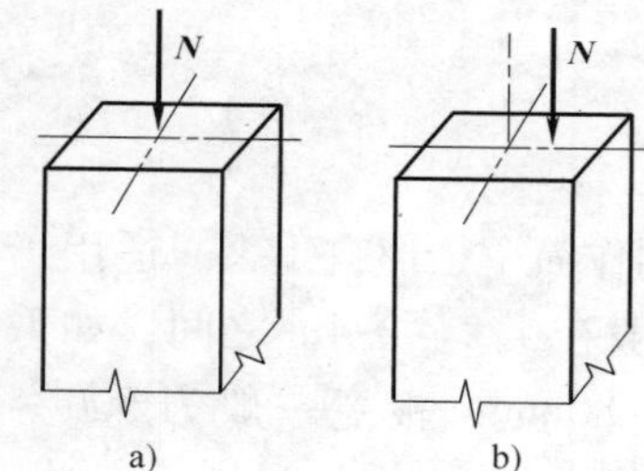

图 8-19 受压柱
a）轴心受压柱 b）偏心受压柱

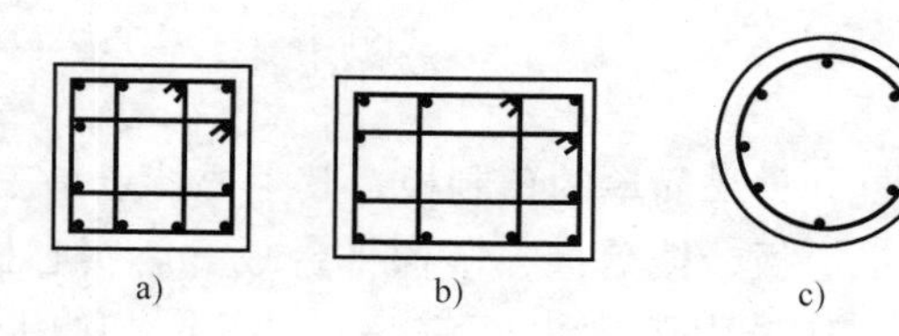

图 8-20 钢筋混凝土柱截面形式
a）正方形截面 b）矩形截面 c）圆形截面

2. 钢柱

钢柱具有承载力高，塑性、韧性好等优点，最常用的截面形式是工字形和箱形（图 8-21）。钢柱常用于大型工业厂房、大跨度公共建筑、高层建筑、轻型活动房屋、工作平台、栈桥和支架等。

3. 型钢混凝土柱

型钢混凝土柱是在混凝土中主要配置型钢，并配有一定纵向钢筋和箍筋的结构，其常用截面形式如图 8-22 所示。型钢混凝土柱与同钢筋混凝土柱相比，其承载力高，延性好，同时外包的钢筋混凝土对型钢起到防腐、防火的保护作用。

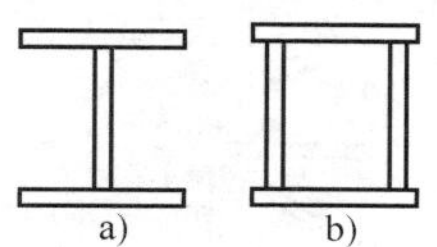

图 8-21　钢柱常用截面形式

a）工字形截面　b）箱形截面

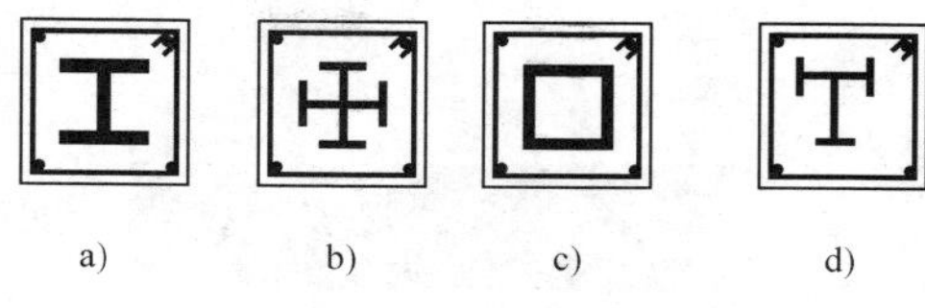

图 8-22　型钢混凝土柱常用截面形式

a）工字形　b）十字形　c）正方形　d）T 形

4. 钢管混凝土柱

钢管混凝土柱是在钢管内填充混凝土而形成的组合柱，在钢管内可以配置钢筋，也可以只填充混凝土。钢管混凝土柱按截面形式不同，可分为圆钢管混凝土柱、方钢管混凝土和多边形钢管混凝土，如图 8-23所示。其中以圆钢管混凝土柱和方钢管混凝土的应用较为广泛。钢管混凝土柱可大幅度提高柱的抗压承载能力，且延性比钢筋混凝土柱好，施工速度快。常用于承受压力较大的柱，如地铁车站、大型锅炉框架柱等。

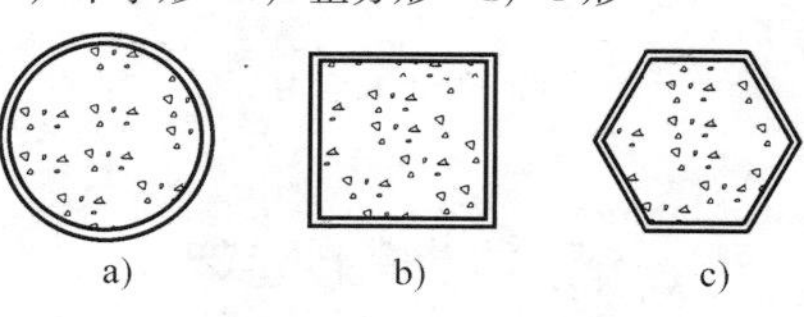

图 8-23　钢管混凝土柱截面形式

a）圆形　b）正方形　c）多边形

第二节　桁　　架

桁架是由若干内力以轴力为主的杆件构成的平面或空间的格架式结构。桁架上边缘的杆件称为上弦杆，下边缘杆件称为下弦杆，上、下弦杆之间的杆件称为腹杆（包括直腹杆和斜腹杆），各杆端的结合点称为节点，如图 8-24 所示。在荷载作用下，桁架杆件主要承受轴向拉力或压力，从而能充分利用材料的强度，在跨度较大时可比实腹梁节省材料，减轻自重和增大刚度，故适用于较大跨度的承重结构和高耸结构，如屋架、桥梁、展览馆、体育馆、输电线路塔、卫星发射塔等。根据受力特性，桁架结构分为平面桁架和空间桁架；按材料不同分为钢桁架、钢筋混凝土桁架、木桁架、钢与木组合桁架、钢与混凝土组合桁架。

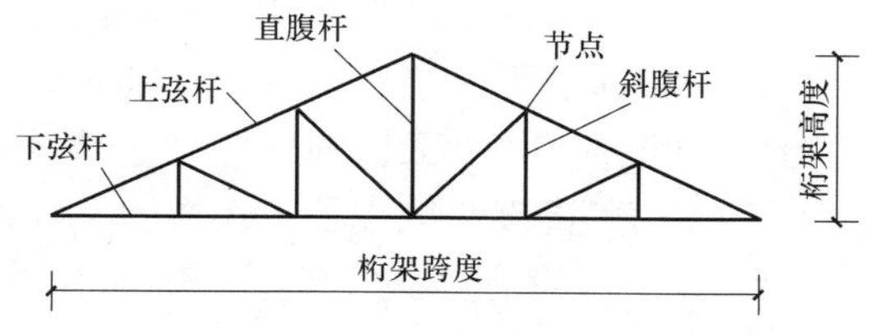

图 8-24　桁架结构

桁架结构是由梁演变而来的，将梁（图 8-25a）中性轴附近未被充分利用的材料挖空，就得到图 8-25b 所示的桁架结构。桁架和梁相比，在抗弯方面，由于将受拉与受压的截面集中布置在上、下两端，增大了内力臂，使得以同样的材料用量，实现了更大的抗弯强度。在抗剪方面，通过合理布置腹杆，能够将剪力逐步传递给支座。这样无论是抗弯还是抗剪，桁架结构都能够使材料强度得到充分发挥，从而适用于各种跨度的屋盖结构。更重要的意义还在于，它将横弯作用下的实腹梁内部复杂的应力状态转化为桁架杆件内简单的拉压应力状态，能够直观了解力的分布和传递，便于结构的变化和组合。由于桁架结构大多用于建筑的屋盖结构，所以桁架通常也被称为屋架，所以这里仅介绍工程中常用的几种屋架结构的形式

与布置。

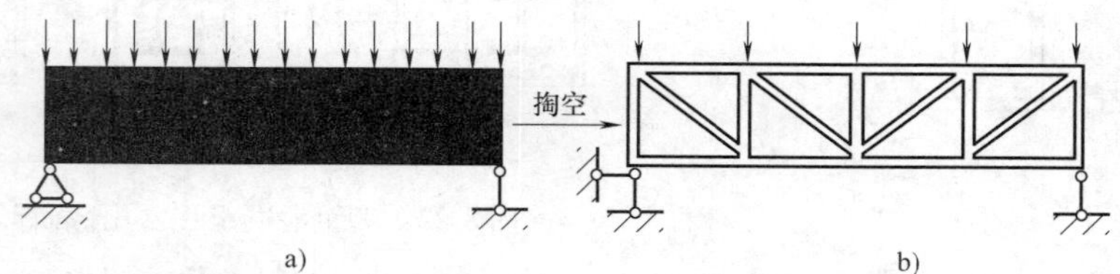

图 8-25 梁和桁架
a）梁 b）桁架

一、钢筋混凝土屋架

钢筋混凝土屋架的常见形式有梯形屋架、多边形屋架及空腹屋架等。根据是否对屋架下弦施加预应力，可分为钢筋混凝土屋架和预应力钢筋混凝土屋架。钢筋混凝土屋架的适用跨度为 15～24m，预应力混凝土屋架的适用跨度为 18～36m 或更大。

梯形屋架如图 8-26a 所示，上弦为直线，屋面坡度为 1/12～1/10，适用于卷材防水屋面。一般上弦节间为 3m，下弦节间为 6m，屋架高度与跨度之比为 1/8～1/6，屋架端部高度为 1.8～2.2m。如果梯形屋架的上、下弦平行就是平行弦屋架，如图 8-26b 所示。梯形屋架自重大，刚度好，其构造形式容易满足某些工业厂房的工艺要求，常用于重型、高温及采用横向天窗的厂房。

多边形屋架如图 8-26c 所示，当上弦各节点位于同一条抛物线上时，称为抛物线形屋架，否则为折线形屋架。折线形屋架外形较为合理，结构自重也较轻，屋面坡度为 1/4～1/3，适用于非卷材防水屋面的中型厂房；抛物线形屋架的受力合理，上、下弦轴力分布均匀，腹杆轴力较小，用料最省，是工程中常用的一种屋架形式。但屋架端部屋面坡度太陡，这时可在上弦上部加设短柱而不改变屋面坡度，使之适合卷材防水。抛物线形屋架的高跨比一般为 1/8～1/6。

空腹屋架如图 8-26d 所示，其上弦各节点一般在同一条抛物线上，上、下弦之间没有斜腹杆，因没有斜腹杆，故结构构造简单，便于制作。屋面可以支撑在上弦杆上，也可以支撑在下弦杆上，因此比较适用于采用井式或横向天窗的厂房，这样不仅省去了天窗等构件，简化了结构构造，而且降低了厂房屋盖的高度，减小了建筑物上风荷载的作用面积。当空腹屋架采用预应力时，跨度可达 36m，由于没有斜腹杆，屋架中的管道穿行和工人检修均很方便，使屋架高度的空间得以充分利用。

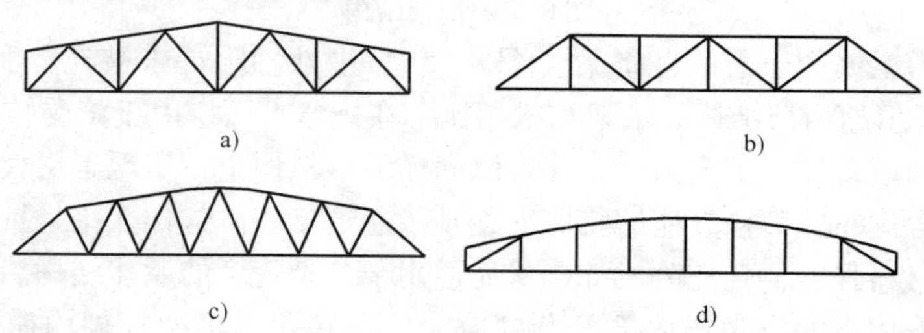

图 8-26 屋架结构的类型
a）梯形屋架 b）平行弦屋架 c）多边形屋架 d）空腹屋架

二、钢屋架

钢屋架的典型形式有三角形屋架、梯形屋架和平行弦屋架等。对屋架外形的选择、弦杆节间的划分和腹杆的布置，考虑的原则包括：杆件的类型[illegible]节点构造简单，各杆之间的夹角应控制在30°～60°之间；应使屋架外形与梁[illegible]这样杆件受力均匀；短杆受压，长杆受拉；荷载尽量布置在节点上，以[illegible]

1. 三角形钢屋架

三角形钢屋架（图8-27）一般用于屋面坡度较[illegible]面防水材料为各类瓦类块材时，其屋架的高跨比为1/6～1/4。三[illegible]大，弦杆内力在支座处最大，在跨中最小，材料强度不能充分发[illegible]度的轻屋盖结构。

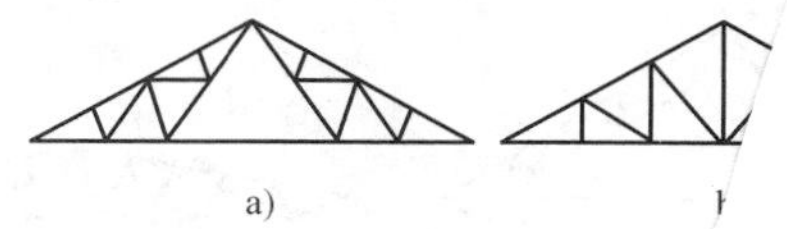

a)　　b)

图8-27　三角形钢[illegible]

2. 梯形钢屋架

梯形钢屋架（图8-28）一般用于屋面坡度较小的屋盖中，其受力性能比三角形屋架优越，适用于大跨度的工业厂房。当上弦坡度为1/12～1/8时，梯形屋架的高度可取（1/10～1/6）l（l为屋架跨度）；当跨度大或屋面荷载小时取小值，跨度小或屋面荷载大时取大值。梯形屋架一般都用于无檩体系屋盖，屋面材料大多用大型屋面板。这时上弦节间长度应与大型屋面板相配合，使大型屋面板的主肋正好搁置在屋架上弦的节间上，在上弦中不产生局部弯矩。当节间过长时，可采用再分式腹杆形式。当采用有檩体系屋盖时，则上弦节间可根据檩条的间距而定，一般为0.8～3.0m。

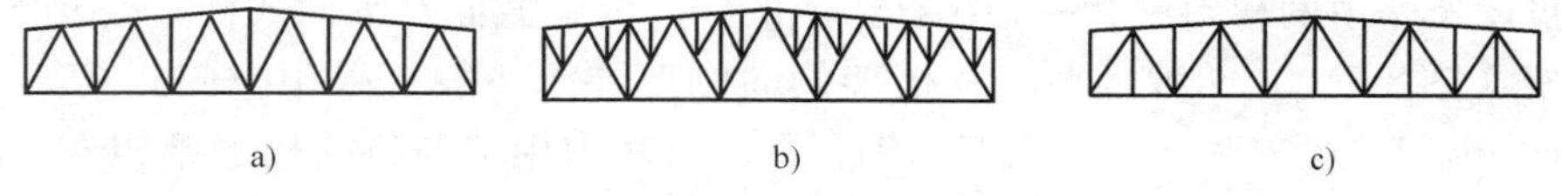

a)　　b)　　c)

图8-28　梯形钢屋架

3. 平行弦钢屋架

平行弦钢屋架（图8-29）多用于托架或支撑体系，其上、下弦平行，腹杆长度一致，杆件类型少，符合标准化、工业化的制造要求。

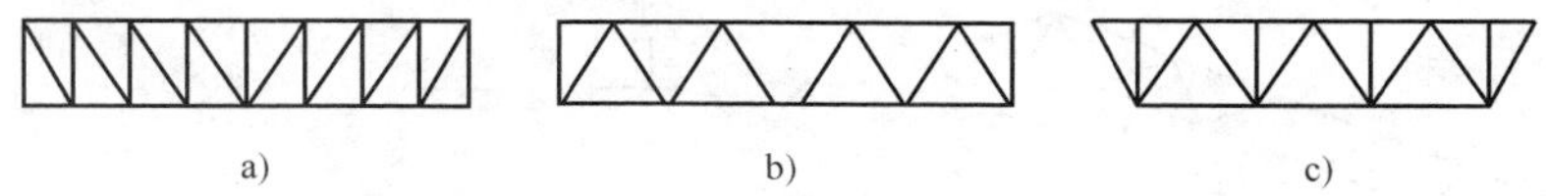

a)　　b)　　c)

图8-29　平行弦钢屋架

普通钢屋架是用一般型号的型钢（≥∟45×4或∟56×36×4）和钢板组成的屋架，杆件截面主要采用热轧角钢组成T形或十字形截面，在杆件的交汇处用直角焊缝与节点板连接。它构造简单、制作安装方便，与屋盖支撑形成空间几何不变体系，使屋盖的刚度好，工作可靠，适应性强，在单层大跨度结构中广泛应用；但其耗钢量大，适用于跨度为18～36m的结构。

三、轻型钢屋架

用圆钢直径不宜小于12mm（屋架杆件）或直径不宜小于16mm（支撑杆件）和小角钢（小于∟45mm×4mm或小于∟56mm×36mm×4mm），以及用2~6mm薄钢板或带钢冷弯成型的薄壁型钢组成的钢屋架，统称为轻钢屋架。为了把两类轻钢屋架加以区别，前者称为轻型钢屋架，后者称为薄壁型钢屋架。

轻型钢屋架自重小、用钢省，便于制作运输，安装方便，但刚度差，承载力低，锈蚀影响大。主要用于轻型屋盖中，如中小型厂房、食堂、小礼堂等，跨度≤18m，起重机起重量不大于5t又不很繁忙的桥式起重机的厂房。

轻型钢屋架常见的形式（图8-30）有三角形芬克式屋架、三铰拱屋架和梭形屋架。

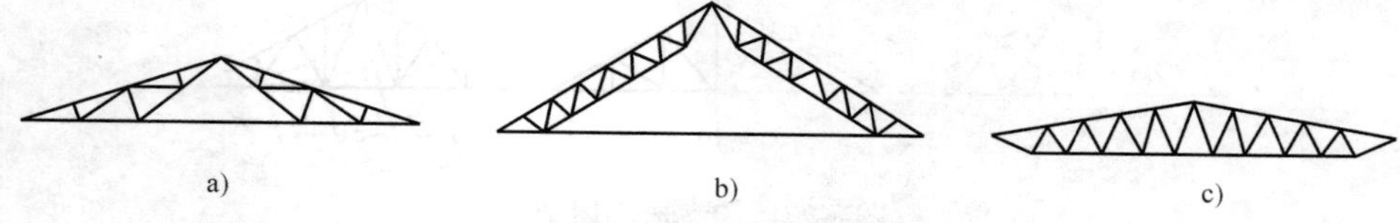

图8-30 轻型钢屋架

a）三角形芬克式屋架 b）三铰拱屋架 c）梭形屋架

1. 三角形芬克式屋架

三角形芬克式屋架一般为平面桁架，上弦截面常采用双角钢（为安放檩条），下弦和腹杆常采用单角钢或圆钢，对于圆钢不宜采用内力较大的受压腹杆。这种屋架构造简单，制作方便，短杆受压，长杆受拉，结构合理。这种屋架跨度为9~18m，屋架间距为4~6m，装有桥式起重机时，屋架杆件不宜采用圆钢。

2. 三铰拱屋架

三铰拱屋架是由两根斜梁和一根拉杆组成的，其斜梁截面有平面式桁架（图8-31b）和空间式桁架（图8-31c）两种。平面式桁架侧向刚度差，一般宜采用空间式桁架（倒三角形）。空间式桁架斜梁上弦截面宜用双角钢，并在节间内用缀条将两根缀条相连；斜梁下弦宜采用单角钢，当下弦受拉时，也可以采用圆钢；斜梁腹杆通常用连续弯折的圆钢；拉杆一般采用单圆钢。

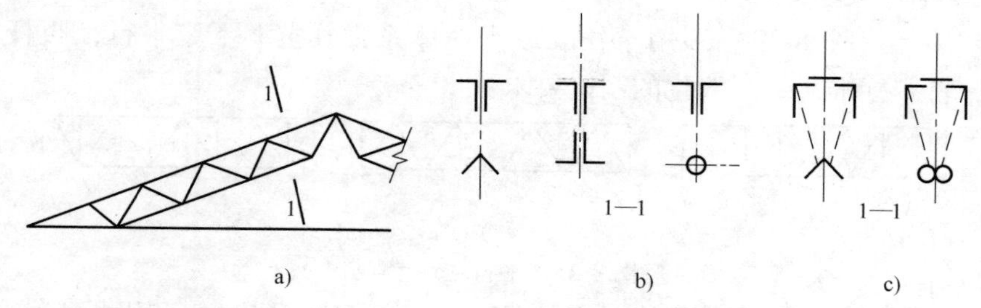

图8-31 三铰拱屋架

3. 梭形屋架

梭形屋架一般采用空间式桁架（三角形），上弦常采用单角钢，并且开口朝上（V形），下弦和腹杆常用圆钢，有时也用角钢。与前两种屋架的主要不同点是高度小，坡度小，屋架的高跨比为1/12~1/9。常用于有卷材防水无檩屋盖中，跨度≤15m，间距随屋面板长度而定，变动范围一般为 2～6m。

薄壁型钢屋架除具有型钢结构的特点外，还有刚度好、加工制作简单、节点连接一般不需要节点板、应用范围较大等特点，薄壁型钢屋架的跨度可达 12～30m，起重机起重量为 5～75t。

四、钢筋混凝土-钢组合屋架

屋架在荷载作用下，上弦主要承受压力，有时还承受弯矩，下弦承受拉力。为合理发挥材料作用，屋架的上弦和受压腹杆可采用钢筋混凝土杆件，下弦和受拉腹杆可采用钢拉杆，这种屋架称为钢筋混凝土-钢组合屋架。常见的钢筋混凝土-钢组合屋架形式如图 8-32 所示。

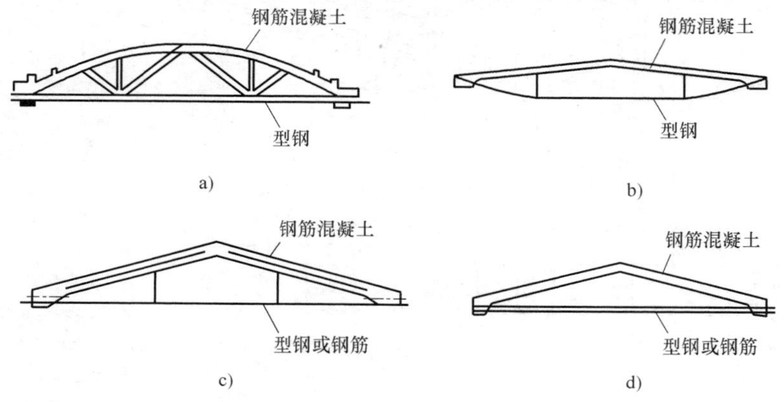

图 8-32　钢筋混凝土-钢组合屋架

a）折线形组合屋架　b）五角形组合屋架

c）三铰组合屋架　d）两铰组合屋架

折线形组合屋架的屋面坡度约为 1/4，适用于构件自防水屋面，若想使屋面坡度均匀一致，可在屋架端部上弦加设短柱；两铰或三铰组合屋架为钢筋混凝土或预应力混凝土构件，下弦为型钢或钢筋，两铰组合屋架顶节点为刚节点，三铰组合屋架为铰节点，此类屋架杆件少，自重轻，受力明确，构造简单，施工方便，特别适用于农村地区的中小型建筑，其屋面坡度采用卷材防水时为 1/5，采用非卷材防水时为 1/4。

对于屋架结构类型中的木屋架和钢-木组合屋架，因在工程中运用的不多，所以在此不再一一赘述。

屋架结构的布置包括屋架结构的跨度、间距、标高等，主要根据建筑外观造型及建筑使用功能方面的要求而定。对于矩形建筑平面，一般采用等跨度、等间距、等标高布置同一类型的屋架，以简化结构构造，方便结构施工。屋架的跨度一般以 3m 为模数；屋架的间距宜等间距平行排列，间距的大小除考虑建筑平面柱网布置的要求外，还要考虑屋面结构及吊顶构造的经济合理性，屋架的间距最常见的为 6m；屋架支座的标高由建筑要求确定，一般在同层中屋架的支座宜取同一标高。

第三节　框　　架

框架结构是指梁和柱通过刚性连接而形成的骨架结构（图 8-33）。框架结构的优点是建

筑平面布置灵活，能够获得较大的使用空间；建筑立面易于处理，可以适用于不同房屋的造型。框架结构使用广泛，常用于多层工业厂房、仓库、商场、办公楼等建筑中。框架结构平面布置和剖面示意图如图 8-34、图 8-35 所示。

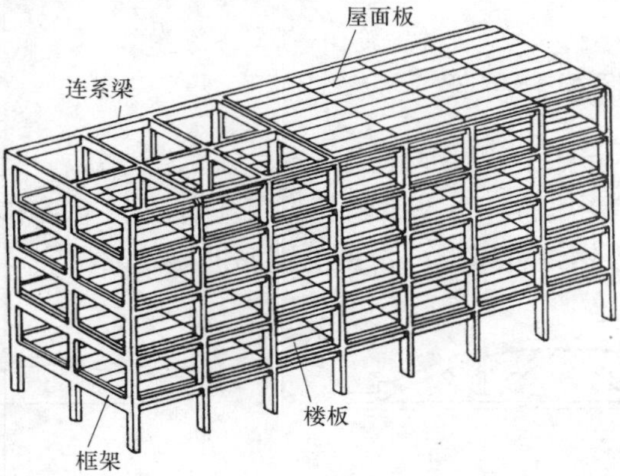

图 8-33 框架结构

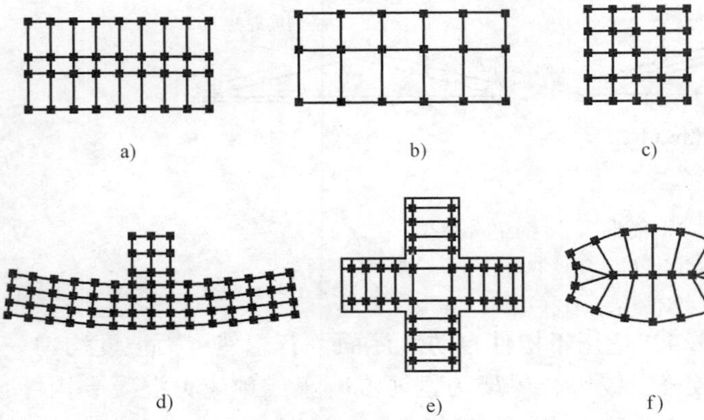

图 8-34 框架结构平面布置示意图

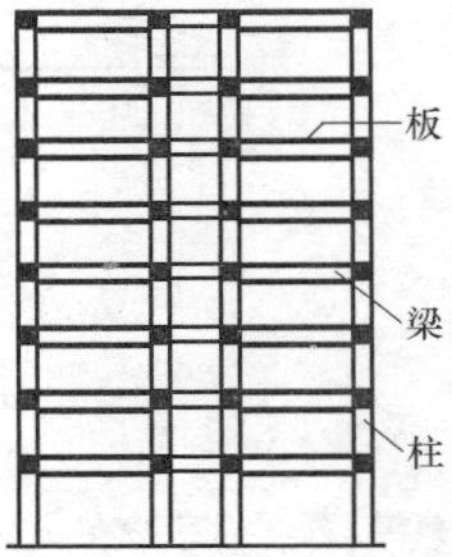

图 8-35 框架结构剖面示意图

一、框架结构的类型

框架结构按所用材料的不同，可分为钢框架和钢筋混凝土框架。钢框架一般是在工厂预制钢梁、钢柱，运送到施工现场再拼装成整体框架，具有自重轻、抗震性能好、施工速度快、机械化程度高等优点；但因用钢量大、造价高、耐火性能差、维修费用高等缺点，使其使用受到一定的限制。钢筋混凝土框架结构由于具有耐久性好、可模性好、造价低等优点，所以在我国得到广泛应用。

钢筋混凝土框架结构根据施工方法的不同可分为整体式、装配式和装配整体式三种。整体式框架是现场支模，梁、板、柱整体现浇的框架结构，其抗震能力强、整体性好，因泵送混凝土和组合钢模板的应用，改变了现场搅拌混凝土费工费时的缺点，使整体式框架得到了广泛的应用。装配式框架的梁、柱等构件均为预制，施工时把预制构件吊装就位，并通过节点连接形成装配式框架结构，这种框架的优点是机械化程度高、施工速度快，但因整体性差导致抗震性能差，所以在工程中应用的不多。装配整体式框架结构一般采用梁、柱现浇，板预制，后在预制板上浇筑混凝土整浇层。装配整体式框架比装配式框架的整体性能好，在抗震设防烈度不高的地区应用较广。

二、框架结构的承重方案

框架结构根据荷载传递途径的不同可分为横向承重、纵向承重和纵横向承重三种方案，如图 8-36 所示。

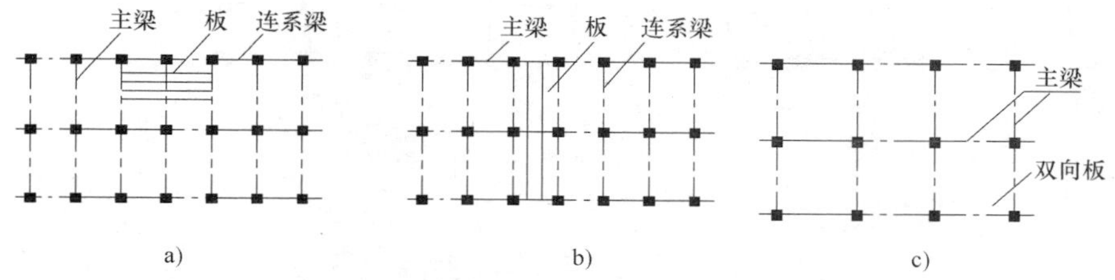

图 8-36 框架结构的承重方案

a）横向承重方案 b）纵向承重方案 c）纵横向承重方案

在横向承重方案中，竖向荷载主要由横向框架承担，楼板为预制时应沿横向布置，楼板为现浇时，一般需设次梁将荷载传至横向框架。除承受竖向荷载外，横向框架还要承受横向的水平风荷载和地震作用。在房屋的纵向设置连系梁与横向框架连接，用以承受平行于房屋纵向的水平风载和地震作用，实际纵向连系梁和纵向柱子也构成纵向的框架结构，但因房屋端部的横墙受风载作用的面积较少，而结构的纵向刚度又大，所以一般情况下，纵向水平风载产生的框架内力不大，在横向承重方案的框架结构中常可忽略不计，但纵向地震作用引起的框架内力应进行计算。

在纵向承重方案中，竖向荷载主要由纵向框架承担，预制楼板布置方式和次梁布置方式与横向承重框架相反。纵向框架还要承受纵向的水平风荷载和纵向地震作用，而在房屋的横向设置的连系梁与柱形成横向框架，以承受房屋的横向水平风载和横向地震作用。

当柱网为正方形或接近正方形布置时，或者在楼面荷载较大的情况下，可采用纵横向承重方案，两个方向的框架同时承受竖向荷载和水平荷载，此时楼板为现浇双向板，框架结构成为双向抗侧力体系，纵横向承重方案的受力比横向承重、纵向承重等单向承重方案合理。

三、框架结构的侧向变形

框架结构在水平力作用下，其侧向变形如图 8-37 所示。框架结构的侧向变形由两部分组成：第一部分的侧向变形由梁和柱的弯曲变形产生，框架下部的梁、柱内力大，层间变形也大，越到上部层间变形越小（图 8-37a）；第二部分的侧向变形由柱的轴向变形产生，在水平荷载作用下，柱的拉伸和压缩使结构出现侧移，这种侧移在上部各层较大，越到下部层间变形越小（图 8-37b）。框架结构中的第一部分侧移是主要的，随着建筑高度的增大，第二部分变形比例逐渐增大，但综合后框架的侧向变形仍以第一部分的变形为主。

框架结构的侧向变形由其抗侧刚度决定，而框架的抗侧刚度主要取决于梁、柱截面尺寸。一般框架梁、柱截面尺寸不能太大，所以在水平荷载作用下，框架结构的侧向变形较大，这是框架结构的主要缺点，因此也限制了框架结构的使用高度，现浇混凝土框架结构的高度一般不超过 60m；在地震区的现浇混凝土框架，当设防烈度为 7 度、8 度和 9 度时，其

高度一般不超过55m、45m和25m。

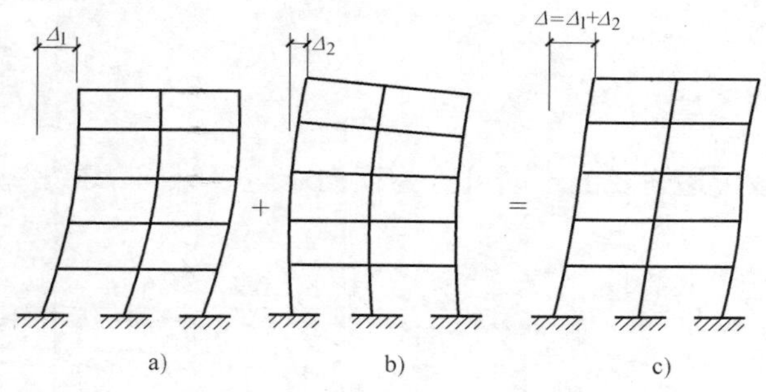

图8-37 框架结构的侧向变形

第四节 高层建筑结构体系

现代高层建筑是随着社会生产的发展和人们生活的需要发展起来的，是商业化、工业化和城市化的结果。而科学技术的进步、轻质高强材料的出现以及机械化、电气化、计算机在建筑中的广泛应用等，又为高层建筑的发展提供了物质和技术条件。

我国《高层建筑混凝土结构技术规程》（JGJ 3—2010）规定，10层及10层以上或房屋高度大于28m的建筑物为高层建筑。1972年国际高层建筑会议将高层建筑分为4类：第一类为9~16层（最高50m），第二类为17~25层（最高75m），第三类为26~40层（最高100m），第四类为40层以上（高于100m）。

一、高层建筑结构体系的发展

现代高层建筑兴起于美国，1883年在芝加哥建起的第一幢10层、55m高的家庭保险公司大楼是近代高层建筑的开端，是世界上第一幢按照钢框架结构原理建造的高层建筑，该大楼的下面6层由铸铁作为柱子承受重量，上面4层是钢结构；1931年在纽约建成的102层、381m的帝国大厦，采用现代的钢结构建成，帝国大厦的建成，不仅表明人类在钢铁生产、建筑施工与管理方面已经取得较高水平，还标志着钢框架结构在摩天大楼建筑中应用的成熟；世界上第一幢钢筋混凝土框架结构的高层建筑是美国辛辛那提市英格尔斯大楼，16层、64m高；框架-剪力墙结构的典型代表如1974年建成的北京饭店东楼，19层、87m高，及80层的广州中天大厦；1976年，高112.45m的广州白云宾馆，是采用钢筋混凝土剪力墙结构建造而成的。

在当前的发展趋势中，更为合理的结构形式是同时采用钢和钢筋混凝土材料的混合结构。这种结构可以使两种材料互相取长补短，取得经济合理、技术性能优良的效果。目前，这种混合结构有以下两种组合方式：

1）用钢材加强混凝土构件。钢材放在构件内部，外部用钢筋混凝土做成，称为钢骨（型钢）混凝土构件；也可在钢管内部填充混凝土，做成外包钢构件，称为钢管混凝土。前者可充分利用外包混凝土的刚度和耐火性能，又可利用钢骨减小构件断面和改善抗震性能，现在应用较为普遍。例如，北京的香格里拉饭店就采用了钢骨混凝土柱，在一般高层钢结构中，地下室和底部几层也常常采用钢骨混凝土梁、柱结构。

2）一部分抗侧力结构用钢结构，另一部分采用钢筋混凝土结构（或部分采用钢骨混凝土结构）。多数情况下是用钢筋混凝土做筒（剪力墙），用钢材做框架梁、柱。例如，上海静安希尔顿饭店就是这种混合结构。香港中国银行则是另一种混合方式，它采用钢骨混凝土角柱，而横梁及斜撑都采用钢结构。上海金茂大厦是用钢筋混凝土做核心筒，外部用钢骨混凝土柱和钢柱的混合结构。深圳地王大厦也是用钢筋混凝土做核心筒，外部为钢结构的混合结构。

二、高层建筑结构的特点

高层建筑结构同时承受垂直荷载和水平荷载，还要抵抗地震作用。在层数较少的结构中，水平荷载产生的内力和位移很小，通常可以忽略；在多层结构中，水平荷载产生的内力和位移逐渐增大；而在高层建筑中，水平荷载和地震作用将成为控制因素。图 8-38 表示建筑物高度与荷载效应的关系，从图中可以看到，随着高度增加，侧向位移增加最快，弯矩次之。高层建筑设计不仅需要较大的承载能力，而且需要较大的刚度，使水平位移产生的侧向变形限制在一定的范围内，原因如下：

1）过大的侧向变形会使人不舒服，影响使用。主要是在风荷载作用下，必须保证建筑物内正常的工作与生活，当然对于发生地震时，人的感觉是次要的。

2）过大的侧向变形会使填充墙或建筑装修出现裂缝或损坏，也会使电梯轨道变形。在地震作用下，虽然可以比风荷载作用下适当放宽变形限制，但这些非结构性的损坏会增加修复费用，且填充墙等的倒塌也会威胁人的生命及设备安全，因此，对地震作用下产生的侧向变形也要加以限制。

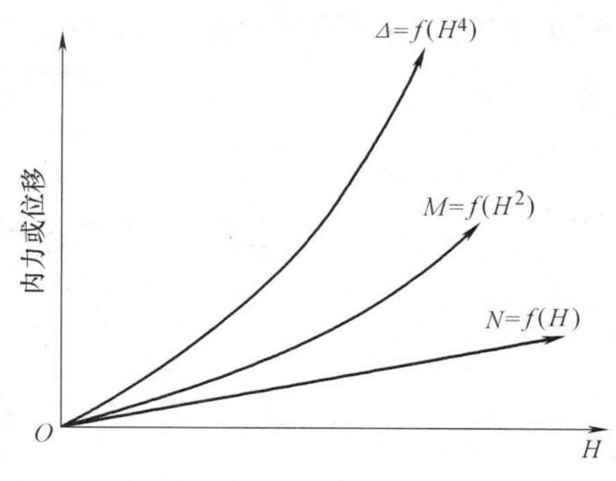

图 8-38　建筑物高度对内力、位移的影响

3）过大的侧向变形会使主体结构出现裂缝，甚至损坏。限制变形也就是限制结构的裂缝宽度及破损程度。

由于上述特点，高层建筑结构在设计时，抗侧力结构的设计成为关键。欲使抗侧力结构具有足够的承载力和刚度，又要有好的抗震性能，还要尽可能提高材料利用率，降低材料消耗、降低造价，必须从选择结构材料、结构体系、基础形式等各方面进行综合考虑。

三、高层建筑的结构类型

高层建筑常用的结构体系有框架结构体系、剪力墙结构体系、框架-剪力墙结构体系、筒体结构体系等。

1. 框架结构体系

框架结构体系是以梁、柱组成的框架作为竖向承重和抵抗水平作用的结构体系。其建筑平面布置灵活，可以做成有较大空间的教室、会议室、餐厅、车库等；墙体采用非承重构件，既可使立面设计灵活多变，又可降低房屋自重，节省材料；通过合理设计，钢筋混凝土框架结构可以获得良好的延性，具有较好的抗震性能。其缺点是结构的抗侧刚度小，对建筑高度有较大的限制；地震时侧向变形较大，容易引起非结构构件的损坏。常见的框架柱网形

式有方格式与内廊式两类，如图 8-39 所示。

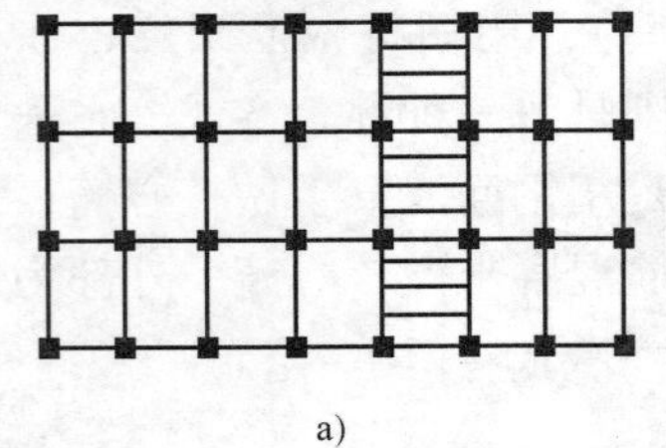

a)

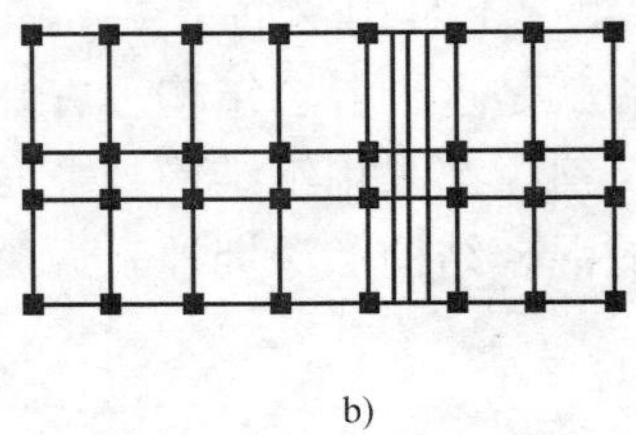

b)

图 8-39 框架结构体系常见柱网布置

a）方格式柱网 b）内廊式柱网

2. 剪力墙结构体系

利用建筑物墙体作为承受竖向荷载、抵抗水平荷载的结构，称为剪力墙结构体系（图 8-40）。现浇钢筋混凝土剪力墙结构的整体性好，刚度大，在水平荷载作用下侧向变形小，承载力要求也容易满足，因此这种结构体系适合建造较高的高层建筑。其缺点是：由于楼板的支撑是剪力墙，剪力墙的间距不能太大，因此剪力墙的结构平面布置不灵活，不能满足公共建筑的使用要求。图 8-41 所示为剪力墙结构体系的平面布置示意图。

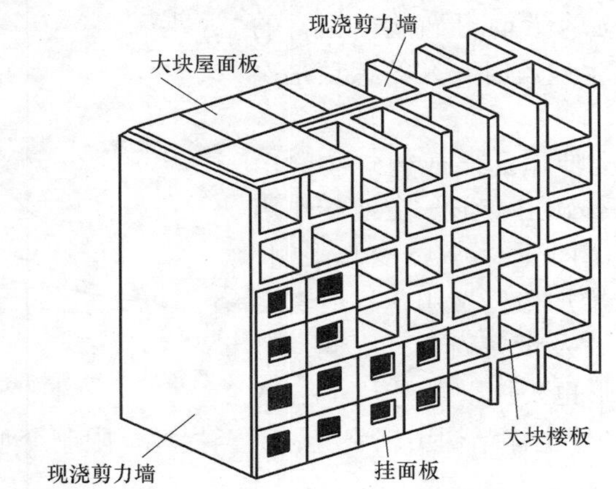

图 8-40 剪力墙结构体系

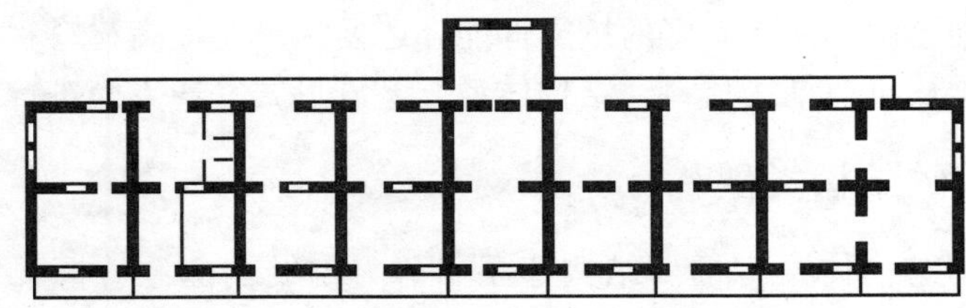

图 8-41 剪力墙结构体系的平面布置示意图

3. 框架-剪力墙结构体系

框架-剪力墙结构体系是由框架和剪力墙结合而共同工作的结构体系（图 8-42），兼有框架和剪力墙两种结构体系的优点。框架和剪力墙协同工作，可以取长补短，既可获得良好的抗震性能，又可取得良好的适用性。多用于 10 ~ 20 层的房屋。图 8-43 所示为框架-剪力墙结构体系平面布置示意图。

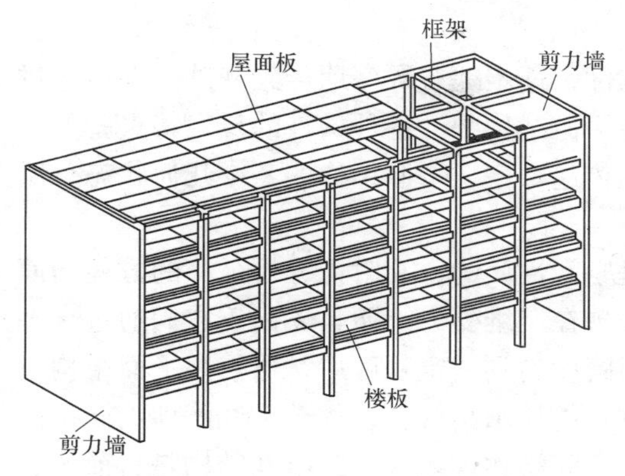

图 8-42 框架-剪力墙结构体系

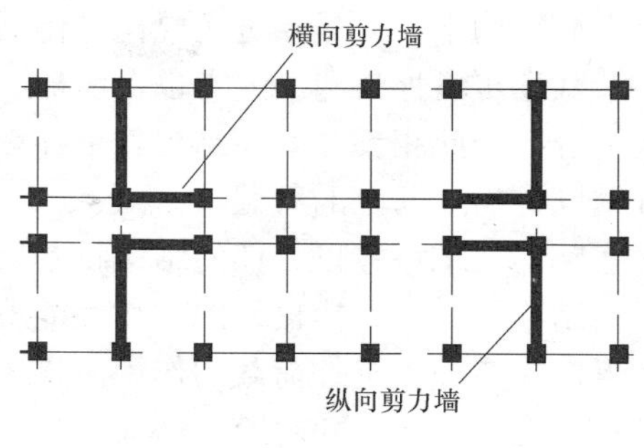

图 8-43 框架-剪力墙结构体系平面布置示意图

4. 筒体结构体系

随着建筑物层数、高度的增加，高层建筑结构承受的水平荷载和地震作用也大大增加，框架、剪力墙和框架-剪力墙结构体系往往不能满足要求，此时可将剪力墙在平面内围合成箱形，形成一个竖向布置的空间刚度很大的薄壁筒体；再由加密柱和刚度较大的裙梁形成空间整体受力的框筒构成具有很好的抗风和抗震性能的筒体结构体系。根据筒的布置、组成和数量等，筒体结构体系（图 8-44）又可分为框架-筒体结构体系、多筒结构体系、筒中筒结构体系、成束筒结构体系等。框架-筒体结构体系：一般中央布置剪力墙薄筒、周边布置大柱距的框架，或周边布置框筒、中央布置框架，其受力特点类似于框架-剪力墙结构。筒中筒结构体系：由内外几层筒体组合而成，通常内筒为剪力墙薄壁筒，可集中布置电梯、楼梯及管道竖井；外筒是框筒，可以解决通风、采光问题。成束筒结构体系：又称为组合筒体结构体系，在平面内设置多个筒体组合在一起，形成整体刚度很大的一种结构形式，其抗风和抗震性能优越，适用于建造 50 层以上的办公建筑。

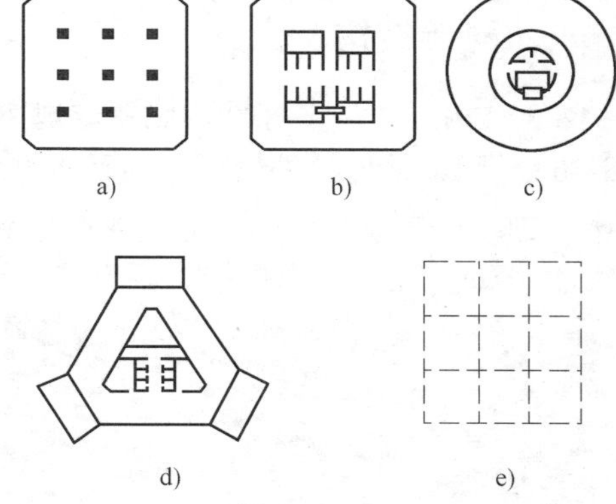

图 8-44 筒体结构体系的多种形式
a）框筒 b）筒中筒 c）多重筒
d）群筒（多筒） e）组合筒（成束筒）

第五节 空间结构体系

空间结构一般是指结构的跨度比较大，或者结构受力体系是空间的，既受到三维作用的力，又是三维的传力结构。空间结构是 20 世纪初出现的一种新型结构，主要用在大、中跨度的建筑物屋盖上。空间结构是相对于平面结构而言的，主要是因设计分析时的假设不同。如本章第一节中讲述的梁、板、柱都属于平面结构，在计算分析时假设它们所承受的荷载以及由此产生的内力和变形均在一个平面内。空间结构则不然，其荷载与内力、变形是作用在三个方向，即在一个空间内，在分析时要考虑空间作用，用一般二维的假设就无法得到准确

的解答，计算上比平面结构的计算要复杂得多。

在平面结构中，力是经过次要构件传到主要构件，逐步地有顺序地传到基础，在传递过程中，荷载逐步增加，构件内力也在增加，因此在平面结构中，各种构件的最大特点就是具有主次之分。与此相反，空间结构就不存在荷载的传递顺序，按照结构的三维几何状态，所有构件共同分担屋面上的荷载。

在实际的三维世界里，任何结构物本质上都是空间性质的，有时为分析计算的方便而简化为平面结构，空间结构良好的工作性能不仅仅表现在三维受力，而且还由于它们通过合理的曲面形体来有效抵抗外荷载的作用。事实上，当跨度达到一定程度后，再按照平面结构去计算分析已经不合理，随着跨度增大，空间结构就越能显示出其良好的技术经济性能。从国内外工程实际看，大跨度建筑多数采用各种形式的空间结构体系，大跨空间结构是目前发展最快的结构类型，大跨度建筑以及作为其核心的空间结构技术发展是代表一个国家建筑科技水平的重要标志之一。

大跨空间结构常用于展览馆、体育馆、飞机机库等，其结构体系有很多，如网架结构、网壳结构、悬索结构、膜结构等，同时近年来采用不同受力体系结构组合而成的组合空间结构，如在平面中央附设索拱、索桁架或大拱架等形式为主的主要承重结构、两边采用索网或网架结构形式，也有采用悬吊或斜拉形式组合的空间结构。

一、网架结构

网架结构是由许多杆件按照一定规律布置、通过节点连接而形成的网状结构（图8-45，图8-46）。网架结构按外形可分为平板型网架和壳形网架。网架结构是目前大跨度结构中应用最普遍的一种结构形式，如广州天河体育馆，采用三向网架，其平面呈正六边形，对角线跨度为107m；北京首都机场的四机位飞机库网架，采用双跨，跨度为153m，进深为90m。

图8-45 广州天河体育中心卡丁车赛场

图8-46 珠海机场候机厅

1. 平板型网架

平板型网架的构造、设计、制造、安装都比较简单，建筑上也容易处理。常用的平板型网架包括由平面桁架系组成的交叉梁系网架、由四角锥体或三角锥体组成的角锥体系网架。

交叉梁系网架是由上弦、下弦和腹杆同在一个竖向平面内的平行弦桁架相互交叉组成的网架结构。常用形式如两向正交正放网架、三向网架，当两个方向的桁架垂直交叉、弦杆垂直或平行于建筑平面边界时称为两向正交正放网架（图8-47）。两向正交正放网架适用于正方形或接近正方形的建筑物，这种网架受力较为合理，其上、下弦的网格尺寸相同，且在同一方向的桁架长度一致，使制作安装较为方便。若三个方向的竖向平面桁架互成60°斜向交叉，就称为三向网架（图 8-48）。三向网架适用于三角形、六边形、多边形且跨度较大的建筑平面，这种网架受力性能好，空间刚度大，并能把力均匀地传至支撑系统。

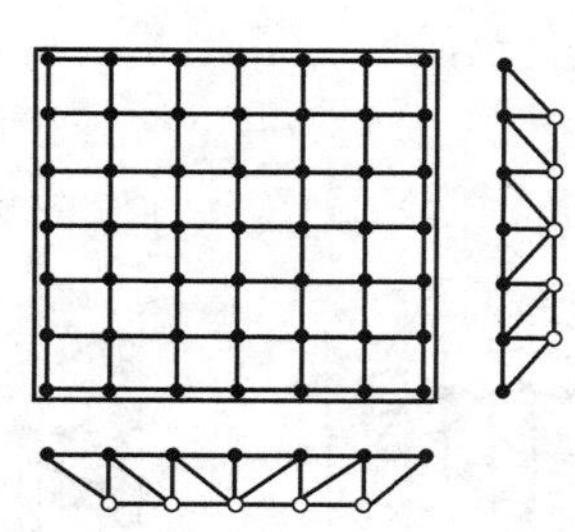

图 8-47　两向正交正放网架

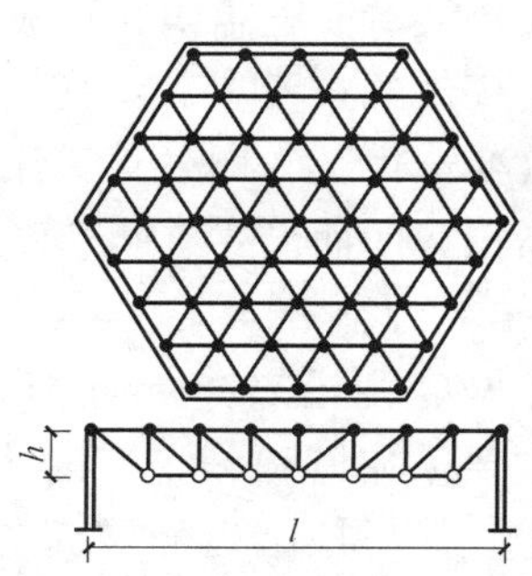

图 8-48　三向网架

2. 角锥体系网架

角锥体系网架是由三角锥、四角锥或六角锥单元组成的空间网架结构，比交叉桁架体系等网架刚度大，受力性能好。它还可以预先做成标准锥体单元，这样安装、运输、存放都很方便。角锥体系网架常用的有正放四角锥网架和斜放四角锥网架。正放四角锥网架是以倒四角锥体为组成单元，锥体的四边为网架的上弦杆，锥棱为腹杆，各锥顶相连即为下弦杆，它的上、下弦杆均与相应边界平行（图 8-49）；斜放四角锥网架是指四角锥单元的底边与建筑平面周边夹角为 45°（图 8-50），其节点汇集的杆件数目少，构造简单，比正放四角锥网架受力更为合理，经济指标好。

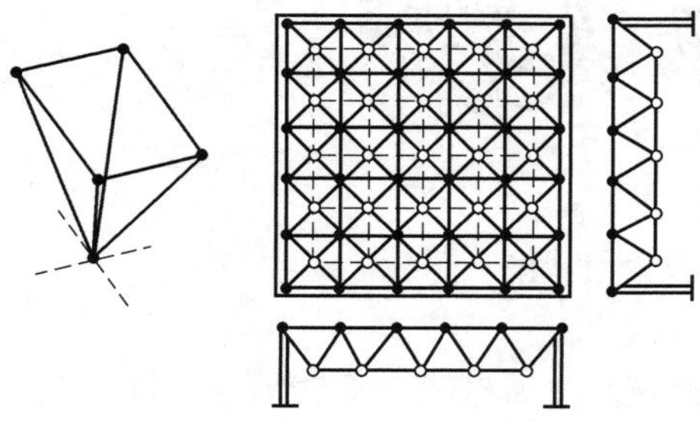

图 8-49　正放四角锥网架

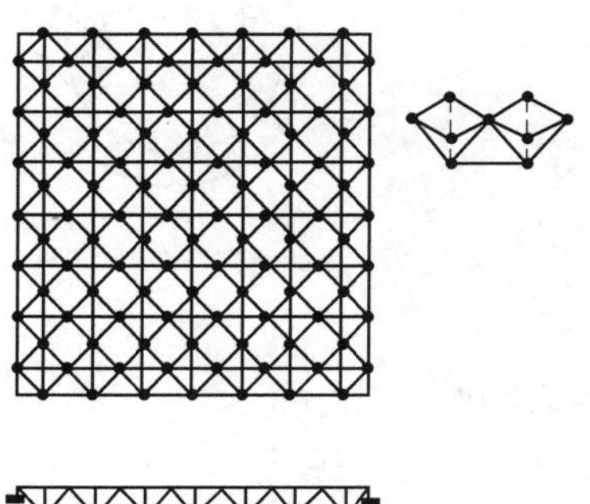

图 8-50　斜放四角锥网架

网架结构的特点：网架是多向受力的空间结构，比单向受力的平面桁架适用的跨度大；结构整体空间刚度大，稳定性和抗震性好；适用于大柱网的工业厂房，可灵活布置工艺流程，并可做成标准的工业厂房提供给用户；方便采光和通风等。

二、网壳结构

网壳结构即为网状的壳体结构，其外形为壳，构成网格状，是格构化的壳体，也是壳形的网架。20 世纪 50～60 年代，钢筋混凝土薄壳结构因其良好的受力性能，既能承重，又起围护作用，在防火和便于维修方面具有优势，因而得到了较大的发展。然而，多年来的实践证明，薄壳结构在应用上还存在一些问题，如曲面形壳体的模板制作困难，耗费的劳动力大；其次，薄壳结构在高空进行浇筑或拼装也耗工、耗时，这些因素成为钢筋混凝土薄壳结

构的致命弱点，从而限制了其推广使用。所以近30年来，以钢结构为代表的网壳结构得到了很大的发展。

网壳结构兼有薄壳结构和平板网架结构的优点，是一种很有竞争力的大跨度空间结构。网壳结构按杆件的布置方式，有单层网壳、双层网壳和局部双层网壳等形式。一般情况下，中小跨度（40m以下）时，可采用单层网壳；跨度较大时，则采用双层网壳或局部双层网壳。网壳结构按曲面形式有圆柱面网壳、球面网壳、椭圆抛物面网壳（又称双曲扁壳）。

1. 圆柱面网壳

圆柱面网壳由沿着单曲柱面布置的杆件组成。柱面曲线主要采用圆弧线，有时也可用抛物线、椭圆线或悬链线。单层圆柱面网壳支撑在两端横墙上时，其跨度不宜大于30m；当沿纵向边缘落地支撑时，其跨度不宜大于25m。单层圆柱面网壳的网格形式如图8-51所示。

a)

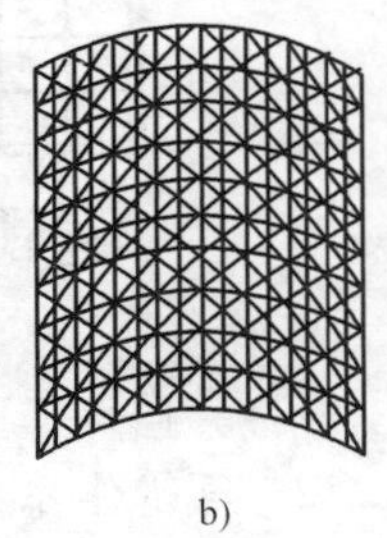
b)

图8-51 单层圆柱面网壳的网格形式
a）单向斜交正方网格 b）三向网格

2. 球面网壳

球面网壳宜于覆盖跨度较大的房屋，其关键在于球面的划分，球面划分的基本要求为：杆件规格尽可能少，以便制作和装配；形成的结构必须是几何不变体。目前常用的网格布置有肋环形、肋环斜杆形、三向网格等，如图8-52所示。

a)

b)

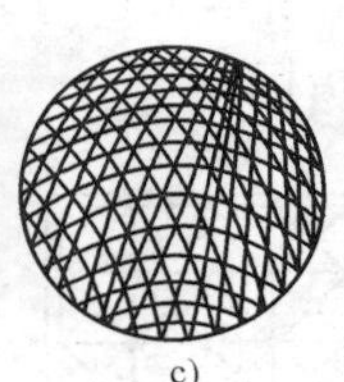
c)

图8-52 球面网壳
a）肋环形 b）肋环斜杆形 c）三向网格

3. 椭圆抛物面网壳

椭圆抛物面是一种平移曲线，它是以一条竖向抛物线作为母线，沿着另一相同上凸的抛物线平行移动而成的。这种曲面与水平面相交截出椭圆曲线，所以称为椭圆抛物面，如图8-53所示。

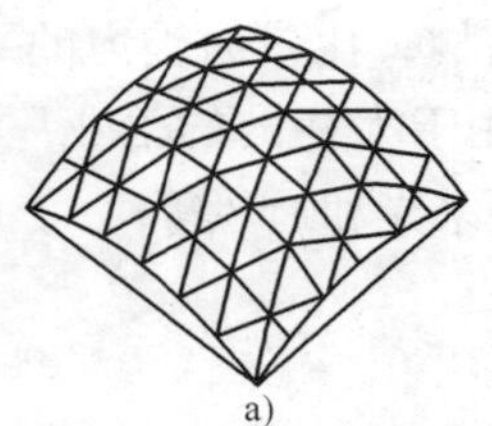
a)

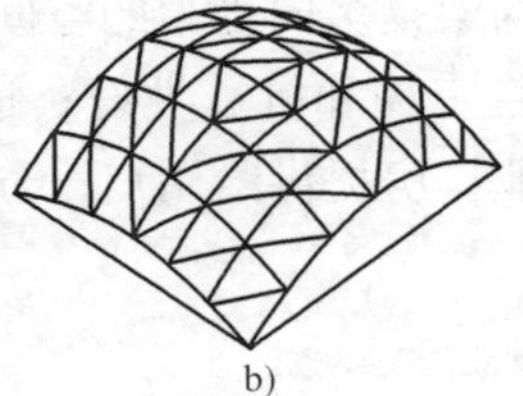
b)

图8-53 椭圆抛物面网壳
a）三向网格 b）单向斜杆正交正放网格

三、悬索结构

悬索结构是以受拉钢索作为主要承重构件的结构体系，受拉钢索按照一定规律组成各种不同的形式，是充分发挥高效能钢材受拉作用的一种大跨度结构。一般承重方向的钢索称为承重索，保证屋面整体性而需附设的钢索称为稳定索。悬索虽是单向受力，一般也把其列入空间结构的范畴。悬索结构的形式极其丰富多彩，根据几何形状、组成方法、悬索材料以及受力特点等不同，可以有多种不同的划分。通常，可将悬索结构分为单层索系、双层索系、横向加劲索系和双曲面交叉索网四类。

1. 单层索系

当平面为矩形时，单层索系由许多平行的单层拉索构成，形成一个单曲下凹屋面，如图 8-54a所示，拉索端部悬挂在水平刚度很大的横梁上，也可直接由柱子支撑；当平面为圆形时，拉索按辐射状布置，形成一碟形屋面，拉索的周边支撑在受压圈梁上，在中心设置拉环，形成辐射悬索，如图 8-54b 所示。

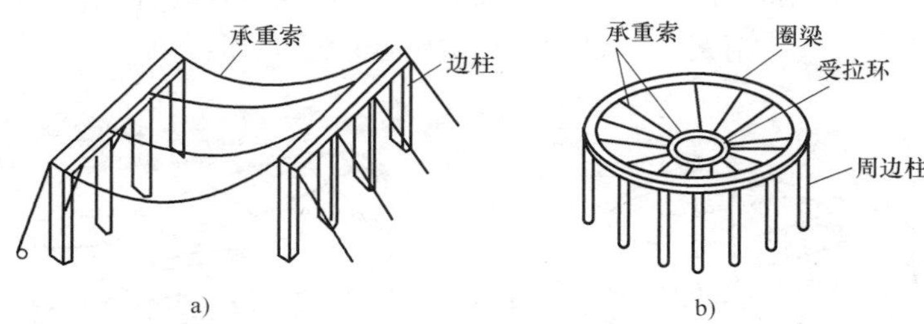

图 8-54　单层索系

a）单向索系　b）辐射索系

2. 双层索系

双层索系的特点是除了如单层索系所具有的承重索外，还设置有曲率与之相反的稳定索。双层索系同样可以用于矩形和圆形平面，当平面为矩形时，双层索系由许多平行的承重索和稳定索构成，两索之间用拉索或受压撑杆相联系（图 8-55a），由于双层索系往往做成斜腹杆形式，因此也称为索桁架。对于圆形平面，承重索与稳定索按辐射状布置，在中心设置拉环，在周边视拉索的布置设一道或两道受压圈梁（图 8-55b）。

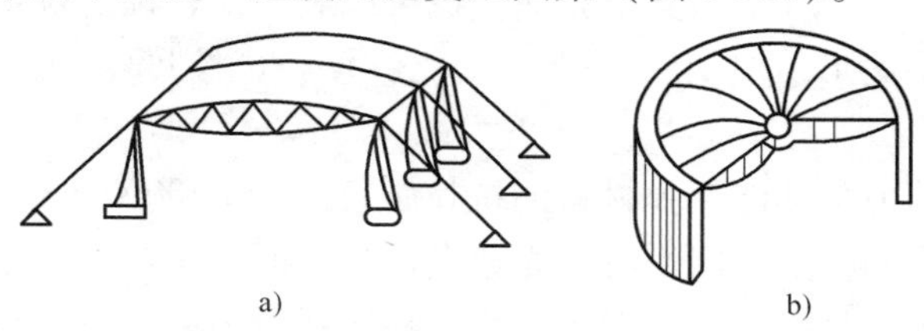

图 8-55　双层索系

a）矩形平面　b）圆形平面

3. 横向加劲索系

对于采用轻型屋面的单层索系，为了加强其刚度承受不对称荷载或动荷载，可在单曲悬索上设置横向加劲构件，形成横向加劲索系（图 8-56），在外荷载作用下，横向加劲构件能有效分担并传递荷载。

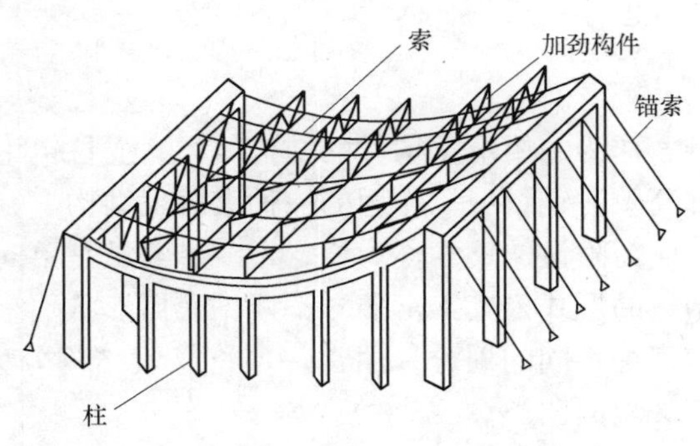

图 8-56 横向加劲索系

4. 双曲面交叉索网

双曲面交叉索网也称为鞍形悬索，由两组正交的、曲率相反的拉索直接叠交组成，其中下凸的一组是承重索，上凸的一组是稳定索（图 8-57），其曲面大都采用双曲抛物面，适用于各种形状的建筑平面，如矩形、圆形、椭圆形等，为了锚固索网，沿屋盖周边应设置强大的边缘构件，如圈梁、拱、桁架等，以承受拉索引起的应力和弯矩。

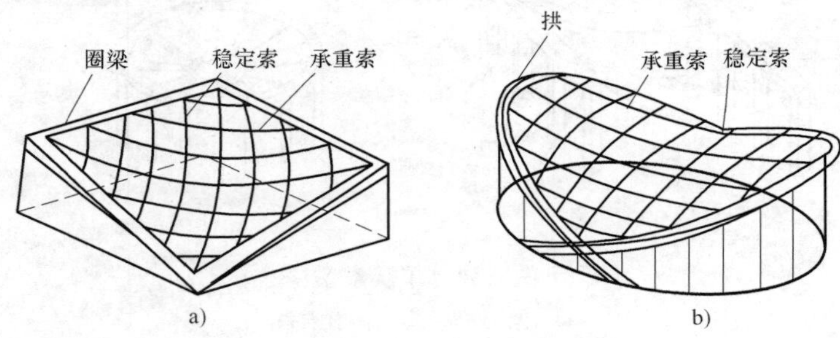

图 8-57 双曲面交叉索网

a）矩形平面 b）椭圆形平面

四、膜结构

膜结构是 20 世纪 70 年代初发展起来的一种新型结构，它以性能优良的柔软织物为材料，可以向膜内充气，由空气压力支撑膜面，也可以利用柔软性的拉索结构或刚性支撑结构将薄膜绷紧或撑起，从而形成具有一定刚度、能够覆盖大跨度空间的结构体系，如图 8-58 所示。

膜结构具有优良的力学性能，膜材料的抗拉强度可达 1400N/cm，薄膜的受力为单纯受拉，膜材只承受沿膜面的张力，因而可以充分发挥材料的抗拉性能。膜结构为柔性结构，自重轻，对地震反应很小，具有很好的变形性能，易于耗散地震能量，是一种理想的抗震结构体系。膜结构制作方便，施工速度快，造价经济，透光性好。

膜结构按其支撑方式，一般可分为充气式膜结构、悬挂式膜结构、骨架支撑膜结构和复合膜结构等。

1. 充气式膜结构

这种结构是向气密性好的膜材所覆盖的空间输送空气，利用内、外空气的压力差，使膜材处于受拉状态，结构就具有了一定的刚度来承受外荷载，因此也称为充气结构（图 8-59）。

a)

b)

图 8-58 膜结构

2. 悬挂式膜结构

悬挂式膜结构一般采用独立的桅杆或拱作为支撑结构将钢索与膜材悬挂起来，然后利用钢索向膜面施加张力将其绷紧，形成具有一定刚度的屋架（图 8-60）。

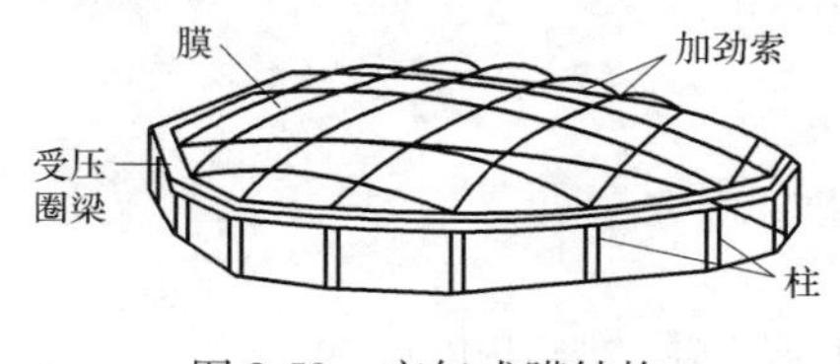

图 8-59 充气式膜结构

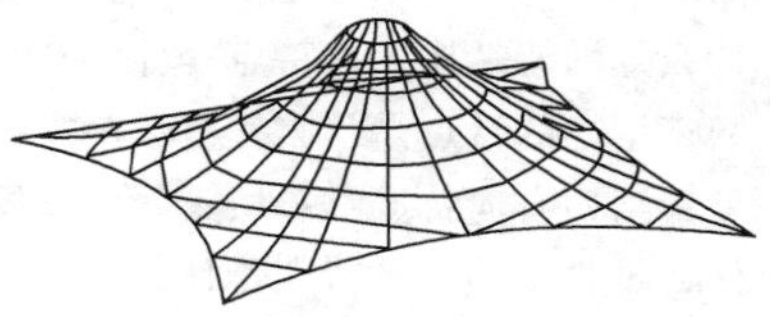

图 8-60 悬挂式膜结构

3. 骨架支撑膜结构

这种结构是以钢骨架代替了充气膜结构中的空气作为膜的支撑结构，骨架可以根据建筑物的要求选用，然后在骨架上敷设膜材并绷紧，适用于平面为正方形、圆形或矩形的建筑物（图 8-61）。

4. 复合膜结构

复合膜结构由钢索、膜材及少量的受压杆件组成，主要用于圆形屋面，也称为“索穹顶”，这个体系包括连续的拉索和单独的压杆，在荷载作用下，力从中心受拉环或桁架通过放射状的径向脊索、环向拉索、斜拉索传向周围的受压环梁（图 8-62）。复合膜结构适用于大跨度的圆形或椭圆形建筑，是膜结构中最新发展的一种结构形式。

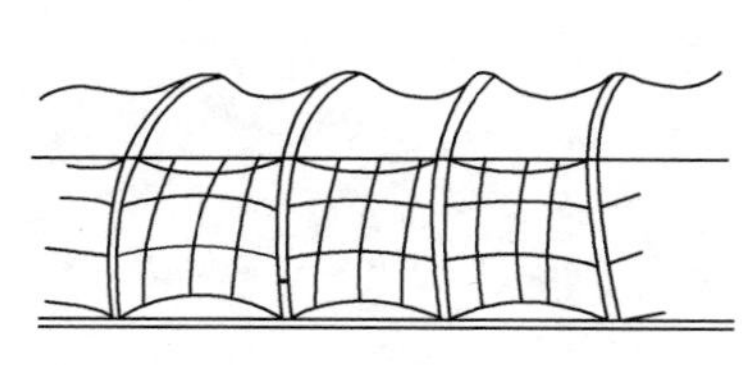

图 8-61 骨架支撑膜结构

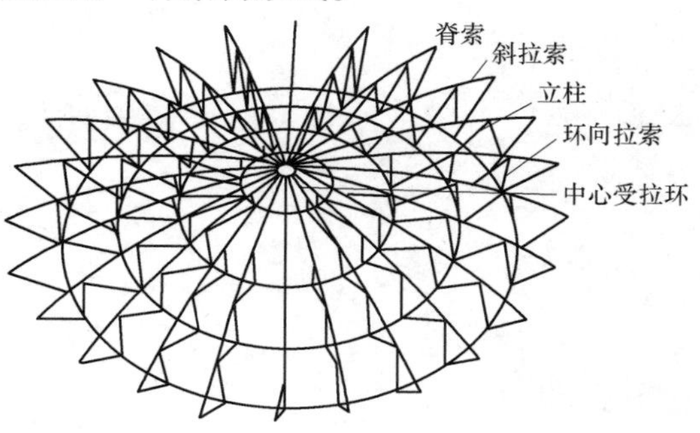

图 8-62 复合膜结构

复习思考题

1. 梁上作用的荷载有哪几种？试举例说明。
2. 梁按支承条件可分为哪几类？试分别绘制其计算简图。
3. 钢-混凝土组合梁与现浇钢筋混凝土梁相比，有哪些优点？钢-混凝土组合梁由哪几部分组成？
4. 常见的现浇整体式钢筋混凝土楼板有哪些？分别适用于哪些工程结构中？
5. 什么是压型钢板组合楼板？其特点是什么？
6. 柱根据材料分为哪几种？钢筋混凝土柱常用的截面形状有哪些？
7. 什么是桁架结构？试述桁架结构各杆件的名称。
8. 钢筋混凝土屋架常见的形式有哪些？各有什么特点？
9. 什么是框架结构？钢筋混凝土框架结构根据施工方法分为哪几类？各有什么特点？
10. 框架结构的侧向变形由哪几部分组成？影响框架结构侧向变形的主要因素是什么？
11. 高层建筑常用的结构体系有哪些？各自的特点是什么？
12. 什么是网架结构？其特点是什么？常用于哪些建筑？
13. 网壳结构的特点是什么？有哪些类型？
14. 悬索结构有何特点？单层索系和双层索系有什么区别？
15. 什么是膜结构？其特点是什么？
16. 查阅3~5个国内外典型的高层建筑，简要分析其各自属于哪一种结构体系。

9 第九章 土木工程设计与施工

【内容摘要及学习要求】

本章介绍了土木工程结构设计的基本理论和设计方法；同时介绍了土木工程主要分部分项工程的施工方法，如地基的处理和基础施工、主体结构施工、屋面工程施工、装饰工程施工；最后简单介绍了土木工程竣工验收和后评价。要求掌握分部分项工程的施工基本方法，熟悉结构设计的基本理论和设计方法，了解竣工验收和后评价等基本内容。

第一节 结构设计的基本理论和设计方法

一、结构设计的基本理论

结构设计的目标是使结构必须满足下列三方面功能要求。

（1）安全性 结构能承受正常施工和正常使用时可能出现的各种作用；在设计规定的偶然事件（如地震等）发生时和发生后，仍能保持必需的整体稳定性，即结构只发生局部损坏而不致发生连续倒塌。

（2）适用性 结构在正常使用荷载作用下具有良好的工作性能。如不发生影响正常使用的过大变形，或出现令使用者不安的过宽裂缝等。当建筑物的梁变形太大，虽然其没有破坏但其粉刷层会破坏，站在下面的人将会感觉很不安全，不敢停留，这就不能满足人的适用性要求。

（3）耐久性 结构在正常使用和正常维护条件下具有足够的耐久性。如钢筋不过度腐蚀、混凝土不发生过分化学腐蚀或冻融破坏等。

结构的安全性、适用性和耐久性统称为结构可靠性。

结构的安全可靠性是指建筑结构达到极限状态的概率是足够小的，或者说结构的安全保证率是足够大的。其中，结构整体或部分在超过某状态时，结构就不能满足设计规定的某一功能要求的这种状态，称为结构的极限状态。极限状态是区分结构工作状态为可靠或不可靠的标志。

结构极限状态可分为两类，一类是承载能力极限状态，另一类是正常使用极限状态。承载能力极限状态对应于结构或结构构件达到最大承载能力或出现不适于继续承载的变形。如

混凝土柱被压坏，梁发生断裂等。正常使用极限状态对应于结构或结构构件达到正常使用或耐久性能的某项规定限值。如梁发生了过大的变形，或裂缝太大，或在不允许出现裂缝的构筑物中（如水池中）产生裂缝等。

结构的设计并不是要结构100%安全，那是不经济的，而是保证结构的失效概率达到人们的心理可接受的程度。

二、结构设计方法

我国建筑结构设计采用近似概率极限状态设计法。按承载能力极限状态和正常使用极限状态两种状态设计。

1. 承载能力极限状态计算

各类构件均应进行该种状态计算，并应满足以下表达式

$$\gamma S \leqslant R \tag{9-1}$$

式中 S——荷载效应设计值，$S = CQ$；

R——结构抗力，$R = f(f_y, f_c, \alpha_k \cdots)$；

γ——结构重要性系数，γ 依重要性不同分别取1.1、1.0、0.9（重要、一般、次要）；

C——荷载效应系数；

Q——荷载设计值。

2. 正常使用极限状态计算

重要构件需进行计算，一般可不验算，但应满足构造要求，其表达式为

$$S_k \leqslant C \tag{9-2}$$

式中 S_k——荷载效应标准值，$S_k = CQ_k$；

C——正常使用极限状态限值。

（1）构件裂缝宽度 ω 验算 公式为

$$\omega_{max} \leqslant \omega_{lim} \tag{9-3}$$

式中 ω_{max}——最大裂缝宽度，由计算求得；

ω_{lim}——裂缝宽度限制，一般为0.2～0.3mm。

（2）构件变形验算 公式为

$$f_{max} \leqslant f_{lim} \tag{9-4}$$

式中 f_{max}——构件最大挠度，由计算求得；

f_{lim}——裂缝挠度限制，一般可取 $l_0/12$。

第二节 地基的处理和基础施工

一、地基处理与加固

任何建筑物都必须有可靠的地基和基础。建筑物的全部重量（包括各种荷载）最终将通过基础传给地基，所以，对某些地基的处理及加固就成为基础工程施工中的一项重要内容。在施工过程中如发现地基土质过软或过硬，不符合设计要求时，应本着使建筑物各部位

沉降尽量趋于一致，以减小地基不均匀沉降的原则对地基进行处理。

常用的地基处理方法有换土、强夯、砂桩挤密、深层搅拌、化学加固等。

1. 换土地基

当建筑物基础下的持力层比较软弱，不能满足上部荷载对地基的要求时，常采用换土地基来处理软弱地基。这时先将基础下一定范围内承载力低的软土层挖去，然后回填强度较大的砂、碎石或灰土等，并夯至密实。实践证明：换土地基可以有效地处理某些荷载不大的建筑物地基问题，如一般的三、四层房屋、路堤、油罐和水闸等的地基。换土地基按其回填的材料可分为砂地基、碎（砂）石地基、灰土地基等。

2. 强夯地基

强夯地基是用起重机械将重锤（一般 8 ~ 30t）吊起从高处（一般 6 ~ 30m）自由落下，给地基以冲击力和振动，从而提高地基土的强度并降低其压缩性的一种有效的地基加固方法。该方法具有效果好、速度快、节省材料、施工简便，但施工时有噪声和振动大等特点。适用于碎石土、砂土、黏性土、湿陷性黄土及填土地基等的加固处理。

3. 重锤夯实地基

重锤夯实是用起重机械将夯锤提升到一定高度后，利用自由下落时的冲击能来夯实基土表面，使其形成一层较为均匀的硬壳层，从而使地基得到加固。该方法具有施工简便，费用较低，但布点较密，夯击遍数多，施工期相对较长，同时夯击能量小，孔隙水难以消散，加固深度有限，当土的含水量稍高，易夯成橡皮土，处理较困难等特点。适用于处理地下水位以上稍湿的黏性土、砂土、湿陷性黄土、杂填土和分层填土地基。但当夯击振动对邻近的建筑物、设备以及施工中的砌筑工程或浇筑混凝土等产生有害影响时，或地下水位高于有效夯实深度以及在有效深度内存在软黏土层时，不宜采用。

4. 砂桩地基

砂桩地基是通过冲击和振动，把砂挤入土中成桩。此方法经济、简单且有效。这种桩适用于挤密松散砂土、素填土和杂填土等地基。对于饱和软黏土地基，由于其渗透性较小，抗剪强度较低，灵敏度又较大，要使砂桩本身挤密并使地基土密实往往较困难，相反地，却破坏了土的天然结构，使抗剪强度降低，因而对这类工程要慎重对待。

5. 水泥土搅拌桩地基

水泥土搅拌桩地基是利用水泥、石灰等材料作为固化剂，通过特制的深层搅拌机械，在地基深处就地将软土和固化剂（浆液或粉体）强制搅拌，利用固化剂和软土之间所产生的一系列物理、化学反应，使软土硬结成具有一定强度的优质地基。本方法具有无振动、无噪声、无污染、无侧向挤压，对邻近建筑物影响很小，且施工期较短，造价低廉，效益显著等特点。适用于加固较深较厚的淤泥、淤泥质土、粉土和含水量较高且地基承载力不大于120kPa 的黏性土地基，对超软土效果更为显著。

6. 注浆地基

注浆地基是指利用化学溶液或胶结剂，通过压力灌注或搅拌混合等措施，将土粒胶结起来的地基处理方法。此方法具有设备工艺简单、加固效果好、可提高地基强度、消除土的湿陷性、降低压缩性等特点。适用于局部加固新建或已建的建（构）筑物基础、稳定边坡以及防渗帷幕等，也适用于湿陷性黄土地基，对于黏性土、素填土、地下水位以下的黄土地基，经试验有效时也可应用，但长期受酸性污水侵蚀的地基不宜采用。

总之，用于地基加固处理的方法较多，除上述介绍的几种以外，还有高压喷射注浆地基等。

二、基础工程施工

基础是建筑物最下部的承重构件，承受建筑物的全部荷载，并把这些荷载传给地基。基础是建筑物的重要组成部分。

基础按埋置深度分为浅基础（埋置深度小于5m）和深基础（埋置深度大于等于5m）。桩基础是最常用的深基础。

（一）浅基础

浅基础按构造形式分为条形基础、杯形基础、筏式基础、箱形基础等。

1. 条形基础

条形基础包括柱下钢筋混凝土独立基础（图9-1）和墙下钢筋混凝土条形基础（图9-2）。这种基础的抗弯和抗剪性能良好，可在竖向荷载较大、地基承载力不高以及承受水平力和力矩等荷载情况下使用。因高度不受台阶宽高比的限制，故适宜于需要“宽基浅埋”的场合下采用。

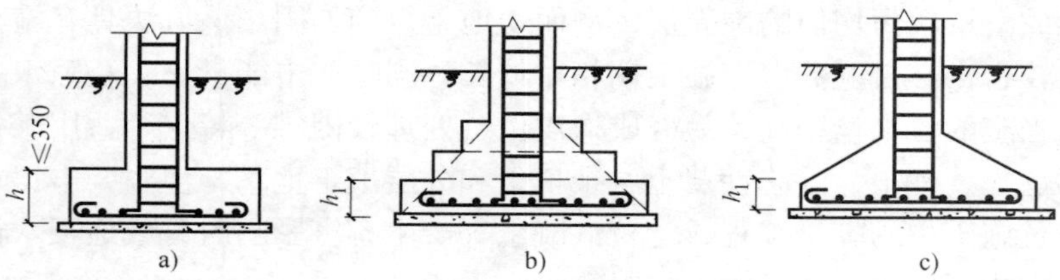

图9-1 柱下钢筋混凝土独立基础

a）、b）阶梯形 c）锥形

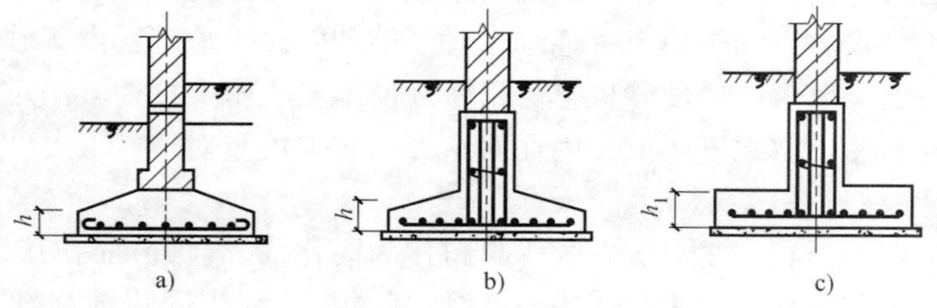

图9-2 墙下钢筋混凝土条形基础

a）板式 b）、c）梁板结合式

2. 杯形基础

杯形基础常用作钢筋混凝土预制柱基础，基础中预留凹槽（即杯口），然后插入预制柱，临时固定后，即在四周空隙中灌细石混凝土。其形式有一般杯口基础、双杯口基础等（图9-3）。

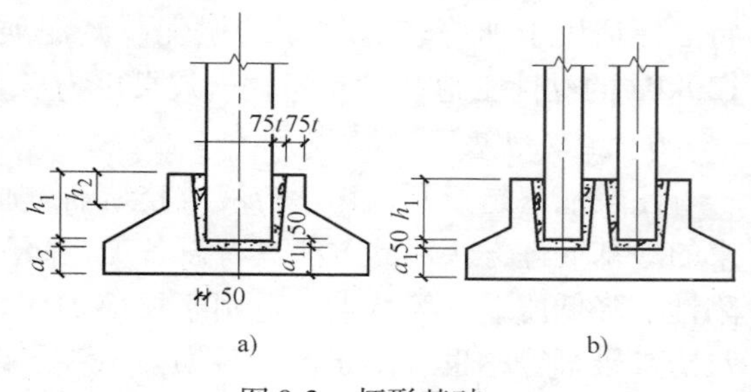

图9-3 杯形基础

a）一般杯口基础 b）双杯口基础

3. 筏式基础

筏式基础由钢筋混凝土底板、梁等组成，

适用于地基承载力较低而上部结构荷载很大的场合。其外形和构造上像倒置的钢筋混凝土楼盖，整体刚度较大，能有效将各柱子的沉降调整得较为均匀。筏式基础一般可分为梁板式和平板式两类（图9-4）。

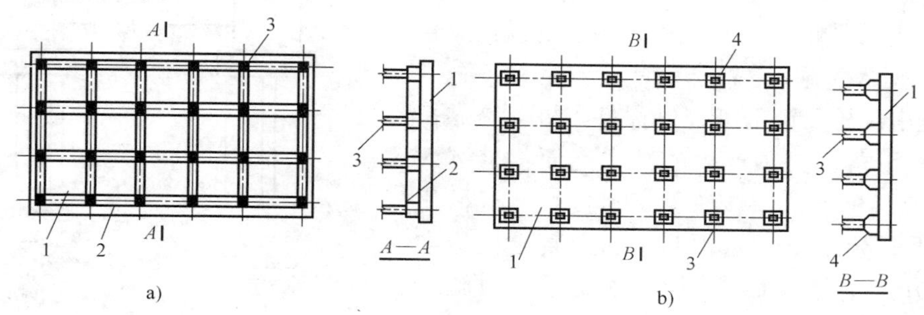

图9-4　筏式基础

a）梁板式　b）平板式

1—底板　2—梁　3—柱　4—支墩

4. 箱形基础

箱形基础是由钢筋混凝土底板、顶板、外墙以及一定数量的内隔墙构成封闭的箱体（图9-5），基础中部可在内隔墙开门洞做地下室。该基础具有整体性好，刚度大，调整不均匀沉降能力及抗震能力强，可消除因地基变形使建筑物开裂的可能性，减少基底处原有地基自重应力，降低总沉降量等特点。适用于软弱地基上的面积较小、平面形状简单、上部结构荷载大且分布不均匀的高层建筑物的基础和对沉降有严格要求的设备基础或特种构筑物基础。

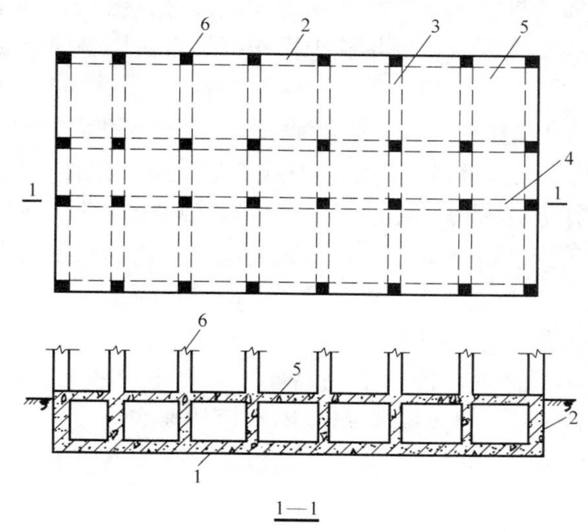

图9-5　箱形基础

1—底板　2—外墙　3—内横隔墙

4—内纵隔墙　5—顶板　6—柱

（二）深基础

1. 桩基础

桩基础是一种常用的深基础形式，通常由桩顶承台（梁）将若干根桩连成一体，将上部结构传来的荷载传递给桩周土或传递给桩尖基岩。

按桩传力方式不同，桩基础可分为端承桩和摩擦桩，如图9-6所示。按施工方法不同，可分为预制桩和灌注桩。

（1）预制桩　预制桩是在工厂或施工现场制成的各种材料和形式的桩，用沉桩设备在桩设计位置将其打入、压入、振入、高压水冲入、旋入土中。

1）锤击沉桩。锤击沉桩也称打入桩，是靠打桩机的桩锤下落到桩顶产生的冲击能而将桩沉入土中的一种沉桩方法，该法施工速度快，机械化程度高，适用范围广，是预制钢筋混凝土桩最常用的沉桩方法。但施工时有噪声和振动，对施工场所、施工时间有所限制。

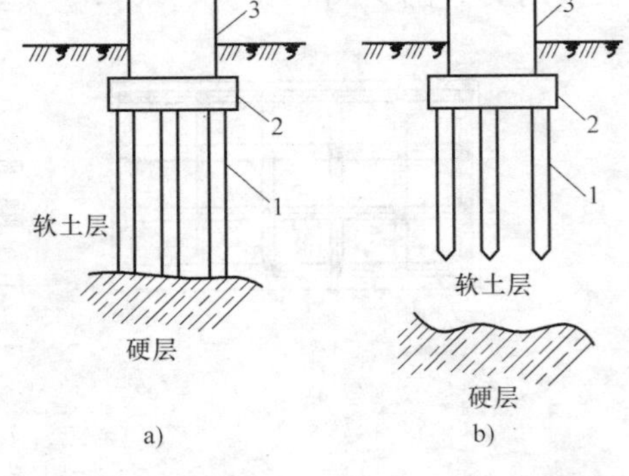

图9-6　桩基础示意图

a）端承桩　b）摩擦桩

1—桩　2—承台　3—上部结构

打桩程序包括吊桩、插桩、打桩、接桩、送桩、截桩头。

2）静力压桩。静力压桩是利用无振动、无噪声的静压力将预制桩压入土中的沉桩方法。静力压桩的方法较多，有锚杆静压、液压千斤顶加压、绳索系统加压等，凡非冲击力沉桩均按静力压桩考虑。静力压桩适用于软土，淤泥质土，沉桩截面小于400mm×400mm、桩长为30～35m的钢筋混凝土实心桩或空心桩。静力压桩施工中，一般采用分段预制、分段压入、逐段接长（焊接和浆锚）的方法。

（2）灌注桩　灌注桩是直接在桩位上就地成孔，然后在孔内安放钢筋笼灌注混凝土而成的。与预制桩相比，灌注桩能适应各种地层，无须接桩，桩长、直径可变化自如，减少了桩制作、吊运。但其成孔工艺复杂，现场施工操作好坏直接影响成桩质量，施工后需较长的养护期方可承受荷载。

灌注桩施工可分为钻孔灌注桩、人工挖孔灌注桩、套管成孔灌注桩和爆扩成孔灌注桩等。

1）钻孔灌注桩。钻孔灌注桩可分为干作业成孔灌注桩、湿作业成孔灌注桩。

干作业成孔灌注桩在钻孔过程中无须泥浆护壁直接取土成孔。适用于地下水位以上的黏性土、粉土、填土、中等密实以上的砂土、风化岩层。常用螺旋钻机干作业成孔。

施工程序包括钻孔取土、清孔、吊放钢筋笼、浇筑混凝土。

湿作业成孔灌注桩又称泥浆护壁成孔灌注桩。在钻孔过程中采用泥浆保护孔壁及排渣，常用回旋钻机成孔。适用于地下水位以下的黏性土、粉土、砂土、填土、碎（砾）石土及风化岩层，以及地质情况复杂、夹层多、风化不均、软硬变化较大的岩层。

施工程序包括钻孔、造浆、排渣、清孔、吊放钢筋笼、浇筑混凝土。

2）人工挖孔灌注桩。人工挖孔灌注桩是指在桩位采用人工挖掘方法成孔，然后安放钢筋笼，灌注混凝土而成桩。

人工挖孔灌注桩为干作业成孔，成孔方法简便，成孔直径大（一般为800～2000mm），单桩承载力高，施工时无振动、无噪声，施工设备简单，可同时开挖多根桩以节省工期，可直接观察土层变化情况，便于清孔和检查孔底及孔壁，可较清楚地确定持力层的承载力，施工质量可靠。当高层建筑选用大直径的灌注桩，而施工现场又在狭窄的市区时，尤其适用人工挖孔。但其劳动条件差，劳动力消耗大。

3）套管成孔灌注桩。利用锤击打桩法或振动沉桩法，将带有活瓣式桩尖或带有钢筋混

凝土桩靴的钢套管沉入土中，然后边拔管边灌注混凝土而成。套管成孔灌注桩分为锤击沉管灌注桩、振动沉管灌注桩。

套管成孔灌注桩利用套管保护孔壁，能沉能拔，施工速度快。适用于黏性土、粉土、淤泥质土、砂土及填土；在厚度较大、灵敏度较高的淤泥和流塑状态的黏性土等软弱土层中采用时，应制定可靠的质量保证措施。

4）爆扩成孔灌注桩。爆扩成孔灌注桩简称爆扩桩，是用钻机成孔，在孔底安放适量的炸药和灌入适量的混凝土，利用爆炸能量在孔底形成扩大头，再放置钢筋骨架，最后灌注混凝土而成。

2. 沉井基础

沉井多用于建筑物和构筑物的深基础、地下室、蓄水池、设备深基础、桥墩等工程。沉井主要由刃脚、井壁、隔墙或竖向框架、底板组成。

3. 地下连续墙

现浇钢筋混凝土地下连续墙是在地面上用专门的挖槽设备，沿开挖工程周边已铺筑的导墙，在泥浆护壁的条件下，开挖一条窄长的深槽，在槽内放置钢筋笼，浇筑混凝土，筑成一道连续的地下墙体。地下连续墙是在地下工程和基础工程中广泛应用的一项新技术，可作为防渗墙、挡土墙、地下结构的边墙和建筑物的基础。地下连续墙的主要特点是：墙体刚度大，能够承受较大的土压力，开挖基坑时无须放坡，也无须用井点降水；施工时噪声低，振动小，对邻近的工程结构和地下设施影响较小，可在距离现有结构很近的地方施工，尤其适用于城市中密集建筑群或已建车间内的地下工程深基坑开挖；它适用于多种地质条件。但是，地下连续墙的施工技术比较复杂，施工过程中所产生的泥浆对地基和地下水有污染，需要对排出的废弃泥浆进行处理。

第三节 主体结构施工

一、砌体工程施工

1. 砌筑材料

砌筑工程所用材料主要是砖、石或砌块以及起黏结作用的砌筑砂浆。砌筑砂浆有水泥砂浆、石灰砂浆和混合砂浆。为了节约水泥和改善砂浆性能，也可用适量的粉煤灰取代砂浆中的部分水泥和石灰膏，制成粉煤灰水泥砂浆和粉煤灰水泥混合砂浆。

2. 脚手架

砌筑用脚手架是砌筑过程中堆放材料和工人进行操作的临时性设施。按其所用材料分为木脚手架、竹脚手架与金属脚手架；按其搭设位置分为外脚手架和里脚手架两大类。常用外脚手按支固方式分为落地式脚手架、悬挑式脚手架、吊挂式脚手架、附着式升降脚手架，如图 9-7 所示。常用的里脚手架形式多为移动式，用于室内装修等工程，如图 9-8 所示。

对脚手架的基本要求如下：宽度应满足工人操作、材料堆置和运输的需要，脚手架的宽度一般为 1.2 ~ 1.5m；能满足强度、刚度和稳定性的要求；构造简单，装拆方便，并能多次周转使用。

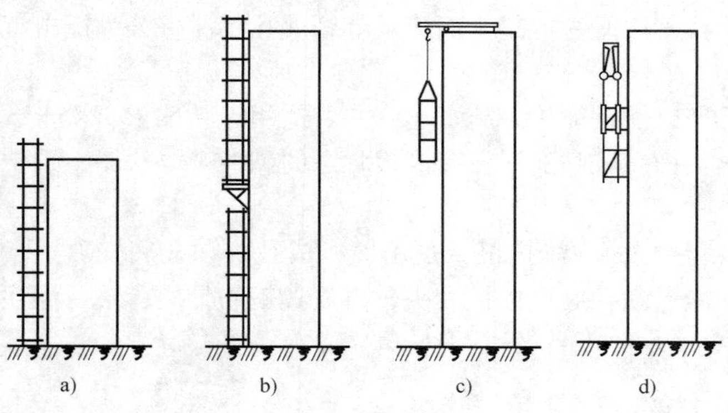

图 9-7 外脚手架的基本形式

a）落地式外脚手架 b）悬挑式外脚手架

c）吊挂式外脚手架 d）附着式升降外脚手架

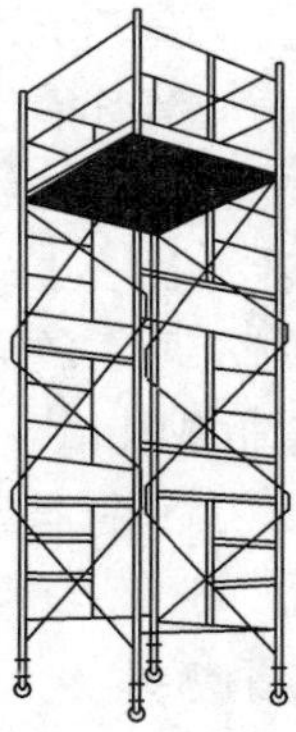

图 9-8 移动式里脚手架

3. 垂直运输设备

砌筑工程中不仅要运输大量的砖（或砌块）、砂浆，而且还要运输脚手架、脚手板和各种预制构件。不仅有垂直运输，而且有地面和楼面的水平运输。其中，垂直运输是影响砌筑工程施工速度的重要因素。

常用的垂直运输设备有塔式起重机、龙门架（图 9-9）及井架（图 9-10）。

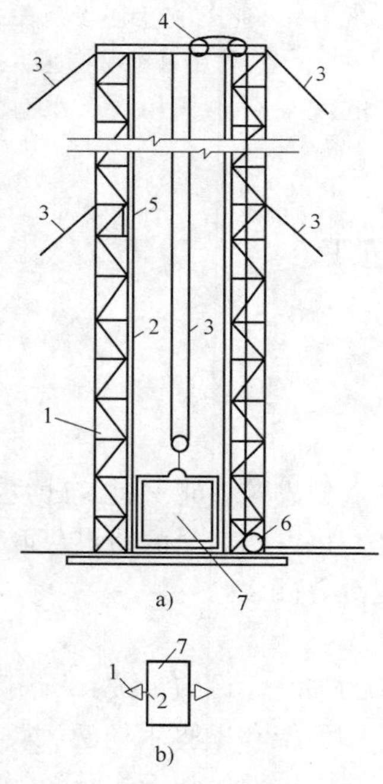

图 9-9 龙门架

a）立面图 b）平面图

1—立杆 2—导轨 3—缆风绳

4—天轮 5—吊篮停车安全装置

6—地轮 7—吊篮

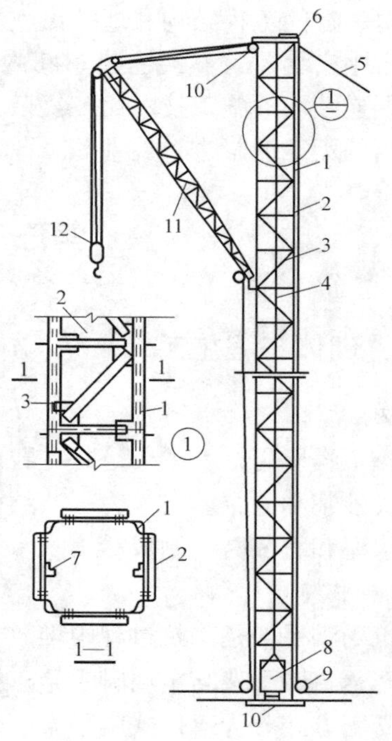

图 9-10 角钢井架

1—立杆 2—平撑 3—斜撑

4—钢丝绳 5—缆风绳 6—天轮

7—导轨 8—吊篮 9—地轮 10—垫木

11—摇臂把杆 12—滑轮组

4. *砌筑质量要求*

要求横平竖直、灰浆饱满、错缝搭接、接槎可靠。

二、钢筋混凝土工程施工

钢筋混凝土结构工程是土木建筑工程施工中占主导地位的施工内容，无论在人力、物力消耗，还是对工期的影响上都有非常重要的作用。钢筋混凝土结构工程包括现浇混凝土结构施工和预制装配式混凝土构件的工厂化施工两个方面。现浇混凝土结构的整体性好，抗震能力强，钢材消耗少，特别是近些年来一些新型工具式模板和施工机械的出现，使混凝土结构工程现浇施工得到迅速发展。尤其是目前我国的高层建筑大多数为现浇混凝土结构，高层建筑的发展亦促进了钢筋混凝土施工技术的提高。钢筋混凝土结构工程施工包括钢筋、模板和混凝土等主要分项工程，其施工工艺过程如图 9-11 所示。

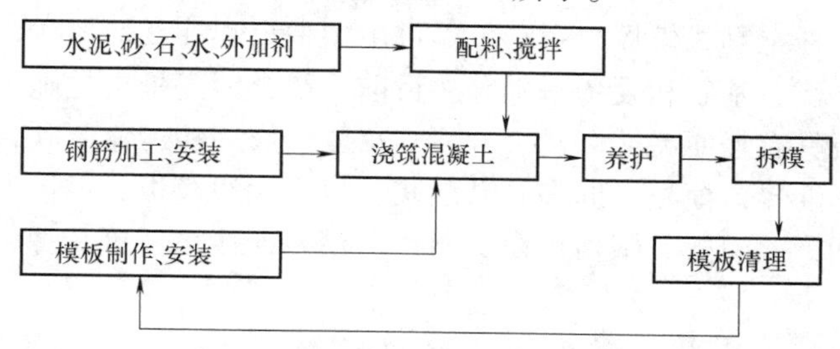

图 9-11　钢筋混凝土工程施工工艺

（一）钢筋工程

（1）钢筋的类型　钢筋混凝土结构所用钢筋的种类较多。根据用途不同，分为普通钢筋和预应力钢筋。根据钢筋的生产工艺不同，钢筋分为热轧钢筋、热处理钢筋、冷加工钢筋等。根据钢筋的直径大小分有钢筋、钢丝和钢绞线三类。

在我国经济短缺时期，为了提高钢筋强度、节约钢筋，对热轧钢筋进行冷加工处理，相应有冷拉、冷拔、冷轧、冷扭钢筋（或钢丝）。冷加工钢筋虽然在强度方面有所提高，但钢筋的延性损失较大。从目前工程实际使用钢筋的情况来看，冷加工钢筋的经济效果并不明显，我国新修订的《混凝土结构设计规范》（GB 50010—2010）中未列入冷加工钢筋。

（2）钢筋验收　钢筋进场前要进行验收，出厂钢筋应有出厂质量证明书或试验报告单。每捆（盘）钢筋均应有标牌。运至工地后应分别堆存，并按规定抽取试样对钢筋进行力学性能检验。

（3）钢筋加工　钢筋加工过程取决于结构设计要求和钢筋加工的成品种类。一般的加工施工过程有调直、除锈、剪切、镦头、弯曲、焊接、绑扎、安装等。如设计需要，钢筋在使用前还可能进行冷加工（主要是冷拉、冷拔）。在钢筋下料剪切前，要经过配料计算，有时还有钢筋代换工作。钢筋绑扎安装要求与模板施工相互配合协调。钢筋绑扎安装完毕，必须经过检查验收合格后，才能进行混凝土浇筑施工。

（4）钢筋连接　钢筋连接有三种常用的连接方法：绑扎连接、焊接连接和机械连接（挤压连接和锥螺纹套管连接）。除个别情况（如在不准出现明火的位置施工）外应尽量采用焊接连接，以保证钢筋的连接质量、提高连接效率和节约钢材。

（二）模板工程

模板是新浇混凝土成形用的模型工具。模板系统包括模板、支撑和紧固件。模板工程施工工艺一般包括模板的选材、选型、设计、制作、安装、拆除和修整。

模板及支承系统必须符合以下规定：要能保证结构和构件的形状、尺寸以及相互位置的准确；具有足够的承载能力、刚度和稳定性；构造力求简单，装拆方便，能多次周转使用；接缝要严密不漏浆；模板选材要经济适用，尽可能降低模板的施工费用。

采用先进的模板技术，对于提高工程质量、加快施工速度、提高劳动生产率、降低工程成本和实现文明施工，都具有十分重要的意义。我国的模板技术，自从20世纪70年代提出“以钢代木”的技术政策以来，目前除部分楼板支模还采用散支散拆外，已形成组合式、工具化、永久式三大系列工业化模板体系。

1. 组合钢模板

组合钢模板是一种工具式模板，用它可以拼出多种尺寸和几何形状，可适应多种类型建筑物的梁、柱、板、墙、基础和设备基础等。目前，组合钢模板也是施工企业拥有量最大的一种钢模板。钢模板具有轻便灵活、装拆方便、存放、修理和运输便利，以及周转率高等优点；但也存在安装速度慢，模板拼缝多，易漏浆，拼成大块模板时重量大、较笨重等缺点。

组合钢模板包括平面模板、阳角角模、阴角角模和连接角模等几种，如图9-12所示。

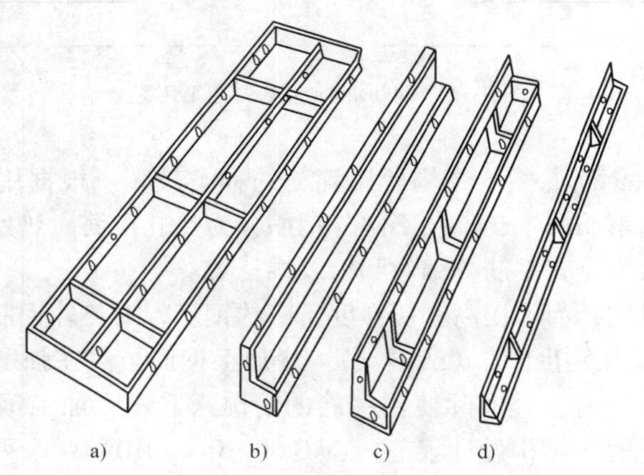

图9-12 钢模板

a）平面模板 b）阳角角模 c）阴角角模 d）连接角模

2. 竹胶模板

竹胶模板是继木模板、钢模板之后的第三代建筑模板。竹胶模板以其优越的力学性能，可观的经济效益，正逐渐取代木、钢模板在模板产品中的主导地位。

竹胶模板是用毛竹蔑编织成席覆面，竹片编织做芯，经过蒸煮干燥处理后，采用酚醛树脂在高温高压下多层粘和而成。竹胶模板强度高，韧性好，板面平整光滑可取消抹灰作业，缩短作业工期，表面对混凝土的吸附力小容易脱模，在混凝土养护过程中，遇水不变形，周转次数高，便于维护保养。竹胶模板保温性能好于钢模板，有利于冬期施工。

竹胶模板已被列入建筑业重点推广的10项新技术中，广泛应用于楼板模板、墙体模板、柱模板等大面积模板。

3. 大模板

大模板是一种大尺寸的工具式定型模板，一般一块墙面用一至两块模板。其重量大，装拆均需要起重机配合进行，可提高机械化程度，减少用工量和缩短工期。大模板是我国剪力墙和筒体体系的高层建筑、桥墩等施工用得较多的一种模板，已形成工业化模板体系。

大模板由面板、加劲肋、竖楞、支撑桁架、稳定机构及附件组成。大模板构造如图9-13所示。

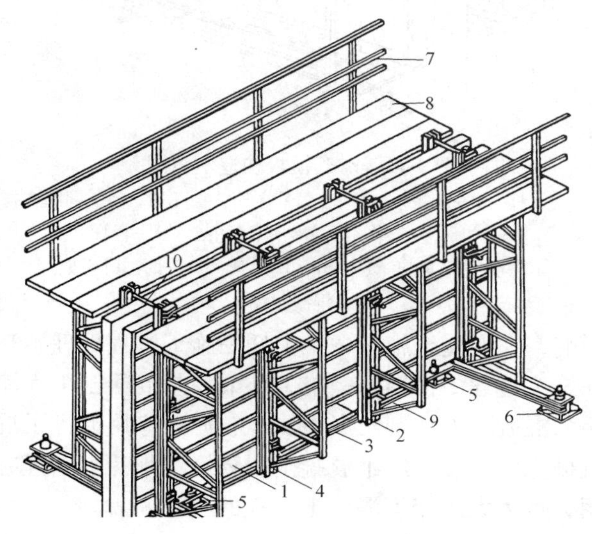

图9-13　大模板构造示意图

1—面板　2—水平加劲肋　3—支撑桁架　4—竖楞
5—调整水平度的螺旋千斤顶　6—调整垂直度的螺旋千斤顶
7—栏杆　8—脚手板　9—穿墙螺栓　10—固定卡具

4. 滑升模板

滑升模板是一种工具式模板，施工时在建筑物或构筑物底部，沿其墙、柱、梁等构件的周边，一次装设1m多高的模板，随着在模板内不断浇筑混凝土和不断向上绑扎钢筋的同时，利用一套提升设备，将模板装置不断向上提升，使混凝土连续成型，直到需要浇筑的高度为止。滑升模板最适于现场浇筑高耸的圆形、矩形、筒壁结构。如筒仓、储煤塔、竖井等。近年来，滑升模板施工技术有了进一步的发展，不但适用于浇筑高耸的变截载面结构，如烟囱、双曲线冷却塔，而且还应用于剪力墙、筒体结构等高层建筑的施工。

滑升模板由模板系统、操作平台系统和液压系统三部分组成。滑升模板构造如图9-14所示。

5. 台模

台模是一种大型工具模板，主要用于浇筑平板式或带边梁的楼板，一般是一个房间一块台模，有时甚至更大。利用台模浇筑楼板可省去模板的装拆时间，能节约模板材料和降低劳动消耗，但一次性投资较大，且须大型起重机械配合施工。台模按支撑形式分为支腿式和无支腿式两类。

（三）混凝土工程

混凝土工程包括混凝土的配料、拌制、运输、浇筑捣实和养护等施工过程。各个施工过

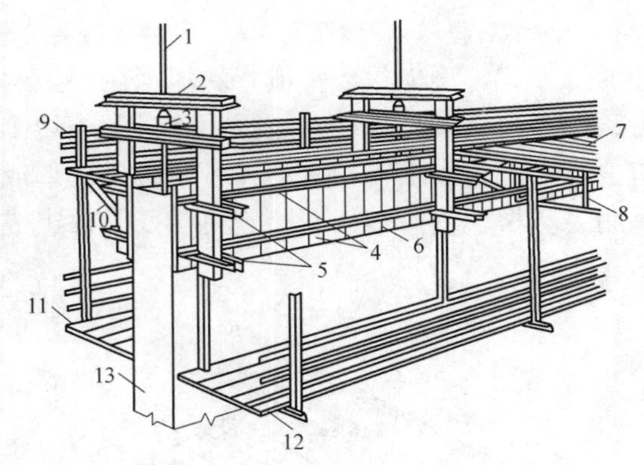

图 9-14 滑升模板构造示意图

1—支承杆 2—提升架 3—液压千斤顶 4—围圈 5—围圈支托
6—板 7—操作平台 8—平台桁架 9—栏杆
10—外排三角架 11—外吊脚手架 12—内吊脚手架
13—混凝土墙体

程既相互联系又相互影响，在混凝土施工过程中任一施工过程处理不当都会影响混凝土的最终质量。因此，如何在施工过程中控制每一施工环节，是混凝土工程需要研究的课题。随着科学技术的发展，近年来混凝土外加剂发展很快。它们的应用改进了混凝土的性能和施工工艺。此外，自动化、机械化的发展、纤维混凝土和碳素纤维片加固混凝土的应用、新的施工机械和施工工艺的应用，也大大改变了混凝土工程的施工面貌。

1. 混凝土的制备

混凝土的制备是指混凝土的配料和搅拌。

混凝土的配料，首先应严格控制水泥、粗细骨料、拌合水和外加剂的质量，并按设计规定的混凝土强度等级和施工配合比，控制投料的数量。

混凝土的拌制就是水泥、水、粗细骨料和外加剂等原材料混合在一起进行均匀拌和的过程。拌和后的混凝土要求均质，且达到设计要求的和易性和强度。

混凝土的制备，除工程量很小且分散用人工拌制外，皆应采用机械搅拌。混凝土搅拌机按其搅拌原理分为自落式和强制式两类。双锥反转出料式搅拌机（图 9-15）是自落式搅拌机中较好的一种，宜于搅拌塑性混凝土。它在生产率、能耗、噪声和搅拌质量等方面都较好。强制式搅拌机的搅拌作用比自落式搅拌机强烈，宜于搅拌干硬性混凝土和轻骨料混凝土。

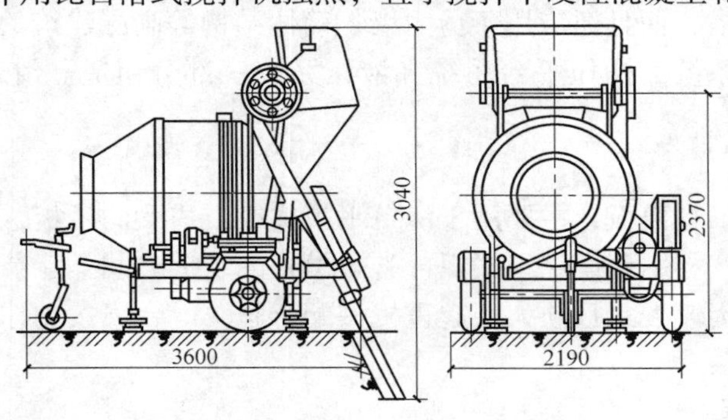

图 9-15 双锥反转出料式搅拌机

混凝土搅拌站是生产混凝土的场所，混凝土搅拌站分为施工现场临时搅拌站和大型预拌混凝土搅拌站。临时搅拌站所用设备简单，安装方便，但工人劳动强度大，产量有限，噪声污染严重，一般适用于混凝土需求较少的工程中。在城市内建设的工程或大型工程中，一般都采用大型预拌混凝土搅拌站供应混凝土，其机械化及自动化水平一般较高，用混凝土运输汽车直接供应搅拌好的混凝土，然后直接浇筑入模。这种供应“商品混凝土”的生产方式，在改进混凝土的供应、提高混凝土的质量以及节约水泥、骨料等方面，有很多优点。

商品混凝土是今后的发展方向，在国内一些大中城市中发展很快，不少城市已有相当的规模，有的城市在一定范围内已规定必须采用商品混凝土，不得现场拌制。

2. 混凝土的运输

混凝土的运输是指将混凝土从搅拌站送到浇筑点的过程。

混凝土运输分为地面运输、垂直运输和楼面运输三种情况。

混凝土地面运输，当采用预拌（商品）混凝土且运输距离较远时，我国多用混凝土搅拌运输车（图 9-16）。如混凝土来自工地搅拌站，则多用载重约 1t 的小型机动翻斗车或双轮手推车，有时还用皮带运输机和窄轨翻斗车。

图 9-16 混凝土搅拌运输车

混凝土垂直运输，我国多用塔式起重机、混凝土泵、快速提升斗和井架。混凝土浇筑量大、浇筑速度快的工程，可以采用混凝土泵输送。

混凝土楼面运输，我国以双轮手推车为主，亦用机动灵活的小型机动翻斗车。如用混凝土泵则用布料机布料。

3. 混凝土的浇筑和捣实

混凝土浇筑要保证混凝土的均匀性和密实性，要保证结构的整体性、尺寸准确和钢筋、预埋件的位置正确，拆模后混凝土表面要平整、密实。

混凝土浇筑应分层进行，以使混凝土能够成型密实。浇筑工作应尽可能连续，当必须有间歇时，其间歇时间宜缩短，并在下层混凝土初凝前将上层混凝土浇筑振捣完毕。混凝土的运输、浇筑及间歇的全部延续时间不得超过规定要求。当超过时，应按留置施工缝处理。

大体积混凝土结构在工业建筑中多为设备基础，在高层建筑中多为厚大的桩基承台或基础底板等，其上有巨大的荷载，整体性要求较高，往往不允许留施工缝，要求一次连续浇筑完毕。因此，大体积混凝土施工时，应合理确定混凝土浇筑方案。

水下混凝土用于泥浆护壁成孔灌注桩、地下连续墙以及水工结构工程等结构施工。目前多采用导管法，如图 9-17 所示。

混凝土拌合物浇入模板后，呈疏松状态，其中含有占混凝土体积 5% ~20% 的空隙和气泡。而混凝土的强度、抗冻性、抗渗性以及耐久性等，都与混凝土的密实性有关。因此，混凝土拌合物必须经过振捣，才能使浇筑的混凝土达到设计要求。振捣混凝土有人工和机械振

捣两种方式。目前工地大部分采用机械振捣。振动机械按其工作方式可分为内部振动器、表面振动器、外部振动器和振动台四种（图9-18）。

4. 混凝土的养护

为了保证混凝土有适宜的硬化条件，使其强度不断增长，必须对混凝土进行养护。

混凝土养护方法分为人工养护和自然养护。

人工养护就是用人工来控制混凝土的养护温度和湿度，使混凝土强度增长，如蒸汽养护、热水养护、太阳能养护等。人工养护主要用来养护预制构件，而施工现场现浇构件大多用自然养护。

自然养护就是指在平均气温高于5℃的自然条件下于一定时间内使混凝土保持湿润状态。自然养护分为洒水养护和喷涂薄膜养生液养护两种。

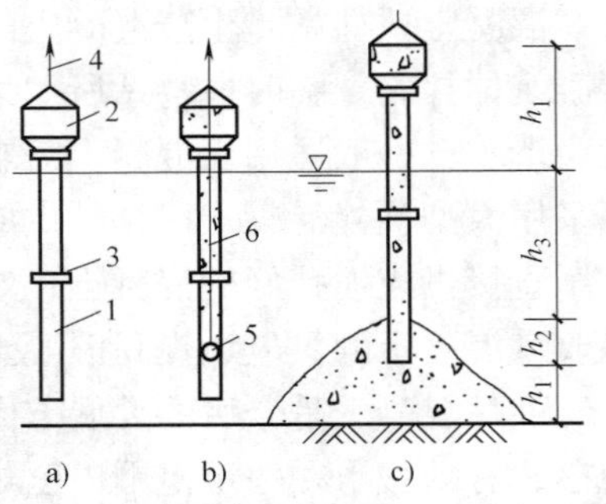

图9-17 水下浇筑混凝土
a）组装导管
b）导管内悬吊隔水栓并浇筑混凝土
c）浇混凝土，提管
1—钢导管 2—漏斗 3—接头
4—吊索 5—隔水塞 6—钢丝

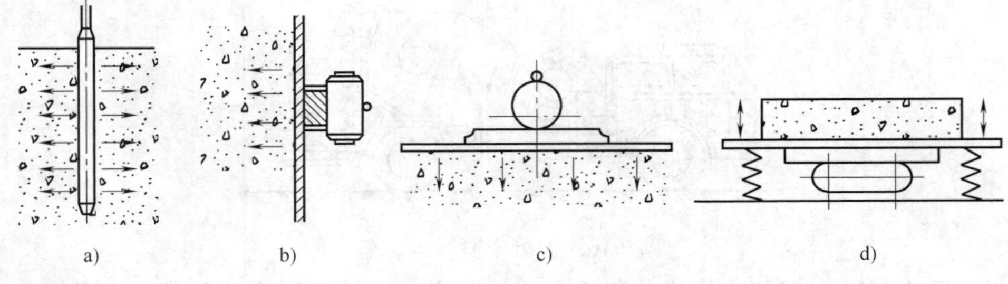

图9-18 振动机械示意图
a）内部振动器 b）表面振动器 c）外部振动器 d）振动台

三、预应力施工

预应力混凝土是近几十年发展起来的一门新技术，目前在世界各地都得到广泛的应用。近年来，随着预应力混凝土设计理论和施工工艺与设备不断完善和发展，高强材料性能不断改进，预应力混凝土得到进一步的推广应用。预应力混凝土与普通混凝土相比，具有抗裂性好、刚度大、材料省、自重轻、结构寿命长等优点，为建造大跨度结构创造了条件。预应力混凝土已由单个预应力混凝土构件发展到整体预应力混凝土结构，广泛用于土建、桥梁、管道、水塔、电杆和轨枕等领域。当前，预应力混凝土的使用范围和数量，已成为一个国家土木工程技术水平的重要标志之一。

预应力混凝土施工，按施加预应力的时间先后分为先张法、后张法。在后张法中，预应力筋又分为有黏结和无黏结两种。

1. 先张法施工

先张法施工工艺是先将预应力筋张拉到设计控制应力，用夹具临时固定在台座或钢模上，然后浇筑混凝土；待混凝土达到一定强度（一般不低于混凝土强度标准值的75%），放松预应力筋，预应力筋弹性回缩，借助于预应力筋与混凝土之间的黏结力对混凝土产生预压应力。先张法的工艺流程如图9-19所示。

先张法多用于预制构件厂生产定型的中小型构件。

2. *后张法施工*

后张法施工工艺是先制作混凝土构件，并在预应力筋的位置预留出相应孔道，待混凝土强度达到设计规定的强度后，穿入预应力筋进行张拉，并利用锚具把预应力筋锚固在构件的端部，张拉力由锚具传给混凝土构件而使之产生预压应力，最后进行孔道灌浆。后张法的工艺流程如图 9-20 所示。

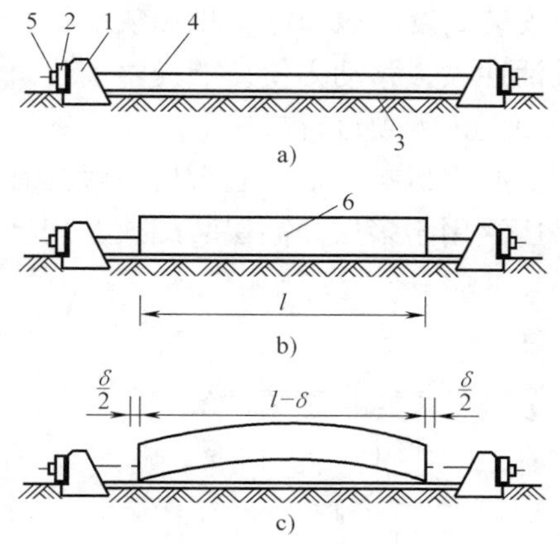

图 9-19　预应力混凝土先张法生产示意图
a）预应力筋张拉　b）混凝土浇筑
c）放松预应力筋
1—台座承力结构　2—横梁
3—台面　4—预应力筋
5—锚固夹具　6—混凝土构件

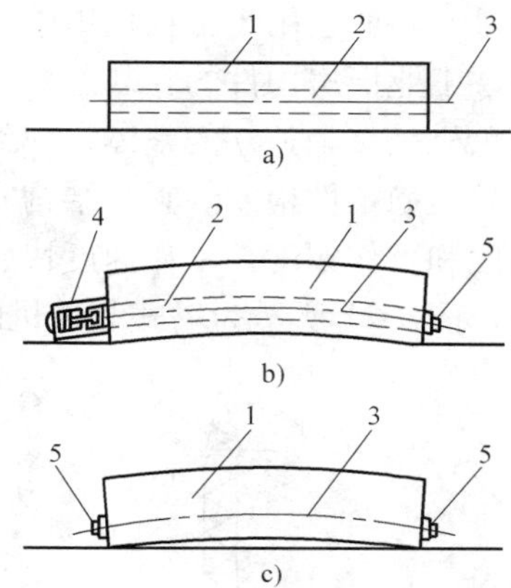

图 9-20　预应力混凝土后张法生产示意图
a）制作混凝土构件　b）张拉钢筋
c）锚固和孔道灌浆
1—混凝土构件　2—预留孔道
3—预应力筋　4—千斤顶
5—锚具

后张法宜用于现场生产大型预应力构件、特种结构和构筑物，亦可作为一种预制构件的拼装手段。

3. *无黏结预应力混凝土施工*

在后张法预应力混凝土构件中，预应力筋分为有黏结和无黏结两种。有黏结的预应力是后张法的常规做法，张拉后通过灌浆使预应力筋与混凝土黏结。无黏结预应力是近几年发展起来的新技术，其做法是在预应力筋表面刷涂油脂并包塑料带（管）后如同普通钢筋一样先铺设在支好的模板内，再浇筑混凝土，待混凝土达到规定的强度后，进行预应力筋张拉和锚固。这种预应力工艺是借助两端的锚具传递预应力，无须留孔灌浆，施工简便，摩擦损失小，预应力筋易弯成多跨曲线形状等，但对锚具锚固能力要求较高。适用于大柱网整体现浇楼盖结构，尤其在双向连续平板和密肋楼板中使用最为合理经济。

无黏结预应力混凝土技术在 20 世纪 50 年代起源于美国，我国于 20 世纪 70 年代开始研究，20 世纪 80 年代应用于工程实践。

四、结构安装工程施工

结构安装工程就是用起重机械将在现场（或预制厂）制作的钢构件或混凝土构件，按照设计图的要求，安装成一幢建筑物或构筑物。

装配式结构施工中，结构安装工程是主要工序，它直接影响着整个工程的施工进度、劳动生产率、工程质量、施工安全和工程成本。

1. 起重机械与吊具设备

结构安装施工常用的起重机械有桅杆式起重机、自行杆式起重机、塔式起重机等几大类。

桅杆式起重机制作简单、装拆方便、起重量大、受地形限制小，但是它的起重半径小、移动较困难，一般适用于工程量集中、结构重量大、安装高度大以及施工现场狭窄的多层装配式或单层工业厂房构件的安装。自行杆式起重机灵活性大，移动方便，能为整个建筑工地服务。起重机是一个独立的整体，一到现场即可投入使用，无须进行拼接等工作，施工起来更方便，只是稳定性稍差。它是结构安装施工最常用的起重机械。塔式起重机一般具有较大的起重高度和工作幅度，工作速度快、生产效率高，广泛用于多层和高层装配式及现浇式结构的施工。图9-21所示为塔式起重机的类型。

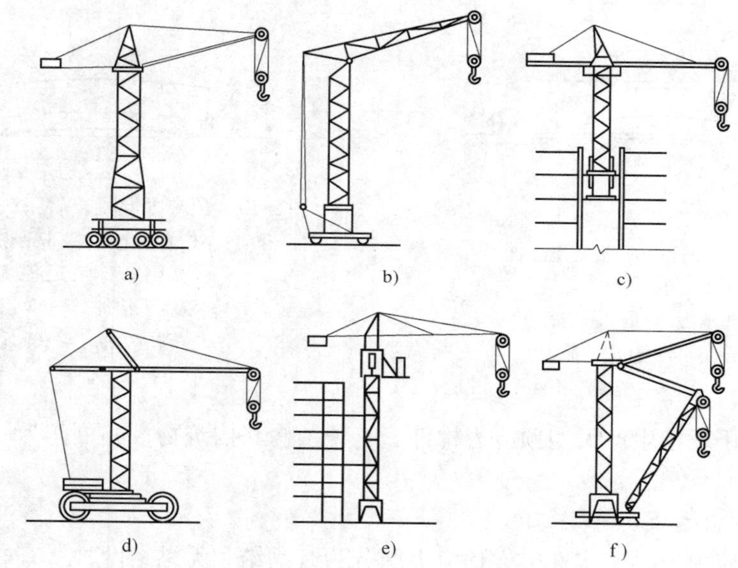

图9-21　塔式起重机的类型

a）上旋转式　b）下旋转式　c）上旋转爬升式
d）下旋转轮胎式　e）上旋转附着式　f）塔桅式

索具设备有钢丝绳、吊具（卡环、横吊梁）、滑轮组、卷扬机及锚碇等。

2. 钢筋混凝土排架结构单层工业厂房结构吊装

单层工业厂房的结构吊装，通常有分件吊装法和综合吊装法两种方法。

（1）分件吊装法　分件吊装法就是起重机每开行一次只安装一至两种构件。通常分三次开行即可吊完全部构件。这种吊装法的一般顺序是：起重机第一次开行，安装柱子；第二次开行，吊装起重机梁、连系梁及柱向支撑；第三次开行，吊装屋架、天窗架、屋面板及屋面支撑等。

（2）综合吊装法（又称节间吊装法）　这种方法是一台起重机每移动一次，就吊装完一个节间内的全部构件。其顺序是：先吊装完这一节间柱子，柱子固定后立即吊装这个节间的起重机梁、屋架和屋面板等构件；完成这一节间吊装后，起重机移至下一个节间进行吊装，直至厂房结构构件吊装完毕。

由于分件吊装法构件便于校正、构件供应较单一、安装效率较高、有利于发挥机械效率、减少施工费用，所以是较常采用的一种吊装方法。

3. 装配式框架结构安装方法

装配式钢筋混凝土框架结构是目前多层厂房与民用建筑常用结构之一。这类装配式建筑是以钢筋混凝土预制构件组成主体骨架结构，再用定型装配件装配，分为维护、分隔、装修、装饰以及设备安装等部分。

装配式框架结构系统一般有横向框架和纵向框架两种体系：由柱和梁组成横向承重框架，纵向可设连系梁，不设连系梁时直接用楼板连系；当柱和梁组成纵向承重框架时，横向可设置或不设置连系梁。装配式框架结构不管是横向框架还是纵向框架都是预制装配与现浇结合的。装配和现浇相结合的框架，加强了框架的整体性，也减少了预制构件的尺度和重量。

装配式框架结构主要有梁板式和无梁式两种结构形式，梁板式结构由柱、梁（包括主梁、次梁）及楼板组成。无梁式结构由柱、柱帽、板（柱间板、跨间板）组成，这种结构大多采用升板法施工，如图 9-22 所示。

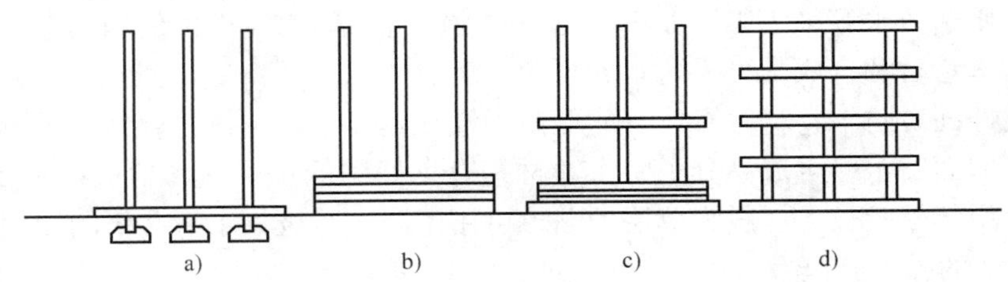

图 9-22　升板工程提升程序简图

a）立柱浇筑地坪　b）叠浇板　c）提升板　d）就位固定

五、钢结构工程施工

1. 网架结构的安装

（1）高空散装法　即将网架的杆件和节点（或小拼单元）直接在高空设计位置总拼成整体的方法。

（2）分条（分块）吊装法　即将网架从平面分割成若干条状或块状单元，每个条（块）状在地面拼装后，再由起重机械吊装到设计位置总拼成整体的方法。

（3）高空滑移法　即将网架条状单元在建筑物上由一端滑移到另一端，就位后总拼成整体的方法。

（4）整体提升及整体顶升法　即将网架在地面就位拼成整体，用起重设备垂直地将网架整体提（顶）升至设计标高并固定的方法。

（5）整体吊装法　即将网架在地面总拼成整体后，用起重设备将其吊装至设计位置的方法。

2. 薄壳结构施工

（1）薄壳结构有支架高空拼装法　在地面上将拼装支架搭至设计标高，然后将预制壳板吊到拼装支架上进行拼装。这种吊装方法无须用大型起重设备，但需要一定数量的拼装

支架。

（2）薄壳结构无支架高空拼装法　利用已吊装好的结构本身来支持新吊装的部分，无须拼装架。球壳放射形分圈分块时，可用此法拼装。

第四节　防水工程施工

防水工程按工程部位和用途，又可分为屋面工程防水和地下工程防水两大类。

防水工程质量的优劣，不仅关系到建筑物或构筑物的使用寿命，而且直接关系到它们的使用功能。

一、屋面防水工程

建筑物的屋面根据排水坡度分为平屋面和坡屋面两类；根据屋面防水材料的不同又可分为卷材防水屋面、涂膜防水屋面、瓦屋面、金属板屋面、玻璃彩顶屋面等。

1. 卷材防水屋面

卷材防水屋面的防水层是用胶粘剂将卷材逐层粘贴在结构基层的表面而成的，属于柔性防水层面，适用于防水等级为Ⅰ～Ⅱ级的屋面防水。卷材防水屋面中使用的卷材主要有高聚物改性沥青防水卷材和合成高分子防水卷材两大类。

高聚物改性沥青防水卷材具有较好的低温柔性和延伸率，抗拉强度好，可单层铺贴，可用于Ⅰ～Ⅱ级屋面防水。合成高分子防水卷材具有良好的低温柔性和适应基层变形的能力，耐久性好，使用年限较长，一般为单层铺贴，可用于防水等级为Ⅰ～Ⅱ级的屋面防水。

卷材防水层的施工流程为：基层表面清理、修整→喷、涂基层处理剂→节点附加层处理→定位、弹线、试铺→铺贴卷材→收头处理、节点密封→保护层施工。

沥青防水卷材的铺贴方法有浇油法、刷油法、刮油法和撒油法四种，通常采用浇油法或刷油法。高聚物改性沥青防水卷材铺贴方法有冷粘法、热熔法和自粘法。合成高分子卷材铺贴方法一般有冷粘法、自粘法、热风焊接法。

2. 涂膜防水屋面

涂膜防水屋面是在屋面基层上涂刷防水涂料，经固化后形成一层有一定厚度和弹性的整体涂膜，从而达到防水目的的一种防水屋面形式。这种屋面具有施工操作简便、无污染、冷操作、无接缝、能适应复杂基层、防水性能好、温度适应性强、容易修补等特点。适用于防水等级为Ⅱ级的屋面防水；也可作为Ⅰ级、Ⅱ级屋面多道防水设防中的一道防水层。

涂膜防水施工的一般工艺流程为：基层表面处理、修补→喷、涂基层处理剂（底涂料）→特殊部位附加增强处理→涂布防水涂料及铺贴胎体增强材料→清理、检查、处理→保护层施工。

二、地下防水工程

目前地下防水工程常用的防水方案大致可分为以下三类。

（1）结构自防水　依靠防水混凝土本身的抗渗性和密实性来进行防水。它既是防水层，又是承重围护结构。因此，该方案具有施工简便、工期较短、改善劳动条件、造价低等优点，是解决地下防水的有效途径，从而被广泛采用。

(2) 附加防水层 即在地下结构物的表面附加防水层，以达到防水的目的。常用的防水层有水泥砂浆、卷材、沥青胶结料和金属防水层等，可根据不同的工程对象、防水要求及施工条件选用。

(3) 渗排水措施 利用盲沟、渗排水层等措施来排除附近的水源以达到防水目的。适用于形状复杂、受高温影响、地下水为上层滞水且防水要求较高的地下建筑。

在进行地下工程防水设计时，应遵循“防排结合，刚柔并用，多道防水，综合治理”原则，并根据建筑物的使用功能及使用要求，结合地下工程的防水等级，选择合理的防水方案。

第五节 装饰工程施工

装饰工程是采用装饰材料或饰物，对建筑物的内外表面及空间进行的各种处理。装饰工程通常包括抹灰、门窗、吊顶、饰面、幕墙、涂料、刷浆、裱糊等工程，是建筑施工的最后一个施工过程。装饰工程能增加建筑物的美感，给人以美的享受；保护建筑物或构筑物的结构免受自然界的侵蚀、污染；增强耐久性、延长建筑物的使用寿命；调节温、湿、光、声，完善建筑物的使用功能；同时有隔热、隔声、防潮、防腐等作用。

装饰工程工程量大，工期长，一般占整个建筑物施工工期的30%～40%，高级装饰达到50%以上；手工作业量大，一般多于结构用工；造价高，一般占建筑物总造价的40%，高的达到50%以上；项目繁多、工序复杂。因此，提高预制化程度，实现机械化作业，不断提高装饰工程的工业化、专业化水平；协调结构、设备与装饰间的关系，实现结构与装饰合一；大力发展和采用新型装饰材料、新技术、新工艺；以干作业代替湿作业，对缩短装饰工程工期，降低工程成本，满足装饰功能，提高装饰效果，具有重要的意义。

1. 抹灰工程

抹灰工程是用灰浆涂抹在建筑物表面，起到找平、装饰、保护墙面的作用。一般主要是在建筑物的内外墙面、地面、顶棚上进行的一种装饰工艺。

按所用材料和装饰效果的不同，抹灰工程可分为一般抹灰和装饰抹灰两大类。

(1) 一般抹灰 一般抹灰是指采用水泥砂浆、水泥混合砂浆、聚合物水泥砂浆、石灰砂浆，麻浆和纸筋石灰砂浆等抹灰材料进行涂抹施工。按使用要求、质量标准和操作工序不同，一般抹灰有普通抹灰、中级抹灰和高级抹灰三级。

(2) 装饰抹灰 装饰抹灰的种类很多，但底层的做法基本相同，均为1∶3水泥砂浆打底，仅面层的做法不同。常用装饰抹灰的做法有水刷石、水磨石、干粘石、剁斧石、喷涂饰面、滚涂饰面等。

2. 饰面工程

饰面工程就是将天然或人造石饰面板、饰面砖等安装或镶贴在基层上的一种装饰方法。饰面砖有釉面瓷砖、面砖和陶瓷锦砖等。饰面板有大理石、花岗石等天然石板，预制水磨石板、人造大理石板等人造饰面板。

(1) 饰面砖镶贴 饰面砖镶贴的一般工序为：底层找平→弹线→镶贴饰面砖→勾缝→清洁面层。

饰面砖镶贴的质量要求如下：饰面砖和基层应粘贴牢固，不得有空鼓，饰面表面不得有变色、污点和显著的光泽受损处，表面整洁，颜色均匀，花纹应清晰整齐，镶缝严密，深浅

一致，不显接搓。

(2) 饰面板安装 饰面板（大理石板、花岗石等）多用于建筑物的墙面、柱面等高级装饰。饰面板安装方法有湿法安装和干法安装两种，如图9-23、图9-24所示。

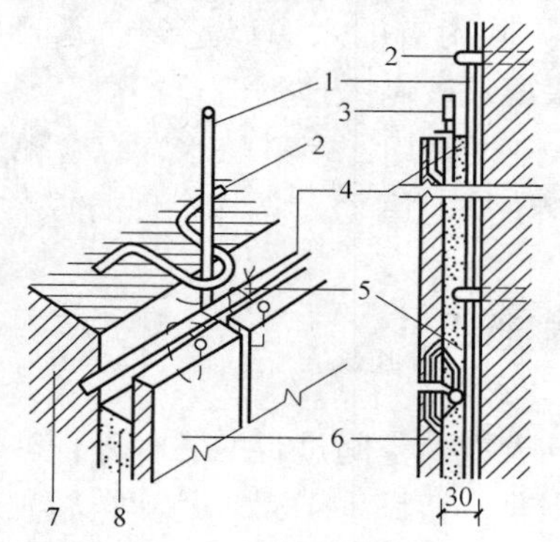

图9-23 块材安装固定示意图

1—立筋 2—铁环 3—定位木楔
4—横筋 5—铜丝或铁丝绑扎牢
6—石料板 7—墙体 8—水泥砂浆

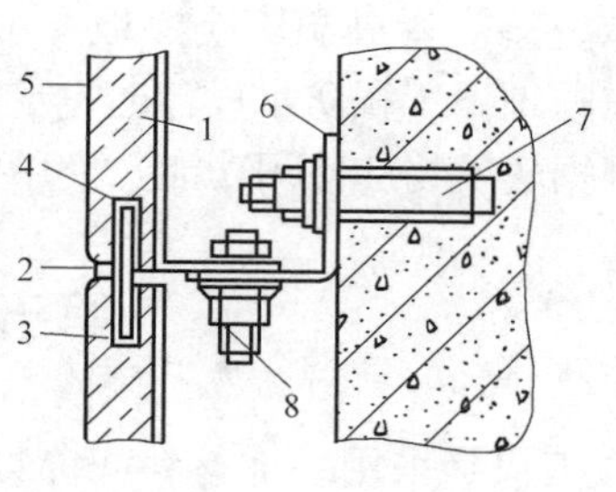

图9-24 干挂工艺构造示意图

1—玻璃布增强层 2—嵌缝油膏 3—钢针
4—长孔（充填环氧树脂黏结剂） 5—石材板
6—安装角钢 7—膨胀螺栓 8—紧固螺栓

随着建筑工业化的发展，墙板构件转向工厂生产、现场安装，一种将饰面与墙板制作相结合并一次成型的装饰墙板也日益得到广泛应用。

3. 涂饰工程

涂料涂敷于物体表面，能与基体材料很好黏结并形成完整而坚韧的保护膜，它可保护被涂物免受外界侵蚀，又可起到建筑装饰的效果。

涂饰工程包括油漆涂饰和涂料涂饰。

4. 裱糊工程

裱糊工程就是将壁纸、墙布用胶粘剂裱糊在基体表面上。壁纸是室内装饰中常用的一种装饰材料，广泛用于墙面、柱面及顶棚的裱糊装饰。裱糊工程常用的材料有塑料壁纸、墙布、金属壁纸、草席壁纸和胶粘剂等。

5. 幕墙工程

幕墙是由金属构件与玻璃、铝板、石材等面板材料组成的建筑外围护结构。幕墙工程实际上也是一种饰面工程，它大片连续，不承受主体结构的荷载，装饰效果好、自重小、安装速度快，是建筑外墙轻型化、装配化较为理想的形式，因此在现代建筑中得到广泛的应用。

幕墙按面板材料可分为玻璃幕墙、铝合金板幕墙、石材幕墙、钢板幕墙、预制彩色混凝土板幕墙等。建筑中用得较多的是玻璃幕墙、铝合金板幕墙和石材幕墙。

第六节 竣工验收和后评价

一、竣工验收

1. 工程竣工验收的内涵

竣工验收是指建设工程项目竣工后开发建设单位会同设计、施工、设备供应单位及工程

质量监督部门，以项目批准的设计任务书和设计文件，以及国家颁发的施工验收规范和质量检验标准为依据，按照一定的程序和手续，对工程项目的总体进行检查和认证的活动。工程项目的竣工验收，是项目建设程序的最后一个环节，是确认项目能否投产使用的重要步骤。

2. 工程竣工验收程序与组织

（1）竣工初验收的程序　单位工程达到竣工验收条件后，施工单位应在自评工作完成后，填写工程竣工报验单，并将全部竣工资料报送项目监理机构，申请竣工验收。总监理工程师应组织各专业监理工程师对竣工资料及各专业工程的质量情况进行全面检查，对检查出的问题，应督促施工单位及时整改。经项目监理机构对竣工资料及实物全面检查、验收合格后，由总监理工程师签署工程竣工报验单，并向建设单位提出质量评估报告。

（2）正式验收　建设单位收到工程验收报告后，应由建设单位（项目）负责人组织施工、设计、监理等单位（项目）负责人进行单位工程验收。建设工程经验收合格的，方可交付使用。

3. 建设工程竣工验收的内容

1）审查工程合同履约情况和工程建设各个环节执行法律、法规和工程建设强制性标准情况。

2）审阅工程建设的技术档案资料。

3）实地查验工程质量。

4. 建设工程竣工验收应当具备的条件

1）完成建设工程设计和合同约定的各项内容。

2）有完整的技术档案和施工管理资料。

3）有工程使用的主要建筑材料、建筑构配件和设备的进场试验报告。

4）有勘察、设计、施工、工程监理等单位分别签署的质量合格文件。

5）有施工单位签署的工程保修书。

二、工程项目后评价

1. 建设项目后评价的内涵

建设项目后评价是固定资产投资管理和建设项目管理的重要内容和手段。后评价是指在建设项目竣工交付使用（生产或运营）后的一段时间，对项目的决策、建设目标和设计、施工、竣工验收、生产运营和项目管理全过程，以及效益、影响和可持续性等进行客观、系统的综合分析和评价。按照建设程序，后评价是工程建设程序中的最后一个阶段。但从后评价的功能来看，其结果反馈到有关决策部门，在为建设项目的完善和改进服务的同时，也为拟建项目的决策提供服务，并为提高投资管理水平，以及新项目的建设起到参考借鉴作用。故后评价又处于新项目建设的开端。

2. 建设项目后评价的内容

建设项目后评价的基本内容包括以下四方面。

（1）过程评价　过程评价包括项目立项决策评价、勘察设计评价、施工和生产准备评价、生产（使用）及管理评价等。通过过程评价还应查明项目成功或失败的原因。

（2）效益评价　效益评价主要是进行经济效益评价，包括国民经济效益评价和财务效益评价，以及投资使用评价。

（3）影响评价　影响评价包括经济影响评价、科学技术进步影响评价、社会影响评价、环境影响评价等。

（4）可持续性评价　可持续性评价包括对项目是否能持续发挥投资效益，企业的发展潜力和进行内涵改进的前景等进行评价。可持续性评价所分析的因素应包括项目的内部因素（如项目管理、技术、环境、人员素质等）和外部因素（如政治、经济、社会、环境与生态等因素）。

在以上四方面评价的基础上，还要综合分析评价项目的成功度和存在的主要问题，提出解决问题的措施，并突出重点，深入剖析，总结经验教训，供今后项目决策与建设借鉴。

3. 建设项目后评价的基本方法

（1）前后对比　前后对比是对于项目可行性研究和评估的预期成果、规划目标与项目建成并投入使用后的实际结果进行对比。

（2）有无对比　有无对比是对于项目建设后产生的实际影响和效果与假设没有本项目可能发生的情况进行对比。

复习思考题

1. 结构设计的目标是使结构必须满足哪些方面的功能要求？
2. 常用的地基处理方法有哪些？
3. 工程中常用的深基础有哪些类型？
4. 常用外脚手按支固方式可分为哪几类？
5. 简述钢筋混凝土工程施工工艺流程。
6. 钢筋常用的类型有哪些？
7. 钢筋常用的连接方式有哪些？
8. 模板及支撑系统应符合哪些规定？
9. 混凝土搅拌机按其搅拌原理不同分为哪几类？各自适用范围是什么？
10. 简述预应力混凝土先张法的施工工艺。
11. 简述预应力混凝土后张法的施工工艺。
12. 单层工业厂房的结构吊装通常有哪几种方法？
13. 常用的屋面防水施工方法有哪些？
14. 饰面板安装方法有哪些？
15. 建设工程竣工验收应当具备哪些条件？

10 第十章 土木工程防灾、减灾

【内容摘要及学习要求】

要求了解土木工程灾害的含义与类型、工程加固的新成就和发展趋势，熟悉结构检测与加固的方法；熟悉新材料、新技术在结构加固中的应用研究；其中，结构抗灾加固的原因、检测与加固的方法是本章的重点和难点。

第一节 灾害的含义与类型

一、工程灾害的含义

灾害就是指那些由于自然的、社会（人为）的或社会与自然组合的原因，对人类的生存和社会的发展造成损害的各种现象。

工程灾害包括自然灾害和人为灾害。自然灾害主要指地震灾害、风灾、水灾、地质灾害等，人为灾害则包括火灾及由于设计、施工、管理、使用失误造成的工程质量事故。随着世界经济一体化和社会城市化进程的发展，工程灾害的破坏程度和造成的损失也越来越引起工程界的重视。人类在土木工程的建设和使用过程中，应了解和掌握土木工程可能受到的各种灾害的发生规律、破坏形式及预防措施。

二、工程灾害的类型

（一）地震灾害

1. 地震概述

地震是人们平常所说的地动，是通过感觉或仪器察觉到的地面震动。由于地球不断运动和变化，地壳的不同部位受到挤压、拉伸、旋扭等力的作用，逐渐积累了能量，在某些脆弱部位，岩层就容易突然破裂，引起断裂、错动，于是就引发了地震。

地震是用里氏震级来衡量的，里氏震级是由美国加州理工学院的地震学家里克特和古登堡于1935年提出的一种震级标度，是目前国际通用的地震震级标准。地震的大小用震级来衡量，根据地震释放能量的多少来划分。能量越大，震级就越大；震级相差一级，能量相差约30倍。地震按震级大小分类如下：大震为7级以上；强震或中强震为7级以下5级以上；

小震为5级以下3级以上；弱震为3级以下。而地震烈度则是指某一地区地面及房屋等建（构）筑物受地震破坏的程度。我国将地震烈度划分为12度。影响烈度的因素，除了震级、震中距外，还与震源深度、地质构造和地基条件等因素有关。地震本身的大小，只跟地震释放的能量多少有关，它是用“级”来表示的；而烈度则表示地面受到的影响和破坏程度，它是用“度”来表示的。一次地震只有一个震级，而烈度则各地不同，见表10-1。

表10-1 地震烈度破坏程度

地震烈度	现象
1~2度	人们一般感觉不到，只有地震仪才能记录到
3度	室内少数人能感到轻微的振动
4~5度	人们有不同程度的感觉，室内物件有些摆动和有尘土掉落
6度	较老的建筑物多数被破坏，个别有倒塌的可能，有时在潮湿松散的地面上，有细小裂缝，少数山区发生土石散落
7度	家具倾覆破坏，水池中有波浪，坚固的住宅有轻微损坏，如墙上有轻微的裂缝，抹灰层大片脱落，瓦从屋顶上掉下等；工厂的烟囱上部倒下；严重地破坏了陈旧和简易的建筑物，有喷砂冒水现象
8度	树干振动很大，甚至折断；大部分建筑物遭到破坏，坚固的建筑物墙上有很大裂缝而遭严重破坏，工厂的烟囱和水塔倒塌
9度	一般建筑物倒塌或部分倒塌，坚固建筑物有严重破坏，大多数不能用，地面出现裂缝，山区有滑坡现象
10度	建筑遭到严重破坏，地面裂缝很多，水面有浪，钢轨有弯曲变形现象
11~12度	建筑物普遍倒塌，地面变形严重，造成巨大的自然灾害

我国是一个地震比较多的国家。数千年来，我们的祖先曾经对地震规律进行了不断探索，留下了许多珍贵的地震资料，并且制造了世界上最早的地震仪，观察记载了大量的地震前兆现象，累积了许多防震、抗震的经验和知识，在地震测报和防震、抗震的领域取得了辉煌的成就。

东汉时代杰出的科学家张衡，在不断记录地震、积累地震知识的基础上，发明了世界上最早的观测地震仪器——候风地动仪。张衡在他的一生中，曾经遭遇很多次地震。据统计，从东汉和帝永元四年到顺帝永和四年（公元92~139年）之间，京师（洛阳）和陇西曾经发生地震20次，其中大约有6次是破坏性地震。

张衡为官时，大部分时间是在洛阳，因为担任太史令的关系，所以曾经把当时发生的地震情况记录下来。为了掌握各地的地震情报，他感到很需要有仪器来进行观测。在他的努力下，终于在阳嘉元年（公元132年）创造了世界上最早的地震仪，在我国科技史上写下了辉煌的一页，开创了人类使用科学仪器观测地震的历史。

我国地处两大地震带之间，在我国发生的地震又多又强，其绝大多数又是发生在大陆的浅源地震，震源深度大多在20km以内。因此，我国是世界上多地震的国家，也是蒙受地震灾害最为深重的国家之一。我国大陆约占全球陆地面积的1/15，但20世纪有1/3的陆上破坏性地震发生在我国，死亡人数约60万，占全世界同期因地震死亡人数的一半左右。20世纪死亡20万人以上的大地震全球共两次，都发生在我国，一次是1920年宁夏海原8.5级大地震，死亡23万余人；另一次是1976年河北唐山7.8级地震，死亡24万余人。这两次大地震都使人民生命财产遭受了惨痛的损失。

2008 年 5 月 12 日 14 时 28 分在四川汶川境内（北纬 31 度，东经 103.4 度）处发生了里氏 8.0 级强烈地震，死亡和失踪约 8.7 万人，受伤约 37.5 万人，给当地人民群众的生命财产带来了巨大的损失。

2. 20 世纪国外发生的十大地震

（1）1906 年美国旧金山大地震　1906 年 4 月 18 日晨 5 时 13 分，一次 8.3 级地震猛烈袭击了旧金山及周围地区。地震的肇因是美国西海岸“圣安德列斯断层”的活动。旧金山市无数的房屋被震倒，水、煤气管道被毁。地震后不久发生的大火，整整燃烧了 3 天，旧金山市有 700 余人死亡，经济损失当时估计为 5 亿美元。美国作家杰克·伦敦亲身经历了这次地震，写下著名的《旧金山毁灭了!》一文。

（2）1908 年意大利墨西拿大地震　1908 年 12 月 28 日晨 5 时 25 分，意大利著名的旅游胜地西西里岛的墨西拿市发生 7.5 级地震。地震时，城市房屋跳动旋转，地缝喷水，海峡峭壁坍塌入海。这个有千座石造金字塔的城市，在瞬间夷为平地。地震引起的海啸，洗劫了墨西拿海峡两岸的城市。这次地震中共有 11 万人蒙难，其中墨西拿市有 8.3 万人死亡。

（3）1923 年日本关东大地震　1923 年 9 月 1 日上午 11 时 58 分，日本横滨、东京一带发生 7.9 级地震。两座城市如同米箩做上下和水平的筛动，建筑物纷纷倒塌。时值正午，市民们家中尚未熄火的炉灶在刹那间被掀翻，一场无法控制的火灾在地震后发生。城市陷入火海，热气流引发狂风，120 条火龙卷、烟龙卷冲天而起，将房屋、汽车、尸体吸到半空中。与此同时，海啸扑向海岸地区，扫荡船只、房屋。这次灾害造成 14.3 万人死亡，当时的经济损失为 28 亿美元，日本全国财富的 5% 化为灰烬。

（4）1939 年土耳其埃尔津詹大地震　1939 年 12 月 27 日凌晨 2 时到 5 时，8 级地震猛烈震撼土耳其，特别是埃尔津詹、锡瓦斯和萨姆松三省。埃尔津詹市除一座监狱外，所有的建筑物尽成废墟。地震造成 5 万人死亡，几十个城镇和 80 多个村庄被彻底毁灭。

（5）1960 年智利大地震　1960 年 5 月 21 日下午 3 时，智利发生 8.3 级地震。从这一天到 5 月 30 日，该国连续遭受数次地震袭击，地震期间，6 座死火山重新喷发，3 座新火山出现。5 月 21 日的 8.5 级大地震造成了 20 世纪最大的一次海啸，平均高达 10m、最高 25m 的巨浪猛烈冲击智利沿岸，摧毁港口、码头、船舶、公路、仓库、住房。时速 707km 的海啸波横贯太平洋，地震发生后 14h 到达夏威夷时，波高仍达 9m；22h 后到达 17000km 外的日本列岛，波高 8.1m，把日本的大渔轮都掀到了城镇大街上。这次地震，智利有 1 万人死亡或失踪，直接经济损失 5.5 亿美元。

（6）1970 年秘鲁钦博特大地震　1970 年 5 月 31 日，秘鲁最大的渔港钦博特市发生 7.6 级地震。在地震中有 6 万多人死亡，10 多万人受伤，100 万人无家可归。

（7）1985 年墨西哥大地震　1985 年 9 月 19 日晨 7 时 19 分，墨西哥西南太平洋海底发生 8.1 级地震，远离震中 400km 的墨西哥首都墨西哥城遭到严重破坏，共有 3.5 万人死亡，4 万人受伤，30 多万人无家可归。远离震中却遭受如此惨重损失的原因，是因为该市主要部分建筑在一个涸湖上，地基松软，再加上过量采用地下水，使地层逐年沉陷，建筑物更加不稳。

（8）1988 年亚美尼亚大地震　1988 年 12 月 7 日上午 11 时 41 分，当时的苏联亚美尼亚共和国发生 6.9 级地震，震中在亚美尼亚第二大城市列宁纳坎附近，烈度为 10 度，该市 80% 的建筑物被摧毁。地震造成 2.4 万人死亡，1.9 万人伤残，直接经济损失 100 亿卢布，

这次地震的特点是震级不高，但损失惨重。1989 年，一个同样震级的地震发生在美国旧金山，仅死亡 68 人。

(9) 1990 年伊朗西北部大地震 1990 年 6 月 21 日 0 时 30 分，伊朗西北部的里海沿岸地区发生 7.3 级地震，震中在首都德黑兰西北 200km 的吉兰省罗乌德巴尔镇，该镇在地震中完全毁灭。地震使 5 万人丧生，全部经济损失为 80 亿美元。

(10) 1995 年日本阪神大地震 1995 年 1 月 17 日晨 5 时 46 分，日本神户市发生 7.2 级直下型地震，大阪市也受到严重影响。这次地震造成 5400 多人丧生，314 万多人受伤，19 万多幢房屋倒塌和损坏，直接经济损失达 1000 亿美元。

（二）风灾

风是大气层中空气的运动。由于地球表面不同地区的大气层所吸收的太阳能量不同，造成了各地空气温度的差异，从而产生气压差。气压差驱动空气从气压高的地方向气压低的地方流动，这就形成了风。自然界常见的几种风灾主要有台风、飓风和龙卷风。通常所说的“台风”和“飓风”都属于北半球的热带气旋，只不过是因为它们产生在不同的海域，被不同国家的人用了不同的称谓而已。一般来说，在大西洋上生成的热带气旋被称为“飓风”，而人们把在太平洋上生成的热带气旋称为“台风”。

1. 台风灾害

台风是一个大而强的空气涡旋，平均直径为 600~1000km，从台风中心向外依次是台风眼、眼壁，再向外是几十公里至几百公里宽、几百公里至几千公里长的螺旋云带，螺旋云带伴随着大风、阵雨成逆时针方向旋向中心区，越靠近中心，空气旋转速度越加大，并突然转为上升运动。因此，距中心 10~100km 范围内形成一个由强对流云团组成的约几十公里厚的云墙、眼壁，这里会发生摧毁性的暴风骤雨；再向中心，风速和雨速骤然减小，到达台风眼时，气压达到最低，湿度最高，天气晴朗，与周围天气相比似乎风平浪静，但转瞬一过，新的灾难又会降临。

台风带来的灾害有三种，即狂风引起的摧毁力、强暴雨引起的水灾和巨浪暴潮的冲击力。图 10-1 所示为一张台风的卫星照片，图像中部为台风眼，周围的风速比台风眼处要大得多。

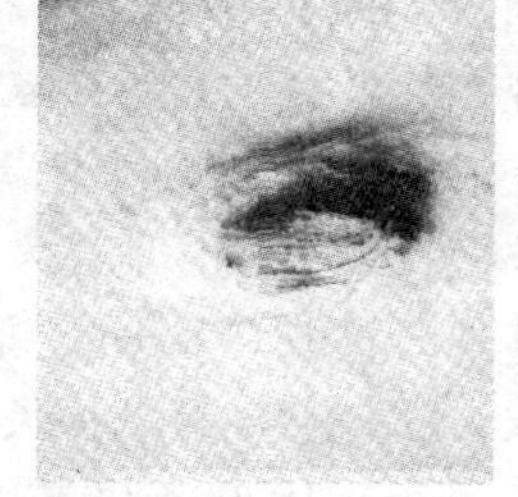

图 10-1 台风

2. 飓风灾害

飓风的地面速度经常可达到 70m/s，具有极强的破坏性，影响范围也很大。飓风到来时常常雷鸣电闪，空中充满了白色的浪花和飞沫，海面完全变白，能见度极低，海面波高达到 14m 以上。

飓风灾害的严重性依据它对建筑、树木以及室外设施所造成的破坏程度不同而被划分为 1~5 个等级：1 级飓风的时速为 118~152km；2 级飓风的时速为 153~176km；3 级飓风的时速为 177~207km；4 级飓风的时速为 208~248km；5 级飓风的时速为 249km 以上。

2004 年 9 月登陆美洲的飓风“伊万”，为 5 级飓风，给所经过的牙买加、美国等国家造成巨大的损失（图 10-2、图 10-3）。

3. 龙卷风

龙卷风是一种强烈的、小范围的空气涡旋，是在极不稳定的天气下由空气强烈对流运动而产生的，由雷暴云底伸展至地面的漏斗状云（龙卷）产生的强烈的旋风（图 10-4），其风力可达12级以上，风速最大可达100m/s以上，一般伴有雷雨，有时也伴有冰雹。

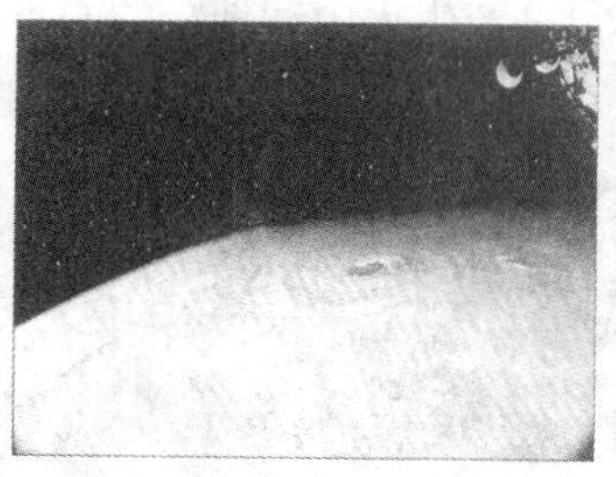

图10-2 飓风“伊万”

图10-3 “伊万”袭击美国村庄

图10-4 龙卷风

龙卷风是大气中最强烈的涡旋现象，影响范围虽小，但破坏力极大。它往往使成片庄稼、成万株果木瞬间被毁，令交通中断，房屋倒塌，人畜生命遭受伤害。龙卷风的水平范围很小，直径从几米到几百米，平均为250m左右，最大为1000m左右。在空中的直径可有几千米，最大有10km，极大风速每小时可达150～450km。龙卷风持续时间一般仅几分钟，最长不过几十分钟，但造成的灾害很严重。

（三）地质灾害

地质灾害是诸多灾害中与地质环境或地质体的变化有关的一种灾害，主要是由于自然的和人为的地质作用，导致地质环境或地质体发生变化，当这种变化达到一定程度，其产生的后果给人类和社会造成的危害称之为地质灾害，如地震、火山、滑坡、泥石流、砂土液化等都属于地质灾害。其他如崩塌，地裂缝，地面沉降，地面塌陷，岩爆，坑道突水、突泥、突瓦斯，煤层自燃，黄土湿陷，岩土膨胀，土地冻融，水土流失，土地沙漠化及沼泽化，土壤盐碱化，地热害也属于地质灾害。

1. 火山喷发

火山喷发是地下深处的高温岩浆及气体、碎屑从地壳中喷出的现象。地壳之下100～150km处，有一个“液态区”，区内存在着高温、高压下含气体挥发分的熔融状硅酸盐物质，即岩浆。它一旦从地壳薄弱的地段冲出地表，就形成了火山。按照火山的活动性，可把火山分为活火山、休眠火山和死火山三种。

火山活动和地震经常伴随着发生，但火山爆发的前兆明显，因此人们可以逃避，大多有灾无难。火山活动的过程常造成许多微小地震，大爆发更可产生强烈地震；地震的发生也常

导致火山活动。1999 年记录的 27 起火山活动，有 14 起出现在土耳其大地震以后短短的两个多月内。地球内部的物质运动以及由其引起岩石层的破裂是产生火山和地震的根本原因。

2. 滑坡

滑坡是斜坡上的岩体或土体，在重力的作用下，沿一定的滑动面整体下滑的现象。泥石流是山区爆发的特殊洪流，它饱含泥砂、石块以至巨大的砾石，破坏力极强。我国山区面积占国土面积的2/3，地表的起伏增加了重力作用，加上人类不合理的经济活动，地表结构遭到严重破坏，使滑坡和泥石流成为一种分布较广的自然灾害。2003 年 7 月 11 日 22 时，四川省甘孜藏族自治州丹巴县发生特大泥石流灾害，造成 1 人死亡，50 人失踪，另有 71 人被困。图 10-5 所示为灾情最严重的水卡子村损毁严重的民房。

图 10-5 泥石流造成的损坏

3. 砂土液化

砂土液化是指饱水的粉细砂或轻亚黏土在地震力的作用下瞬时失掉强度，由固体状态变成液体状态的力学过程。砂土液化主要是在静力或动力作用下，砂土中孔隙水压力上升，抗剪强度降低并趋于消失所引起的。砂土液化造成的危害十分严重。喷水冒砂使地下砂层中的孔隙水及砂颗粒被搬到地表，从而使地基失效，同时地下土层中固态与液态物质缺失，导致不同程度的沉陷，从而使地面建筑物倾斜、开裂、倾倒、下沉，道路路基滑移，路面纵裂；在河流岸边，则表现为岸边滑移、桥梁落架等。此外，强烈的承压水流失并携带土层中的大量砂颗粒一并冒出，堆积在农田中，毁坏大面积的农作物。

图 10-6 所示为 2005 年江西九江发生地震后，人们在瑞昌市发现有三处奇怪的大陷坑，最深的有 8m，长度为 50m 多，陷坑出现喷砂冒水现象。农场附近地层属湖沼相沉积，地下土层中存在粉土或粉砂，在地震作用下产生砂土液化。

图 10-6 砂土液化

4. 地质灾害的防治

我国地质灾害的防治方针，即“以防为主、防治结合、综合治理”。对工程上已经发生的滑坡或可能发生的滑坡，防治措施可以从减小推动滑坡发生的力和加大阻止滑坡发生的力两个角度考虑。工程上对滑坡的防治主要采用以下几种方法：

1）砍头压脚或削方减载，即消减推动滑坡产生区的物质和增加阻止滑坡产生区的物质或减缓边坡的总坡度。

2）地表排水和地下排水即将地表水引出滑动区外或降低至地下水位。

3）支挡结构物在前述两种方法均不能保证斜坡稳定的时候，可采用支挡结构物，如挡墙、被动桩、沉井、拦石栅，或在斜坡内部施加加强措施，如锚固、土锚钉、加筋土等，来防止或控制斜坡岩土体的运动。

4）斜坡内部加固，即在岩体中进行斜坡内部加固，多采用岩石锚固的方法，将张拉的岩石锚杆或锚索的内锚固端固定于潜在滑动面以下的稳定岩石之中。

三峡工程是我国举世瞩目的水利工程。其中预应力锚索抗滑桩板墙在三峡工程库区滑坡治理中应用较为普遍，对于控制大型滑坡的变形、保证滑坡稳定、保证蓄水后的正常运营起到了十分重要的作用。另外，振动挤密碎石桩是由河北省建筑科学研究所等单位开发成功的一种地基加固技术，它首先用振动成孔器成孔，成孔过程中桩孔位的土体被挤到周围土体中去，成孔后提起振动成孔器，向孔内倒入约 1m 厚的碎石，再用振动成孔器进行捣固密实，然后提起振动成孔器，继续倒碎石，直至碎石桩形成。振动挤密碎石桩与地基土形成复合地基，是一种有效的处理砂土液化的地基处理方法，近年在我国的公路工程中得到了广泛的应用。

（四）人为灾害

除自然灾害外，人为灾害（如火灾、工程质量事故等）也可能对土木工程形成危害。

1. 火灾

火灾可分为人为破坏产生的火灾及无意识行为造成的火灾。随着城市化发展进程的加快，火灾越来越成为城市的严重危害。如 2003 年 11 月 3 日湖南衡阳市衡州大厦发生特大火灾，消防官兵成功疏散了大厦内被困的 412 名群众，但在扑灭余火的过程中，由于大厦突然倒塌，造成 20 名消防官兵壮烈牺牲。

据统计，起火原因的前四位是电气、生活用火、违反安全规定、吸烟。

图 10-7 所示为 2009 年我国火灾起火原因的比例。

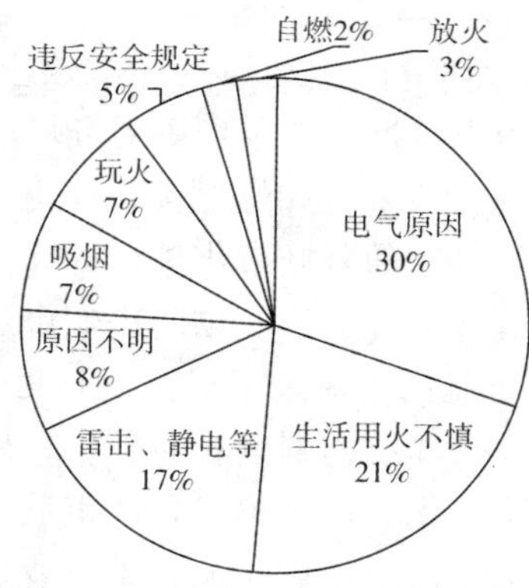

图 10-7 2009 年我国火灾起火原因的比例

防火的基本原则是做好预见性防范和应急性防范两个方面，既要做到前瞻和预防，又要能应对既发火灾的复杂性和时效性，从而使火灾的损失最小。火灾对土木工程的影响主要是对所用工程材料和工程结构承载能力的影响。在我国，建筑物的防火设计主要是由建筑师按照《建筑设计防火规范》（GB 50016—2014）的规定来进行的。

2. 工程质量事故与灾难

（1）工程事故 工程事故是指由于勘察、设计、施工和使用过程中存在重大失误造成工程倒塌（或失效）引起的人为灾害。

按照我国现行规定，一般大中型和限额以上项目从建设前期工作到建设、投产都要按照正常的建设程序进行，一个环节出问题，工程就可能出问题，甚至出现无法挽回的损失。很多出现事故的工程都是因为出现了“六无”（无正规立项、无可研报告、无正规设计单位、

无正规施工单位、无工程监理、无工程质量验收）中的一项或几项，甚至全部。

1999 年 1 月 4 日 18 时 50 分，重庆市綦江县彩虹桥发生整体垮塌，造成 40 人死亡，14 人受伤，直接经济损失 631 万元，震惊了整个工程界。究其原因，是建设过程严重违反基本建设程序。该工程未办理立项及计划审批手续，未进行设计审查，未进行施工招标投标，未办理建筑施工许可手续，未进行工程竣工验收，属于典型的“六无”工程。在施工、设计、管理环节均出现了重大问题。

专家对彩虹桥工程进行质量鉴定指出，该工程存在多处致命的质量问题：拱架钢管焊接存在严重缺陷，焊接质量不合格；钢管混凝土抗压强度不足，所用混凝土平均低于设计强度三分之一；桥梁构造设计不合理，致使连接拱架与桥梁、桥面的钢绞线拉索、锚具、锚片严重锈蚀，压力灌浆也不密实。

（2）工程事故灾难　工程事故灾难是指由于勘察、设计、施工和使用过程中存在重大的失误造成工程倒塌引起的人为灾难。它往往带来人员的伤亡和经济上的巨大损失，见表 10-2。

表 10-2　重大事故级别

重大事故级别	伤亡人数	直接经济损失（人民币）
三级	死亡 2 人以上，重伤 20 人以上	30 万元以上小于 100 万元
四级	死亡 2 人以下，重伤 3～19 人	10 万元以上小于 30 万元
一般质量事故	重伤 2 人以下	5000 元以上小于 10 万元

（3）工程爆破灾难　爆破会对环境产生剧烈的冲击效应，传统狭隘意义上的爆破灾难包括飞石、地面振动、冲击波、噪声、炮烟、尘埃等对环境的危害。从广义上讲，爆破灾害是指由爆破引起的人们不希望出现的效果，如爆破振动引起结构物的破坏、飞石撞击毁坏、灰尘、坍塌范围超限、偶然性爆炸等。随着城市化进程的加快及各种构筑物的改扩建，拆除爆破工程的应用日渐扩大，其对既有建筑、构筑物的影响也逐渐引起了人们的重视。

（4）地面塌陷　地面塌陷主要是由于对地下矿藏的过度开采造成的，随着时间的推移，有的采空区构造发展，岩体破碎，岩体结构强度相对较小，矿区支护结构破坏，在开采强度大的矿区，采区上部岩土层在自重作用下产生塌陷，严重危害了矿山的正常安全生产及周围居民的生命、财产安全，直接破坏了国土地貌，危害了农业正常生产，对上部的建筑物造成严重的破坏。

正是因为土木工程的复杂性和特殊性，所以要严格按照建设程序办事，整顿建设市场，要继续建立和完善建设法规，保证生产出安全、经济、美观的建筑产品。

第二节　结构抗灾、检测与加固

土木工程受灾后的首要问题是进行结构检测和结构鉴定，根据结果给出结构处理意见，即拆除或加固后使用。土木工程的检测、鉴定和加固是目前土木工程领域的热门技术之一。

按照《建筑结构检测技术标准》（GB/T50344—2004）的规定，工程结构在遭受灾害后，应及时对其进行分析与计算，对结构物的工作性能及其可靠性进行评价，对结构物的承载能力做出正确的估计，这就是结构检测的内容。因此，结构检测是工程结构受灾后的鉴定和加固的基础。

结构检测的基本程序是：接受检测任务→收集原始资料、工程设计图→结构外观检测→材料性能检测→测量构件变形，评估构件现有强度→决定其是否可修，如不可修则该结构降级处理或拆除，如可修则→内力分析→截面验算，考察其是否满足规范要求，如满足则进行寿命评估，若不满足则提出加固意见→做出书面检测报告。

一、结构的外观检测

结构的外观检测主要进行裂缝、变形、构件局部破损的检测。

（一）裂缝

对裂缝进行检测时，首先要区分裂缝的性质，是受力裂缝还是非受力裂缝，判明裂缝是危险裂缝还是非危险裂缝。

例如，钢筋混凝土梁在弯矩作用下生竖向裂缝，在剪力作用下可能出现斜裂缝，由于地基的不均匀沉降也会引起裂缝。

由于材料属性引起的裂缝则属于非受力裂缝。如钢筋混凝土结构的梁中，会出现所谓“枣核形”裂缝，形状为两头尖中间宽，状如枣核。究其原因，两头尖是因为上、下侧混凝土受梁下部钢筋和上侧楼屋面板的约束，而梁中部钢筋较少，混凝土可以较自由的收缩，故裂缝宽。其他情况，如混凝土受冻后也容易产生裂缝，形状如大写英文字母“D”，沿骨料界面发生；大体积混凝土浇筑后，容易产生温度裂缝。

这些裂缝中，能够导致结构破坏的称为危险裂缝。其他的宽度小于或略大于规范规定的垂直裂缝，一般为非严重裂缝。

对砌体结构，受地震作用时，墙面上容易产生斜裂缝甚至交叉裂缝，即使不会导致墙体倒塌，也会使墙体的承载力降低20%左右。底层房屋对此要加以注意，必要时应进行加固处理。图10-8所示为1996年丽江地震后丽江卫校教学楼墙体出现的交叉裂缝。

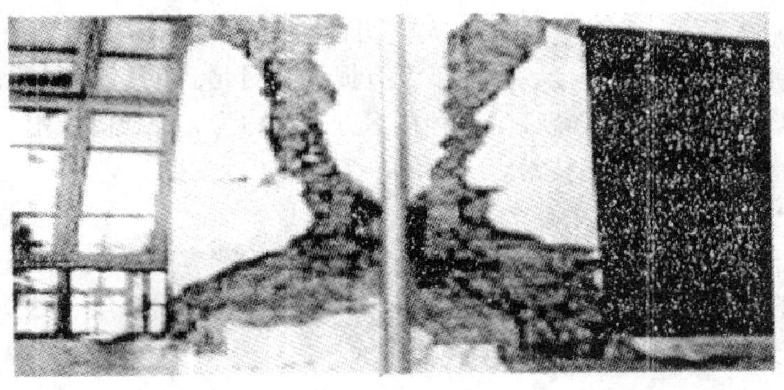

图10-8　地震后丽江卫校教学楼墙体交叉裂缝

对钢结构，由于材料强度较高，塑性、韧性较好，一般不易产生裂缝。但是对焊接钢结构来说，由于焊接过程是一个不均匀的冷热场，使得焊缝及其附近金属主体内有较大的残余应力产生。在低温、动力荷载或反复荷载作用下，焊缝内部的微观裂纹容易连通、扩展，形成一条通长的裂纹，发生脆性破坏。故对钢结构，要恰当选择钢材型号，进行合理的设计、施工和使用、维护，防止出现脆性破坏。

（二）变形

构件的变形是截面变形的积累，而构件变形之和体现在整体上，就是结构的位移和变形。因此，检测结构的位移和变形，一方面可以对结构整体情况有所把握，另一方面可以考察构件的变形和损伤情况。

要检测的变形主要是地震、火灾、地基不均匀沉降等作用下的大变形。在地质灾害中，软土地基的沉降可能导致梁挠曲，甚至柱被压弯，外墙下沉，荷载重分布增大中柱受力，产生裂缝。

2001年9月11日，美国世贸大厦倒塌的原因非常复杂，众说纷纭。但其中不可忽视的一个原因就是由于防火能力不足，造成钢材在高温下强度丧失。世贸大厦所有的横梁使用的都是厚涂型钢结构防火涂料，该涂料通常以无机高温黏结剂配以粉煤灰空心微珠、膨胀珍珠岩、膨胀蛭石等耐火绝热材料和化学助剂加水配制而成。厚涂型钢结构防火涂料是通过增加涂层的厚度来提高耐火极限的，但涂层过厚，就会出现开裂脱落。在施工中，由于受到环境或施工水平参差不齐的影响，涂层厚度不均匀，致使实际耐火极限下降，最后很可能达不到设计的耐火极限。

（三）构件局部破损

构件局部破损在地震中经常出现。在地震作用下，屋面上的突出砌体很容易倒塌，如女儿墙或屋面山墙山尖倒塌等。

二、结构材料的检测

结构受灾后，其材料强度往往有所削弱，达不到原设计值，应该通过检测加以确定，以确定结构是否可以继续使用或是否需要加固处理。

检测技术从宏观角度看，可从对结构构件破坏与否的角度出发，分为无损检测技术、半破损检测技术和破损检测技术。目前应用较多的是无损检测技术和半破损检测技术。

所谓无损检测技术，其实就是类似于人们买西瓜时的“隔皮猜瓜”——轻敲瓜皮，通过听声音和手感确定瓜的成熟程度，对西瓜没有损坏。因此，在不破坏材料的前提下，检查结构构件宏观缺陷或测量其工作特征的各种技术方法统称为无损检测技术。而对结构构件有局部破损的方法称为半破损检测技术。

（一）混凝土检测技术

目前对混凝土的检测技术较为成熟。混凝土强度的检测有回弹法、超声法、钻芯法、拔出法等，以及综合检测方法，如超声回弹综合法、钻芯回弹综合法等，这些方法已经有了全国性的检测技术规程。

1. 回弹法

利用回弹仪检测普通混凝土结构构件抗压强度的方法简称回弹法。回弹仪是一种直射锤击式仪器，回弹值反映了与冲击能量有关的回弹能量，而回弹能量反映了混凝土表层硬度与混凝土抗压强度之间的函数关系。测定回弹值的仪器称为回弹仪，回弹仪有不同的型号，按冲击动能的大小分为重型、中型、轻型、特轻型四种。进行建筑结构检测时一般使用中型回弹仪。图10-9所示为回弹仪结构示意图。由于影响回弹法测定的因素较多，通过实践与专门试验研究发现，回弹仪的质量和是否符合标准状态要求是保证稳定的检测结果的前提。

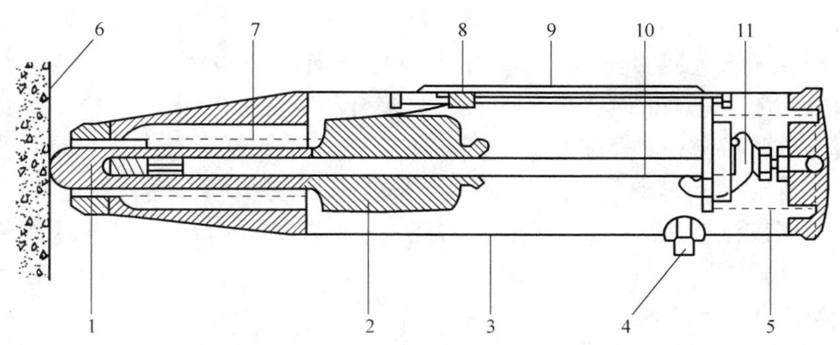

图 10-9　回弹仪结构示意图

1—击杆头　2—弹锤　3—外壳　4—锁钮　5—受压弹簧　6—混凝土面层
7—冲击弹簧　8—推杆　9—示值窗　10—强锤导轨　11—解锁装置

2. 超声法

通过超声法检测混凝土缺陷和强度。其基本原理就是声速与混凝土的弹性性质有密切的关系，而弹性性质在很大程度上可以反映强度的大小，因此可以通过试验建立混凝土强度和超声声速之间的相关关系。混凝土内超声传播速度受许多因素影响，如混凝土内钢筋配置方向，不同骨料及粒径，混凝土水灰比、龄期及养护条件、混凝土强度等级等，这些因素在建立混凝土强度和超声声速相关关系时都要加以考虑和修正。

3. 钻芯法

所谓钻芯法，就是利用钻芯机、钻头、切割机等配套机具，在结构构件上钻取芯样，通过芯样抗压强度直接推定结构构件的强度或缺陷，而不需利用立方体试块或其他参数。钻芯法的优点是直观、准确、代表性强，缺点是对结构构件有局部破损，芯样数量不可取得太多，且价格较为昂贵。

钻芯法除用以检测混凝土强度外，还可通过钻取芯样方法检测结构混凝土受冻、火灾损伤深度、裂缝深度以及混凝土接缝、分层、离析、孔洞等缺陷。

钻芯法在原位上检测混凝土强度与缺陷是其他无损检测方法不可取代的一种有效方法。因此，将钻芯法与其他无损检测方法结合使用，一方面可以利用无损检测方法检测混凝土均匀性，以减少钻芯数量，另一方面又利用钻芯法来校正其他方法的检测结果，提高检测的可靠性。

4. 拔出法

拔出法是指将安装在混凝土中的锚固件拔出，测出极限拔出力，利用事先建立的极限拔出力和混凝土强度间的相关关系，推定被测结构构件的混凝土强度的方法。

拔出法在国际上已有 50 余年的历史，方法比较成熟，在北美、北欧国家得到广泛认可，被公认为现场应用方便、检测费用低廉，适合于现场控制。

尽管工程理论界对极限拔出力与混凝土拔出破坏机理的看法还不一致，但试验证明，在 C60 以下的常用混凝土的范围内，拔出力与混凝土有良好的相关关系，检测结果与立方体试块强度的离散性较小，检测结果令人满意，因此拔出法被看作是极有前途的一种微破损检测方法。

5. 综合法

综合法检测混凝土强度是指应用两种或两种以上单一检测方法（包括力学的、物理的），获取多种参量，并建立强度与多种参量的综合相关关系，从不同角度综合评价混凝土强度。综合法可以弥补单一法固有的缺陷，相互补充。综合法的最大优点是提高了混凝土强度检测的精度和可靠性，是混凝土强度检测技术的一个重要发展方向。目前，除上述超声回弹综合法已在我国广泛应用外，超声钻芯综合法、回弹钻芯综合法、声速衰减综合法等也逐渐得到应用和重视。

（二）砌体结构检测技术

砌体结构检测方法的研究始于20世纪70年代末，比混凝土结构略晚一些，技术成熟程度比混凝土强度检测技术略差，但其发展迅速，在国内形成了百家争鸣的局面，达到了经济发达国家的检测水平，目前主要测定砌筑砂浆强度作为砌体结构抗震鉴定和加固的评定指标。

砌体结构的现场检测方法，按测试内容可分为下列几类：

1）检测砌体抗压强度：原位轴压法、扁顶法。

2）检测砌体工作应力、弹性模量：扁顶法。

3）检测砌体抗剪强度：原位单剪法、原位单砖双剪法。

4）检测砌筑砂浆强度：推出法、筒压法、砂浆片单剪法、回弹法、电荷法、射钉法。

下面仅就其中的原位轴压法进行简单介绍。

原位轴压法适用于推定240mm厚的普通砖砌体抗压强度。检测时，在墙体上开凿两条水平槽孔，安放原位压力机。原位压力机由手动油泵、扁式千斤顶、反力平衡架等组成，其工作状况如图10-10所示。

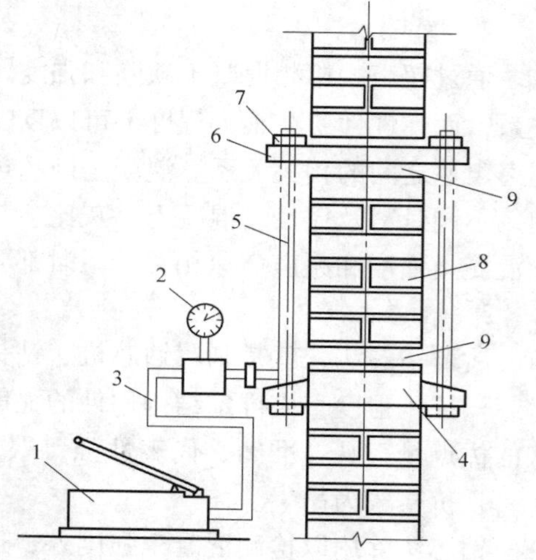

图10-10 原位压力机测试工作状况

1—手动油泵 2—压力表 3—高压油管 4—扁式千斤顶 5—拉杆（共4根） 6—反力板 7—螺母 8—槽间砌体 9—砂垫层

原位轴压法的基本试验步骤是：在测点上开凿水平槽孔→在槽孔间安放原位压力机→预估破坏荷载，进行试加荷载试验→分级加荷，直至砌体破坏，以油压表的指针明显回退作为标志。

试验过程中，应仔细观察槽间砌体初裂裂缝与裂缝开展情况，记录和绘制逐级荷载下的油压表读数、测点位置、裂缝随荷载变化情况简图等。

（三）钢结构检测技术

钢结构中所用的构件一般由钢厂批量生产，并需有合格证明，因此材料的强度和化学成分有良好保证。因此工程检测的重点在于安装、拼装过程中的质量问题，以及在使用过程中的维护问题。钢结构工程中的主要检测内容有：

1）构件尺寸及平整度的检测。

2）构件表面缺陷的检测。

3）连接（焊接、螺栓连接）的检测。

4）钢材锈蚀检测。

5）防火涂层厚度检测。

如果钢材无出厂合格证明，或对其质量有怀疑，还应增加钢材的力学性能试验，必要时还需检测其化学成分。

下面就其中几种比较成熟的方法进行简单讲述。

（1）磁粉探伤　磁粉探伤是目前广泛用于焊缝及钢材内部缺陷的检测方法。外加磁场对铁磁性材料的工件磁化，被磁化后的工件上若不存在缺陷，则各部位的磁性基本保持一致，而存在裂纹、气孔或非金属物夹渣等缺陷时，它们会在工件上造成气隙或不导磁的间隙，使缺陷部位磁阻增大，工件内磁力线的正常传播遭到阻隔，磁化场的磁力线被迫改变路径溢出工件，工件表面形成漏磁场。漏磁场的强度取决于磁化场的强度和缺陷对于磁化场垂直截面的影响程度。利用磁粉就可以将漏磁场显示或测量出来，从而判断出缺陷是否存在以及它的位置和大小等情况。

（2）超声波探伤　钢结构在潮湿、有水和酸碱盐腐蚀性环境中容易锈蚀，导致截面削弱，承载力下降。钢材的锈蚀程度可由其截面厚度的变化来反映。除锈后的钢材，用超声波测厚仪（声速设定、耦合剂）和游标卡尺可测其厚度。超声波测厚仪采用脉冲反射波法。超声波从一种均匀介质向另一种介质传播时，在界面上发生反射，测厚仪即可测出自发出超声波至收到界面反射回波的时间。因此，当超声波在各种钢材中的传播速度已知，或通过实测已确知时，就可由波速和传播时间测算出钢材的厚度。对于数字超声波测厚仪，厚度可以直接显示在显示屏上。

（3）防火涂层厚度检测　众所周知，钢结构在高温条件下，其强度会降低很多。因此，防火涂层对钢结构防火具有重要意义。目前我国防火涂料有薄型和厚型两种。对防火涂层的质量要求是：薄型防火涂层表面裂纹宽度应小于0.5mm，涂层厚度应符合有关耐火极限的设计要求；厚型防火涂层表面裂纹宽度应小于1mm，其涂层厚度应有80%以上面积符合耐火极限的设计要求，且最薄处厚度不应低于设计要求的85%。防火涂层厚度用厚度测量仪测定。

对全钢框架结构的梁柱防火层厚度测定，在构件长度内每隔3m取一截面，梁和柱在所选择的位置中，分别测出6个点和8个点，计算平均值，精确到0.5mm。

三、工程结构抗灾与加固

工程结构抗灾最后落实在结构检测和结构的加固与改造上。在前述结构检测的基础上，使受损结构重新恢复使用功能，也就是使失去部分抗力的结构重新获得或大于原有抗力，这便是结构加固的任务。

引起结构承载力下降，使结构需要加固后才能使用的原因很多，主要有以下几点。

（1）结构物使用要求改变　很多情况下，原来按照民用建筑设计的房屋需改造为工业建筑，或者由于使用需要房屋需要加层，造成结构荷载比原有设计荷载增加。

（2）设计、施工或使用不当　设计时计算简图选择不当或构造处理有误；施工时由于管理不善出现质量问题或施工时的制造误差较大，产生较大的内力和变形；使用过程中擅自改变荷载形式或不恰当地增加结构荷载，都可能使结构受损。

（3）地震、风灾、火灾等造成结构损坏　地震作用下，结构常因惯性力过大而损坏，

或在较大的风力作用下，屋顶因风吸力过大而被揭起，或竖向杆件被折断；火灾中，结构的损伤程度与温度和大火持续时间有关，如果未产生大变形，则可以进行加固处理。

（4）腐蚀作用使结构受损　结构在不利的介质中会受到腐蚀，使截面减小，刚度降低，影响结构的正常使用。此外，其他的意外事故也容易致使结构损害而需要加固处理。

四、混凝土结构加固方法

结构抗震加固技术是对正在使用的已有建筑进行检测、评价、维修、加固或改造等技术对策的总称。对原有建筑结构进行加固改造，一方面既可以节省投资，满足业主要求，又可以提高结构的抗震能力，减轻其在遭遇地震时的破坏程度，保障人民生命和财产安全；另一方面，结构的安全性、使用寿命以及抵御意外突发事故（如振动、爆炸等）的能力等也均因结构的加固而有所提高。因此，对结构进行抗震加固成为提高已有建筑抗震能力的最有效的手段之一。

混凝土结构的加固方法可分为间接加固和直接加固。

1. 间接加固法

（1）预应力加固法　预应力加固法又分为预应力水平拉杆加固法和预应力下撑拉杆加固法。常用的张拉方法有机张法、电热法和横向收紧法，具体根据工程条件和需要施加的预应力大小选定。该法能降低被加固构件的应力水平，不仅加固效果好，而且还能较大幅度地提高结构整体承载力，但加固后对原结构外观有一定影响；适用于大跨度或重型结构的加固以及处于高应力、高应变状态下的混凝土构件的加固。在无防护的情况下，不能用于温度在600℃以上的环境中，也不宜用于混凝土收缩、徐变大的结构。

（2）增加支承加固法　增加支点（可以是刚性支点，也可以是刚弹性支点）加固法是通过减少受弯杆件的计算跨度，达到减少作用在被加固构件上的荷载效应、提高构件承载力水平的目的。该方法简单可靠，但易损害建筑物的原貌和使用功能，并可能减小使用空间，适用于条件许可的混凝土结构加固。

2. 直接加固法

（1）碳纤维加固法　碳纤维加固修补结构技术是一种新型的结构加固技术，它是利用树脂类材料将碳纤维布粘贴于钢筋混凝土表面，使它与被加固截面共同工作，达到加固目的。该方法除具有与粘贴钢板相似的优点外，还具有耐腐蚀、耐潮湿、几乎不增加结构自重、耐用、维护费用较低等优点，但需要专门的防火处理，适用于各种受力性质的混凝土结构构件和一般构筑物。

（2）加大截面法　对梁来说，可以通过增加受压区的截面，以及在受拉区增加现浇钢筋混凝土围套，使截面承载力增大。对柱来说，可以在需要加固的柱截面周边，新浇一定厚度的钢筋混凝土，且保证新旧混凝土之间的可靠连接，这样可提高柱的承载力，起到加固补强的作用。加大截面法的优点是：施工工艺简单、适应性强，并具有成熟的设计和施工经验；适用面广，适用于梁、板、柱、墙和一般构造物的混凝土加固。缺点是现场施工的湿作业时间长，对生产和生活有一定的影响，且加固后的建筑物净空有一定的减小。

从加大截面法发展出来的是置换混凝土法。对于受压区混凝土强度偏低或有严重缺陷的梁、柱等混凝土承重构件，在卸载后凿除该部分混凝土，用强度较高的钢筋混凝土补足，从而提高其承载力。

（3）改变传力途径加固法　改变传力途径加固法是通过增设支点或采用"托梁拔柱"的方法改变结构受力体系的一种加固方法。

（4）外包钢加固法　外包钢加固法可以分为黏结外包型钢加固法和粘贴钢板加固法。

黏结外包型钢加固法是把型钢或钢板通过环氧树脂灌浆的方法包在被加固构件的外面，使型钢或钢板与被加固构件形成一个整体，使其截面承载力和截面刚度都得到很大程度的增强。其受力可靠、施工简便、现场工作量较小，但用钢量较大，且不宜在无防护的情况下用于600℃以上的高温场所；适用于使用上不允许显著增大原构件截面尺寸，但又要求大幅度提高其承载能力的混凝土结构加固。

粘贴钢板加固法是在构件承载力不足的区段表面粘贴钢板，提高被加固构件的承载力。该方法施工快速、现场无湿作业或仅有抹灰等少量湿作业，对生产和生活影响小，且加固后对原结构外观和原有净空无显著影响，但加固效果在很大程度上取决于胶粘工艺与操作水平；适用于承受静力作用且处于正常湿度环境中的受弯或受拉构件的加固。

（5）地基加固与纠偏　对已有结构物的地基和基础进行加固称为基础托换，基础托换方法可以分为如下四类：加大基底面积的基础扩大技术，新做混凝土墩或砖墩加深基础的坑式托换技术，增设基桩支撑原基础的桩式托换技术，采用化学灌浆固化地基土的灌浆托换技术。基础纠偏主要有两条途径：一是在基础沉降小的部位采取措施促沉，将结构物纠正；二是基础沉降大的部位采取措施顶升，达到纠偏目的。

（6）化学灌浆法　该方法是用压送设备将化学浆液灌入结构裂缝的一种加固方法。灌入的化学浆液能修复裂缝，防锈补强，提高构件的整体性和耐久性。

五、砌体结构的加固

砌体结构在承载力不满足要求时，其常用的加固方法有组合砌体加固法、增大截面法、外包钢加固法等，设计时可根据实际条件和使用要求选择适宜的方法。

1. 增大截面法

房屋允许增加墙、柱截面时，可在原砌体的一侧或两侧加扶壁柱，提高砌体的承载能力。也可以在独立柱四周砌砖套层，并在水平灰缝内配环向钢筋。增大截面法施工简单、费用较低，但占用面积大，且不利于抗震，仅限于非地震地区采用。即在砖柱四周包型钢（一般为角钢），横向以钢板为缀板，将四周的型钢连成整体。型钢与原加固柱之间用乳胶水泥或环氧树脂粘贴时可以保证剪力的传递，称为湿式外包钢加固；反之，型钢与原柱间无任何连接，或虽有水泥但不能有效传递剪力的，称为干式外包钢加固法。该方法属于传统加固方法，其优点是施工简便、现场工作量和湿作业少，受力较为可靠；适用于不允许增大原构件截面尺寸，却又要求大幅度提高截面承载力的砌体柱的加固；其缺点为加固费用较高，型钢两端需要可靠的锚固，并需要采用类似钢结构的防护措施。

2. 组合砌体加固法

组合砌体加固法是在原砌体外侧配以钢筋，用混凝土或砂浆做面层，与原砌体形成组合砌体。该方法的优点是施工工艺简单、适应性强并具有成熟的设计和施工经验；其缺点是现场施工的湿作业时间长，对生产和生活有一定的影响，且加固后的建筑物净空有一定的减小。

六、钢结构加固

1. 加大构件截面

加大截面的加固方法思路简单，施工简便，并可实现负荷加固，是钢结构加固中最常用的方法。采用加大截面加固钢构件时，所选截面形式应考虑原构件的受力性质，例如受拉构件相对简单，仅需考虑强度即可，但如果是受压、受弯或压弯构件就要靠考虑其整体稳定，尽量使截面扩展；同时要有利于满足加固技术要求并考虑已有缺陷和损伤的状况。

2. 连接的加固与加固件的连接

钢结构连接方法，即焊缝、铆钉、普通螺栓和高强度螺栓连接方法的选择，应根据结构需要加固的原因、目的、受力状况、构造及施工条件，并考虑结构原有的连接方法后确定。

钢结构加固一般宜采用焊缝连接、摩擦型高强度螺栓连接，有依据时亦可采用焊缝和摩擦型高强度螺栓的混合连接。当采用焊缝连接时，应采用经评定认可的焊接工艺及连接材料。

3. 增加结构或构件的刚度

最常用的办法是增加支撑，可以使结构的空间性能增强，减少杆件的长细比，提高其稳定性（如采用上弦或下弦杆加固的方法使结构在平面内保持稳定），也可以调整结构的自振频率改善结构的动力特性，提高其承载力。此外，在排架结构中重点加强某一列柱的刚度，使之承受大部分水平力，以减轻其他柱列负荷。

4. 裂纹的修复与加固

结构因荷载反复作用及材料选择、构造、制造、施工安装不当等产生具有扩展性或脆断倾向性裂纹损伤时，应设法修复。在修复前，必须分析产生裂纹的原因及其影响的严重性，有针对性地开展改善结构的实际工作或采取加固的措施，对不宜采用修复加固的构件，应予拆除更换。

5. 改变受弯杆件截面内力

对受弯构件，可以改变荷载的分布，使结构受力分散、均匀，例如可将一个集中荷载转化为多个集中荷载；或改变结点和支座形式，例如变铰结为刚结、增加中间支座减小跨度、调整连续支座位置等，均可以改善其承受弯矩的情况；此外，也可以对结构构件施加预应力，例如可以通过对钢梁下侧施加预应力的方法，来改变受弯构件截面内力。

七、工程防灾、减灾和加固的热点问题及对现代建筑结构设计启迪

1. 我国抗震设防原则

“三水准”设防原则：小震不坏，中震可修，大震不倒。

把房屋修得坚不可摧，在巨大的自然灾害破坏力面前，几乎是不可能的，在经济上也是不可取的。例如作为对孩子的爱心是可以理解的。人类可以用智慧去抵御、战胜自然灾害，建一所抗震避灾的教学楼。

避开以刚制刚、硬碰硬的做法，用我国太极拳以柔克刚的方法，用壁虎断尾求生的仿生原理来设计抗震的房屋。即在房屋结构的次要部位，设置若干耗能机构，让其预损破坏来消耗地震能量，只在安全核心部位加强抗震力量，“以弱胜强”来躲过地震灾害。如采用框架结构建教学楼时，在非承重的框架填充墙上让其开裂，出现“X”形的斜裂缝来耗能；把框

架设计成“强柱弱梁”，让梁先出现断裂（出现塑性铰）而保柱子不倒，用舍梁保柱的办法再次耗能。在遭到罕遇大地震时，只要柱子不倒，房屋就不致倒塌或发生危及生命的严重破坏，可给学生留下冲出危楼逃出险境的宝贵时间，达到抗震避灾的目的。

2. 新材料、新技术在结构加固中的应用成为工程防灾、减灾研究热点

如前所述，结构加固就是通过一些有效的措施，使受损的结构恢复原有的结构功能，或者在已有结构的基础上提高其结构抗力能力，以满足新的使用条件下的功能要求。结构加固是一门研究结构服役期间的动态可靠度及其维护理论的综合学科。传统的结构加固采用加大截面法和体外后张预应力方法，之后随着环氧树脂黏结剂的问世，又出现了外粘钢板加固法。

到20世纪末，国际市场纤维材料价格大幅下降，外贴纤维复合材料加固法逐渐受到关注。各国相关工作者进行了广泛的研究和应用推广工作。我国在混凝土结构的加固中广泛应用了碳纤维加固的方法，理论和技术较为成熟，并编制了《碳纤维片材加固混凝土结构技术规程》（2007年版）（CECS 146—2003）。

目前，钢结构工作者将目光转向纤维增强复合材料加固钢结构。传统的钢结构加固方法是将钢板通过焊接、螺栓连接、铆接或者粘接到原结构的损伤部位，这些方法虽在一定程度上改善了原结构缺陷部位的受力状况，但同时又给结构带来一些新的问题，如产生新的损伤和焊接残余应力等。而碳纤维增强复合材料（简称CFRP）结构加固技术则克服了上面各种方法的缺点，并且具有比强度和比模量高、耐腐蚀及施工方便等特点。近年来的研究表明，CFRP加固钢结构也显示出很好的效果。现阶段国内外CFRP加固钢结构的试验研究主要有受弯加固、拉（压）加固、疲劳加固，试验结果均证实，采用CFRP加固的钢结构的强度、刚度、抗动力性能均有显著增强。

3. 城市化进程的加速使得生命线系统工程防灾减灾成为研究的另一热点

城市化是社会经济发展的必然结果，它不仅表现为人口由乡村向城市转移，以及城市人口的迅速增长，城市区域的扩张，还表现为生产要素向城市的集中趋势，城市自身功能的完善以及社会经济生活由乡村型向城市型的过渡。进入21世纪，世界范围内的城市化进程普遍进入加速发展阶段。我国的城市化发展势头迅猛，预计到2025年城市化率可达到60%左右，城市人口将增加到8.0亿~8.7亿。

在城市化进程加速发展的同时，城市生命线工程的重要性越显突出。但是很多城市在城市人口急剧增加的同时，生命线系统的防灾减灾能力却很脆弱。2004年7月10日北京市突降暴雨，使得交通严重受阻，部分立交桥下因大量积水而造成交通瘫痪。2003年当地时间上午9时55分左右，韩国大邱市地铁一号线中央路区段内发生了该国历史上最为严重的地铁纵火案，造成至少126人死亡，138人受伤，另有318人下落不明。由于这场火灾，大邱地铁已全面停顿，而在抢救伤者期间，大邱闹市中心的交通一度陷于瘫痪。这一次又一次的灾害使人们意识到现代都市竟是如此脆弱。

目前，我国正在实施西部开发和振兴东北老工业基地战略，西气东输、南水北调、五纵七横骨干公路网、高速铁路、三峡大坝、跨海大桥等重大生命线工程（国民经济大动脉）相继建设或建成，对城市生命线工程系统的防震减灾工作又提出了新的要求和挑战。而我国土木工程工作者对生命线系统工程也进行了积极探索和研究。并取得了重大的研究成果：

1）建立了地下管网等生命线工程系统在地震作用下的反应分析方法，地上生命线工程

系统，如供水系统的地震损失分析方法等。

2）建立了城市多种灾害损失的评估模型。

3）在调查分析抗震结构造价的基础上提出了不同重要性建筑抗震设防的最佳标准。

4）研究了城市中地震触发滑坡、岩溶塌陷、采空区塌陷以及地震火灾和渗水引发滑坡等灾害链现象，并提出了相应评估方法。

5）提出了包括斜拉桥等大跨度桥梁结构的抗震分析和隔震控制方法。

复习思考题

1. 简述土木工程灾害的含义与类型。
2. 试述结构抗灾加固的原因、检测与加固的方法。
3. 为什么说城市化进程的加速使得生命线系统工程防灾减灾成为研究热点？
4. 为什么说新材料、新技术在结构加固中的应用研究是另一热点？

11 第十一章　土木工程建设项目管理

【内容摘要及学习要求】

本章内容主要包括了工程建设程序及建设法规、工程项目管理概述、建设工程的招标投标、建设监理以及建设工程施工现场管理。要求掌握工程建设程序、我国建设法规体系构成、建设工程招标投标程序、工程项目管理的内涵、基本原理以及建设监理工作程序；熟悉建设程序各阶段内容、工程项目管理内容、合同打包与标段划分、建设监理工作内容；了解我国政府对招标投标的监督管理、工程项目管理的发展趋势、建设工程施工现场管理的内容。

第一节　工程建设程序与建设法规

一、工程建设程序

（一）建设程序基本概念

所谓建设程序，是指一项建设工程从设想、提出到决策，经过设计、施工，直至投产或交付使用的整个过程中，应遵循的内在规律。

按我国现行规定，一般大中型及限额以上项目的建设程序中，将建设活动分成以下四个主要阶段：

1）项目决策阶段。包括提出项目建议书；编制可行性研究报告；根据咨询评估情况对建设项目进行决策。

2）项目实施阶段。包括编制初步设计文件；进行施工图设计；做好施工前准备；组织施工安装并根据施工进度做好生产或动工前的准备工作。

3）项目竣工验收与保修阶段。

4）项目生产运营与后评价阶段。

（二）建设程序各阶段主要内容

1. 项目建议书阶段

项目建议书是向国家提出建设某一项目的建议性文件，是对拟建项目的初步设想。项目建议书应根据国民经济发展规划、区域综合规划、专业规划、市场条件，结合矿藏、水利等

资源条件和现有生产力布局状况，按照国家产业政策和国家有关投资建设方针进行编制，主要论述建设的必要性、建设条件的可行性和获益的可能性。

（1）作用 项目建议书的主要作用是通过论述拟建项目的建设必要性、可行性，以及获利、获益的可能性，向有关主管部门推荐建设项目以供选择并确定是否进行下一步工作。

（2）内容 不同行业项目建议书的具体内容不尽相同，主要内容包括：①建设项目提出的必要性和依据；②产品方案、市场前景、拟建规模和建设地点的初步设想；③资源情况、建设条件、协作关系等初步分析；④投资估算和资金筹措初步设想；⑤项目进度初步安排；⑥项目经济效益和社会效益的初步估计。

（3）审批 项目建议书的编制一般由建设单位委托有相应资格的咨询、设计单位承担，并根据拟建项目规模和审批权限报送有关部门审批。

项目建议书批准后，项目即可列入项目建设前期工作计划，可以进行下一步可行性研究工作。

2. 可行性研究阶段

可行性研究是指在项目决策之前，通过调查、研究、分析与项目有关的工程、技术、经济等方面的条件和情况，对可能的多种方案进行比较论证，同时对项目建成后的经济效益进行预测的一种投资决策分析研究方法和科学分析活动。

（1）作用 可行性研究是从项目建设和生产经营全过程分析项目的可行性，主要解决项目建设是否必要，技术方案是否可行，生产建设条件是否具备，项目建设是否经济合理等问题。可行性研究的主要作用是为建设项目投资决策提供依据，同时也为建设项目设计、银行贷款、项目评估等提供依据。

（2）内容 可行性研究因项目所属行业的不同而具体内容不同，一般要求具备的基本内容包括：市场研究、技术研究、财务评价、经济评价、社会评价、环境评价、可持续性分析等内容。其中，市场研究是项目可行的前提，主要解决项目投资的必要性；技术研究，具体说明项目的厂址、主要技术、设备、所需资源、对环境的影响、生产组织等，该部分内容解决项目在技术上的可行性；财务与经济评价是可行性研究的核心部分，阐述项目经济上的合理性，可行性研究的成果是可行性研究报告。

（3）审批 国家对建设项目的立项实行审批、核准、备案三个层次的管理制度，项目主管部门对可行性研究报告的批准，是项目最终立项的标志。可行性研究报告经批准后，若在建设规模、产品方案、主要协作关系等方面有调整以及突破投资控制数额时，应经原批准机关复审同意。

3. 设计阶段

可行性研究报告批准后，进入工程设计阶段。我国大中型建设项目的设计阶段，一般是采用两阶段设计，即初步设计、施工图设计。重大项目和特殊项目，实行初步设计、技术设计、施工图设计三阶段设计。

（1）初步设计 具体如下：

1）作用。初步设计根据批准的可行性研究报告和必要的设计基础资料，对设计对象进行通盘研究和总体安排，规定项目的各项基本技术参数，编制项目总概算。

经批准的初步设计和总概算，是编制施工图设计文件或技术设计文件，确定建设项目总投资，编制基本建设投资计划，签订工程总承包合同和贷款合同，控制工程贷款，组织主要

设备订货，进行施工准备和推行经济责任制的依据。

2）内容。不同性质建设项目的初步设计，其内容不完全相同。就工业建设项目而言，其主要内容一般包括：①设计依据和设计指导思想；②建设规模、产品方案、原材料、燃料和动力的用量和来源；③工艺流程、主要设备选型和配置；④主要建筑物、构筑物、公用辅助设施和生活区的建设；⑤占地面积和土地使用情况；⑥总图运输；⑦外部协作、配合条件；⑧综合利用、环境保护和抗震及人防措施；⑨生产组织、劳动定员和各项技术经济指标；⑩设备清单及总概算。

3）审批。对于列入审批范围的建设项目，大型项目，由主管部委或省、自治区、直辖市组织审查提出意见，报国家发改委审批。其中，重大项目的初步设计，由国家发改委组织聘请有关部门的工程技术和经济专家参加审查，报国务院审批；中小型项目，按隶属关系由主管部委或省、自治区、直辖市发改委审批。

初步设计经审查批准后，若涉及总平面布置、主要工艺流程、建筑面积、建筑标准、总概算等方面的修改，需报经原审批机关批准。

（2）技术设计　技术设计是为了进一步解决初步设计中所采用的工艺流程和建筑、结构上尚存在的技术问题，对一些技术复杂或有特殊要求的建设项目所增加的一个设计阶段。技术设计应根据批准的初步设计文件编制，我国不同行业（如水利水电）对技术设计的范围与内容、深度有专门规定。

（3）施工图设计　具体如下：

1）作用。施工图设计是把初步设计（或技术设计）中确定的设计原则和设计方案根据建筑安装工程或非标准设备制作的需要，进一步具体化、明确化，把工程和设备各构成部分的尺寸、布置和主要施工方法，以图样及文字的形式加以确定的设计文件，是进行设备加工制作和现场施工安装的直接依据。

2）内容。施工图设计根据批准的初步设计或技术设计文件编制，主要内容包括：①建筑总平面；②建筑、结构及各设备专业设计说明书；③各层建筑平面、各个立面及必要的剖面、建筑构造节点详图等；④结构与各设备专业施工图；⑤结构及各设备专业计算书；⑥工程预算书。

3）审查。根据《建设工程质量管理条例》规定，建设单位应将施工图设计文件报县级以上人民政府建设行政主管部门或其他有关部门审查，未经审查批准的施工图设计文件不得使用。

4. 施工准备阶段

施工准备工作的主要内容有：①施工现场的拆迁，办理报建手续；②编制具体的建设实施方案，制订年度工作计划；③组织设备和物资采购等服务；④组织建设监理和工程施工招标，办理施工许可证或开工报告；⑤完成施工用水、电、通信、路和场地平整、临时设施等；⑥组织建筑材料、施工机械进场等。

5. 施工安装阶段

在施工准备就绪，具备了开工条件后，建设单位必须向建设行政主管部门申请施工许可证（或开工报告），取得施工许可证（或开工报告）后才能开工。

在施工安装阶段，施工承包单位应认真做好图纸会审工作，参加设计交底，了解设计意图，明确质量要求；选择合适的材料供应商；合理组织土建施工、设备安装和装饰装修；建

立并落实技术管理、质量管理体系和质量保证体系；严格把好各分项、分部工程的中间验收环节。

6. 生产准备阶段

生产准备阶段是由建设阶段转入生产经营阶段的重要衔接阶段，是项目投产前所要进行的一项重要工作。生产准备的主要内容有：

1）生产组织准备。组建管理机构，制订有关制度和规定；招聘并培训生产管理人员，组织有关人员参加设备安装、调试，为顺利衔接基本建设和生产经营阶段做好准备。

2）生产技术准备。主要包括技术资料的汇总、运行技术方案的制订、岗位操作规程的制订和新技术准备，掌握好生产技术和工艺流程。

3）生产物资准备。主要是签订供货及运输协议、落实投产运营所需要的原材料、协作产品、燃料、水、电、气和工器具、备品备件和其他协作配合条件。

4）其他需要做好的有关工作。

7. 竣工验收交付使用阶段

建设项目完成设计文件和合同约定的各项内容并做好工程内外必要的清理工作，符合验收标准后由建设单位或根据项目隶属关系由项目主管部门组织竣工验收。工程验收合格后，方可交付使用。

根据《中华人民共和国建筑法》（简称《建筑法》）及国务院《建设工程质量管理条例》等相关法规规定，交付竣工验收的工程，必须具备下列条件：

1）完成建设工程设计和合同约定的各项内容。

2）有完整的技术档案和施工管理资料。

3）有工程使用的主要建筑材料、建筑构配件和设备的进场试验报告。

4）有勘察、设计、施工、工程监理等单位分别签署的质量合格文件。

5）有施工单位签署的工程保证书。

竣工验收的依据包括经批准的可行性研究报告，初步设计或技术设计、施工图和设备技术说明书，以及现行施工验收规范和主管部门（公司）有关审批、修改、调整的文件等。

建设工程竣工验收后，因勘察、设计、施工、材料等原因造成的质量缺陷，由责任方承担修复费用。保修期限、保修责任和损害赔偿应遵照《建设工程质量管理条例》的规定执行。

8. 项目后评价阶段

建设项目的后评价是我国基本建设程序中的一项重要内容，建设项目竣工投产生产运营一段时间，要进行一次系统的项目后评价。通过建设项目的后评价以达到肯定成绩、总结经验、研究问题、吸取教训、提出建议、改进工作、不断提高项目决策水平和投资效果的目的。

项目后评价一般分为项目法人的自我评价、项目行业的评价、计划部门（或主要投资方）的评价三个层次。主要内容包括：项目目标实现程度的评价、项目建设过程的评价、项目效益评价、项目可持续评价等。

为规范工程建设活动，国家通过审批、审查、监督、备案等措施加强项目建设程序的执行力度。除对上述建设程序的项目建议书、可行性研究报告、初步设计等文件的审批外，对项目建设用地、工程规划等实行审批制度；对建筑抗震、环境保护、消防、绿化等实行专项审查；对工程质量与安全实行监督制度；对竣工验收实行备案制度。

二、建设法规

（一）建设法规的定义和调整对象

建设法规是指国家立法机关或其授权的行政机关制定的旨在调整国家及其有关机构、企事业单位、社会团体、公民之间，在建设活动中或建设行政管理活动中发生的各种社会关系的法律、法规的统称。

建设法规的调整对象，是在建设活动中所发生的各种社会关系，包括建设活动中所发生的行政管理关系、经济协作关系及其相关的民事关系。

（二）建设法规体系

1. 建设法规体系的概念

建设法规体系是指把已经制定和需要制定的建设法律、建设行政法规和建设部门规章衔接起来，形成一个相互联系、相互补充、相互协调的完整统一的框架结构。就广义的建设法规体系而言，体系中应包括地方性建设法规和建设规章。

建设法规体系是国家法律体系的重要组成部分。它必须与国家的宪法和相关法律保持一致，但它又相对独立，自成体系。它应覆盖建设活动的各个行业、各个领域以及工程建设的全过程，使建设活动的各个方面都有法可依。同时，它还应注意纵向不同层次法规之间的相互衔接和横向同层次法规之间的配套和协调，防止不同法规之间出现立法重复、矛盾和抵触。

2. 建设法规体系的构成

根据《中华人民共和国立法法》有关立法权限的规定，我国建设法规体系纵向由五个层次组成。

（1）建设法律　建设法律是指由全国人民代表大会及其常委会制定颁行的属于国务院建设行政主管部门主管业务范围的各项法律。它们是建设法规体系的核心和基础。

（2）建设行政法规　建设行政法规是指由国务院制定颁行的属于建设行政主管部门主管业务范围的各项法规。

（3）建设部门规章　建设部门规章是指由国务院建设行政主管部门或其与国务院其他相关部门联合制定颁行的法规。

（4）地方性建设法规　地方性建设法规是指由省、自治区、直辖市人民代表大会及其常委会制定颁行的或经其批准颁行的由下级人大或常委会制定的建设方面的法规。

（5）地方性建设规章　地方性建设规章是指由省、自治区、直辖市人民政府制定颁行的，或经其批准颁行的，由其所辖城市人民政府制定的建设方面的规章。

其中，建设法律的法律效力最高，越往下法律效力越低。法律效力低的建设法规不得与比其法律效力高的建设法规相抵触，否则，其相应规定将视为无效。

需要指出的是，建设活动还会涉及许多与之相关的社会关系。如工程建设与环境保护、文物保护的关系；工程建设与土地使用的关系；工程建设与安全生产的关系，工程建设与招标投标活动的关系等。在我国，已颁行了大量有关环境保护、安全生产、土地使用的法律、法规。它们所调整的社会关系不限于建设活动中所发生的社会关系，根据建设法规的定义，它们不属于建设法规范畴，但又都与工程建设密切相关，暂称之为工程建设相关法规。如

《中华人民共和国招标投标法》（简称《招标投标法》）、《中华人民共和国安全生产法》（简称《安全生产法》）、《中华人民共和国土地管理法》（简称《土地管理法》）、《中华人民共和国文物保护法》（简称《文物保护法》）、《生产安全事故报告和调查处理条例》等。

（三）建设法律

我国建设法律主要有《中华人民共和国建筑法》（简称《建筑法》）、《中华人民共和国城乡规划法》（简称《城乡规划法》）、《中华人民共和国城市房地产管理法》（简称《城市房地产管理法》）等，以下介绍与工程建设密切相关的法律。

1.《建筑法》

《建筑法》于1997年11月1日通过，1998年3月1日起施行，是建筑工程活动的基本法。它分别就建筑许可、施工企业资质等级的审查、建筑工程发包与承包、建筑工程监理、建筑安全生产管理、建筑工程质量管理、法律责任等方面做了规定，凡在我国境内从事建筑活动及实施对建筑活动的监督管理，都应遵守该法。《建筑法》的实施对我国工程建设领域迅速走上法制化轨道起了重要作用。

2.《城乡规划法》

《城乡规划法》于2007年10月28日由全国人民代表大会常务委员会通过，自2008年1月1日起施行。该法规定，城市规划区内的土地利用和各项建设必须符合城市规划，服从政府规划部门的管理；城市规划区内的建设工程的选址和布局必须符合城市规划。

根据《城乡规划法》在城市规划区内进行建设需要申请用地时，必须持国家批准建设项目的有关文件，由城市规划行政主管部门核定其用地位置和界限，提供规划设计条件，核发建设用地规划许可证。

在城市规划区内新建、扩建和改建建筑物、构筑物、道路、管线和其他工程设施，必须持有关批准文件向城市规划行政主管部门提出申请，由城市规划行政主管部门根据城市规划提出的规划设计要求，核发建设工程规划许可证件。

建设单位或者个人在取得建设工程规划许可证件和其他有关批准文件后，方可申请办理开工手续。城市规划行政主管部门有权对城市规划区内的建设工程是否符合规划要求进行动态监督检查。

3.《招标投标法》

《招标投标法》于1999年8月30日通过，2000年1月1日起施行。该法规定：所有大型基础设施、公用事业等关系社会公共利益、公众安全的项目，全部或部分使用国有资金投资或国家融资的项目，以及使用国际组织或者外国政府贷款、援助资金的项目，实行强制招标投标，否则将不批准其开工建设，有关单位和直接责任人还将受到法律的惩罚。

《招标投标法》规定了强制招标范围，招标、开标、评标和中标的基本程序以及违法责任。在该法基础上国家出台了许多与之配套的建设法规，如《招标投标法实施条例》《工程建设项目施工招标投标办法》等。

4.《环境保护法》

《中华人民共和国环境保护法》（简称《环境保护法》）于1989年12月26日由全国人民代表大会常务委员会通过。它是保护生活环境与生态环境，防治污染和保护人体健康，调整国民经济各部门在发展经济与保护环境之间的法律依据。

《环境保护法》明确规定，建设工程项目必须遵守国家有关建设项目环境保护管理的规

定。具体涉及工程建设的环境保护规定主要有：

1）建设项目的环境影响报告书，必须对建设项目产生的污染和对环境的影响做出评价，规定防治措施，经项目主管部门预审并依照规定的程序报环境保护行政主管部门批准。环境影响报告书经批准后，计划部门方可批准建设项目可行性研究报告，工程项目才能够立项。

2）建设项目中防治污染的措施，必须与主体工程同时设计、同时施工、同时投产使用。防治污染的设施必须经原审批环境影响报告书的环境保护行政主管部门验收合格后，该建设工程项目方可投入生产或者使用。

3）防治污染的设施不得擅自拆除或者闲置，确有必要拆除或者闲置的，必须征得所在地的环境保护行政主管部门的同意。

（四）建设行政法规

我国建设行政法规主要有《建设工程质量管理条例》《建设工程安全生产管理条例》《建设工程勘察设计管理条例》等。

1.《建设工程质量管理条例》

《建设工程质量管理条例》（国务院令第279号）于2000年1月10日国务院第25次常务会议通过，自2000年1月30日起施行。该条例分别对建设、勘察设计、施工和工程监理单位的质量责任与义务以及工程保修制度做出规定。如施工单位必须按照工程设计要求、施工技术标准和合同约定，对建筑材料、建筑构配件、设备和商品混凝土进行检验，检验应有书面记录和专人签字；未经检验或者检验不合格的，不得使用等。施工人员对涉及结构安全的试块、试件以及有关材料，应在建设单位或者工程监理单位监督下现场取样，并送具相应资质等级的质量检测单位进行检测。

2.《建设工程安全生产管理条例》

《建设工程安全生产管理条例》（国务院令第393号）于2003年11月12日国务院第28次常务会议通过，自2004年2月1日起施行。该条例对建设、勘察设计、施工、监理单位及其他与建设工程安全生产有关的单位的安全生产责任做出规定，要求遵守安全生产法律、法规的规定，保证建设工程安全生产，依法承担建设工程安全生产责任。如施工单位采购、租赁的安全防护用具、机械设备、施工机具及配件，应具有生产（制造）许可证、产品合格证，并在进入施工现场前进行查验。

3.《建设工程勘察设计管理条例》

《建设工程勘察设计管理条例》（国务院令第293号）于2000年9月20日国务院第31次常务会议通过，自2000年9月25日起施行，2015年修订。该条例对从事建设工程勘察、设计活动的单位资质管理，勘察、设计发包与承包，勘察、设计文件的编制与实施，以及对勘察设计活动的监督管理等内容做了规定，以保证建设工程勘察、设计质量，保护人民生命和财产安全。

（五）建设部门规章

国务院建设行政主管部门或其与国务院其他行政主管部门联合颁发了许多建设部门规章。例如：

1）《建筑工程施工许可管理办法》（住建部令第18号）。该办法中规定："中华人民共和国境内从事各类房屋建筑及其附属设施的建造、装修装饰和与其配套的线路、管道、设备

的安装，以及城镇市政基础设施工程的施工，建设单位在开工前应依照本办法的规定，向工程所在地的县级以上人民政府住房城乡建设主管部门申请领取施工许可证。工程投资额在30万元以下或者建筑面积在300m² 以下的建筑工程，可以不申请办理施工许可证。”该办法中还对申请领取施工许可证的条件做出了规定。

2)《建筑业企业资质管理规定》由住建部令第22号发布。其内容包括建筑业企业资质分类和分级、资质申请和审批、对建筑业企业资质的动态监督管理等。它是对《建筑法》和《建设工程质量管理条例》有关资质管理的细化，对加强监督管理建筑活动，维护建筑市场秩序，保证建设工程质量有重要作用。

3)《建筑工程施工发包与承包计价管理办法》(建设部令第16号，自2001年12月1日起施行)、《建设工程价款结算暂行办法》(财建［2004］369号，财政部、建设部联合发布，2004年10月20日起施行，2014年修订)。这些办法对编制施工图预算、招标标底、投标报价、签订合同价和工程结算等计价活动做出了规定，目的是为了规范建筑工程施工发包与承包计价行为，维护建筑工程发包与承包双方的合法权益，减少价款纠纷。

以上对部分建设法律（含相关法律)、建设行政法规和建设部门规章进行了概括介绍；对地方性建设法规和建设规章，请查阅相关资料。

第二节 工程项目管理概述

一、工程项目管理的内涵

首先，介绍工程与工程项目管理的概念。工程管理专业所指的“工程”，主要是指土木工程、建筑工程以及线路、管道和设备安装工程，是狭义的工程概念。

工程项目管理（PM）是工程管理的一个主要的组成部分。正如英国皇家特许建造学会(CIOB）对其做出的表述：自项目开始至项目完成，通过项目策划（Project Planning）和项目控制（Project Control)，以使项目的费用目标、进度目标和质量目标得以实现。此解释得到许多国家建造师组织的认可，在工程管理业界具有相当的权威性。其中，“自项目开始至项目完成”指的是项目的实施期。

工程管理的内涵涉及工程项目全过程的管理，包括决策阶段的管理、实施阶段的管理(即工程项目管理）和运营阶段或使用期的管理，涉及参与工程项目的各个单位的管理，即包括投资方、开发方、设计方、施工方、供货方和项目使用期的管理方的管理。

二、工程项目管理的基本原理

(一）目标的系统管理

目标的系统管理就是把整个项目的工作任务和目标作为一个完整的系统加以统筹、控制管理。系统管理包括两个方面：一个是首先确定工程项目总目标，采用工作分解结构(Work Breakdown Structure，简称WBS）方法将总目标层层分解成若干个子目标和可执行目标，并将它们落实到工程项目建设周期的各个阶段和各个责任人，并建立由上而下，由整体到局部的目标控制系统；另一方面，要做好整个系统中各类目标（如质量目标、进度目标和费用目标）的协调平衡及各分项目标的衔接和协作工作，使整个系统步调一致，有序进

行，从而保证总目标的实现。

系统控制强调运用价值工程的方法，考虑工程项目整个寿命周期的影响，制订最佳资源配置和实现最优目标的工程项目计划。

（二）过程控制管理

上面讲述了系统的目标管理，但无论总目标还是各项子目标的实现都有一个从投入到产出成果实现目标的过程，利用过程控制的原理，通过工作流（或业务流）对实现目标的过程及相关资源和投入过程进行动态管理，预先安排好过程最佳步骤、流程、控制方法以及资源需求，规定好组织内各部门之间的关键活动的接口，及时测量、统计关键活动的成果并及时反馈，不断改进，可以更有效地使用资源，既满足顾客的要求，又降低成本，保证质量和进度，使相关方受益。

ISO 和 FIDIC 都推荐采用国际通用的 PDCA（Plan-Do-Check-Act）循环方法。

（1）计划（Plan）　计划就是为完成项目目标而编制一个可操作的运转程序和作业计划。

（2）实施（Do）　实施过程就是从资源投入到成果实现的过程，主要就是协调人力和其他资源以执行工程项目计划。

（3）检查（Check）　检查就是通过对进展情况进行不断的监测和分析，以预防质量不合格，预防工期拖延，预防费用超支，确保工程项目目标的实现。

（4）处理（Act）　处理措施包含两个方面：一方面是客观情况变化，必须采取必要的措施，调整计划，特别是变更影响到费用、进度、质量、风险等方面，必须做出相应的变更；另一方面，通过分析发现管理工作有缺陷就应提出改进管理的措施，使管理工作持续改进。

工程项目的实现过程不是一个单一的过程，而是许多分过程和子过程的集合体。有些过程是顺序性的，前一过程的结束是后一过程的开始，而相当多的过程是可以平行、交叉或相互渗透相互结合的。因此，工程项目的过程管理实际是对结合在一起的交叉互动过程进行管理。

三、工程项目管理的内容与类型

（一）工程项目管理的内容

美国项目管理协会（PMI）在项目管理领域具有权威性《项目管理知识体系指南（PMBOK 指南)》指出，项目管理知识领域包括项目整体管理、项目范围管理、项目时间管理、项目费用管理、项目质量管理、项目人力资源管理、项目沟通管理、项目风险管理、项目采购管理。工程项目管理是采用项目管理的方法对工程项目进行管理的过程，故项目管理的知识体系与涉及的管理范畴适用于工程项目管理。

我国《建设工程项目管理规范》（GB/T 50326—2006）指出，对工程项目管理的内容主要包括项目范围管理、项目合同管理、项目采购管理、项目进度管理、项目质量管理、项目职业健康安全管理、项目环境管理、项目成本管理、项目资源管理、项目信息管理、项目风险管理、项目沟通管理，与 PMI 的项目管理内容基本一致。

（二）工程项目管理的类型

按建设工程生产组织的特点，一个工程项目往往由许多参与单位承担不同的建设任务，

因各参与单位的工作性质、工作任务和利益不同而形成了不同类型的项目管理。由于业主方是建设工程项目生产过程的总组织者，对于一个建设工程项目而言，虽然有代表不同利益方的项目管理，但业主方的项目管理是管理的核心。

按工程项目不同参与方的工作性质和组织特征划分，工程项目管理有如下类型：①业主方的项目管理；②设计方的项目管理；③施工方的项目管理；④建设项目总承包方的项目管理。

投资方、开发方和由咨询公司提供的代表业主方利益的项目管理都属于业主方的项目管理。施工总承包方和分包方的项目管理都属于施工方的项目管理。建设工程项目总承包有多种方式，如设计和施工任务综合承包、设计、采购和施工任务的综合承包（简称 EPC 承包）等，它们都属于建设工程项目总承包方的项目管理。

1. 业主方项目管理的目标和任务

业主方项目管理服务于业主的利益，其项目管理的目标包括项目的投资目标、进度目标和质量目标。

其中，投资目标是指项目的总投资目标。进度目标指的是项目动用的时间目标，即项目交付使用的时间目标，如工厂建成可以投入生产、道路建成可以通车、办公楼可以启用、旅馆可以开业的时间目标等。项目的质量目标不仅涉及施工的质量，还包括设计质量、材料质量、设备质量和影响项目运行或运营的环境质量等。

工程项目的全寿命周期包括项目的决策阶段、实施阶段和使用阶段。项目的实施阶段包括设计前的准备阶段、设计阶段、施工阶段、动用前准备阶段和保修阶段。

业主的项目管理工作涉及项目实施阶段的全过程，即在设计前的准备阶段、设计阶段、施工阶段、动用前准备阶段和保修阶段分别进行安全管理、投资控制、进度控制、质量控制、合同管理、信息管理和组织与协调。

2. 设计方项目管理的目标和任务

设计方作为项目建设的一个参与方，其项目管理主要服务于项目的整体利益和设计方本身的利益。其项目管理的目标包括设计的成本目标、设计的进度目标、设计的质量目标以及项目的投资目标。项目的投资目标能否实现与设计工作密切相关。

设计方的项目管理工作主要在设计阶段进行，但它也涉及设计前的准备阶段、施工阶段、动工前准备阶段和保修阶段。

设计方项目管理的任务包括：

1）设计工作有关的安全管理。

2）设计成本控制和与设计工作有关的工程造价控制。

3）设计进度控制。

4）设计质量控制。

5）设计合同管理。

6）设计信息管理。

7）与设计方有关的组织和协调。

3. 施工方项目管理的目标和任务

施工方作为项目建设的一个参与方，其项目管理主要服务于项目的整体利益和施工方本身的利益。其项目管理的目标包括施工的成本目标、施工的进度目标和施工的质量目标。

施工方的项目管理工作主要在施工阶段进行，但它也涉及设计准备阶段、设计阶段、动工前准备阶段和保修阶段。在工程实践中，设计阶段和施工阶段往往是交叉的，即施工方的项目管理工作也涉及设计阶段。

施工方项目管理的任务包括：

1）施工安全管理。

2）施工成本控制。

3）施工进度控制。

4）施工质量控制。

5）施工合同管理。

6）施工信息管理。

7）与施工方有关的组织与协调。

4. 建设项目总承包方项目管理的目标和任务

建设项目总承包方作为项目建设的一个参与方，其项目管理主要服务于项目的整体利益和建设项目总承包方本身的利益。其项目管理的目标包括项目的总投资目标和总承包方的成本目标、项目的进度目标和项目的质量目标。

建设项目总承包方项目管理工作涉及项目实施阶段的全过程，即设计前的准备阶段、设计阶段、施工阶段、动工前准备阶段和保修阶段。

建设项目总承包方项目管理的任务包括：

1）安全管理。

2）投资控制和总承包方的成本控制。

3）进度控制。

4）质量控制。

5）合同管理。

6）信息管理。

7）与建设项目总承包方有关的组织和协调。

四、工程项目管理的发展趋势

随着工程项目管理理论与知识体系的逐渐完善，特别是工程建设规模的扩大、对项目管理效益与效率要求的提高以及经营管理理念的创新，工程项目管理领域出现了许多新的发展趋势，具体如下。

（一）工程项目全寿命管理（Life-cycle Management）

随着工程项目管理理论的发展，越来越多的人士注意到对工程项目全过程管理的重要性，逐渐提出了工程项目全寿命管理的理论，即为建设一个满足功能需求和经济上可行的工程项目，对其从工程项目前期策划，直至工程项目拆除的项目全寿命的全过程进行策划、协调和控制，以使该项目在预定的建设期限内、在计划的投资范围内顺利完成建设任务并达到所要求的工程质量标准，满足投资商、项目的经营者以及最终用户的需求；在项目运营期进行物业的财务管理、空间管理、用户管理和运营维护管理，以使该项目创造尽可能大的有形和无形的效益。

（二）工程项目总控（Project Controlling）概念的出现

工程项目总控是工程项目管理中新出现的一个术语，我国于1998年首次引进工程项目总控模式。工程项目总控是指以独立和公正的方式，对工程项目实施活动进行综合协调，围绕工程项目的费用、进度和质量等目标进行综合系统规划，以使工程项目的实施形成一种可靠安全的目标控制机制。它通过对工程项目实施的所有环节的全过程进行调查、分析、建议和咨询，提出对工程项目实施切实可行的建议方案，供工程项目的高级管理层决策参考。

工程项目总控包括费用控制（Cost Controlling）、进度控制（Time Controlling）、质量控制（Quality Controlling）、合同控制（Contract Controlling）和资源控制（Resource Controlling）。合同控制是工程项目总控的核心，所有的控制任务可围绕合同控制展开，在此基础上提出控制报告。控制报告分为定期与不定期两种，覆盖工程项目总控的方方面面，按照总体控制、过程控制和界面控制的不同可进一步细分，是工程项目总控的成果之所在。工程项目总控的主要特点如下。

（1）工程项目总控方是指挥部的高级参谋部　工程项目总控是独立于工程项目实施班子，它不直接面对工程项目设计、材料供应单位，不介入各方之间的矛盾，只面对业主方决策层。工程项目总控方的核心任务是发现工程项目实施过程中存在的问题，分析产生问题的原因，提出工程项目“诊断”报告，制订解决方案。

（2）工程项目总控是高层次的工程项目管理咨询活动　项目总控班子围绕工程项目目标控制，科学运用大型建设工程项目管理的经验及现代组织协调技术、计算机信息处理技术等，在工程项目实施全过程中对工程项目管理工作进行系统分析、科学论证，以使工程项目的实施形成一个可靠安全的目标控制机制。其工作主要是通过对工程项目实施全过程进行目标跟踪、调查和分析，及时向指挥部提出工程项目实施的有关信息与咨询建议，以供决策者参考。

（3）工程项目总控的重要工作是进行大量的信息处理　按照国外的成功试验，完整及时的信息来源是工程项目控制的前提，准确、深入的处理信息是工程项目控制的日常工作。项目总控的成果就是向决策者和实施者提供高质量、有价值的信息，如定期的工程项目控制报告（月度、季度、年度等），范围包括项目资金运用情况、项目进展情况、项目质量、合同执行情况，组织协调问题、项目目标的风险预测与控制建议等。

（三）信息技术及网络技术在工程项目管理中的应用

随着信息技术和网络技术的发展，其在工程项目管理中的应用也越来越广泛，出现了以下四种新的趋势：

1）工程项目管理信息系统（PMIS）软件的开发，主要包括费用控制、进度控制、质量控制和合同管理四个子系统，这是计算机技术在工程项目管理中最基础的应用。

2）基于局域网（LAN）的工程项目管理。

3）基于Internet的工程项目管理。基于Internet的工程项目管理有两种实现方式：一种是自行设计并建立本工程项目的网站同时提供相应功能；第二种是利用现有提供专门服务的商业网站（ASP）。前一种方式实行起来比较复杂而且投资较大，因此一般采用第二种方式。在第二种方式中，各工程项目管理单位或部门通过商业网站进行信息交流，而不需要工程项目网站投资，整个信息网的建立有很大的便利性和灵活性。不管采取何种方式，相应的工程项目网站应提供基于Internet的工程项目管理的各种功能。

4）虚拟建设（Virtual Construction）。虚拟建设的概念是从虚拟企业引申而来的，只是虚拟企业针对的是所有的企业，而虚拟建设针对的是工程项目。1996 年，美国发明者协会第一个提出了虚拟建设的概念。此概念可以分为三个部分来理解：①设计和施工相结合；②通过电子信息技术进行沟通；③业主方、工程项目管理方、设计方、供货方横向联系的管理技巧。

其他如工程项目合作伙伴（Partnering）管理模式、CM 管理模式也是工程项目管理领域的研究热点。

第三节　建设工程招标投标

一、建设工程招标投标概述

建设工程招标是指招标人用招标文件将委托的工作内容和要求告之有兴趣参与竞争的投标人，让他们按规定条件提出实施计划和价格，然后通过评审比较选出信誉可靠、技术能力强、管理水平高、报价合理的单位（勘察单位、设计单位、监理单位、施工单位、供货单位），以合同形式委托其完成。各投标人依据自身能力和管理水平，响应招标文件的要求，编制投标文件进行投标，争取获得承包资格。

建设工程招标投标方式在我国的发展主要经历了如下三个阶段。

（1）第一阶段　招标投标制度初步建立阶段（1984～1991 年）。1984 年 9 月 18 日，国务院颁发了《关于改革建筑业和基本建设管理体制若干问题的暂行规定》，提出大力推行工程招标承包制，改变单纯用行政手段分配建设任务的老办法。该阶段招标方式以议标为主，有关招标投标的管理制度和操作程序建设处于探索阶段。

（2）第二阶段　招标投标制度规范发展阶段（1992～1999 年）。1992 年建设部第 23 号令《工程建设施工招标投标管理办法》发布，对招标投标行为进行了规范。1997 年正式发布《建筑法》，对全国规范工程招标投标行为和制度起到极大的推动作用。特别是各地有关招标投标的管理细则陆续出台，招标投标交易程序逐步规范化，为招标投标行为创造了公开、公平、公正的法律环境。

（3）第三阶段　招标投标制度发展完善阶段（2000 年～至今）。2000 年 1 月 1 日《招标投标法》正式施行，标志着招标投标进入了一个新的发展阶段。该阶段招标投标管理全面纳入建筑市场管理体系，建设工程招标的覆盖面进一步扩大，法律、法规和规章不断完善，招标文件范本、清单计价、评标办法等规范性文件的陆续出台，使招标投标的规范化程度和管理水平得到全面提高。

二、政府对招标投标的监督管理

我国政府行政主管部门对建设工程招标投标活动实行监督管理的主要法律依据包括《建筑法》《招标投标法》和《政府采购法》。

（一）招标投标行政监督机构

《招标投标法》明确提出，国务院规定的有关行政监督部门有权依法对招标投标活动中的违法行为进行查处。视情节和对招标的影响程度，承担后果责任的形式可以为：判定招标

无效，责令改正后重新招标；对单位负责人或其他直接责任者给予行政或纪律处分；没收非法所得，并处以罚金；构成犯罪的，依法追究刑事责任。

根据国务院办公厅《关于国务院有关部门实施招标投标活动行政监督的职责分工的意见》[国办（2000）34号]，我国关于招标投标活动的行政监督分工如下：

1）发展改革委员会指导和协调全国招投标工作。

2）违法活动行政监督分工：①工业、水利、交通、铁道、民航、信息产业等行业和产业项目由各自行政主管部门负责；②各类房屋建筑及其附属设施的建造和与其配套的线路，管道、设备的安装项目和市政工程项目的招标投标活动的监督执法，由建设行政主管部门负责；③进口机电设备采购项目的招标投标活动的监督执法，由外经贸行政主管部门负责。

对于招标投标过程（包括招标、投标、开标、评标、中标）中泄露保密资料、泄露标底、串通招标、串通投标、歧视排斥投标、超越资质投标等违法活动，按现行的职责分工，分别由有关行政主管部门负责受理投标人和其他利害关系人的投诉。

（二）依法核查必须招标的建设项目

根据《招标投标法》规定，任何单位和个人不得将必须进行招标的项目化整为零或者以其他任何方式规避招标。根据该法属于必须以招标方式进行工程项目建设的范畴包括：

1）大型基础设施、公用事业等关系社会公共利益、公众安全的项目。

2）国家投资、融资的项目。

3）使用国际组织或者外国政府贷款、援助资金的项目。

依据《招标投标法》的基本原则，国家发改委2000年5月1日颁布实施的《工程建设项目招标范围和规模标准规定》，对必须招标的范围做出了进一步规定。要求上述各类建设项目包括勘察、设计、施工以及与工程建设有关的重要设备、材料等的采购，达到下列标准之一者，必须进行招标：

1）施工单项合同估算价在200万元人民币以上。

2）重要设备、材料等货物的采购，单项合同估算价在100万元人民币以上。

3）勘察、设计、监理等服务的采购，单项合同估算价在50万元人民币以上。

为了防止将应该招标的工程项目化整为零规避招标，即使单项合同估算价低于上述第3）项规定的标准，但项目总投资在3000万元人民币以上的勘察、设计、施工、监理以及与工程建设有关的重要设备、材料等的采购，也必须采用招标方式委托工作任务。

依法必须进行招标的项目，全部使用国有资金投资或者国有资金投资占控股或者主导地位的，应公开招标。

（三）招标备案

工程建设应按照建设管理程序进行，为了保证工程项目的建设符合国家或地方总体发展规划以及使招标后的工作顺利进行，建设项目招标需满足相应的条件。

1. 前期准备应满足的要求

1）建设工程已批准立项。

2）向建设行政主管部门履行了报建手续，并取得批准。

3）建设资金能满足建设工程的要求，符合规定的资金到位率。

4）建设用地已经依法取得，并领取了建设工程规划许可证。

5）技术资料能满足招标投标的要求。

6）法律、法规、规章规定的其他条件。

2. 招标文件备案审查

依法必须招标的建设工程项目，无论是招标人自行组织招标还是委托代理招标，均应按照法规，在发布招标公告或者发出招标邀请书前，持有关材料到县级以上地方人民政府建设行政主管部门备案。备案审查的主要内容包括：

1）招标文件的组成是否包括招标项目的所有实质性要求和条件，以及拟签订合同的主要条款，以使投标人明确承包工作范围和责任。

2）招标文件是否有限制公平竞争的条件。在文件中不得要求或标明特定的生产供应者，以及含有倾向或排斥潜在投标人的其他内容。

3）审查法律、法规规定招标应包括或禁止的其他内容。

三、建设工程招标方式与程序

（一）招标方式

为了规范招标投标活动，保护国家利益和社会公共利益以及招投标活动当事人的合法权益，《招标投标法》规定招标方式分为公开招标和邀请招标两大类。

1. 公开招标

招标人通过新闻媒体发布招标公告，凡具备相应资质符合招标条件的法人或组织不受地域和行业限制均可申请投标。招标人可以在较广的范围内选择中标人，有利于选择有竞争力的中标人和取得竞争性报价。

2. 邀请招标

招标人向预先选择的若干家具备相应资质、符合招标条件的法人或组织发出邀请函，邀请他们参加投标竞争。邀请对象的数目以 5 ~ 7 家为宜，但不应少于 3 家。邀请招标由于对投标人以往的业绩和履约能力比较了解，减小了合同履行过程中承包方违约的风险。

（二）招标程序

招标是招标人选择中标人并与其签订合同的过程，而投标则是投标人力争获得实施合同的竞争过程，招标人和投标人均需遵循招投标法律和法规的规定进行招标投标活动。按照招标人和投标人参与程度，可将招标过程粗略划分成招标准备阶段、招标投标阶段和定标签约阶段。图 11-1 所示为公开招标程序，邀请招标可以参照实行。

1. 招标准备阶段

招标准备阶段的工作由招标人单独完成，投标人不参与。主要工作包括：

1）选择招标方式。

2）办理招标备案。

3）编制招标有关文件等。

2. 招标阶段的主要工作内容

公开招标时，从发布招标公告开始（若为邀请招标，则从发出投标邀请函开始）到投标截止日期为止的期间称为招标投标阶段。主要工作包括：

1）发布招标公告。

2）进行资格预审。

3）编制招标文件。招标人根据招标项目特点和需要编制招标文件，它是投标人编制投

标文件和报价的依据，应包括招标项目的所有实质性要求和条件。不同性质（勘察、设计、施工、设备、材料等）任务招标文件内容不同，对于施工招标通常包括：①招标公告（或投标邀请书）；②投标人须知及投标人须知前附表；③评标办法；④合同条款及格式；⑤工程量清单；⑥设计图；⑦技术标准和要求；⑧投标文件格式；⑨投标人须知前附表规定的其他材料。

4）组织现场踏勘。招标人在投标须知规定的时间组织投标人自费进行现场踏勘考察。设置此程序的目的，一方面让投标人了解工程项目的现场情况、自然条件、施工条件以及周围环境条件，以便于编制投标书；另一方面也是要求投标人通过自己的实地考察确定投标的原则和策略，避免合同履行过程中投标人以不了解现场情况为理由推卸应承担的合同责任。

5）组织投标答疑。投标人研究招标文件和现场考察后以书面形式提出某些质疑问题，招标人应及时给予书面解答。回答函件作为招标文件的组成部分，如果书面解答的问题与招标文件中的规定不一致，以函件的解答为准。

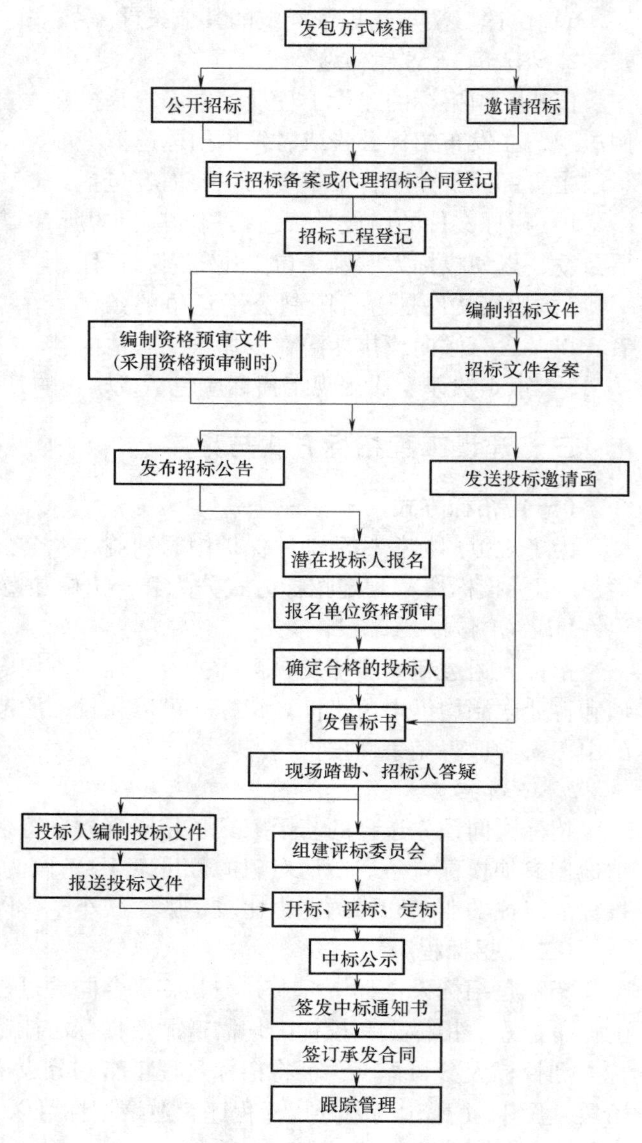

图 11-1 我国建设工程招标投标基本程序

6）投标人编制投标文件。根据招标文件及现场踏勘答疑，投标人组织完成编制技术方案、进行工程估价、办理投标保函等投标活动，最终形成响应招标文件的投标文件。不同性质（勘察、设计、施工、设备、材料等）任务的投标文件内容不同。

对于施工招标的投标文件通常包括：①投标函及投标函附录；②法定代表人身份证明或附有法定代表人身份证明的授权委托书；③联合体协议书（若招标文件不接受联合体投标时，无此项）；④投标保证金；⑤已标价工程量清单；⑥施工组织设计；⑦项目管理机构；⑧拟分包项目情况表；⑨资格审查资料（采用资格后审时）；⑩投标人须知前附表规定应提交的其他材料。

3. 定标签约阶段

从开标日到签订合同这一期间称为定标签约阶段，是对各投标书进行评审比较，最终确定中标人的过程。

（1）开标　公开招标和邀请招标均应举行开标会议。在投标须知规定的时间和地点由招标人主持开标会议，所有投标人均应参加。开标时招标工作人员应当众拆封，宣读投标人名称、投标价格和投标文件的其他主要内容。所有在投标致函中提出的附加条件、补充声明、优惠条件等均应宣读，开标过程应记录，并存档备查。

（2）评标　评标是对各投标书优劣的比较，以便最终确定中标人，由评标委员会负责评标工作，评标委员会由招标人的代表和有关技术、经济等方面的专家组成。大型工程项目的评标通常分成初评和详评两个阶段进行。

1）初评。评标委员会以招标文件为依据，审查各投标书是否为响应性投标，确定投标书的有效性。投标文件对招标文件实质性要求和条件响应的偏差分为重大偏差和细微偏差两类。所有存在重大偏差的投标文件都属于初评阶段应该淘汰的投标书。

2）详评。评标委员会以招标文件规定的评标标准对各投标书实施方案、投标报价等评标要素进行实质性评价与比较，量化评分。由于勘察、设计、监理、施工、设备采购的标的性质不同，故评标方法各具特点，可检索查阅有关资料。

3）评标报告。评标报告是评标委员会经过对各投标书评审后向招标人提出的结论性报告，作为定标的主要依据。评标报告应包括评标情况说明；对各个合格投标书的评价；推荐合格的中标候选人等内容。

（3）定标　具体如下：

1）定标程序。招标人应该根据评标委员会提出的评标报告和推荐的中标候选人确定中标人，也可以授权评标委员会直接确定中标人并向中标人发出中标通知书。

中标通知书发出后，双方应按照招标文件和投标文件订立书面合同，不得做实质性修改。招标人不得向中标人提出任何不合理要求作为订立合同的条件，双方也不得私下订立背离合同实质性内容的协议。

2）定标原则《招标投标法》规定，中标人的投标应符合下列条件之一：①能够最大限度地满足招标文件中规定的各项综合评价标准；②能够满足招标文件各项要求，并经评审的价格最低，但投标价格低于成本的除外。

四、工程招标的标段划分与合同打包

项目标段划分是工程招标以及项目管理的重要内容，项目标段划分结果是合同打包的直接依据，对项目实施效率乃至成败有重大影响。

（一）标段划分与合同打包概念

项目的标段划分与合同打包就是对项目的实施阶段（如勘察、设计、施工等）和范围内容进行科学的分类，各分类的子项或单独或组合，形成若干标段，然后将每个标段分别打包，由投标人对每个标段或者合同包展开竞争，以标段（即合同包）为基本单位确定相应的承包商或供应商。

（二）标段划分与合同打包原则

1. 遵守相关法规

我国法律法规对项目标段划分有一些基本要求，标段划分首先应该符合法律法规的规定。

例如，《建筑法》第二十四条规定："不得将应由一个承包单位完成的建筑工程肢解成若干部分发包给几个承包单位。"第二十九条规定："建筑工程主体结构的施工必须由总承包单位自行完成。"

2. 责任明确和便于管理

标段是作为工程招标的主要实体对象，将直接构成项目合同的标的。如果承包商在履行合同中，其责任与业主或其他承包商的责任不清，则直接影响承包商应尽义务的履行和应有权利的行使。责任明确包括质量责任明确、成本责任明确、工期责任明确、安全责任明确等。承包商的上述基本职责在一个标段中应能够被明确地认定。

3. 经济高效

标段划分得越细，业主对项目的直接控制权力就越大，通过竞争性招标采购获得最大的经济效益，同时各个标段间的协调管理更加困难，协调风险增加。如果业主有能力全面协调复杂项目之间的协调问题，则可以采用比较细的标段划分。如果业主对复杂项目之间众多的承包商协调缺乏信心，则采用项目总承包模式的标段划分更容易取得项目管理的高效率。

4. 有利于投标人竞争和可操作性

标段划分后的可操作性包括：

1）招标的可操作性，即划分后的标段在市场上有一定的竞标对象，可以形成合理的价格竞争。从规模效应角度考虑，分标太小使承包商获利空间减少，很难吸引具有综合实力的承包商参与竞争。

2）业主管理的可操作性，即业主有相应的管理力量或能委托有资质的咨询工程师协调好各个标段承包商之间在工程界面及质量、工期、成本、安全、环保等方面的衔接关系。

3）确定标底的可操作性，即在全部设计图尚未具备的情况下，通过划分标段，业主能够客观地确定标底，以控制工程的造价；其他，如资金供应上的可操作性等。

5. 考虑相关影响

标段的划分还要充分考虑到潜在的竞标对象的具体情况、建设单位的财务支付能力、分期投产与项目产品市场的情况、上级主管部门的要求、政府相关部门的影响等因素。

（三）标段划分与合同打包的实践方法

工程项目标段划分与合同打包的具体实践方法应该符合法律法规要求，鼓励投标人竞争，通过有效竞争提高投资效益。

1. 将类似的产品或服务打包

通过专业化招标投标和批量采购，可以获得更加优惠的报价。如果将不同专业的工程作为一个合同包，虽然跨专业的合同包可以降低招标人在实施阶段的协调工作量，仍由于跨专业资质能力的投标人数量有限，可能因投标人竞争不足而导致投标价格过高甚至流标。

2. 合同打包和招标计划与工程进度计划适应

计划先实施的工程或先安装的设备要先招标，采购工作量要适当均衡，不能过于集中。

3. 合理考虑地理因素

有些土木工程，如公路、铁路等要考虑将地理位置比较集中的工程放在一起采购，避免过于分散。

4. 合同额度适中

合同额度不至于过大或过小，以吸引优秀投标人积极竞争投标。如果合同额太大，会限

制投标人的条件（如投标保证与履约保函门槛过高），导致够格的投标人数量太少；如果太小，则许多承包商缺乏投标的兴趣，也会导致竞争不足。

建设工程招标必须根据项目特点，尽可能周密地考虑项目实施过程中可能出现的影响，如不可预见因素及承包责任界定、各种责任是否便于落实、资金供应情况、现场组织协调难易以及进度要求与生产使用的衔接等。可以说，建设工程招标是对建设项目的管理进行系统策划的过程。

第四节　建设工程监理

一、建设工程监理制度的产生背景

从新中国成立直至20世纪80年代，我国建设工程的管理基本上采用建立临时工程建设指挥部，由指挥部进行管理，工程完工后指挥部解散，人员回到原工作岗位。建设工程管理的经验不能承袭升华以用来指导今后的工程建设，使我国建设工程管理水平长期在低水平徘徊，难以提高。

20世纪80年代，我国进入了改革开放的新时期，国务院决定在基本建设和建筑业领域采取一些重大的改革措施。例如，投资有偿使用（即“拨改贷”）、投资包干责任制、投资主体多元化、工程招标投标制等。在这种情况下，改革传统的建设工程管理形式，已经势在必行。

通过对我国几十年建设工程管理实践的反思和总结，并对国外工程管理制度与管理方法进行考查，认识到建设单位的工程项目管理应走专业化、社会化的道路。在此基础上，建设部于1988年发布了“关于开展建设监理工作的通知”，明确提出要建立建设监理制度。建设监理制作为工程建设领域的一项改革举措，旨在改变陈旧的工程管理模式，建立专业化、社会化的建设监理机构，协助建设单位做好项目管理工作，以提高建设水平和投资效益。

建设工程监理制于1988年开始试点，5年后在全国逐步推开。1997年发布的《建筑法》以法律制度的形式做出规定，国家推行建设工程监理制度，从而使建设工程监理在全国范围内进入全面推行阶段。

二、建设工程监理的概念

（一）概念

从其主要属性来说，大体上可做如下表述：所谓建设工程监理，是指具有相应资质的工程监理企业，接受建设单位的委托，承担其项目管理工作，并代表建设单位对承建单位的建设行为进行监控的专业化服务活动。

建设单位，也称为业主、项目法人，是委托监理的一方。建设单位在工程建设中拥有确定建设工程规模、标准、功能以及选择勘察、设计、施工、监理单位等工程建设重大问题的决定权。

（二）概念要点

1. 建设工程监理的行为主体

《建筑法》明确规定，实行监理的建设工程，由建设单位委托具有相应资质条件的工程

监理企业实施监理。建设工程监理只能由具有相应资质的工程监理企业来承担，建设工程监理的行为主体是工程监理企业。

建设工程监理不同于建设行政主管部门的监督管理。后者的行为主体是政府职能部门，它具有明显的行政强制性，是行政监督管理，它的任务、职责、内容不同于建设工程监理。

2. 建设工程监理实施的前提

《建筑法》明确规定，建设单位与工程监理企业应订立书面建设工程监理合同。也就是说，建设工程监理的实施需要建设单位的委托和授权。工程监理企业应根据建设工程监理合同和有关建设工程合同的规定实施监理。

3. 建设工程监理的依据

建设工程监理的依据包括工程建设文件、有关的法律法规规章和标准规范、建设工程监理合同和有关的建设工程合同。

4. 建设工程监理的范围

建设工程监理范围可以分为监理的工程范围和监理的建设阶段范围。

（1）工程范围　根据《建筑法》,《建设工程质量管理条例》对实行强制性监理的工程范围做了原则性的规定,《建设工程监理范围和规模标准规定》对实行强制性监理的工程范围做出具体规定。如项目总投资额在3000万元以上的供水、供电、供气、供热等市政工程项目，科技、教育、体育、文化等项目。

（2）阶段范围　建设工程监理可以适用于工程建设投资决策阶段和实施阶段，但目前主要集中在建设工程实施阶段的施工安装阶段。

三、建设工程监理的工作内容

1. 建设项目前期立项阶段监理工作的主要内容

1）开展可行性研究咨询。

2）参加技术经济论证。

3）编制或审核建设工程投资匡算等。

2. 设计阶段监理工作的主要内容

1）协助编写工程勘察设计任务书。

2）协助组织建设工程设计方案竞赛或设计招标，协助业主选择好勘察设计单位。

3）协助拟定和商谈设计委托合同。

4）配合设计单位开展技术经济分析，参与设计方案的比选。

5）参与设计协调工作。

6）参与主要材料和设备的选型（视业主的需求而定）。

7）审核或参与审核工程估算、概算和施工图预算。

8）审核或参与审核主要材料和设备的清单。

9）参与检查设计文件是否满足施工的需求。

10）设计进度控制。

11）参与组织设计文件的报批等。

3. 施工招标阶段监理工作的主要内容

1）拟定或参与拟定建设工程施工招标方案。

2）准备建设工程施工招标条件。

3）协助业主办理施工招标申请。

4）参与或协助编写施工招标文件。

5）参与建设工程施工招标的组织工作。

6）参与施工合同的商签。

4. 施工准备阶段监理工作的主要内容

1）审查施工单位选择的分包单位的资质。

2）监督检查施工单位质量保证体系及安全技术措施，完善质量管理程序与制度。

3）参与设计单位向施工单位的技术交底。

4）审查施工组织设计。

5）在单位工程开工前检查施工单位的复测资料。

6）对重点工程部位的中线和水平控制进行复查。

7）审批一般单项工程和单位工程的开工报告。

5. 施工阶段监理工作的主要内容

（1）施工阶段的质量控制　具体如下：

1）核验施工测量放线，验收隐藏工程、分部分项工程，签署分部分项工程和单位工程质量评定表。

2）进行巡视、旁站和平行检验，对发现的质量问题应及时通知施工单位整改，并做监理记录。

3）审核施工单位报送的工程材料、构配件、设备的质量证明资料，抽检进场的工程材料、构配件的质量。

4）审查施工单位提交的采用新材料、新工艺、新技术、新设备的论证材料及相关验收标准。

5）检查施工单位的测量、检测仪器设备、度量衡定期检验的证明文件。

6）监督施工单位对各类土木和混凝土试件按规定进行检查和抽查。

7）监督施工单位认真处理施工中发生的一般质量事故，并认真做好记录。

8）将特别重大和重大质量事故以及其他紧急情况报告业主。

（2）施工阶段的进度控制　具体如下：

1）监督施工单位严格按施工合同规定的工期组织施工。

2）审查施工单位提交的施工进度计划，核查施工单位对施工进度计划的调整。

3）建立工程进度台账，核对工程形象进度，按月、季和年度向业主报告工程执行情况、工程进度以及存在的问题。

（3）施工阶段的投资控制　具体如下：

1）审核施工单位提交的工程款支付申请，签发或出具工程款支付证书，并报业主审核、批准。

2）建立计量支付签证台账，定期与施工单位核对清算。

3）审查施工单位提交的工程变更申请，协调处理施工费用索赔、合同争议等事项。

4）审查施工单位提交的竣工结算申请。

（4）施工阶段的安全生产管理　具体如下：

1）依照法律法规和工程建设强制性标准，对施工单位安全生产管理进行监督。

2）编制安全生产事故的监理应急预案，并参加业主组织的应急预案的演练。

3）审查施工单位的工程项目安全生产规章制度、组织机构的建立及专职安全生产管理人员的配备情况。

4）督促施工单位进行安全自查工作，巡视检查施工现场安全生产情况，对实施监理过程中，发现存在安全事故隐患的，应签发监理工程师通知单，要求施工单位整改；情况严重的，总监理工程师应及时下达工程暂停指令，要求施工单位暂时停止施工，并及时报告业主。施工单位拒不整改或者不停止施工的，应通知业主及时向有关主管部门报告。

6. 竣工验收阶段监理工作的主要内容

1）督促、检查施工单位及时整理竣工文件和验收资料，受理单位工程竣工验收资料，提出监理意见。

2）审查施工单位提交的竣工验收申请，编写工程质量评估报告。

3）组织工程预验收，参加业主组织的竣工验收，并签署竣工验收意见。

4）编制、整理工程监理归档文件并提交给业主。

7. 业主委托的其他服务

以上监理工作内容有些属于建设法规要求监理单位的必须履行的责任（如施工质量控制和安全管理责任），有些则取决于监理合同中的业主委托或授权。

四、工程施工监理的实施程序

1. 确定项目总监理工程师，成立项目监理机构

监理单位应根据建设工程的规模、性质、业主对监理的要求，委派称职的人员担任项目总监理工程师，代表监理单位全面负责该工程的监理工作。

监理机构的人员构成是监理投标书中的重要内容，是业主在评标过程中认可的，总监理工程师在组建项目监理机构时，应根据监理大纲内容和签订的建设工程监理合同内容组建，并在监理规划和具体实施计划执行中进行及时的调整。

2. 编制建设工程监理规划

建设工程监理规划是开展工程监理活动的纲领性文件，其主要内容参见《建设工程监理规范》（GB/T 50319）。

3. 制定各专业监理实施细则

在监理规划的指导下，为具体指导投资控制、质量控制、进度控制的进行，还需结合建设工程实际情况，制定相应的实施细则，主要内容参见《建设工程监理规范》。

4. 规范化地开展监理工作

根据国家法律、法规与建设监理合同的约定，项目监理机构在总监理工程师的领导下按监理规划和实施细则对建设工程的施工质量、安全、进度、造价等进行控制，并负责业主委托的现场组织协调工作。

5. 参与验收，签署建设工程监理意见

建设工程施工完成以后，监理单位应在正式验交前组织竣工预验收，在预验收中发现的问题，应及时与施工单位沟通，提出整改要求。监理单位应参加业主组织的工程竣工验收，签署监理单位意见。

6. 向业主提交建设工程监理档案资料

建设工程监理工作完成后，监理单位向业主提交的监理档案资料应在建设工程监理合同文件中约定。如在合同中没有做出明确规定，监理单位一般应提交设计变更、工程变更资料，监理指令性文件，各种签证资料等档案资料。

7. 监理工作总结

监理工作完成后，项目监理机构应及时从如下两方面进行监理工作总结。

（1）向业主提交的监理工作总结　其主要内容包括：建设工程监理合同履行情况概述，监理任务或监理目标完成情况的评价等。

（2）向监理单位提交的监理工作总结　其主要内容包括：监理工作的经验、监理工作中存在的问题及改进的建议等。

第五节　建设工程施工现场管理

一、施工现场管理的概念与任务

施工现场是指从事工程施工活动经批准允许占用的施工场地。该场地既包括红线以内占用的建筑用地和施工用地，也可能包括红线以外现场附近经批准占用的临时施工用地。

施工项目现场管理是指项目经理部按照有关施工现场管理的规定和城市建设管理的有关法规，科学、合理地安排使用施工现场，协调各项施工活动，为创建施工现场人流、物流畅通的施工秩序和安全文明的施工环境所开展的一系列管理活动。

施工项目现场管理的基本任务是以具体工程的施工现场为对象，妥善处理施工过程中的劳动力、劳动对象和劳动手段的相互关系，使其在时间安排和空间布置上达到最佳配合，组织均衡施工与连续施工，多好快省地完成施工任务，提高施工效率和效益。

二、施工现场管理的主要内容

1. 合理规划施工用地

1）根据建筑总平面图、单位工程施工图、拟定的施工方案、现场地理位置及政府有关部门的管理标准，充分考虑现场布置的科学性、合理性、可行性，合理使用施工现场场内占地，设计施工总平面图、单位工程施工平面图。

2）现场布置是动态的过程，在基坑施工阶段和主体结构施工阶段以及装修阶段，现场布置不完全相同，在进行现场布置时要综合考虑到各个施工阶段的要求，分别对不同施工阶段的现场进行布置。

2. 建立施工现场管理组织

1）项目经理全面负责施工过程的现场管理，建立施工项目现场管理组织。包括土建、设备安装、质量技术、进度控制、成本管理、要素管理、行政管理等各职能部门，并配备相应项目管理人员。

2）建立施工项目现场管理规章制度、管理标准、实施措施、监督办法和奖惩制度。

3）根据工程规模、技术复杂程度和施工现场的具体情况，遵循“谁生产，谁负责”的原则，建立按专业、岗位、区片的施工现场管理责任制，并组织实施。

3. 建立文明施工现场

文明施工是保持施工场地整洁、施工组织科学、施工程序合理的综合体现，是现代施工生产管理的一个重要组成部分。实现文明施工，不仅要着重做好现场的场容管理工作，而且还要做好现场材料、机械、安全、技术、保卫、消防和生活卫生等管理工作。

文明施工的重点内容包括现场围挡、封闭管理、施工场地规划、材料堆放、现场临时设施、现场防火等。

4. 做好施工现场管理评价

企业及项目部应对施工现场管理进行总结和综合评价。评价内容应包括经营行为管理评价、工程质量管理评价、施工安全管理评价、文明施工管理评价及施工队伍管理评价五个方面。现场管理综合评价作为项目经理承包责任制的重要内容，可用作企业对项目实行动态考核的依据之一。

三、施工现场文明施工管理要点

文明施工是指在施工现场管理中，要按现代化施工的客观要求，使施工现场保持良好的施工环境和施工秩序。它是施工现场管理的一项综合性基础管理工作。

1. 满足施工现场标志要求

施工项目现场要有明显的标志，原则上所有施工现场均应设置围墙，凡设置出入口的地方均应设门卫，以利于管理。例如，在施工现场主要进出口处醒目位置应设置施工现场公示牌和施工总平面图；施工区域设置安全作业牌（设在相应的施工部位、作业点、高空施工区及主要通道口）。

2. 严格按施工总平面图确定位置

严格按照已批准的施工总平面图或单位工程施工平面图确定的位置，布置施工项目的主要机械设备、脚手架、模板；各种加工厂，如钢筋加工厂、木材加工厂、混凝土搅拌棚等；施工临时道路及进出口；水、电、气管线；材料制品堆场及仓库；土方及建筑垃圾；变配电间、消防设施；门卫室、现场办公室；生产、生活和办公用房等临时设施、加工场地、周转使用场地等，做到平面布置合理有序。

3. 实行现场封闭管理

建设单位或施工单位应做好施工现场安全保卫工作，非施工人员不得擅自进入施工现场。施工现场在市区的，周围应设置遮挡围栏，临街的脚手架应设置相应的防护设施。

4. 实行物料分类管理

施工物料器具除应按照施工总平面图指定的位置就位布置外，尚应根据不同特点和性质，规范布置方式和要求，做到位置合理、码放整齐、限宽限高、规格分类、挂牌标识，便于来料验收、清点、保管和出库使用。大宗材料应根据使用时间有计划地分批进场，尽量靠近使用地点，减少二次搬运。

5. 做好现场给水、排水工作

施工现场的排水工作十分重要，尤其是在雨期，场地排水不畅，会影响施工和运输的顺利进行。在施工现场应设置排水沟系统；工地道路及堆场地面宜做硬化处理；场地不积水，不堆积泥浆，保持道路干燥坚实。施工现场用水一般与当地的市政水源连接，保证施工用水。

6. 合理进行流水作业组织

流水施工最主要的组织特点是施工过程（工序或项目）的作业连续性和节奏性。施工过程应合理有序，尽量避免前后反复，影响施工；在平面和空间上也要进行合理分块分区，尽量避免各分包或各工种交叉作业、互相干扰，维持正常的施工秩序。

7. 现场分区管理

应将施工现场的办公、生活区与作业区分开设置，并保持安全距离；办公、生活区的选址应符合安全性要求。职工的膳食、饮水、休息场所等应符合卫生标准。不得在尚未竣工的建筑物内设置员工集体宿舍。通过划分区域，各区明确管理负责人，实行挂牌制。

四、施工现场安全管理要点

施工现场安全管理的内容，大体可归纳为安全组织管理、场地与设施管理（文明施工）、行为控制和安全技术管理四个方面，分别对生产中的人、物、环境的行为与状态进行管理与控制。

1. 施工现场安全组织管理

施工现场应建立健全各类人员的安全生产责任制、安全技术交底、安全宣传、安全教育、安全培训、安全检查、安全设施验收和事故报告等管理制度。

2. 施工现场安全设施管理

（1）施工现场的安全设施　安全设施（如安全网、洞口盖板、护栏、防护罩、各种限制保险装置）都必须齐全有效，并且不得擅自拆除或移动。

（2）安全标牌　施工现场应设置安全宣传标语牌，危险部位必须悬挂按照《安全色》（GB 2893）和《安全标志及其使用导则》（GB 2894）规定制作的标牌。夜间有人经过的坑洞等处应设红灯示警。

3. 特殊工程施工安全措施

特殊工程是指工程本身有特殊性，或工程所在区域有特殊性，或采用的施工工艺、方法有特殊要求的工程，应根据特殊工程的性质、施工特点及要求制定有针对性的安全管理和安全技术措施。其基本要求是：编制特殊工程施工现场安全管理制度并向参加施工的职工进行安全教育和交底；特殊工程施工现场周围要设置围护，要有出入制度并设值班人员；对从事一些危险作业（如爆破、吊装等）要进行设备安全检测和人员的安全防护；对深基坑开挖与边坡支护要组织专家论证和编制应急预案。

4. 加强安全检查与考核

各作业部门及人员都必须认真遵照经审定批准的措施方案和有关安全技术规范进行施工作业。各项设施（如脚手架、龙门架、模板、塔式起重机、安全网、施工用电、洞口等）的搭设及其防护设置完成后必须组织安全验收，合格后才准使用。在使用过程中，要进行经常性的检查维修，确保安全有效。

安全考核也是安全管理和安全控制的一种重要手段。通过建立安全奖惩制度，实行严格考核，加强安全责任意识，提高安全管理水平。

复习思考题

1. 简述我国基本建设程序以及施工阶段涉及的主要建设法规，适当列出相关条款内容。
2. 结合工程相关各方面的利益和期望，分析其工程管理的工作内容。
3. 实践调研某实际建设工程的招标投标过程与合同包划分情况，写出该项目承发包状况调研报告。
4. 简述建设工程监理的工作内容和工作程序。
5. 选择施工项目进行实践调研，写出该项目施工现场管理状况的调研报告。
6. 收集、阅读建设项目管理实务方面的书籍，如《××项目工程建设管理理论与实践》。
7. 阅读建设工程管理相关研究论文或著作，了解国内外工程项目管理的发展趋势与最新动态。

12 第十二章　土木工程经济和造价管理

【内容摘要及学习要求】

本章主要介绍了土木工程经济和造价管理相关知识，了解现金流量图、资金等值计算；了解工程经济概念、工程造价管理体制、咨询业的形成。熟悉工程造价管理内容、造价工程师执业资格制度、工程造价咨询企业资质等级标准、工程造价咨询企业管理制度。

第一节　工程经济的基本知识

一、土木工程经济

（一）工程经济的相关概念

1. 工程

工程是指人们应用科学的理论、技术的手段和设备来完成的较大而复杂的具体实践活动。工程的范畴很大，包括土木工程、设备采购工程等。

2. 技术

技术是人类在认识自然和改造自然的反复实践中积累起来的有关生产劳动的经验、知识、技巧和设备等。工程技术与科学是既有联系又有区别的两个概念，一般认为，科学侧重于发现和寻找规律，而技术侧重于应用规律。

一般来说，生产技术包括以下四个方面：

1）劳动工具（主要标志）。

2）劳动技能。

3）生产作业的方法。

4）生产组织和管理方法。

它们之间具有彼此促进、相互发展的关系。

3. 经济

这一概念在不同层面有不同含义，常见有以下几种：

1）经济是指生产关系。经济是指人类社会发展到一定阶段的经济制度，是人类社会生产关系的总和，也是上层建筑赖以存在的基础。如国家的宏观经济政策、经济分配体制等就

是这里所说的经济。

2）经济是指一国的国民经济的总称，或指国民经济的各部门，如工业经济、农业经济、商业经济、邮电经济等。

3）经济是指社会生产和再生产的过程，即物质资料的生产、交换、分配、消费的现象和过程。社会生产和再生产中的经济效益、经济规模就是指这里的经济。

4）经济是指节约或节省。就是指在社会生活中，如何少花资金、节约资金。如日常生活中的经济实惠、价廉物美就是指这里的经济。

以上经济的几种含义中，1）、2）属于宏观的经济范畴，3）、4）属于微观的经济范畴。工程经济学中涉及的经济既有宏观的又有微观的经济含义，但本书侧重于微观经济的含义。因此，本书中的经济是指人类在社会生产实践活动中，如何用有限的投入获得最大的产出或收益的过程。

（二）工程技术与经济的关系

工程技术有两类问题：一类是科学技术方面的问题，侧重研究如何把自然规律应用于工程实践，这些知识构成了诸如工程力学、工程材料学等学科的内容；另一类是经济分析方面的问题，侧重研究经济规律在工程问题中的应用，这些知识构成工程经济类学科的内容。

同样，一项工程能被人们所接受必须做到有效，即必须具备两个条件：一是技术上的可行性；二是经济上的合理性。在技术上无法实现的项目是不可能存在的，因为人们还没有掌握它的客观规律，而一项工程如果只讲技术可行，忽略经济合理也同样是不能被接受的。人们发展技术、应用技术的根本目的，正是在于提高经济活动的合理性，这就是经济效益。因此，为了保证工程技术能更好地服务于经济，最大限度地满足社会需要，就必须研究、寻找技术与经济的最佳综合点，在具体目标和具体条件下，获得投入产出的最大效益。

所以，工程（技术）和经济是辩证统一的，且存在于生产建设过程中，它们是相互促进又相互制约的。经济发展是技术进步的目的，技术是经济发展的手段。任何一项新技术一定要受到经济发展水平的制约和影响，而技术的进步又促进了经济的发展，是经济发展的动力和条件。

（三）工程经济学的概念与研究对象

长期以来，工程经济学作为一门独立的学科不断在发展，学者们对于工程经济学的研究对象主要有以下四种不同的观点和表述。

观点1：工程经济学从经济角度选择最佳方案的原理和方法。

观点2：研究工程技术实践活动经济效果的活动：具体对象涵盖了工程项目规划、投资项目经济评价、投资分析及生产经营管理等领域的决策问题。

观点3：研究经济性的学科领域。

观点4：研究工程项目节省或节约之道的学科。

由于工程经济学并不研究工程技术原理与应用本身，也不研究影响经济效果的各种因素，而是研究各种工程技术方案的经济效果。这里的工程技术是广义的，是人类利用和改造自然的手段。它不仅包含劳动者的技艺，还包括部分取代这些技艺的物质手段。工程经济学研究各种工程技术方案的经济效益，研究各种技术在使用过程中，如何以最小的投入获得预期产出。或者说，如何以等量的投入获得最大产出；如何用最低的寿命周期成本实现产品、作业以及服务的必要功能。

所以，工程经济学的研究对象是工程项目技术经济分析的最一般方法，即研究采用何种方法、建立何种方法体系，才能正确估价工程项目的有效性，才能寻求到技术与经济的最佳结合点。

因此，可以将工程经济学（Engineering Economics）定义为：工程经济学是一门工程与经济的交叉学科，是研究工程技术实践活动经济效果的学科。工程经济学是以工程技术为主体，以技术-经济系统为核心，研究如何有效利用工程技术资源，促进经济增长的科学。

（四）工程经济学的主要内容及特点

从学科归属上看，工程经济学既不属于社会科学（经济学科），也不属于自然科学。工程经济学立足于经济，研究技术方案，已成为一门综合性的交叉学科。其主要内容包括资金的时间价值、工程项目评价指标与方法、工程项目多方案的比较和选择、建设项目的财务评价、建设项目的国民经济评价和社会评价、不确定性分析、价值工程、设备更新方案的比较、项目可行性研究等方面。

工程经济学具有如下主要特点。

1. 综合性

工程经济学横跨自然科学和社会科学两大类。工程技术学科研究自然因素运动、发展的规律，是以特定的技术为对象的；而经济学科是研究生产力和生产关系运动发展规律的一门学科。工程经济学从技术的角度去考虑经济问题，又从经济角度去考虑技术问题，技术是基础，经济是目的。

在实际应用中，技术经济涉及的问题很多，一个部门、一个企业有技术经济问题，一个地区、一个国家也有技术经济问题。因此，工程技术的经济问题往往是多目标、多因素的。它所研究的内容既包括技术因素和经济因素，又包括社会因素与时间因素。

2. 实用性

工程经济学之所以具有强大的生命力，在于它非常实用。工程经济学研究的课题、分析的方案都来源于工程建设实际，并紧密结合生产技术和经济活动进行。其分析和研究的成果直接用于生产，并通过实践来验证分析结果是否正确。

3. 定量性

工程经济学的研究方法注重定量分析。即使有些难以定量的因素，也要设法予以量化估计。通过对各种方案进行客观、合理、完善的评价，用定量分析结果为定性分析提供科学依据。如果不进行定量分析，技术方案的经济性无法评价，经济效果的大小无法衡量，在诸多方案中也无法进行比较和优选。因此，在分析和研究过程中，要用到很多数学方法、计算公式，并建立数学模型。

4. 预测性

工程经济分析活动大多在事件发生之前进行。要对将要实现的技术政策、技术措施、技术方案等进行预先的分析评价，首先要进行技术经济预测。通过预测，使技术方案更接近实际，从而避免盲目性。

工程经济预测性主要有以下两个特点：

1）尽可能准确地预见某一经济事件的发展趋向和前景，充分掌握各种必要的信息资料，尽量避免由于决策失误所造成的经济损失。

2）预测性包含一定的假设和近似性，只能要求对某项工程或其一方案的分析结果尽可

能地接近实际，而不能要求其绝对的准确。

二、资金的时间价值与资金等值计算

（一）现金流量的构成

1. 现金流量的概念

任何一项投资活动都离不开资金活动，而在这个资金活动中必然要涉及现金流量（Cash Flow）的问题。明确现金流量的概念、弄清现金流量的内容、正确估算现金流量是进行投资方案效益分析的前提，也是进行科学的投资决策的基础。

现金流量是一个综合概念，从内容上看，它包括现金流入、现金流出和净现金流量三个部分；从形式上看，它包括各种形式的现金交易，如货币资金的交易和非货币（货物、有价证券等）的交易。

为了便于说明现金流量的概念，可把投资项目看作是一个系统，这个系统有一个寿命周期，即从项目发生第一笔资金开始一直到项目终结报废为止的整个时间称为项目的寿命周期。但在不同的项目之间进行比较时，不一定都用项目的寿命周期进行比较，而是选用一个计算期来比较，因此，考察投资项目系统的经济效益时，常常用计算期。每个项目在其计算期中，各个时刻点都会有现金交易活动，或者是流进，或者是流出，这个现金流进、流出就称为现金流量。

具体地讲，现金流入（Cash Income）是指在项目的整个计算期内流入项目系统的资金，如销售收入、捐赠收入、补贴收入、期末固定资产回收收入和回收的流动资金等。现金流出（Cash Output）是指在项目的整个计算期内流出项目系统的资金，如企业投入的自有资金、上缴的销售税金及附加、借款本金和利息的偿还、上缴的罚款、购买原材料设备等的支出、支付工人的工资等都属于现金流出。净现金流量（Net Cash Flow）是指在项目的整个计算期内每个时刻的现金流入与现金流出之差。当现金流入大于现金流出时，净现金流量为正，反之为负。综合起来，现金流量的构成如图12-1所示。

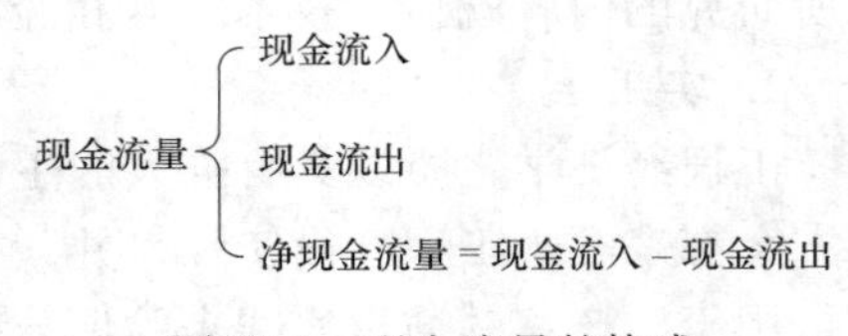

图 12-1 现金流量的构成

2. 现金流量图

一个工程项目的建设和实施都要经历很长一段时间，在这个时间内，现金流量的发生次数非常多，且不同的时间点上发生的现金流量是不尽相同的。例如，在项目的建设期，有自有资金的投入、银行贷款的获得、贷款还本付息的支出等；在生产期，有销售收入的获得、利息补贴返还、经营成本的支出、利息的偿还、税金的缴纳、固定资产余值的回收及流动资金的回收等。这些现金流量种类繁多，发生的时间不同、大小各异、属性不同，有的属于现金流入，有的属于现金流出。因此，为了便于分析，通常用图的形式来表示各个时间点上发生的现金流量。

现金流量图（Cash Flow Diagram）如图 12-2 所示，它是用坐标轴、箭头、时刻点及数字等来表示的图。具体地讲，现金流量图是描述工程项目整个计算期内各时间点上的现金流入和现金流出的序列图。

现金流量图中的横轴是时间轴，一般是向右的箭头轴。时间轴上刻有时刻点，并标注有

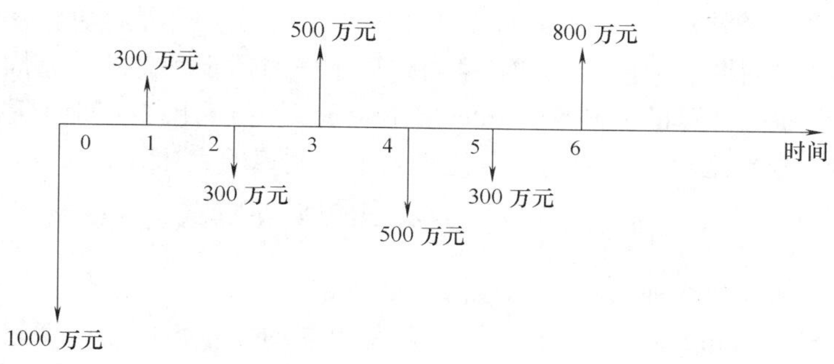

图 12-2　现金流量图

时刻数字。每相邻两个时刻点间隔的长度相等。时间轴箭头末端还应标注时间单位。纵轴是现金流量轴，表示现金流入或流出。箭头的长短表示现金流量的大小，箭头越长，现金流入或流出量越大；反之越小。现金流量的方向与现金流量的性质有关，一般箭头向上表示现金流入，箭头向下表示现金流出。箭头末端应标注现金流量的金额数字。如图 12-2 中，第 1 期初（第 0 年）现金流出 1000 万元，第 1 期末现金流入 300 万元，第 2 期末现金流出 300 万元，第 3 期末现金流入 500 万元，第 4 期末现金流出 500 万元，第 5 期末现金流出 300 万元，第 6 期末现金流入 800 万元。

从图 12-2 可见，现金流量图的构成要素有：现金流量的大小、现金流量的流向（纵轴）、时间轴（横轴）和时刻点。

（二）资金的时间价值

1. 资金时间价值的概念

资金的时间价值就是指资金在运动过程中的增值或不同时间点上发生的等额资金在价值上的差别。

2. 资金时间价值的影响因素

从投资者的角度来看，资金的时间价值受以下因素的影响。

（1）投资额　投资的资金越大，资金的时间价值就越大。

（2）利率　一般来讲，在其他条件不变的情况下，利率越大，资金的时间价值越大；利率越小，资金的时间价值越小。

（3）时间　在其他条件不变的情况下，时间越长，资金的时间价值越大；反之越小。

（4）通货膨胀因素　如果出现通货膨胀，会使资金贬值，贬值会减少资金的时间价值。

（5）风险因素　投资是一项充满风险的活动。项目投资以后，其寿命期、每年的收益、利率等都可能发生变化，既可能使项目遭受损失，也可能使项目获得意外的收益。这就是风险的影响。不过，风险往往同收益成比例，风险越大的项目，一旦经营成功，其收益也大。这就需要对风险进行认真预测与把握。

由于资金的时间价值受到上述多种因素的影响，因此，在对项目进行投资分析时一定要从以上几个方面认真考虑，谨慎选择。

（三）资金等值计算的基本公式

1. 利息

利息是指放弃资金的使用权应该得到的回报（如存款利息）或者指占有资金的使用权

应该付出的代价（如贷款利息）。利息可以按年、季度、月、日等周期计算，这种计算利息的时间单位称为计息周期。为便于计算和学习，以下暂时假定利息的计息周期为年。

利息是根据利率来计算的。利率（Interest Rate）是一个计息周期内所得到的利息额与借贷资金额（即本金）之比，一般用百分比来表示。利率的表达式为

$$计息周期内的利率=\frac{计息周期内的利息}{本金}\times 100\%$$

利息分为单利和复利两种。

（1）单利（Simple Interest） 所谓单利，就是每期均按原始本金计算利息，利息不再计算利息。

设 P（Present 的第一个字母）代表原始本金，F（Future 的第一个字母）代表未来值，n 代表计息期数（如年数、月数），i 代表计息周期内的利率，I 代表总的利息。则按照单利计算，n 期内的总利息为

$$I = Pni$$

n 期后的本利和应为

$$F = P + Pni = P(1 + ni) \tag{12-1}$$

根据以上式子，可以绘制利息 I 和计息周期 n 的关系图以及未来值 F 和计息周期 n 的关系图，分别如图 12-3 和图 12-4 所示。

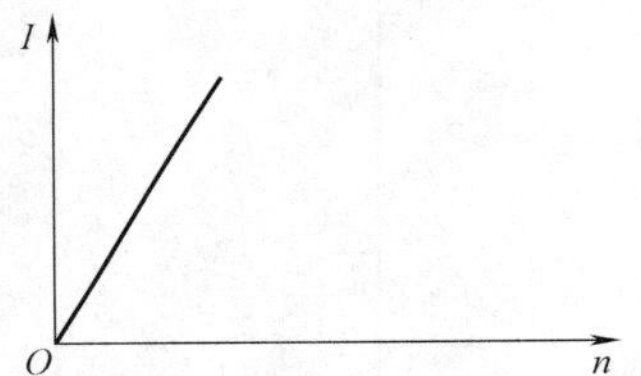

图 12-3 单利 I 和 n 的关系图

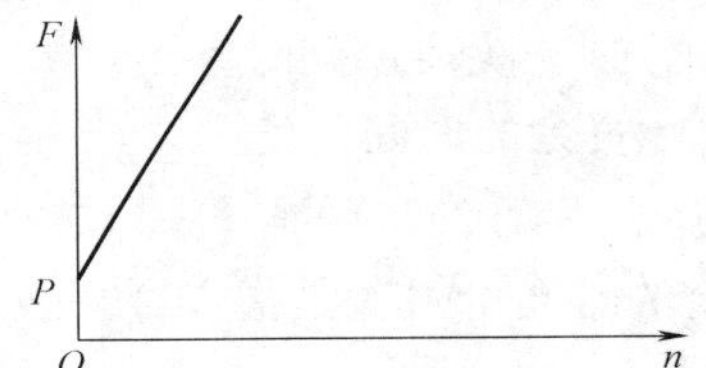

图 12-4 单利 F 和 n 的关系图

从图 12-3 和图 12-4 可见，利息与计算利息的时间呈线性关系，未来值也与计算利息的时间呈线性关系。即不论计息周期 n 为多大，只有本金计算利息，而利息不再计算利息。如某人存入银行 2000 元，年存款利率为 2.8%，存 3 年，则按单利计算 3 年后本利和为：$F = P(1 + ni) = 2000$ 元 $\times(1 + 3 \times 2.8\%) = 2168$ 元，即 3 年后此人能从银行取出 2168 元。

（2）复利（Compound Interest） 所谓复利，就是每期均按原始本金和上期的利息和来计算利息。也就是说，每期不仅要对本金计算利息，还要对利息计算利息，即所谓的“利滚利”。

仍采用单利的符号及含义。按照复利计算，n 期内每期的利息及本利和见表 12-1。

表 12-1 复利本利和计算表

计息周期	期初本金	本期利息	期末本利和
1	P	Pi	$F = P + Pi$
2	$P(1+i)$	$P(1+i)i$	$F = P(1+i) + P(1+i)i = P(1+i)^2$
3	$P(1+i)^2$	$P(1+i)^2 i$	$F = P(1+i)^2 + P(1+i)^3 = P(1+i)^3$
⋮	⋮	⋮	⋮
n	$P(1+i)^{n-1}$	$P(1+i)^{n-1} i$	$F = P(1+i)^n$

因此，复利计算公式为

$$F = P(1 + i)^n \tag{12-2}$$

按照复利计算，n 期末的利息为

$$I = F - P = P(1 + i)^n - P = P[(1 + i)^n - 1]$$

根据上式，可以绘制利息 I 和计息周期 n 的关系图以及未来值 F 和计息周期 n 的关系图，分别如图 12-5 和图 12-6 所示。

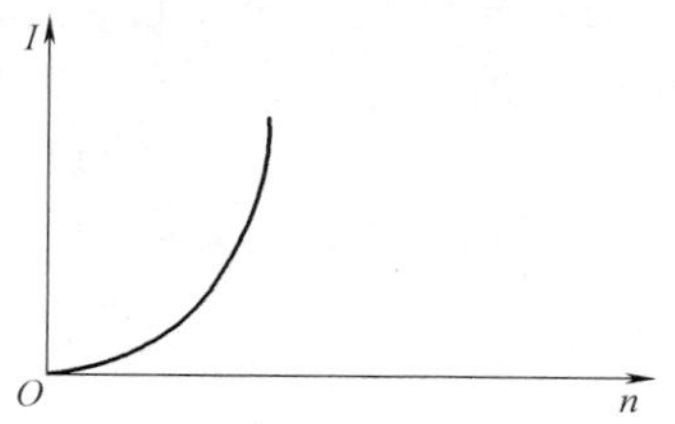

图 12-5　复利 I 和 n 的关系图

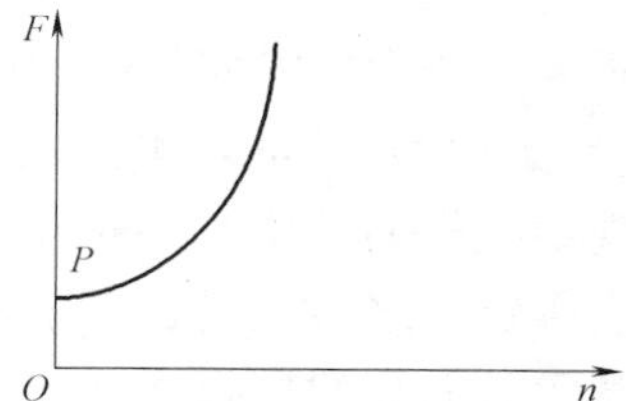

图 12-6　复利 F 和 n 的关系图

仍以上面单利的例子为例。即本金为2000 元，年存款利率为2.8%，存3 年，按复利计算 3 年后能从银行取出钱（不考虑利息税）应为：$F = P(1 + i)^n = 2000$ 元 $\times (1 + 2.8\%)^3 =$ 2172.75 元，即 3 年后此人能从银行取出 2172.75 元。

从以上的计算可见，在所有条件相同的情况下，一般按复利计算的利息大于按单利计算的利息。而且，时间越长，复利利息与单利利息的差别越大。

2. 资金等值计算

在工程经济分析中，为了正确地计算和评价投资项目的经济效益，必须计算项目的整个寿命期内各个时期发生的现金流量的真实价值。但由于资金存在时间价值，在项目的整个寿命期内，各个时期发生的现金流量是不能直接相加的。为了计算项目各个时期的真实价值，必须要将各个时间点上发生的不同的现金流量转换成某个时间点的等值资金（Equivalence of Money），然后再进行计算和分析，这样一个资金转换的过程就是资金的等值计算。

（1）有关资金等值计算中的几个基本概念　具体如下：

1）现值（Present Value，简称 P）。它表示资金发生在某个特定的时间序列的起始时刻的现金流量，即相对于某个特定时间序列的始点开始的将来的任何较早时间的价值。它发生在特定时刻始点以后所有时刻的现金流量的最前面。而且，在工程经济分析计算中，一般都约定 P 发生在起始时刻点的初期，如投资发生在第 0 年（亦第 1 年年初）。在资金的等值计算中，求现值的情况是最常见的。将一个时点上的资金“从后往前”折算到某个时刻点上就是求现值。求现值的过程又称为折现（或贴现）。在工程经济的分析计算中，折现计算是基础，许多计算都是在折现计算的基础上衍生的。

2）终值（Future Value，简称 F）。它表示资金发生在某个特定的时间序列的终点时刻的现金流量，即相对于现在值的任何以后的时间价值。它发生在特定时刻终点以前所有时刻的现金流量的最后面。在资金的等值计算中，将一个序列时间点上的资金“从前往后”折算到某个时刻点上的过程就是求终值。求资金的终值也就是求资金的本利和。在工程经济分析计算中，一般约定 F 发生在期末，如第 1 年年末、第 2 年年末等。

3）年值（Annuity，简称 A）。它表示发生在每年的等额现金流量，即在某个特定时间

序列内，每隔相同时间收入或支出的等额资金。在工程经济分析计算中，如无特别说明，一般约定 A 发生在期末，如第 1 年年末、第 2 年年末等。

4）等值（Equivalence）。没有特定的符号表示，因为等值相对于现值、终值和年值来说是一个抽象的概念，它只是资金的一种转换计算过程。等值既可以是现值、终值，也可以是年值。因为实际上，现值和终值也是一个相对概念。如某项目第 5 年的值相对于前面 1～4 年的值来说，它是终值，而相对于 5 年以后的值来说，它又是现值。等值是指在考虑资金的时间价值的情况下，不同时刻点上发生的绝对值不等的资金具有相同的价值。资金的等值计算非常重要，资金的时间价值的计算核心就是进行资金的等值计算。

（2）资金等值计算的基本公式　每个投资项目的现金流量的发生是不尽相同的，有的项目一次投资，多次收益；有的项目多次投资，多次收益；有的项目多次投资，一次收益；也有的项目一次投资，一次收益。因此，为了解决以上各种问题的投资项目经济分析计算，将推导几种统一的计算公式归纳、分类，如图 12-7 所示。

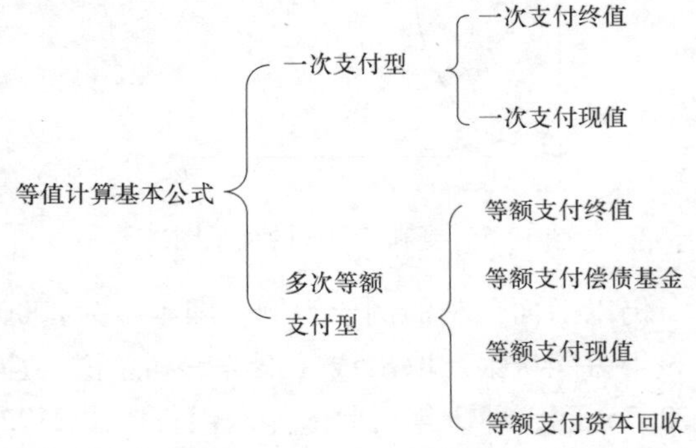

图 12-7　资金等值计算基本类型

1）一次支付型（Single-payment Type）。一次支付型又称整付，是指项目在整个寿命期内，其现金流量无论是流入还是流出都只发生一次。一般有两种情况：一种是发生在期初，一种是发生在期末，如图 12-8 所示。

如果考虑资金的时间价值，若图 12-8 中的初始流出现金 P 刚好能被最终的收入补偿，那么就说 P 与 F 等值。一次支付型的计算公式有一次支付终值公式和一次支付现值公式两个。

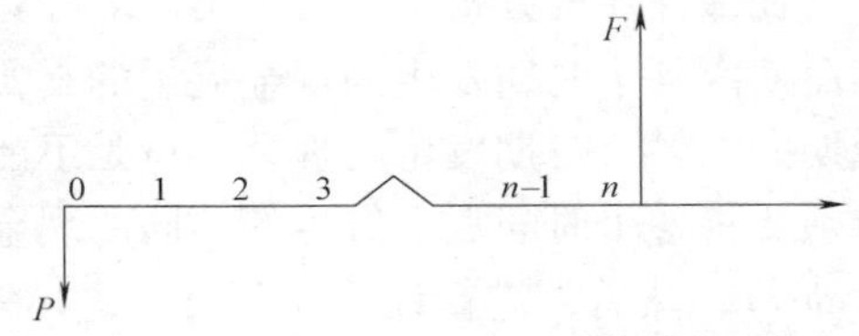

图 12-8　一次支付现金流量图

一次支付终值公式（Single-payment Compound-amount Formula）。一次支付终值就是求终值。也就是说，在项目的初期投入资金 P，n 个计息周期后，在计息周期利率为 i 的情况下，需要多少资金来弥补初期投入资金 P 呢？这个问题与复利本利和计算相同，因此，一次支付终值公式为

$$F = P(1+i)^n \tag{12-3}$$

例如：某企业向银行借款 50000 元，借款时间为 10 年，借款年利率为 10%，则 10 年后该企业应还银行钱数为：$F = P(1+i)^n$ = 50000 元 × $(1+10\%)^{10}$ = 129687.12 元

一次支付现值公式（Single-payment Present-value Formula）。一次支付现值就是求现值。也就是说，项目在计息周期内利率为 i 的情况下，一次支付现值是一次支付 n 期末终值公式的逆运算。由式（12-3）可以直接导出

$$P = \frac{F}{(1+i)^n}$$

例如：张某希望 3 年后获得 20000 元的资金，现在 3 年期年贷款利率为 5%，则张某现

在贷款 $P=\dfrac{F}{(1+i)^n}=\dfrac{20000}{(1+5\%)^3}$ 元 = 17276.75 元才能实现目标。

2）等额支付型。多次支付是指现金流量发生在多个时刻点上，而不是像前面两种支付那样只集中发生在期初或期末。多次支付分为多次等额支付型和多次不等额支付型。等额支付是指现金流量在各个时刻点等额、连续发生。多次等额支付型包括等额支付终值公式、等额支付偿债基金公式、等额支付现值公式和等额支付资本回收公式。

等额支付终值公式（Uniform-payments Compound-amount Formula）。等额支付终值是指现金流量等额、连续发生在各个时刻点上，在考虑资金时间价值情况下，各个时刻点的等额资金全部折算到期末，需要多少资金来与之等值。也就是说求等额支付的终值。等额支付的现金流量图如图 12-9 所示。

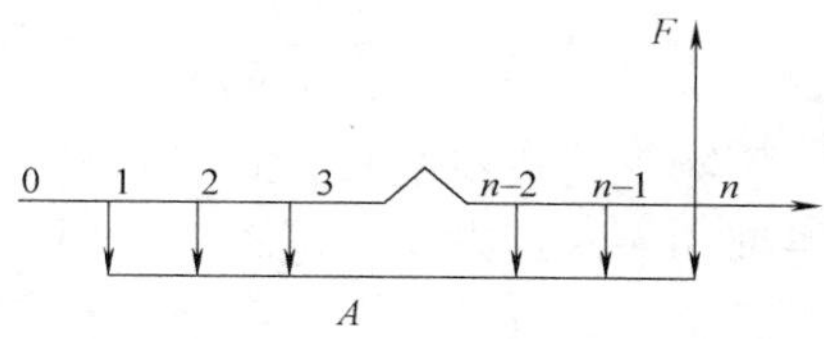

图 12-9　等额支付现金流量图

图 12-9 中，若已知等额支付值 A，求终值 F，可以利用一次支付终值的计算公式计算。等额支付终值公式为

$$F=A\frac{(1+i)^n-1}{i} \tag{12-4}$$

注意：该公式是对应 A 在第 1 个计息期末开始发生而推导出来的。

例如：某人每年存入银行 30000 元，存 5 年准备买房用，存款年利率为 3%。则 5 年后此人能从银行取出钱数为

$$F=A\frac{(1+i)^n-1}{i}=30000\text{ 元}\times\frac{(1+3\%)^5-1}{3\%}=159274.07\text{ 元}$$

等额支付偿债基金公式（Uniform-payments Repayment-fund Formula）。等额支付偿债基金是指期末一次性支付一笔终值，用每个时刻点上等额、连续发生的现金流量来偿还，需要多少资金才能偿还 F。或者说已知终值 F，求与之等值的年值 A，这是等额支付终值公式的逆运算。由式（12-4）可以直接导出

$$A=F\frac{i}{(1+i)^n-1} \tag{12-5}$$

例如：某人想在 5 年后从银行提出 20 万元用于购买住房。若银行年存款利率为 5%，则此人现在应每年存入银行钱数为

$$A=F\frac{i}{(1+i)^n-1}=200000\text{ 元}\times\frac{5\%}{(1+5\%)^5-1}=36194.96\text{ 元}$$

等额支付现值公式（Uniform-payments Present-value Formula）。等额支付现值是指现金流量等额、连续发生在每个时刻点上，相当于期初的一次性发生的现金流量是多少。等额支付现值的现金流量图如图 12-10 所示。

图 12-10 中，若已知等额年值 A，求现值 P。图中的每个 A 相对于 P 来说都是一个未来值。计算时可以每个等额年值 A 先折算到期初的现值，然后再求和。这样算较麻烦，因而可以利用前面已经推导出的两个公式来直接计算。

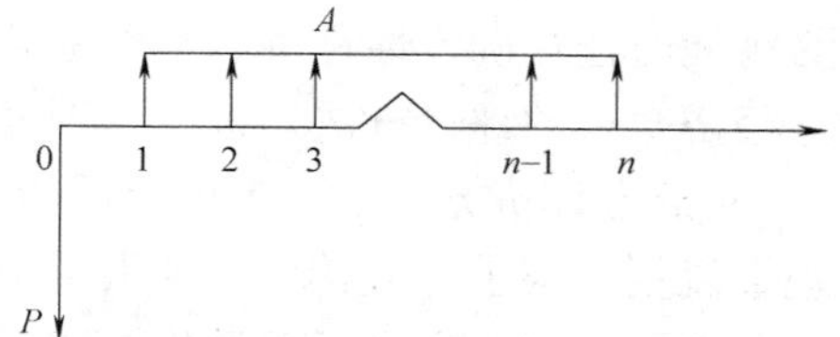

图 12-10　等额支付现值的现金流量图

前面已经推导出 $F = P(1+i)^n$ 和 $F = \frac{A[(1+i)^n - 1]}{i}$，令两式相等，即可推出

$$P = A\frac{(1+i)^n - 1}{i(1+i)^n} \tag{12-6}$$

例如：某人为其小孩上大学准备了一笔资金，打算让小孩在今后的4年中，每月从银行取出500元作为生活费。现在银行存款月利率为0.3%，那么此人现在应存入银行钱数为

$$P = A\frac{(1+i)^n - 1}{i(1+i)^n} = 500\text{元} \times \frac{(1+0.3\%)^{48} - 1}{0.3\%(1+0.3\%)^{48}} = 22320.93\text{元}$$

等额支付资本回收公式（Uniform-payments Capitalrecovery Formula）。等额支付资本回收是指期初一次性发生一笔资金，用每个计息期等额、连续发生的年值来回收，所需要的等额年值是多少。这就相当于等额支付现值公式中，已知现值 P 求等额年值 A，即

$$A = P\frac{i(1+i)^n}{(1+i)^n - 1} \tag{12-7}$$

例如：某施工企业现在购买1台推土机，价值15万元。希望在今后8年内等额回收全部投资。若资金的折现率为3%，则该企业每年回收的投资额为

$$A = P\frac{i(1+i)^n}{(1+i)^n - 1} = 150000\text{元} \times \frac{3\%(1+3\%)^8}{(1+3\%)^8 - 1} = 21368.46\text{元}$$

三、经济效果评价及其分类

1. 经济效果评价的内容

经济效果评价是对评价方案计算期内各种有关技术经济因素和方案投入与产出的有关财务、经济资料数据进行调查、分析、预测，对方案的经济效果进行计算、评价，分析比较各方案的优劣，从而确定和推荐最佳方案。

经济效果评价分析主要包括以下内容。

（1）盈利能力分析　就是分析和测算项目计算的盈利能力和盈利水平。

（2）清偿能力分析　就是分析和测算项目偿还贷款的能力和投资的回收能力。

（3）抗风险能力分析　就是分析项目在建设和生产期可能遇到的不确定性因素和随机因素对项目经济效果的影响程度，考查项目承受各种投资风险的能力，提高项目投资的可靠性和盈利性。

2. 经济效果评价方法和分类

经济效果评价是工程经济分析的核心内容，其目的在于确保决策的正确性和科学性，避免或最大限度地减少投资方案的风险，明了投资方案的经济效果水平，最大限度地提高项目投资的综合经济效益，为项目的投资决策提供科学的依据。

经济效果评价的基本方法包括确定性评价方法与不确定性评价方法两大类。对同一个项目必须同时进行确定性评价和不确定性评价。

经济效果的评价方法，按其是否考虑时间因素又可分为静态评价方法和动态评价方法。

1）静态评价方法是不考虑货币的时间因素，即不考虑时间因素对货币价值的影响，而对现金流量分别进行直接汇总来计算评价指标的方法。静态评价方法的最大特点是计算简便。因此，在对方案进行粗评价，或对短期投资项目进行评价，以及对于逐年收益大致相等的项目，静态评价方法还是可采用的。

2）动态评价方法是考虑资金的时间价值来计算评价指标。在工程经济分析中，由于时间和利率的影响，对投资方案的每一笔现金流量都应该考虑它所发生的时间，以及时间因素对其价值的影响。动态评价方法能较全面地反映投资方案整个计算期的经济效果。

在进行方案比较时，一般以动态评价方法为主。在方案初选阶段，可采用静态评价方法。

第二节　工程造价管理概述

一、工程造价管理的含义

工程造价有两种含义，工程造价管理也有两种含义，一是建设工程投资费用管理，二是工程价格管理。作为建设工程的投资费用管理，它属于投资管理范畴。更明确地说，它属于工程建设投资管理范畴。工程建设投资管理，就是为了达到预期的效果（效益）对建设工程的投资行为进行计划、预测、组织、指挥和监控等系统活动。建设工程投资费用管理，是指为了实现投资的预期目标，在拟定的规划、设计方案的条件下，预测、计算、确定和监控工程造价及其变动的系统活动。这一含义既涵盖了微观层次的项目投资费用的管理，也涵盖了宏观层次的投资费用的管理。

作为工程造价第二种含义的管理，即工程价格管理，属于价格管理范畴。在社会主义市场经济条件下，价格管理分为两个层次。在微观层次上，是生产企业在掌握市场价格信息的基础上，为实现管理目标而进行的成本控制、计价、定价和竞价的系统活动。在宏观层次上，是政府根据社会经济发展的要求，利用法律手段、经济手段和行政手段对价格进行管理和调控，以及通过市场管理规范市场主体价格行为的系统活动。

二、我国的工程造价管理体制

党的十一届三中全会以来，随着经济体制改革的深入和对外开放政策的实施，我国基本建设概预算定额管理的模式已逐步转变为工程造价管理模式。主要表现在：

1）重视和加强项目决策阶段的投资估算工作，努力提高可行性研究报告投资估算的准确度，切实发挥其控制建设项目总造价的作用。

2）明确概预算工作不仅要反映设计、计算工程造价，更要能动地影响设计、优化设计，并发挥控制工程造价、促进合理使用建设资金的作用。

3）从建筑产品也是商品的认识出发，以价值为基础，确定建设工程的造价和建筑安装工程的造价，使工程造价的构成合理化，逐渐与国际惯例接轨。

4）把竞争机制引入工程造价管理体制。

5）提出用“动态”方法研究和管理工程造价。

6）提出要对工程造价的估算、概算、预算、承包合同价、结算价、竣工决算实行“一体化”管理，并研究如何建立一体化的管理制度，改变过去分段管理的状况。

7）工程造价咨询产生并逐渐发展。

我国加入 WTO 以后，工程造价管理改革日渐加速。随着《招标投标法》的颁布，建设工程承发包主要通过招标投标方式来实现。为了适应我国建筑市场发展的要求和国际市场竞

争的需要，我国推行工程量清单计价模式。工程量清单计价模式与我国传统的定额加费率造价管理模式不同，主要采用综合单价计价。工程项目综合单价包括了人工费、材料费、施工机具使用费、管理费、利润，并考虑一定范围内的风险因素。实施工程量清单计价，其意义有以下五个方面：第一，有利于贯彻“公正、公平、公开”的原则。第二，工程量清单报价可以在设计过程中进行。不同于以往以施工图预算为基础报价，工程量清单报价可以在设计阶段中期就进行，缩短了建设周期，为业主带来明显经济效益。同时，设计周期也可适当延长，有利于提高设计质量。第三，工程量清单要求承包商根据市场行情、项目状况和自身实力报价，有利于引导承包商编制企业定额，进行项目成本核算，提高其管理水平和竞争能力。第四，工程量清单条目简单明了，有利于监理工程师进行工程计量，造价工程师进行工程结算，加快结算进度。第五，工程量清单报价对业主和承包商之间承担的工程风险进行了明确划分。业主承担了工程量变动的风险，承包商承担了工程价格波动的风险，对双方的利益都有一定程度的保证。

工程造价管理体制改革的最终目标是：建立市场形成价格的机制，实现工程造价管理市场化，形成社会化的工程造价咨询服务业，与国际惯例接轨。

三、我国工程造价管理的目标、任务和基本内容

（一）工程造价管理的目标和任务

1. 工程造价管理的目标

工程造价管理的目标是按照经济规律的要求，根据社会主义市场经济的发展形势，利用科学管理方法和先进管理手段，合理地确定造价和有效地控制造价，以提高投资效益和建筑安装企业经营效果。

2. 工程造价管理的任务

工程造价管理的任务是：加强工程造价的全过程动态管理，强化工程造价的约束机制，维护有关各方的经济利益，规范价格行为，促进微观效益和宏观效益的统一。

（二）工程造价管理的基本内容

工程造价管理的基本内容就是合理确定和有效地控制工程造价。

1. 工程造价的合理确定

所谓工程造价的合理确定，就是在建设程序的各个阶段，合理确定投资估算、概算造价、预算造价、承包合同价、结算价、竣工决算价。

2. 工程造价的有效控制

所谓工程造价的有效控制，就是在优化建设方案、设计方案的基础上，在建设程序的各个阶段，采用一定的方法和措施把工程造价的发生控制在合理的范围和核定的造价限额以内。具体来说，要用投资估算价控制设计方案的选择和初步设计概算造价；用概算造价控制技术设计和修正概算造价；用概算造价或修正概算造价控制施工图设计和预算造价。以求合理使用人力、物力和财力，取得较好的投资效益。控制造价在这里强调的是控制项目投资。

有效控制工程造价应体现以下三项原则：

1）以设计阶段为重点的建设全过程造价控制。

2）主动控制，以取得令人满意的结果。

3）技术与经济相结合是控制工程造价最有效的手段。

（三）我国工程造价管理的组织

工程造价管理的组织是工程造价动态的组织活动过程和相对静态的造价管理部门的统一。具体来说，主要是指国家、地方、部门和企业之间管理权限和职责范围的划分。

工程造价管理组织有如下三个系统。

1. 政府行政管理系统

国家住房城乡建设行政主管部门的造价管理机构在全国范围内行使管理职能，它在工程造价管理工作方面承担的主要职责是：

1）组织制定工程造价管理有关法规、制度并组织贯彻实施。

2）组织制定全国统一经济定额和部管行业经济定额的制定、修订计划。

3）组织制定全国统一经济定额和部管行业经济定额。

4）监督指导全国统一经济定额和部管行业经济定额的实施。

5）制定工程造价咨询单位的资质标准并监督执行，提出工程造价专业技术人员执业资格标准。

6）管理全国工程造价咨询单位资质工作，负责全国甲级工程造价咨询单位的资质审定。

2. 企、事业机构管理

企、事业机构管理是企、事业机构对工程造价的管理，属于微观管理的范畴。

3. 行业协会管理系统

中国建设工程造价管理协会成立于1990年7月，它的前身是1985年成立的“中国工程建设概预算委员会”。本协会属于非营利性社会组织。协会的业务范围包括：

1）研究工程造价管理体制的改革，行业发展、行业政策、市场准入制度及行为规范等理论与实践问题。

2）探讨提高政府和业主项目投资效益，科学预测和控制工程造价，促进现代化管理技术在工程造价咨询行业的运用，向国家行政部门提供建议。

3）接受国家行政主管部门委托，承担工程造价咨询行业和造价工程师执业资格及职业教育等具体工作，研究提出与工程造价有关的规章制度及工程造价咨询行业的资质标准、合同范本、职业道德规范等行业标准，并推动实施。

4）对外代表我国造价工程师组织和工程造价咨询行业与国际组织及各国同行组织建立联系与交往，签订有关协议，为会员开展国际交流与合作等对外业务服务。

5）建立工程造价信息服务系统，编辑、出版有关工程造价方面的刊物和参考资料，组织交流和推广先进工程造价咨询经验，举办有关职业培训和国际工程造价咨询业务研讨活动。

6）在国内外工程造价咨询活动中，维护和增进会员的合法权益，协调解决会员和行业间的有关问题，受理关于工程造价咨询执业违规的投诉，配合行政主管部门进行处理，并向政府部门和有关方面反映会员单位和工程造价咨询人员的建议和意见。

7）指导各专业委员会和地方造价协会的业务工作。

8）组织完成政府有关部门和社会各界委托的其他业务。

第三节 造价工程师执业资格制度

一、造价工程师

造价工程师是指经全国造价工程师执业资格统一考试合格，并注册取得造价工程师注册资格证书，从事建设工程造价活动的人员。未经注册的人员，不得以造价工程师的名义从事建设工程造价活动。

（一）造价工程师的素质要求

造价工程师的工作关系到国家和社会公众利益，具有很强的技术性。因此，对造价工程师的素质要求包括以下几个方面。

1. 职业道德方面

许多建设工程造价高达数千万元、数亿元，甚至数百亿元、上千亿元。造价确定得是否准确，造价控制得是否合理，不仅关系到国民经济发展的速度和规模，而且关系到多方面的经济利益关系。这就要求造价工程师具有良好的思想修养和职业道德，既能维护国家利益，又能以公正的态度维护有关各方合理的经济利益，绝不能以权谋私。

2. 专业方面的素质

集中表现在以专业知识和技能为基础的工程造价管理方面的实际工作能力。造价工程师应掌握和了解的专业知识主要包括：

1）相关的经济理论。

2）项目投资管理和融资。

3）建筑经济与企业管理。

4）财政税收与金融实务。

5）市场与价格。

6）招标投标与合同管理。

7）工程造价管理。

8）工作方法与动作研究。

9）综合工业技术与建筑技术。

10）建筑制图与识图。

11）施工技术与施工组织。

12）相关法律、法规和政策。

13）计算机应用和信息管理。

14）现行各类计价依据（定额）。

3. 身体方面

造价工程师要有健康的身体，以适应紧张而繁忙的工作。同时，应具有肯于钻研和积极进取的精神面貌。

（二）造价工程师的技能结构

造价工程师是建设领域工程造价的管理者，其执业范围和担负的重要任务，要求造价工程师必须具备现代管理人员的技能结构。

按照行为科学的观点，作为管理人员应具有三种技能，即技术技能、人文技能和观念技能。技术技能是指能使用由经验、教育及训练上的知识、方法、技能及设备，来完成特定任务的能力。人文技能是指与人共事的能力和判断力。观念技能是指了解整个组织及自己在组织中地位的能力，使自己不仅能按本身所属的群体目标行事，而且能按整个组织的目标行事。

（三）造价工程师的教育培养

教育方式主要有两类：一是普通高校和高等职业技术学校的系统教育，也称为职前教育；一是专业继续教育，也称为职后教育。

（四）造价工程师的执业

我国规定，造价工程师只能在一个单位注册和执业。

1. 执业范围

造价工程师的执业范围包括：

1）建设项目投资估算的编制、审核及项目经济评价。

2）工程概算、工程预算、工程结算、竣工决算、工程招标控制价、投标报价的编制、审核。

3）工程变更和合同价款的调整和索赔费用的计算。

4）建设项目各阶段的工程造价控制。

5）工程经济纠纷的鉴定。

6）工程造价计价依据的编制、审核。

7）与工程造价有关的其他事项。

工程造价成果文件应当由造价工程师签字，加盖执业专用章和单位公章。经造价工程师签字的工程造价成果文件，应当作为办理审批、报建、拨付工程款和工程结算的依据。

2. 权利与义务

（1）权利　造价工程师享有下列权利：

1）使用造价工程师名称。

2）依法独立执行业务。

3）签署工程造价文件、加盖执业专用章。

4）申请设立工程造价咨询单位。

5）对违反国家法律、法规的不正当计价行为，有权向有关部门举报。

（2）义务　造价工程师要履行下列义务：

1）遵守法律、法规，恪守职业道德。

2）接受继续教育，提高业务技术水平。

3）在执业中保守技术和经济秘密。

4）不得允许他人以本人名义执业。

5）按照有关规定提供工程造价资料。

3. 执业道德准则

为了规范造价工程师的职业道德行为，提高行业声誉，造价工程师在执业中应信守以下职业道德行为准则：

1）遵守国家法律、法规和政策，执行行业自律性规定，珍惜职业声誉，自觉维护国家

和社会公共利益。

2）遵守“诚信、公正、精业、进取”的原则，以高质量的服务和优秀的业绩，赢得社会和客户对造价工程师职业的尊重。

3）勤奋工作，独立、客观、公正、正确地出具工程造价成果文件，使客户满意。

4）诚实守信，尽职尽责，不得有欺诈、伪造、作假等行为。

5）尊重同行，公平竞争，搞好同行之间的关系，不得采取不正当的手段损害、侵犯同行的权益。

6）廉洁自律，不得索取、收受委托合同约定以外的礼金和其他财物，不得利用职务之便谋取其他不正当的利益。

7）造价工程师与委托方有利害关系的应当回避，委托方有权要求其回避。

8）知悉客户的技术和商务秘密，负有保密义务。

9）接受国家和行业自律性组织对其职业道德行为的监督检查。

二、我国造价工程师执业资格制度

（一）我国造价工程师执业资格制度概述

1996年8月，国家人事部、建设部联合发布了《造价工程师执业资格制度暂行规定》，明确国家在工程造价领域实施造价工程师执业资格制度。

1997年3月，建设部和人事部联合发布了《造价工程师执业资格认定办法》。

为了加强对造价工程师的注册管理，规范造价工程师的执业行为，2000年3月，建设部颁布了第75号部长令《造价工程师注册管理办法》；2002年7月，建设部制定了《〈造价工程师注册管理办法〉的实施意见》；2002年6月，中国建设工程造价管理协会制定了《造价工程师继续教育实施办法》和《造价工程师职业道德行为准则》，造价工程师执业资格制度逐步完善起来。

（二）造价工程师的考试、注册和管理

1. 造价工程师执业资格考试

造价工程师执业资格考试实行全国统一大纲、统一命题、统一组织的办法。原则上每年举行一次。

通过造价工程师执业资格考试合格者，由省、自治区、直辖市人事（职改）部门颁发造价工程师执业资格证书，该证书全国范围内有效，并作为造价工程师注册的凭证。

2. 造价工程师的注册

（1）注册管理部门　国务院建设行政主管部门负责全国造价工程师注册管理工作，造价工程师的具体工作委托中国建设工程造价管理协会办理。省、自治区、直辖市人民政府建设行政主管部门（以下简称省级注册机构）负责本行政区域内的造价工程师注册管理工作。特殊行业的主管部门（以下简称部门注册机构）经国务院建设行政主管部门认可，负责本行业内造价工程师注册管理工作。

（2）初始注册　经全国造价工程师执业资格统一考试合格的人员，应当在取得造价工程师执业资格考试合格证书后的一年内，持有关材料到省级注册机构或者部门注册机构申请初始注册。

超过规定期限申请初始注册的，还应提交国务院住房城乡建设主管部门认可的造价工程

师继续教育证明。

有下列情形之一的，不予初始注册：①丧失民事行为能力的；②受刑事处罚，刑事处罚尚未执行完毕的；③申请在两个或者两个以上单位注册的；④未达到造价工程师继续教育合格标准的；⑤因工程造价业务活动受过刑事处罚，且自刑事处罚执行完毕之日起至申请注册之日止不满5年的；⑥因前项规定以外原因受刑事处罚，自处罚决定之日起至申请注册之日止不满3年的；⑦被吊销注册证书，自被处罚决定之日起至申请注册之日止不满3年的；⑧以欺骗、贿赂等不正当手段获准注册被撤销，自被撤销注册之日起至申请注册之日止不满3年的；⑨法律、法规规定不予注册的其他情形；⑩在工程造价业务中有重大过失，受过行政处罚或者撤职以上行政处分，且处罚、处分决定之日至申请注册之日不满2年的。

造价工程师初始注册的有效期限为4年，自核准注册之日起计算。

（3）续期注册　造价工程师注册有效期满要求继续执业的，应当在注册有效期满前30日交给初审机关，初审机关受理之日起5日内审查完毕，交国务院住房城乡建设主管部门，自受理之日起10日内做出决定。

有下列情形之一的，不予续期注册：①在注册期内参加造价工程师执业资格年检不合格的；②无业绩证明和工作总结的；③同时在两个以上单位执业的；④未按规定参加造价工程师继续教育或者继续教育未达到标准的；⑤允许他人以本人名义执业的；⑥在工程造价活动中有弄虚作假行为的；⑦在工程造价活动中有过失，造成重大损失的。

续期注册的有效期限为4年。自准予续期注册之日起计算。

（4）变更注册　造价工程师变更工作单位，应当在变更工作单位后2个月内到省级注册机构或者部门注册机构办理变更注册。

3. 造价工程师的管理

（1）资格年检　造价工程师执业资格年检工作由建设行政主管部门负责。造价工程师执业资格年检应报送上年度的业绩和继续教育的证明材料。

凡有下列情形之一的造价工程师，不予通过年检：

1）无工作业绩证明的。

2）调离工程造价业务岗位的。

3）同时在2个以上单位执业的。

4）未按规定参加继续教育或继续教育不合格的。

5）在工程造价业务活动中有过失，造成重大损失，并受到行政处罚的。

（2）继续教育　造价工程师每年接受继续教育时间累计不得少于40学时。

第四节　工程造价咨询和管理制度

一、工程造价咨询业

（一）咨询及工程造价咨询

咨询是利用科学技术和管理人才已有的专门知识技能和经验，根据政府、企业以至个人的委托要求，提供解决有关决策、技术和管理等方面问题的优化方案的智力服务活动过程。它以智力劳动为特点，以特定问题为目标，以委托人为服务对象，按合同规定条件进行有偿

的经营活动。

工程造价咨询是指面向社会接受委托，承担建设项目的可行性研究投资估算，项目经济评价，工程概算、工程预算、工程结算、竣工决算、工程招标控制价编制，投标报价的编制和审核，对工程造价进行监控以及提供有关工程造价信息资料等业务工作。

（二）咨询业的形成

咨询业作为一个产业部门的形成，是技术进步和社会经济发展的结果。咨询业属于第三产业中的服务业，它是在工业化和后工业化时期形成并得到迅速发展的。这是因为经济发展程度越高，在社会经济生活和个人生活中对各种专业知识和技能、经验的需要就越广泛。而要使一个企业或个人掌握和精通经济活动和社会活动所需要的各种专业知识、技能和经验，几乎是不可能的。为适应这种形势，能够提供不同专业咨询服务的咨询公司应运而生。大量咨询公司出现，是咨询业形成的标志。在国民经济产业分类中，咨询业为第三产业。

二、工程造价咨询企业

工程造价咨询企业是指接受委托，对建设项目投资、工程造价的确定与控制提供专业咨询服务的企业。

工程造价咨询企业从事工程造价咨询活动，应当遵循独立、客观、公正、诚实信用的原则，不得损害社会公共利益和他人的合法权益。

（一）工程造价咨询企业资质等级标准

工程造价咨询企业资质等级分为甲级、乙级。

1. 甲级工程造价咨询企业资质标准

1）已取得乙级工程造价咨询企业资质证书满3年。

2）企业出资人中，注册造价工程师人数不低于出资人总人数的60%，且其出资额不低于企业注册资本总额的60%。

3）技术负责人已取得造价工程师注册证书，并具有工程或工程经济类高级专业技术职称，且从事工程造价专业工作15年以上。

4）专职从事工程造价专业工作的人员（以下简称专职专业人员）不少于20人，其中，具有工程或者工程经济类中级以上专业技术职称的人员不少于16人；取得造价工程师注册证书的人员不少于10人，其他人员具有从事工程造价专业工作的经历。

5）企业与专职专业人员签订劳动合同，且专职专业人员符合国家规定的职业年龄（出资人除外）。

6）专职专业人员人事档案关系由国家认可的人事代理机构代为管理。

7）企业注册资本不少于人民币100万元。

8）企业近3年工程造价咨询营业收入累计不低于人民币500万元。

9）具有固定的办公场所，人均办公建筑面积不少于$10m^2$。

10）技术档案管理制度、质量控制制度、财务管理制度齐全。

11）企业为本单位专职专业人员办理的社会基本养老保险手续齐全。

12）在申请核定资质等级之日前3年内无违规行为。

2. 乙级工程造价咨询企业资质标准

1）企业出资人中，注册造价工程师人数不低于出资人总人数的60%，且其出资额不低

于注册资本总额的60%。

2）技术负责人已取得造价工程师注册证书，并具有工程或工程经济类高级专业技术职称，且从事工程造价专业工作10年以上。

3）专职专业人员不少于12人，其中，具有工程或者工程经济类中级以上专业技术职称的人员不少于8人；取得造价工程师注册证书的人员不少于6人，其他人员具有从事工程造价专业工作的经历。

4）企业与专职专业人员签订劳动合同，且专职专业人员符合国家规定的职业年龄（出资人除外）。

5）专职专业人员人事档案关系由国家认可的人事代理机构代为管理。

6）企业注册资本不少于人民币50万元。

7）具有固定的办公场所，人均办公建筑面积不少于$10m^2$。

8）技术档案管理制度、质量控制制度、财务管理制度齐全。

9）企业为本单位专职专业人员办理的社会基本养老保险手续齐全。

10）暂定期内工程造价咨询营业收入累计不低于人民币50万元。

11）申请核定资质等级之日前无《工程造价咨询企业管理办法》第二十七条禁止的行为。

（二）工程造价咨询企业的业务承接

从事工程造价咨询业务活动的企业，应当依法取得工程造价咨询企业资质，并在其资质等级许可的范围内从事工程造价咨询活动。工程造价咨询企业依法从事工程造价咨询活动，不受行政区域限制。甲级工程造价咨询企业可以从事各类建设项目的工程造价咨询业务；乙级工程造价咨询企业可以从事工程造价5000万元人民币以下的各类建设项目的工程造价咨询业务。

1. 业务范围

工程造价咨询业务范围包括：

1）建设项目建议书及可行性研究投资估算、项目经济评价报告的编制和审核。

2）建设项目概预算的编制与审核，并配合设计方案比选、优化设计、限额设计等工作进行工程造价分析与控制。

3）建设项目合同价款的确定（包括招标工程工程量清单和招标控制价、投标报价的编制和审核）；合同价款的签订与调整（包括工程变更、工程洽商和索赔费用的计算）与工程款支付，工程结算及竣工结（决）算报告的编制与审核等。

4）工程造价经济纠纷的司法鉴定和仲裁的咨询。

5）提供工程造价信息服务等。

工程造价咨询企业可以对建设项目的组织实施进行全过程或者若干阶段的管理和服务。

2. 咨询合同及其履行

工程造价咨询企业在承接各类建设项目的工程造价咨询业务时，可以参照《建设工程造价咨询合同》（示范文本）与委托人签订书面合同。

3. 企业分支机构

工程造价咨询企业因业务需要，可以设立分支机构。新设立的分支机构，应当自领取分支机构营业执照之日起30日内，到分支机构工商注册所在地省、自治区、直辖市人民政府

住房城乡建设主管部门备案。省、自治区、直辖市人民政府住房城乡建设主管部门应当在接受备案之日起20日内，报国务院住房城乡建设主管部门备案。

分支机构应当以设立该分支机构的工程造价咨询企业的名义承接工程造价咨询业务、订立咨询合同、出具工程造价成果文件。

4. 跨省区承接业务

工程造价咨询企业跨省、自治区、直辖市承接工程造价咨询业务的，应当自承接业务之日起30日内到建设工程所在地省、自治区、直辖市人民政府住房城乡建设主管部门备案。

三、我国工程造价咨询企业管理制度

（一）管理部门

国务院住房城乡建设主管部门负责对全国工程造价咨询企业的统一监督管理工作。省、自治区、直辖市人民政府住房城乡建设主管部门负责对本行政区域内工程造价咨询企业的监督管理工作。特殊行业的管理部门经国务院住房城乡建设主管部门认可，负责对从事本行业工程造价业务的工程造价咨询企业实施监督管理。

（二）资质申请与审批

1. 资质许可程序

（1）甲级许可程序　申请甲级工程造价咨询企业资质的，应当向工商注册所在地省、自治区、直辖市人民政府住房城乡建设主管部门或者国务院住房城乡建设主管部门认可的特殊行业管理部门提出申请。

省、自治区、直辖市人民政府住房城乡建设主管部门或者国务院住房城乡建设主管部门认可的特殊行业管理部门应当自受理申请材料之日起20日内审查完毕，并将初审意见和全部申请材料报国务院住房城乡建设主管部门；国务院住房城乡建设主管部门应当自受理申请材料之日起20日内做出决定。

（2）乙级许可程序　申请乙级工程造价咨询企业资质的，由省、自治区、直辖市人民政府住房城乡建设主管部门审查决定。其中，从事特殊行业工程造价业务的企业申请乙级工程造价咨询企业资质的，由省、自治区、直辖市人民政府住房城乡建设主管部门商同级有关专业部门审查决定。

乙级工程造价咨询企业资质许可的实施程序由省、自治区、直辖市人民政府住房城乡建设主管部门依法确定。省、自治区、直辖市人民政府住房城乡建设主管部门应当自做出决定之日起30日内，将准予资质许可的决定报国务院住房城乡建设主管部门备案。

2. 申报材料

申请工程造价咨询企业资质，应当提交下列材料并同时在网上申报：

1）工程造价咨询企业资质等级申请书。

2）专职专业人员（含技术负责人）的造价工程师注册证书或造价员资格证书、专业技术职称证书和身份证。

3）专职专业人员（含技术负责人）的人事代理合同和企业为其交纳的本年度社会基本养老保险费用的凭证。

4）企业章程、股东出资协议并附公证书。

5）企业缴纳营业收入的营业税发票或税务部门出具的缴纳工程造价咨询营业收入的营

业税完税证明；企业营业收入含其他业务收入的，还需出具工程造价咨询营业收入的财务审计报告。

6）工程造价咨询企业资质证书副本。

7）企业营业执照副本。

8）固定办公场所的租赁合同或产权证明。

9）企业技术档案管理、质量控制、财务管理等制度的文件。

10）法律、法规规定的其他材料。

新申请工程造价咨询企业资质的，不需要提交第5）、6）项所列材料。

3. 新设立企业

新申请工程造价咨询企业资质的企业，其资质等级按照乙级资质标准中的前9项核定为乙级，设暂定期1年。

暂定期届满需继续从事工程造价咨询活动的，应当在暂定期届满30日前，向资质许可机关申请换发资质证书。符合乙级资质条件的，由资质许可机关换发资质证书。

（三）资质证书管理

准予资质许可的，资质许可机关应当向申请人颁发工程造价咨询企业资质证书。工程造价咨询企业资质证书由国务院住房城乡建设主管部门统一印制，分正本和副本。正本和副本具有同等法律效力。

工程造价咨询企业遗失资质证书的，应当在公众媒体上声明作废后，向资质许可机关申请补办。

工程造价咨询企业资质有效期为3年。资质有效期届满，需要继续从事工程造价咨询活动的，应当在资质有效期届满30日前向资质许可机关提出资质延续申请。资质许可机关应当根据申请做出是否准予延续的决定。

（四）资质证书变更

工程造价咨询企业的名称、住所、组织形式、法定代表人、技术负责人、注册资本等事项发生变更的，应当自变更确立之日起30日内，到资质许可机关办理资质证书变更手续。

工程造价咨询企业合并的，合并后存续或者新设立的工程造价咨询企业可以承继合并前各方中较高的资质等级，但应当符合相应的资质等级条件。

工程造价咨询企业分立的，只能由分立后的一方承继原工程造价咨询企业资质，但应当符合原工程造价咨询企业资质等级条件。

（五）撤销和注销资质

1. 撤销资质

有下列情形之一的，资质许可机关或者其上级机关，根据利害关系人的请求或者依据职权，可以撤销工程造价咨询企业资质：

1）资质许可机关工作人员滥用职权、玩忽职守做出准予工程造价咨询企业资质许可的。

2）超越法定职权做出准予工程造价咨询企业资质许可的。

3）违反法定程序做出准予工程造价咨询企业资质许可的。

4）对不具备行政许可条件的申请人做出准予工程造价咨询企业资质许可的。

5）依法可以撤销工程造价咨询企业资质的其他情形。

工程造价咨询企业以欺骗、贿赂等不正当手段取得工程造价咨询企业资质的，应当予以撤销。

2. 撤回资质

工程造价咨询企业取得工程造价咨询企业资质后，不再符合相应资质条件的，资质许可机关根据利害关系人的请求或者依据职权，可以责令其限期改正；逾期不改的，可以撤回其资质。

3. 注销资质

有下列情形之一的，资质许可机关应当依法注销工程造价咨询企业资质：

1）工程造价咨询企业资质有效期满，未申请延续的。

2）工程造价咨询企业资质被撤销、撤回的。

3）工程造价咨询企业依法终止的。

4）法律、法规规定的应当注销工程造价咨询企业资质的其他情形。

（六）信用制度

资质许可机关或者建设工程造价咨询行业组织应当建立工程造价咨询企业信用档案。工程造价咨询企业信用档案应当包括工程造价咨询企业的基本情况、业绩、良好行为、不良行为等内容。违法行为、被投诉举报处理、行政处罚等情况应当作为工程造价咨询企业的不良记录记入其信用档案。任何单位和个人均有权查阅信用档案。

（七）法律责任

1. 资质申请或取得的违规责任

申请人隐瞒有关情况或者提供虚假材料申请工程造价咨询企业资质的，资质许可机关不予受理或者不予行政许可，并给予警告，申请人在1年内不得再次申请工程造价咨询企业资质。

以欺骗、贿赂等不正当手段取得工程造价咨询企业资质的，由资质许可机关予以警告，并处1万元以上3万元以下的罚款，申请人3年内不得再次申请工程造价咨询企业资质。

2. 经营违规的责任

未取得工程造价咨询企业资质从事工程造价咨询活动或者超越资质等级承接工程造价咨询业务的，出具的工程造价成果文件无效，由县级以上地方人民政府建设主管部门或者有关部门予以警告，责令限期改正，并处以1万元以上3万元以下的罚款；造成当事人损失的，依法承担赔偿责任。

工程造价咨询企业不及时办理资质证书变更手续的，由资质许可机关责令限期办理；逾期不办理的，可处以1万元以下的罚款。

有下列行为之一的，由县级以上地方人民政府建设主管部门或者有关部门给予警告，责令限期改正；逾期未改正的，可处以5000元以上2万元以下的罚款：

1）违反规定，新设立的分支机构不备案的。

2）违反规定跨省、自治区、直辖市承接业务不备案的。

3. 其他违规责任

工程造价咨询企业有下列行为之一的，由县级以上地方人民政府住房城乡建设主管部门或者有关部门给予警告，责令限期改正，并处以1万元以上3万元以下的罚款：

1）涂改、倒卖、出租、出借资质证书，或者以其他形式非法转让资质证书。

2）超越资质等级业务范围承接工程造价咨询业务。

3）同时接受招标人和投标人或两个以上投标人对同一工程项目的工程造价咨询业务。

4）以给予回扣、恶意压低收费等方式进行不正当竞争。

5）转包承接的工程造价咨询业务。

6）法律、法规禁止的其他行为。

复习思考题

1. 什么是现金流量？它包括哪些内容？试举例说明。
2. 什么是现金流量图？它的构成要素有哪些？绘制现金流量图时应注意哪些问题？
3. 什么是资金的时间价值？影响资金的时间价值因素有哪些？
4. 造价工程师哪些情况下不予初始注册及续期注册？
5. 评定工程造价咨询企业等级的标准有哪些？
6. 工程造价咨询企业在哪些情况下被撤销、注销资质？

13 第十三章　土木工程发展趋势

【内容摘要及学习要求】

本章主要从新型混凝土的发展和应用、钢结构在土木工程中的应用现状、智能建筑的概念和特点、信息化在土木工程建设中的应用现状等方面介绍了土木工程发展趋势。要求从多方面对土木工程的发展趋势有所了解。

土木工程历史上的三次飞跃，对土木工程的发展起到关键的作用。首先是作为工程物质基础的土木建筑材料，其次是随之发展起来的设计理论和施工技术。每当出现新的优良的建筑材料时，土木工程就会有飞跃式的发展。

人们在早期只能依靠泥土、木料及其他天然材料从事营造活动，后来出现了砖和瓦这种人工建筑材料，使人类第一次冲破了天然建筑材料的束缚。我国在距今3500多年前的商代前期就有瓦的使用。最早的砖出现在公元前5世纪至公元前3世纪战国时期的墓室中。砖和瓦具有比土更优越的力学性能，既可以就地取材，又易于加工制作。

砖和瓦的出现使人们开始广泛地、大量地修建房屋和城防工程等。由此，土木工程技术得到了飞速的发展。直至18~19世纪，在长达2000多年时间里，砖和瓦一直是土木工程的重要建筑材料，为人类文明做出了伟大的贡献，甚至在目前还被广泛采用。

钢材的大量应用是土木工程的第二次飞跃。17世纪70年代开始使用生铁、19世纪初开始使用熟铁建造桥梁和房屋，这是钢结构出现的前奏。

从19世纪中叶开始，冶金业冶炼并轧制出抗拉和抗压强度都很高、延性好、质量均匀的建筑钢材，随后又生产出高强度钢丝、钢索 。于是，适应发展需要的钢结构得到蓬勃发展。除应用原有的梁、拱结构外，新兴的桁架、框架、网架结构、悬索结构逐渐推广，出现了结构形式百花争艳的局面。

建筑物跨径从砖结构、石结构、木结构的几米、几十米发展到钢结构的百米、几百米，直到现代的千米以上。于是在大江、海峡上架起大桥，在地面上建造起摩天大楼和高耸铁塔，甚至在地面下铺设铁路，创造出前所未有的奇迹。

为适应钢结构工程发展的需要，在牛顿力学的基础上，材料力学、结构力学、工程结构设计理论等应运而生。施工机械、施工技术和施工组织设计的理论也随之发展，土木工程从经验上升成为科学，在工程实践和基础理论方面都面貌一新，从而促成了土木工程更迅速的发展。

19 世纪 20 年代，波特兰水泥制成后，混凝土问世了。混凝土骨料可以就地取材，混凝土构件易于成型，但混凝土的抗拉强度很小，用途受到限制。19 世纪中叶以后，钢铁产量激增，随之出现了钢筋混凝土这种新型的复合建筑材料，其中钢筋承担拉力，混凝土承担压力，发挥了各自的优点。20 世纪初以来，钢筋混凝土广泛应用于土木工程的各个领域。

从 30 年代开始，出现了预应力混凝土。预应力混凝土结构的抗裂性能、刚度和承载能力，大大高于钢筋混凝土结构，因而用途更为广阔。土木工程进入了钢筋混凝土和预应力混凝土占统治地位的历史时期。混凝土的出现给建筑物带来了新的经济、美观的工程结构形式，使土木工程产生了新的施工技术和工程结构设计理论。这是土木工程的又一次飞跃发展。

现代土木工程的特点是：适应各类工程建设高速发展的要求，人们需要建造大规模、大跨度、高耸、轻型、大型、精密、设备现代化的建筑物。既要求高质量和快速施工，又要求高经济效益。这就向土木工程提出了新的课题，并推动土木工程这门学科的前进。

第一节　新型混凝土

混凝土是现代工程结构的主要结构材料，我国每年混凝土用量约 10 亿 m^3，钢筋用量约 2500 万 t，规模之大，耗资之巨，居世界前列。可以预见，钢筋混凝土仍将是我国在今后相当长时间内的一种重要的工程结构材料。物质是基础，材料的发展，必将对混凝土结构的设计方法、施工技术、试验技术以至维护管理起到决定性的作用。

一、高性能混凝土（High Performance Concrete，简称 HPC）

HPC 是近年来混凝土材料发展的一个重要方向。所谓高性能，是指混凝土具有高强度、高耐久性、高流动性等多方面的优越性能。就强度而言，强度等级大于 C50 的混凝土即属于高强混凝土，提高混凝土的强度是发展高层建筑、高耸结构、大跨度结构的重要措施。采用高强混凝土，可以减少截面尺寸，减轻自重，因而可获得较大的经济效益，而且，高强混凝土一般也具有良好的耐久性。我国已制成 C100 的混凝土。国外在实验室高温、高压的条件下，水泥石的强度达到 662MPa（抗压）及 64.7MPa（抗拉）。在实际工程中，美国西雅图双联广场泵送混凝土 56d 抗压强度达 133.5MPa。

高强混凝土具有良好的物理力学性能及良好的耐久性，其主要缺点是延性较差。而在高强混凝土中加入适量钢纤维后制成的纤维增强高强混凝土，其抗拉、抗弯、抗剪强度均有提高，其韧性（延性）和抗疲劳、抗冲击等性能则会有大幅度提高。此外，在高层建筑的高强混凝土柱中，也可采用 X 形配筋、劲性钢筋或钢管混凝土等结构方面的措施来改善高强混凝土柱的延性和抗震性能。

二、活性微粉混凝土（Reactive Power Concrete，简称 RPC）

RPC 是一种超高强的混凝土，其立方体抗压强度可达 200 ~ 800MPa，抗拉强度可达 25 ~ 150MPa，断裂能可达 30kJ/m^2，单位体积质量为 2.0 ~ 3.0t/m^3。RPC 的价格比常用混凝土稍高，但大大低于钢材，可将其设计成细长或薄壁的结构，以扩大建筑使用的自由度，在

加拿大 sherbrook 已设计建造了一座跨度为60m、高3.47m 的 B200 级 RPC 的人行-摩托车用预应力桁架桥。

三、低强混凝土

美国混凝土学会（ACI）229 委员会，提出了在配料、运送、浇筑方面可控制的低强度混凝土，其强度为8MPa 或更低。这种材料可用于基础、桩基的填、垫、隔离及作路基或填充孔洞之用，也可用于地下构造，在一些特定情况下，可用其调整混凝土的相对密度、工作度、抗压强度、弹性模量等性能指标，而且不易产生裂缝。荷兰一座隧洞工程中曾采用了低强度砂浆（Low-strengh Mortar，LSM），其组分为：水泥 150kg/m^3，砂 1080kg/m^3，水 570kg/m^3，超塑化剂 6kg/m^3，所制的 LSM 的抗压强度为 3.5MPa，弹性模量低于 500MPa。LSM 制成的隧洞封闭块，比常规的土壤稳定法节约造价，故这种混凝土可望在软土工程中得到应用和发展。

四、轻质混凝土

利用天然轻骨料（如浮石、凝灰岩等）、工业废料轻骨料（如炉渣、粉煤灰陶粒、自燃煤矸石等）、人造轻骨料（页岩陶粒、黏土陶粒、膨胀珍珠岩等）制成的轻质混凝土具有密度较小、相对强度高以及保温、抗冻性能好等优点，利用工业废渣如锅炉煤渣、煤矿的煤矸石、火力发电站的粉煤灰等制备轻质混凝土，可降低混凝土的生产成本，并变废为宝，减少城市或厂区的污染，减少堆积废料占用的土地，对环境保护也是有利的。

五、纤维增强混凝土

为了改善混凝土的抗拉性能差、延性差等缺点，在混凝土中掺加纤维以改善混凝土性能的研究，发展得相当迅速。目前研究较多的有钢纤维、耐碱玻璃纤维、碳纤维、芳纶纤维、聚丙烯纤维或尼龙纤维等混凝土。

在承重结构中，发展较快、应用较广的是钢纤维混凝土。而钢纤维主要有用于土木工程的碳素纤维和用于耐火材料工业中的不锈钢纤维。用于土木工程的钢纤维，主要有以下几种生产方法：钢丝切断法、薄板剪切法、钢锭铣削法、熔钢抽丝法。

在砂浆中铺设钢丝网及网与网之间的骨架钢筋（简称钢丝网水泥）所做成的薄壁结构，具有良好的抗裂能力和变形能力，在国内外造船、水利、建筑工程中应用较为广泛。近年来，在钢丝网水泥中又掺入钢纤维来建造公路路面、渔船、农船等，取得了更好的双重增韧、增强效果。

六、自密实混凝土

自密实混凝土不需机械振捣，而是依靠自重使混凝土密实。混凝土的流动度虽然高，但仍可以防止离析。

这种混凝土的优点有：在施工现场无振动噪声；可进行夜间施工，不扰民；对工人健康无害；混凝土质量均匀、耐久；钢筋布置较密或构件体形复杂时也易于浇筑；施工速度快，现场劳动量小。

七、智能混凝土

利用混凝土组成的改变，可克服混凝土的某些不利性质，例如，高强混凝土水泥用量多，水灰比低，加入硅灰之类的活性材料，硬化后的混凝土密实度好，但高强混凝土在早期硬化阶段，具有明显的自主收缩和空隙率较高，易于开裂等缺点。解决这些难题的一个方法是，用掺量为25%的预湿轻骨料来替换骨料，从而在混凝土内部形成一个“蓄水池”，使混凝土得到持续的潮湿养护。这种加入“预湿骨料”的方法可使混凝土的自生收缩大为降低，减少了微细裂缝。

高强混凝土的另一个问题是良好的密实性所引起的防火能力的降低，这是因为在高温时，砂浆中的自由水和化学结合水转变为水汽，但却不能从密实的混凝土中逸出，从而形成气压，导致柱子保护层剥落，严重降低了柱的承载力。解决这个问题的一种方法是，在每立方米混凝土中加入2kg聚丙烯纤维，在高温时，纤维融化形成了能使水汽从边界区逸出的通道，减小了气压，从而防止柱的保护层剥落。

八、碾压混凝土

碾压混凝土近年发展较快，可用于大体积混凝土结构、工业厂房地面、公路路面及机场道面等。

用于大体积混凝土的碾压混凝土的浇筑机具与普通混凝土的不同，其平整使用推土机，振实用碾压机，层间处理用刷毛机，切缝用切缝机，整个施工过程的机械化程度高，施工效率高，劳动条件好，可大量掺用粉煤灰，与普通混凝土相比，浇筑工期可缩短，水和水泥用量可减少。碾压混凝土的层间抗剪性能是修建混凝土高坝的关键问题，国内大连理工大学等单位曾开展这方面的研究工作。在公路工业厂房地面等大面积混凝土工程中，采用碾压混凝土，或者在碾压混凝土中再加入钢纤维，成为钢纤维碾压混凝土，但其力学性能及耐久性还需进一步完善。

第二节　钢　结　构

一、钢结构工程是一项“绿色环保工程”

随着经济的发展，社会的进步，环境保护已经成为一项解决影响人类生存问题的主要任务，我国也把环境保护作为一项基本国策。经济发展、城市建设离不开基本建设，工程项目建设是环境污染的重要来源，控制和减少工程建设的环境污染显得十分重要，钢结构与其他结构（如钢筋混凝土结构、砖石结构、木结构）相比，造成环境破坏的程度最小，因此，应该把钢结构工程看作“绿色环保工程”来大力推广应用。

目前，国外发达国家，特别是国际大城市，新建的建筑物、构筑物等大都采用钢结构。据国外有关机构的统计分析，同样规模的建筑物，采用钢结构方案比采用钢筋混凝土结构或砖石结构方案在有害气体（主要是CO_2）和有害物排放量方面，相差较大，钢结构建造过程中有害物的排放量只相当于混凝土结构或砖石结构的50%～75%（平均65%）。采用钢结构确实是基本建设中首选的“环保”方案。

1）废弃料可再生利用。几乎在每一个钢筋混凝土结构或砖混结构的建筑物施工现场，都可以看到很多建筑垃圾，这些垃圾的处理成为城市建设和环保工作的一大难题，几乎不可能再利用，造成环境污染和资源浪费。而对于钢结构来说，其废弃料可回炉炼钢，再行利用，既解决了废弃物的处理问题，同时又节约了资源。

2）避免了砂、土、粉尘飞扬，净化空气。由于建筑工地使用大量的砂、石、土及水泥等散料，在大风的情况下，非常容易引起尘土飞扬，造成空气污染，同时也没有行之有效的办法解决这一环保难题。钢结构建筑工地很少使用砂、石、土和水泥等散料，这就从根本上避免了尘土飞扬污染环境的问题。

3）工厂化生产，现场施工周期短，环境问题易解决。钢结构工程的工期比混凝土结构工程或砖混结构工程的工期普遍要短，同时钢结构工程有一半以上的时间是在工厂车间内部进行，因此钢结构工程的工地安装工期更短，现场工期的大量缩短，有利于城市的环境治理和环保。另外，工厂化生产也使得加工制造阶段的环境污染问题能够得到很好的控制，因为工厂里环保的手段和条件要远远好于工地现场。

4）围护体系宜采用环保产品。钢筋混凝土结构或砖石结构的建筑物，围护材料选用的局限较大，钢结构建筑物由于连接的灵活性，各种新型围护材料都可以采用，如彩钢板、金属幕墙、玻璃、屋面膜材料（膜结构）等，这些新的围护材料都属于环保产品。

除上述外，钢结构构件轻质高强，自重轻，能大大减少结构基础的混凝土量和土方量，减少工程运输量，降低施工现场的噪声，所有这些优越性都有利于环境保护。因此，应大力推广、发展钢结构。

二、大跨度空间钢结构

1. 大跨度空间钢结构在国外的应用

世界上先进国家近十年来在大跨度钢结构方面有了日新月异的发展，结构形式丰富多彩，各种新技术、新材料广泛应用，其跨度和规模越来越大。尤其是在欧美、日本等世界上一些经济发达国家，建造了多个跨度达200m以上的超大跨度的空间结构。如日本1993年建成的直径达220m的福冈体育馆由三块可旋转的扇形网壳组成，构成一个可开启结构。1999年底落成的英国伦敦千禧穹顶，直径为320m，12根擎天大柱与索膜构成张拉结构。这些超大跨度钢结构的一个共同特点是：跨度越来越大，自重越来越轻，更多地采用新材料、新技术，设计计算工作越来越仔细周到，施工安装更为快捷简便。这些建筑规模宏大、结构先进，充分反映了这些发达国家的综合国力与先进建筑技术水平。

2. 大跨度空间钢结构在我国的应用

我国在最近十年来空间结构的研究与应用也有了迅猛发展，各种结构形式广泛应用，跨度超过100m的建筑也开始大量出现。在材料的应用方面向轻质高强发展。一些力学性能好、结构优美的大跨度网壳、杂交结构、索膜张拉结构成为这一时期的主流。其应用领域主要在体育场馆、现代化机场、大跨度机库、干煤棚等方面。如1994年建成的天津体育馆为双层球面网壳，圆形平面净跨直径为108m。1997年建成的长春体育馆，平面形状为桃核形，建筑造型为球面网壳切去中央条带后再拼合，2.8m厚的双层网壳采用方（矩形）钢管相贯焊接，平面外围尺寸达146m×191.7m。体育馆除了简单采用网壳结构以外，设计师们更喜欢在结构形式上予以突破。还有2008年建成的国家体育场“鸟巢”

和国家游泳中心“水立方”。“鸟巢”具有独特的建筑造型，其外形结构主要由24榀门式钢架围绕着体育场内部混凝土碗状看台区旋转而成，其中22榀是通过桁架对接拉通或基本拉通。建筑顶面呈鞍形，长轴跨度为332.3m，短轴跨度为296.4m，最高点高度为68.5m，最低点高度为42.8m，总用钢量达4.2万t。“鸟巢”创造了我国大跨度钢结构史上的奇迹，其钢结构的设计和施工都是当今世界难度最大、最复杂的建筑之一。“水立方”也是2008年北京奥运会的标志性建筑物之一，长、宽、高尺寸为177m ×177m ×30m。“水立方”的地下及基础部分是钢筋混凝土结构，地上部分是钢网架，“水立方”是典型的外柔内刚。外部只看到充气薄膜，好像弱不禁风，而支承这些薄膜的是坚实的钢结构，“水立方”的墙壁和天花板由1.2万个承重节点连接起来的网状钢管组成，由2.4mm厚的膜结构气枕像皮肤一样包住了整个建筑。“水立方”是世界上最大的膜结构工程，是标志性的空间结构形式。在干煤棚建设中应用得较多的是双层筒壳与网架，国内建成的有10多项大跨度干煤棚，筒壳最大跨度是扬州第二热电厂干煤棚，跨度为103.6m。也有采用双层球面网壳做储煤仓的，如福建漳州市后石电厂就采用了5个直径为123m的球面壳。在大型飞机维修库应用最多的是平板型网架，如1995年建成的首都机场150m+150m四机位机库、厦门机场155m双机位机库、上海虹桥机场150m双机位机库等。而在新建的航站楼屋盖中采用较多的是相贯连接的平面曲线钢桁架，如深圳机场二期跨度60m+80m钢桁架，整个屋盖尺寸为135m×195m，首都机场新航站楼也采用类似结构。1998年建成的上海浦东机场航站楼则采用新型的梁弦结构，上弦弧形钢梁，下弦为悬索，连接上、下弦的为竖向压杆，该结构最大跨度达80m，结构明快简洁。2008年建成通航的北京首都国际机场3号航站楼的设计方案出自英国建筑大师诺曼·福斯特之手，从空中俯视犹如一条巨龙，形成了充满整体动感的建筑体。航站楼总体长2900m，宽790m，建筑高度45m。航站楼的设计为一个不规则自由曲面空间，总投影面积达31.3万m^2，钢结构总质量达5.2万t，结构复杂。航站楼钢网架结构分核心区、指廊两大部分，均由支承系统和屋盖钢结构组成。其中航站楼核心区屋顶，整个结构是由6个本身较为完整稳定的受力体系连接而成。核心区屋顶屋盖钢结构投影面积达18万m^2，但仅以8根C形柱为主要支承，C形柱间距达200m。整个核心区屋顶由63450根杆件和12300个球节点拼装而成。在大型公共建筑展览馆方面，空间钢结构也应用得较多，如1998年落成的北京海洋馆，平面设计奇特复杂，采用大柱网多点支承曲面网架结构，屋面覆盖面积达15000m^2。新型索与膜的张拉结构在我国已开始起步，近年来陆续建成了10个索膜张拉结构建筑。除了这些大跨度结构以外，国内应用最多、使用面最广的还是普通平板型网架结构，在中小跨度体育馆，特别是在大柱网、大面积单层工业厂房及各种公共建筑中都应用了大量的平板网架结构，如1991年建成的第一汽车制造厂高尔夫轿车安装车间柱网尺寸为21m×21m，总面积为80000m^2；1995年竣工的云南省玉溪卷烟厂单层厂房网架屋盖面积达130000m^2。2010年世博会的中国馆，屋顶边长为138m×138m，其结构为钢框架剪力墙结构体系，在34m以下仅存在16根劲性钢柱，即每个核心筒的四个角部设置截面为箱形（800mm×800mm）的劲性钢柱，劲性钢柱从底板起始达60m，与屋顶桁架顶高度相同。从33.75m起，采用20根巨型钢斜撑支承起整个大悬挑的钢屋盖。巨型钢斜撑底部与核心筒内的劲性柱连接，中间通过层层楼层钢梁与核心筒连接，顶部通过钢桁架与核心筒连接，锚固于劲性钢柱上。在33.15m劲性楼层处设20道巨型钢斜

撑，钢斜撑与楼层和屋顶桁架层共同构成了整个钢屋盖的主要受力体系，提供了各楼层的承载支托。所用钢材达 2.3 万 t。中国馆由于外形酷似一顶古帽，因而被命名为“东方之冠”。

三、高层钢结构

世界上第一幢钢结构高层建筑是在 1885 年建于美国芝加哥，共 10 层，高 55m。它比世界上第一座钢筋混凝土高层建筑早 17 年。100 多年来，高层钢结构已得到很大的发展。在国外，钢结构和钢-混组合结构在高层建筑中占有 30% 以上的比例。改革开放以来，我国已建成 20 多栋高层钢结构房屋，总建筑面积为 200 万 m^2 左右，其中最高的上海中心大厦，建筑主体为 118 层，总高为 632m，其设计高度超过附近的上海环球金融中心，被称为中国第一高楼，世界第二高楼。虽然我国的高层建筑中钢结构的比例还很小，但是目前世界排名前十的超高层建筑中钢结构却占有相当大的比例。长期以来，我国由于在经济和钢铁生产等方面的落后，工程建设主要以钢筋混凝土结构为主，采用钢结构不经济的观念根深蒂固。但是，最近几年情况已经发生了变化，我国工程技术人员已经掌握了高层钢结构的设计及施工技术。与钢筋混凝土高层建筑相比，钢结构高层建筑有以下特点：

1）结构自重小。高层钢筋混凝土结构自重一般为 $1.5\sim2.0t/m^2$，而高层钢结构的自重都在 $1.0t/m^2$ 以下，相差 1/3 ~ 1/2。结构自重的减轻，不仅节约了运输和吊装费用，更重要的是有利于抗震，地震作用随着自重的减轻而显著降低。自重的减轻还会降低地基基础的造价，这在软土场地尤为明显。

2）有效使用空间大。由于钢材强度远高于混凝土强度，钢结构构件的截面尺寸就相对较小。如钢柱断面为 450mm × 450mm 时，相应钢筋混凝土柱的截面要在 900mm × 900mm 左右。与相同建筑面积的钢筋混凝土结构相比，钢结构的实际使用面积可增加 3% ~ 6%。另外，高层建筑所需要的大量管线可以很方便地在钢梁腹板内穿过和布置在 H 形柱的凹槽内，这同样可以增加有效空间。

3）施工速度快。钢结构构件一般均在工厂制作，现场安装，多为干法作业，而混凝土结构则主要是湿法作业，需要一定的混凝土养护期。对于 50 层左右的高层建筑，钢结构的施工工期为 2 ~ 2.5 年，混凝土结构的施工工期为 3 年，相差 0.5 ~ 1 年。

4）有利于环保。钢结构施工机械化程度高，造成的粉尘、噪声要小得多，钢结构大部分可回收再利用或作为废钢重新炼钢。如我国有几个钢厂是从国外引进的旧钢结构厂房，不仅价钱低，而且投产很快，使用上也没有什么问题。对于大多是建在大城市中心地带的高层建筑来说，考虑环境保护有很大的意义。

5）抗震性能好。从设计和制造上来说，要达到相同的抗震能力，钢结构比其他材料的结构增加的费用要少。从实际震害调查来看，钢结构的损坏程度更是小于其他结构。

6）防火性能差。未加防护的钢结构，其耐火极限仅为 15min，远小于混凝土的耐火极限（300mm × 300mm 钢筋混凝土柱的耐火极限为 3h）。为了防火，高层钢结构需要喷刷防火涂料或设置防火板，也可以外包混凝土，这样既防火又增加承载能力。

第三节　智能建筑

一、智能建筑物的发展

世界上第一座智能大厦是美国哈福德市的City Place，它是一座38层（地下2层）的建筑，于1984年完工。日本第一栋智能化大厦（日本青山）是一座17层（地下3层）的建筑。日本于1985年设立智能建筑专业委员会，对智能建筑的概念、功能、规划、设计、施工、试验、检查、管理、使用、维护等进行研究。据预测，日本近年新建的高层楼宇中有60%将是智能型的，美国将有数以万计的智能型大楼建成。随着社会计算机技术和信息技术的发展，智能建筑物已成为现代化建筑的新趋势。

我国从1980年开始对建筑物智能化现代技术进行开发和应用，近年来，上海、北京、广州相继建成一些有相当水平的智能化建筑，截至2015年，我国建筑智能化行业市场规模达到7316.4亿元，代表项目有上海的上海花园饭店、上海中心大厦、北京的中国国际贸易中心、水立方等。

从智能化大厦建筑技术和发展来看，最初的系统是一对一设配置线而集中控制监测、传送；随着计算机和通信传送技术的发展，一对信号线可以传送多种信号，同时随着高处理能力且价格低廉的现场控制器的出现，以往的集中监视、集中控制已扩大到集中监视、集中管理、分散控制。中央控制设备改变为以打印报表（管理）、紧急应变处理为主的设备。一旦发生事故，可以通过大楼综合管理系统发现事故，让事故处理人员根据系统提供信息做出最快反应，以减少事故的扩大。

另一方面，智能化建筑物的现代技术，是将以往独立的子系统管理方式发展为各子系统集成的综合管理系统，也就是说集成系统可以在一个中央管理监控室内对建筑物综合布线、楼宇自控、电话交换机、机房工程、监控系统、防盗报警、公共广播、有线电视、门禁系统、楼宇对讲、一卡通、停车管理、消防系统、多媒体显示系统、远程会议系统进行集中管理，实现“多位一体”。

目前，国外智能建筑正朝两个方面发展，一方面，智能建筑不限于智能化办公楼，正在向公寓、酒店、商场等建筑领域扩展，即所谓智能化住宅，由电脑系统根据天气、湿度、温度、风力等情况自动调节窗户的开闭、空调器的开关，以保持房间的最佳状态。例如，遇刮风下雨，窗户便立即关闭，空调器开始工作；如果看电视时电话铃响了，则电视机声量会自动降低；夜间的立体声音过大，房间的窗户也会自动关闭，以免影响他人等。另一方面，智能建筑已从单一建造到成片规划、成片开发，它最终或许会导致“智能广场”“智能化小区”的出现。

二、智能建筑物的基本概念

随着高层建筑物的大型化和多功能化，提供的服务项目不断增加。同时采用的机电设备、通信设备、办公自动化设备种类繁多，其技术性能先进又复杂，管理工作已非人工所能应付。因此，目前在国际上智能建筑物管理系统应运而生。所谓“智能建筑物管理系统(Intelligent Building Management System，IBMS)”，是以目前国际上先进的分布式信息与控制

理论而设计的集散型系统（Distributed Control System）。综合地利用现代计算机技术（Computer）、现代控制技术（Control）、现代通信技术（Communication）和现代图形显示技术（CRT），即称为4C技术。国际上智能建筑物研究机构也对智能建筑物做出了如下描述："通过对建筑物的四个基本要素，即结构、系统、服务、管理以及它们之间的内在联系，以最优化的设计，来提供一个投资合理同时又拥有高效率的优雅舒适、便利快捷、高度安全的环境空间。智能建筑物能够帮助大厦的主人、财产的管理者、占有者等意识到他们在诸如费用开支、生活舒适程度、商务活动方便快捷、人身安全等方面将得到最大利益的回报。"为了完成这一目标，需要在建筑物内建立一个综合的计算机网络系统，该系统应能将建筑物内的设备自控系统、通信系统、商业管理系统、办公自动化系统以及某些具有人工智能的智慧卡系统和多媒体音像系统集成为一体化的综合计算机管理系统。该系统能全面实施对建筑物内设备多方面的管理，如空调、供热、给水排水、变配电、照明、电梯、消防、卫星广播电视、闭路电视监控、防盗报警、出入口控制、巡更管理；在商业方面，包括物业管理、酒店管理、商业财务结算、停车场收费、商业资讯、购物引导；在通信方面，包括内部通信、语音通信、数据通信、图形图像通信；在办公自动化方面，包括计算机终端、打印机、复印机、传真机等诸多方面的管理以及监视和控制。

通过对这些系统设备的管理和监控，为大厦提供高度的安全性和对灾害的防御能力；创造一个舒适的小环境；同时提高对大厦进行科学与综合管理的能力和效率，并且达到节省能源的目的。

综上所述，可以把智能大厦的基本概念定义为"在现代建筑物内综合利用目前国际上最先进的4C技术，建立一个由计算机系统管理的一元化集成系统，即智能建筑物管理系统（Intelligent Building Management System）"，其智能建筑物管理系统应涵盖和体现三方面的管理内容和服务功能，即：

1）确保大厦内人身和财产的高度安全，以及灾害和突发事件的防御能力。

2）提供舒适的小气候环境空间，并相应地节省能源和人力成本。

3）建立信息高速公路，提供方便快捷以及多样化的通信方式。

三、4C技术

1. 现代计算机技术

当代最先进的计算机技术应该首推的是：并行处理、分布式计算机网络技术。该技术是计算机多机系统联网的一种形式，是计算机网络的高级发展阶段，在目前国际上计算机科学领域中备受青睐，是计算机迅速发展的一个方向。该技术的主要特点是，采用统一的分布式操作系统，把多个数据处理系统的通用部件合并为一个具有整体功能的系统，各软硬件资源管理没有明显的主从管理关系。分布计算机系统更强调分布式计算和并行处理，不但要做到整个网络系统硬件和软件资源的共享，同时也要做到任务和负载的共享。因此，对于多机合作和系统重构、冗余性的容错能力都有很大的改善和提高。因而系统可以具有更快的响应能力、更高的输入与输出能力和高可靠性，同时系统的造价也是最经济的。

2. 现代控制技术

目前国际上最先进的控制系统应为集散型监控系统（DCS），采用实时多任务多用户分布式的操作系统，其实时操作系统采用微内核技术，切实做到抢先任务调度算法的快速响应。组成集散型监控系统的硬件和软件采用标准化、模块化、系统化的设计。系统的配置应具有通用性强，系统组态灵活，控制功能完善，数据处理方便，显示操作集中，人机界面较好，系统安装、调试、维修简单化，系统运行互为热备份，容错可靠。

3. 现代通信技术

现代通信技术主要体现在综合业务数字网（ISDN）功能的通信网络，同时在一个通信网上实现语音、计算机数据及文本通信。在一个建筑物内采用语音、数据、图像一体化的结构化布线系统。

4. 现代图形显示技术

采用动态图形和图形符号来代替状态的文字显示，并采用多媒体技术。实现语音和影像一体化的操作和显示。

四、智能建筑物的特点

1. 完善的计算机系统及通信网络

该系统充分考虑其通用性和可扩展性，可连接成方向符合 CCITT 建议的 X25（1978 年、1980 年或 1989 年）规程或国际标准（ISO 或 DIS）7776 及 8202 等综合业务数据网（ISDN）。该网络的构成范围，即大厦裙楼、主楼、副楼由光纤网络主干网控制。该主干网的分支形成大楼内的局部网络，并支持大楼外的广域网。从发展来看，楼内局部网络将成为楼外广域网的用户子系统，楼内主干网将通过多重化设备与现有的各种广域网连接，例如公用电话网、用户电报网、公用数据网以及各种计算机网等。其信息种类分为语音、数据和图像，大楼内局部网络是以语音通信为基础，兼有数据和图像通信能力的综合业务数字网，并选择功能强大的 VA6410 为系统主机，同时配备一系列信息处理和数据库软件开发工具，如 RDB 关系数据库、数据库检索 DTR、表格管理软件 FMS 和第四代语言 RALLY 等，使系统的信息管理具有较强的功能。

2. 共用的办公自动化系统

该软件除了提供基本的办公功能，如文字处理、文件管理、电子邮件、日历管理外，还能够连接多种技术（如分布式信息系统、通信系统、决策支持服务和其他办公功能），从而组成一个综合办公自动化及信息系统。用户可在自己的办公室内，通过单一终端使用这些技术，而且操作简单，就是没有计算机专门知识的用户也能很快地掌握这些技术的使用方法。

以大楼计算机系统为核心的办公自动化设施由如下两部分组成：

1）所有用户共用的办公自动化系统。

2）各用户各自专用的办公自动化系统，即各承租者可以按自己的要求建立自己的办公自动化系统。

借用的办公自动化系统以主机为核心，它相对于文字处理机、个人计算等办公自动化设备，具有更丰富的资源和更强的功能以及更高的性能，可以完成从数据库检索、数据处理以至各种运算任务等，起到支持各用户专用办公自动化系统的作用。

该系统还可以为群体决策服务，建立诸如远程会议系统，使用户可通过远程会议系统与不同地点的驻外机构召开会议，与会者如同在一个会场等。

3. 高效的国际信息网络

网络通过卫星直接接收美联社道琼斯公司提供的国际经济信息，并在大楼内的客房通过

电视频道收看；在写字楼用通过微机连接的电话线接收。其信息的种类包括：世界各种主要产品价格、国际金融的汇率、股市行情和国际金融走势分析资料、国际重大的政治、经济新闻等实时消息，使商界尤其是金融界人士，在大楼内就能掌握世界经济发展动态。

4. 可靠的自动化系统

应用计算机网络建立了大楼设备自动化监控系统，实现了对供水、供电、空调等系统的监测或控制。例如，供水系统，包括监测供水压力、流量、各楼层用水量、各水池储水量、消防用水等；供电系统，包括监测供电电压、电流以及日、夜间用电量；空调系统，包括控制制冷机制冷量、供给水温度、水量、回水温度；锅炉房，包括监测送水温度、水量。此外，还有电梯、消防、音响、防盗等自动化控制系统，使大楼尽可能地做到节能、安全、可靠、舒适。

5. 舒适的办公和居住环境

工作人员在办公室里的工作环境、公共区域的环境以及其他设施的环境，在心理、生理上感到舒适，并在任意间隔的空间都能保证足够的灯光、空调等。与传统的建筑相比，智能建筑的吸引力在于：

1）用户可以分租的方式获得完善的通信设备和办公自动化设备的使用权，非常方便。

2）能通过国际信息网络迅速获得国际实时信息。

3）高效、节能的建筑自动化系统，使用户能节约开支，感到舒适、安全、方便。

第四节 信息化施工技术

一、建筑业应用信息化施工技术的现状

1. 建筑企业完成计算机的普及应用，但远没到信息化的阶段

我国建筑业应用计算机是从人力无法完成的复杂结构计算分析开始的，直到20世纪80年代才逐步扩展到区域规划、建筑CAD设计、工程造价计算、钢筋计算、物资台账管理、工程计划网络制定等经营管理方面，20世纪90年代又扩展到工程量计算、大体积混凝土养护、深基坑支护、建筑物垂直度测量、现场的CAD等施工技术方面的应用。自1990年信息高速公路INTETNET/INTRANET技术出现，人们的目光开始转向利用计算机做信息服务，更关注整个施工过程中所发生的转瞬即逝的信息综合利用，这种高层次的计算机应用统称为信息化施工技术。信息化施工技术是当代建筑业技术进步的核心。在业务范围方面涵盖了建设管理、工程设计、工程施工三方面的信息化任务。在应用技术上包括三个领域：以互联网为中心的信息服务应用；施工经营管理的应用；施工涉及的专业技术应用。

2. 初步形成了建筑业专用软件市场

推广应用一批自主知识版权的信息产品，满足单项应用要求，但缺少平台级系统软件和网络化应用。软件公司的规模较小、产品销售不理想。

我国在建筑设计上的软件及应用程度总体上高于施工企业，到1995年，全国设计勘察单位基本上完成了CAD的技术改造；到2000年，施工管理软件产品已经赶上建筑设计软件产品的水平，其特征为：从企业自产自用发展为专业化生产。在20世纪70、80年代多是单位自行研制的单项功能的初级产品，到20世纪90年代市场经济带动出几十家专门从事建筑

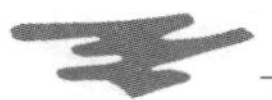

管理软件开发的高科技企业；软件功能从单一发展到功能集成。如工程造价、工程量计算、钢筋计算集成软件已发展较为完善，其产品基本上覆盖全国，从单项专业应用发展为信息化系统平台应用。正在试用建筑公司级用和项目经理部用信息化管理平台，在平台上可以运行从投标书制作、网络计划编制到施工管理全套软件，为发展适合国情的信息产品奠定技术基础。在上海中心大厦工程中应用计算机进行钢结构吊装虚拟仿真获得成功，标志着我国具有向更高应用水平发展的潜力。

3. *存在的问题和差距*

与国内其他行业相比，建筑业推广信息技术的力度小、投入的人力财力较少，应用的水平较低，更不用与西方发达国家相比较。主要差距有以下几点：

1）缺乏政府主管部门制定发展信息化施工技术的长远计划和工作规则。

2）缺乏行业部门或行业学术团体制定的用于指导信息化网络发展的技术规程等。

3）建筑业专用软件产品市场刚刚形成，尊重知识产权的社会风气尚需政府主管部门大力提倡和引导。

4）在目前的管理机制下，建筑企业普遍缺乏采用包括信息技术在内的新技术的主动性。

5）建筑管理体制不适应设计、施工及物业管理信息一体化发展的技术要求。

二、信息化施工

在市场经济瞬息万变的环境中，业主、工程设计、工程承包方、金融机构、工程监理及物业管理等几方面的人员，所关心的不仅是诸如造价等单个技术问题的解决，还更加关心工程建设本身和社会上所发生的各种关系等更大利益的动态信息，并随时决定采用何种对策，以保护本身的权益。如业主和金融机构关心投资风险，预期投资回报率大小、政府的政策法规变化走向、涉及的新技术、新材料应用的可能性等。工程承包方除要解决各种施工技术问题外，还关心施工的进度、质量、安全、资金应用情况、环保状况、财务及成本情况、国家和地方政府的各种法律和规章制度、材料设备供应情况及质量保证、设计变更等。以上这些应用科目远不是单项软件所能解决的，必须应用信息网络技术，现代信息技术能把上述内容有机地、有序地联系起来，供企业的决策经营者利用。只有这样，才能使企业的领导及时准确地掌握各类资源信息，进行快速正确的决策，使施工项目建设有计划，协调均衡，做到人力、物力、资金优化组合；才能保证建筑产品的质量，保证施工进度，取得较好的经济与社会效益。建筑信息化施工技术是我国建筑施工与国际接轨的一个重要手段，对作为国民经济的支柱产业之一的建筑业实现现代化起着十分重要的作用。

在新世纪，完全有条件建立起建设管理部门，即各级住建委（住建局）业主-承包商-物资设备供应商-建设发展商的信息系统。

过去，建筑公司对工程项目经理部的管理多是行政管理，而施工动态信息传递与处理，对经理部解决生产过程中发生的技术问题的支援较少，这在市场经济条件下是十分不利的，因为要提高企业的效益、增强企业的技术水平和市场竞争能力，就要对生产过程中的信息及时地、成批地、准确地了解并加以控制。这种了解应是企业全员的行为，而不是过去少数人知道；是及时而不是事后；是成批的、多数的，而不是支离破碎；是准确的，而不是造假的数据。如此，建筑企业方能做出正确的决策。要做到这一切就要在建筑公司建立信息数据库

并实现网络化，运用网络连接公司职能部门和所属工地，实现信息资源的共享。

三、以互联网为中心的信息服务应用

企业公司级信息数据库应有投标报价库、人员库、物资设备库、技术规范工法库、常用法律法规库、工程经历库等，这些信息库要经常维护，保持常新，用信息为企业基层服务。

现在多数的国内建筑企业领导者还没有认识到信息化的重要性，在组织机构设置上、在资金投入和人才录用等方面，同国外先进的工程承包商采用的信息决策制度（Chief Information Officer，简称CIO）存在着较大差距。项目管理是一个涉及多方面管理的系统工程；它包含了工程、技术、商务、物资、质量、安全、行政等多个职能系统。在项目实施过程中，每天都发生人力、材料、机械、资金等大量的转瞬即逝的资源流，即发生大量的数据和信息，这些数据和信息是各职能系统连接的纽带，也构成了整个项目管理的神经系统。如何在项目管理的各相关职能间将资源流转化成信息流，将信息流动起来，形成数据信息网络，达到资源共享，为决策提供科学的依据，使管理更加严谨、更量化、更具可溯性，这是施工项目经理部信息化施工的主旨。

“建筑工程项目施工管理信息系统”，结合工程实际，以解决各部门之间信息交流为中心，以岗位工作标准为切入点，采用系统模型定义、工作流程和数据库处理技术，有效地解决了项目经理部从数据采集、信息处理与共享到决策目标生成等环节的信息化，及时准确地以量化指标，为项目经理部的高效优质管理提供了依据，该系统满足了工程建设常规管理的要求，即满足业主、监理、分包对工作程序的要求。

进入20世纪90年代中期，国际互联网（即Internet）在世界范围内掀起波澜，尤其Internet技术的出现，彻底改变了传统封闭、单项、单系统的企业MIS（管理信息系统，下同）面孔，为企业MIS营造了一个开放的信息资源管理平台，以其图、文、声并茂，使用方便，访问信息快捷等特点，给建立企业信息网带来了新思路。它开放式的信息组织方式，可以调动每个人的积极性，每个上网人员，既是信息网的受益者，又是网上信息的组织者。

Internet是目前国内外信息高速公路最为重要的信息组织方式，而在企业内部利用Internet的组织方式，组建企业Internet网（即Intranet），是基于Internet通信标准和WWW内容标准（Wet技术、浏览器、页面检索工具和超文本链接），是对Client/Server结构的继承和发展。它给人们提供了一个不断变化的、开放的、丰富多彩和易于使用的双向多媒体信息交流环境，又可以利用国内外基于Web跨平台的网络信息发布机制，为企业提供和外界联络和信息采集的手段，从而在企业中构成一个信息采集与发布中心。为企业现代化管理寻找到新的突破口。

（1）公文传递系统　实现文件、报告、通知等文件的传输，保密性高的文件通过电子信箱定向传递，一般性的文件通过主页（HOMEPAGE）来发布。

（2）内部管理信息的查询　主要通过网络主页制作系统，由各部门进行信息的组织和制作，原则上用户只能浏览本部门或网络共享信息，并授予信息制作者信息维护权力。

（3）实现E-mail（电子邮件）的传递　E-mail可为公司的管理人员建立个人的电子信箱，用户可以管理自己的邮件账号，可以通过互联网向全球发布电子邮件，同时可以每日定时接收来自世界各地的电子邮件，加强了管理人员与外界的沟通。

（4）提供统一的Internet的接入　通过Lan Gates Server（网关服务器）技术直接管理用

户对 Internet 的访问，并对访问 Internet 的站点加以控制。

（5）实现公司内的远程办公服务　各分公司、各项目，以及出差在外的人员，不论你在世界的任何地方，只要有便携电脑，便可通过电话线与公司网相连，及时获取公司的有关信息，收发电子邮件。

（6）数据库管理与资源共享　网络可支持目前大部分数据库产品，支持公司已有数据库信息。另一方面，利用计算机网络，可以在服务器端统一维护相关软件资源，用户端可通过网络从服务器上下载资源，统一公司办公平台，建立文档交流的基础。

四、信息化施工技术能保证工程质量和成本控制

所谓信息化施工，就是利用计算机信息处理功能，将施工过程所发生的工程、技术、商务、物资、质量、安全、行政等方面，对发生的人力、材料、机械、资金等转瞬即逝的信息有序地存储，并科学地综合利用，以部门之间信息交流为中心，以岗位工作标准为切入点，解决项目经理部从数据采集、信息处理与共享到决策目标生成等环节的信息化，以及时准确地量化指标，为项目经理部高效优质管理提供依据。

一个实行信息化施工管理的经理部，只需将多台计算机进行联网，设备上的投资在 20 万元以内即可满足条件。当然，项目经理实现集约化管理的决心和全体经营人员会使用计算机的技术素质更为重要，项目经理部的管理人员每天定时将当天发生的工程、技术、商务、物资、质量、安全、行政、机械等方面的情况输入计算机，项目经理用这样的技术手段进行决策，用这样的办法管理的工程质量在技术措施上是万无一失的，可以向社会及业主交一个合格的答卷，提高建筑企业的技术含量。

工程成本管理多年来一直困扰着施工企业，特别是当前建筑公司的经营点分散，进行成本管理更加困难。近年来，研制成功的工程项目成本管理系统，为建筑公司、项目经理部核算和集约化管理提供了技术手段，使企业领导人在办公室里就能了解全局的经营状况，靠的是计算机软件、计算机网络和健全的工作制度。

随着土木工程规模的扩大和由此产生的施工工具、设备、机械向多品种、自动化、大型化发展，施工日益走向机械化和自动化。同时，组织管理开始应用系统工程的理论和方法，日益走向科学化；工程设施的建设继续趋向结构和构件标准化和生产工业化。这样，不仅可以降低造价、缩短工期、提高劳动生产率，而且可以解决特殊条件下的施工作业问题，以建造更多、施工技术水平更高、结构形式更先进的工程。

复习思考题

1. 现代土木工程有哪些特点？
2. 新型混凝土的种类有哪些？各有什么特点？
3. 现代智能建筑的特点是什么？
4. 什么是信息化施工？

参考文献

[1] 北川县志编纂委员会. 北川县志 [M]. 北京：方志出版社，1996.
[2] 熊丹安. 建筑抗震设计简明教程 [M]. 广州：华南理工大学出版社，2006.
[3] 陆鸣. 农村民房抗震指南 [M]. 北京：地震出版社，2006.
[4] 徐占发，佟令玫. 土建工程概论与实训指导 [M]. 北京：人民交通出版社，2007.
[5] 王秀花. 土木工程材料 [M]. 北京：机械工业出版社，2007.
[6] 张鹏程，赵鸿铁. 中国古代建筑抗震 [M]. 北京：地震出版社，2007.
[7] 崔京浩，张敬书. 建筑抗震鉴定与加固 [M]. 北京：中国水利水电出版社，知识产权出版社，2006.
[8] 吴瑾，夏逸鸣，张丽芳. 土木工程结构抗风设计 [M]. 北京：科学出版社，2007.
[9] 白丽娟，王景福. 古代清代木构造 [M]. 北京：中国建材工业出版社，2007.
[10] 周云，宗兰，张文芳. 土木工程抗震设计 [M]. 北京：科学出版社，2005.
[11] 祝英杰. 建筑抗震设计 [M]. 北京：中国电力出版社，2006.
[12] 马成松，苏原. 结构抗震设计 [M]. 北京：北京大学出版社，2006.
[13] 肖跃军，周东明，赵利，等. 工程经济学 [M]. 北京：高等教育出版社，2004.
[14] 舒秋华. 房屋建筑学 [M]. 武汉：武汉理工大学出版社，2006.
[15] 李必瑜. 建筑构造 [M]. 北京：中国建筑工业出版社，2000.
[16] 姜忆南，李世芬. 房屋建筑教程 [M]. 北京：化学工业出版社，2004.
[17] 王显利. 工程结构抗震设计 [M]. 北京：机械工业出版社，2015.
[18] 叶志明. 土木工程概论 [M]. 3 版. 北京：高等教育出版社，2009.
[19] 阎兴华，黄新. 土木工程概论 [M]. 北京：人民交通出版社，2005.
[20] 丁大钧，蒋永生. 土木工程概论 [M]. 北京：中国建筑工业出版社，2003.
[21] 全国造价工程师执业资格考试培训教材编审委员会. 建设工程造价管理 [M]. 北京：中国计划出版社，2017.
[22] 全国造价工程师执业资格考试培训教材编写委员会. 建设工程计价 [M]. 北京：中国计划出版社，2017.
[23] 邵颖红，黄渝祥. 工程经济学概论 [M]. 北京：电子工业出版社，2003.
[24] 叶思. 工程经济学 [M]. 北京：科学出版社，2004.
[25] 杜葵. 工程经济学 [M]. 重庆：重庆大学出版社，2001.
[26] 邓卫. 建筑工程经济 [M]. 北京：清华大学出版社，2000.
[27] 林晓言，王红梅. 技术经济学教程 [M]. 北京：经济管理出版社，2000.
[28] 孙刚，张丽华. 建筑工程概论 [M]. 北京：科学出版社，2006.
[29] 宁仁岐，郑传明. 土木工程施工 [M]. 北京：中国建筑工业出版社，2006.
[30] 哈尔滨工业大学，等. 混凝土与砌体结构 [M]. 北京：中国建筑工业出版社，2002.

[31] 孙训方，方孝淑，关来泰. 材料力学 [M]. 北京：高等教育出版社，2001.
[32] 包世华. 新编高层建筑结构 [M]. 北京：中国水利水电出版社，知识产权出版社，2005.
[33] 薛建阳. 钢与混凝土组合结构 [M]. 武汉：华中科技大学出版社，2007.
[34] 丁士昭. 工程项目管理 [M]. 北京：中国建筑工业出版社，2006.
[35] 曹吉鸣，林知炎. 工程施工组织与管理 [M]. 上海：同济大学出版社，2002.
[36] 成虎. 工程管理概论 [M]. 北京：中国建筑工业出版社，2007.
[37] 贾广社. 项目总控——建设工程的新型管理模式 [M]. 上海：同济大学出版社，2003.
[38] 中国建设监理协会. 建设工程监理概论 [M]. 北京：知识产权出版社，2005.
[39] 全国一级建造师执业资格考试用书编写委员会. 建设工程项目管理 [M]. 北京：中国建筑工业出版社，2016.
[40] 崔莉. 建筑设备 [M]. 北京：机械工业出版社，2002.
[41] 于宗保. 建筑设备工程 [M]. 北京：化学工业出版社，2002.
[42] 韦节延. 建筑设备工程 [M]. 武汉：武汉大学出版社，2003.
[43] 姚谨英. 建筑施工技术 [M]. 北京：中国建筑工业出版社，2007.

信息反馈表

尊敬的老师：

您好：感谢您对机械工业出版社的支持和厚爱！为了进一步提高我社教材的出版质量，更好地为我国高等教育发展服务，欢迎您对我社的教材多提宝贵意见和建议。另外，如果您在教学中选用了《土木工程概论》（第2版）（刘俊玲　庄丽　主编），欢迎您提出修改建议和意见。索取课件的授课教师，请填写下面的信息，发送邮件即可。

一、基本信息

姓名：__________　性别：____　职称：________　职务：____________

单位：____

邮编：__________　地址：________________________________

任教课程：____________　电话：____—__________（H）________（O）

电子邮件：________________________________　手机：______________

二、您对本书的意见和建议

（欢迎您指出本书的疏误之处）

三、您对我们的其他意见和建议

请与我们联系：

100037　北京百万庄大街22号

机械工业出版社·高等教育分社　冷彬 收

Tel：010—8837 9720（O）

E-mail：myceladon@ yeah. net

http：//www. cmpedu. com（机械工业出版社·教材服务网）

http：//www. cmpbook. com（机械工业出版社·门户网）

http：//www. golden-book. com（中国科技金书网·机械工业出版社旗下网站）